国家科学技术学术著作出版基金资助出版

储能钠电池技术
材料、电池与应用

温兆银　胡英瑛　吴相伟　等 编著

Sodium Battery Technology
for Energy Storage
Materials, Batteries and Applications

化学工业出版社
·北京·

内容简介

钠电池不仅是研究和开发最早并实现商业化应用的大容量高能量密度储能电池体系，也是有望解决锂离子电池的资源隐患、继锂离子电池后实现多场景应用的最先进二次电池体系，成为可能的锂离子电池的替代体系。《储能钠电池技术——材料、电池与应用》涉及以钠离子导电陶瓷为电解质隔膜、以金属钠为负极的钠硫电池、钠-氯化物电池等钠金属电池，以及摇椅特征的钠离子电池，从电解质、电极、界面等多方面深入介绍钠电池相关的各个核心技术的基础理论、设计原理、性能评价、应用现状。由于钠电池是一类实用性极强的储能电池，结合正在飞速发展的电动汽车、大容量储能等的快速发展，本书对钠电池的材料和电池的制造技术以及电池的生命周期成本分析和回收技术进行全面和深入的介绍，有助于钠电池的产业发展。为便于对钠电池理解，还对相关的电化学基础进行了简单介绍。

本书可为相关领域的研究与开发专业技术人员提供参考，也可作为化学电源、材料、储能、电动汽车等专业师生的教材参考书籍。

图书在版编目（CIP）数据

储能钠电池技术：材料、电池与应用 / 温兆银等编著. -- 北京：化学工业出版社，2025. 3. -- ISBN 978-7-122-47011-9

Ⅰ. TM912

中国国家版本馆 CIP 数据核字第 2025CC5419 号

责任编辑：袁海燕　　文字编辑：陈　雨

责任校对：李雨晴　　装帧设计：王晓宇

出版发行：化学工业出版社

(北京市东城区青年湖南街 13 号　邮政编码 100011)

印　　装：中煤（北京）印务有限公司

710mm×1000mm　1/16　印张 23　彩插 4　字数 413 千字

2025 年 6 月北京第 1 版第 1 次印刷

购书咨询：010-64518888　　售后服务：010-64518899

网　　址：http://www.cip.com.cn

凡购买本书，如有缺损质量问题，本社销售中心负责调换。

定　　价：198.00 元

前言

PREFACE

为应对全球气候变化，中国和世界上其他国家都制定了明确的节能减排目标。2020年，我国提出，国内二氧化碳排放力争于2030年前达到峰值，努力争取2060年前实现碳中和。为了达到这一目标，在能源领域，持续加大可再生能源在整个能源供应中的比例是重中之重。由于风能和太阳能等可再生能源的动态性和间歇性，结合储能技术将使其具有更好的经济性。家庭微网、电动汽车等分布式储能对于减排也具有重要意义。此外，储能还有助于电力系统实现更灵活的调峰、调频，缓解输配电阻塞，并改善电能质量和供电可靠性。可以预测，储能产业将成为我国今后十几年甚至几十年的重要支撑产业之一。

基于化学电源的电化学储能技术集中在秒级到小时级的响应区间，应用范围覆盖小型、中型到大中型的储能用户，对安装地理环境要求不高，已成为目前装机规模仅次于抽水蓄能的储能技术。虽然锂离子电池近年来得到高度重视和飞速发展，成为电化学储能技术的中坚力量，但仍面临着热失控风险和锂资源焦虑等隐患。金属钠作为轻金属元素，在地壳中丰度高达2.3%～2.8%，比锂高出4～5个数量级，吨价不到锂的1/10，且钠元素和锂元素属于同一主族，具有相似的物理化学特性和极低的电化学还原电位，因此，基于钠离子迁移的钠硫、钠-金属氯化物和钠离子电池等钠电池技术成为电化学储能技术的重要选择。这三种电池都采用全密封设计，能量密度为铅酸电池的3～5倍，其中钠硫电池的能量密度与当前规模化应用的磷酸亚铁锂储能锂离子电池相当。目前，它们都具有一定的产业化基础，其中高温钠硫电池和钠-金属氯化物电池已在全球范围内有兆瓦级的装机规模，尤其是高温钠硫电池，不仅其储能市场占有率仅次于锂离子电池中的高比能量电池，而且经过了市场严格的考验；与锂离子电池具有相似工作原理的钠离子电池被认为是锂离子电池产业的重要补充。然而，针对储能钠电池，尤其是高温钠电池的国内专著不多，更缺乏系统性。为了推动我国储能钠电池相关基础科学和技术的发展，我们编著了《储能钠电池技术——材料、电池与应用》一书，希望为对钠电池基础科学、技术开发和技术推广感兴趣的同仁提供较为全面的参考。

本书在简要介绍电化学、固体电解质、化学电源等相关基础理论知识的基础上，叙述了钠电池的关键核心材料——钠离子固体电解质的晶体结构、相组成、电学性质、机械性质、稳定性和制备技术，系统地阐述了钠硫电池、钠-金属氯化物电池（ZEBRA 电池）和钠离子电池的电化学原理、电池材料与界面、性能评价、制造技术、生命周期成本分析和应用现状及回收利用，同时综述了它们的最新研究成果并指明了今后的发展方向。

本书是编著者在多年的教学和从事钠电池技术研发的基础上写成的。在编写过程中上海电力公司张宇、中国科学院上海硅酸盐研究所董孝容、潘红涛等也为本书提供了重要的内容。编著者在编写此书的过程中参考了钠电池领域的国内外相关专著以及近年相关期刊或网络发表的文献和技术资料，引用了参考文献中的部分内容、图表和数据，在此特向文献的作者表示诚挚的感谢。

本书得到了化学工业出版社，中关村储能联盟俞振华、刘为，中国电力科学研究院来小康、官一标等单位和专家的帮助，在此深表感谢。

储能钠电池技术的涉及面广，又正在蓬勃发展之中，受编著者水平所限，书中难免出现一些疏漏和不足之处，敬请专家和广大读者批评指正。

编著者

2025 年 1 月

目录

CONTENTS

第 1 章　电化学储能技术基础　001

1.1　电化学基础理论　002

1.1.1　原电池与电动势　002

1.1.2　可逆电池与可逆电极　003

1.1.3　电极过电位　005

1.1.4　电子转移步骤动力学简述　005

1.1.5　电极反应的常见机理　008

1.1.6　电化学交流阻抗谱基础　009

1.2　固体电解质相关基础理论　012

1.2.1　固体电解质中的离子输运理论概述　012

1.2.2　离子传导动力学与研究技术　015

1.2.3　固体电解质的离子迁移数和电子迁移数　017

1.2.4　固体电解质的电化学窗口与分解电压　019

1.2.5　固体电解质的界面电化学基础　020

1.3　化学电源基础　022

1.3.1　化学电源的组成　022

1.3.2　化学电源的分类　022

1.3.3　化学电源动力学理论基础　024

1.4　储能技术与储能钠电池简介　027

1.4.1　储能技术简介　027

1.4.2　储能钠电池简介　029

参考文献　032

第 2 章　钠离子固体电解质材料　035

2.1　引言　036

2.2　Na-β/β″-Al_2O_3 陶瓷　036

2.2.1 晶体结构 037
2.2.2 相组成 040
2.2.3 电学性质 042
2.2.4 机械力学性质 044
2.2.5 化学/电化学稳定性 046
2.2.6 制备技术 048
2.3 NASICON 型固体电解质 053
2.3.1 晶体结构 053
2.3.2 元素组成与电导率 054
2.3.3 机械性质 057
2.3.4 化学/电化学稳定性 059
2.3.5 制备技术 059
2.4 硫族化合物固体电解质 061
2.4.1 晶体结构 061
2.4.2 元素组成与电导率 063
2.4.3 物化性质 066
2.4.4 制备技术 067
2.5 其他钠离子固体电解质材料 069
2.5.1 卤化物固体电解质 069
2.5.2 硼氢化钠型固体电解质 072
2.5.3 P2 型 $Na_2M_2TeO_6$ 076
2.5.4 聚合物固体电解质 076
2.5.5 凝胶聚合物电解质 080
2.5.6 无机-有机复合电解质 084
2.6 小结 085
参考文献 087

第 3 章 钠硫电池 101

3.1 引言 102
3.2 钠硫电池的工作原理 102
3.3 钠硫电池的结构与组成 105
3.3.1 金属钠负极 106
3.3.2 硫正极 116

3.4 钠硫电池的性能影响因素 127
3.4.1 电池内阻与充放电特性 127
3.4.2 电池循环稳定性及其影响因素 128
3.5 钠硫电池低温化的研究进展 130
3.5.1 中温钠硫电池 131
3.5.2 常温钠硫电池 134
参考文献 140

第4章 ZEBRA电池 145

4.1 引言 146
4.2 ZEBRA电池的工作原理 146
4.3 ZEBRA电池的结构与组成 148
4.3.1 金属氯化物活性材料 150
4.3.2 正极电解液 152
4.3.3 正极界面电化学 157
4.3.4 正极添加剂 161
4.3.5 正极的结构设计 167
4.4 ZEBRA电池的性能影响因素 170
4.4.1 充放电制度 170
4.4.2 电解质管中毒 173
4.4.3 正极活性物质晶粒的尺寸 174
4.5 ZEBRA电池的电池模型与模拟技术 176
4.5.1 电化学模型 176
4.5.2 数学模型 178
4.5.3 电学模型 179
4.6 ZEBRA电池低温化的研究进展 185
参考文献 188

第5章 钠离子电池 193

5.1 引言 194
5.2 钠离子电池的结构组成及其工作原理 195
5.3 钠离子电池的电极活性材料 196

5.3.1　正极材料　196
5.3.2　负极材料　203
5.4　钠离子电池的液体电解质材料　207
5.4.1　酯类电解液体系　207
5.4.2　醚类电解液体系　211
5.4.3　离子液体电解液　213
5.4.4　浓电解液　215
5.4.5　水基电解液　218
5.5　有机体系钠离子全电池的研究进展　220
5.6　水系钠离子全电池的研究进展　224
5.6.1　拓宽电化学窗口的研究进展　224
5.6.2　构建稳定的电极材料/水系电解液界面　226
参考文献　230

第 **6** 章　储能钠电池的制造技术　237

6.1　引言　238
6.2　钠硫电池的制造技术　238
6.2.1　钠硫电池单体的设计与电极制造　238
6.2.2　钠硫电池模组的设计与制造　243
6.3　ZEBRA 电池的制造技术　246
6.3.1　ZEBRA 电池单体的设计与电极制造　246
6.3.2　ZEBRA 电池模组的设计与制造　250
6.4　高温钠电池的封接技术　251
6.4.1　陶瓷-陶瓷封接　252
6.4.2　陶瓷-金属封接　262
6.4.3　金属-金属焊接　267
6.4.4　小结　268
6.5　钠离子电池的制造技术　269
6.5.1　层状氧化物正极材料的制造　270
6.5.2　普鲁士蓝类正极材料的制造　272
6.5.3　硬碳负极材料的制造　273
6.5.4　极片和电芯制造　276
参考文献　278

第 7 章 储能钠电池的性能评价指标 283

7.1 引言 284
7.2 储能钠电池电芯的性能评价指标 285
7.2.1 理论容量与实际容量 285
7.2.2 理论能量与实际能量密度 285
7.2.3 倍率性能与输出功率 286
7.2.4 循环性能（寿命） 287
7.2.5 内阻 290
7.2.6 高低温电性能 291
7.2.7 电池电芯失效机理 296
7.3 储能钠电池模组的性能评价指标 297
7.3.1 电性能指标 297
7.3.2 自放电率 297
7.3.3 冻融循环性能 298
7.3.4 启动时间 299
7.3.5 实用化模组的性能参数 300
7.4 储能钠电池的安全性能评价标准 301
7.5 小结 307
参考文献 308

第 8 章 储能钠电池的成本分析与可持续发展 311

8.1 引言 312
8.2 原材料资源可用性 313
8.3 生产制造成本分析 314
8.3.1 ZEBRA 电池的生产制造成本 314
8.3.2 钠硫电池的生产制造成本 316
8.3.3 钠离子电池的生产制造成本 316
8.4 生命周期成本 319
8.5 生命周期评估 322
8.6 回收可再生循环性 326
8.6.1 高温储能钠电池的回收再利用 326

8.6.2 钠离子电池的回收再利用 328
8.7 小结 332
参考文献 333

第 9 章 储能钠电池的应用现状 335

9.1 引言 336
9.2 储能钠电池的应用现状 337
9.2.1 电力系统和可再生能源领域 337
9.2.2 电信通信领域 349
9.2.3 交通运输领域 350
9.2.4 分布式储能领域 353
9.2.5 其他特殊领域 354
参考文献 355

附录 357

附表一 钠电池相关电极的标准氧化-还原电位 $\varphi^{\ominus}$（25℃） 357
附表二 钠电池相关活性物质的电化学当量 357

第 **1** 章

电化学储能技术基础

1.1　电化学基础理论　002

1.2　固体电解质相关基础理论　012

1.3　化学电源基础　022

1.4　储能技术与储能钠电池简介　027

储能钠电池作为电化学储能技术的一种重要选择，其理论基础主要包括电化学基础理论和固体电解质基础理论两个部分。电化学基础理论帮助读者准确地理解电池体系的工作原理，解释电池体系的可逆性以及从哪些角度提高电池的能量效率。从电子转移步骤动力学的基础理论出发，能很好地理解稳态极化曲线和电化学交流阻抗谱技术应用于电化学储能体系的物理意义。具有实用价值的储能钠电池体系多涉及固体电解质材料。固体电解质也称快离子导体，作为材料学科的一个重要分支，它基于固体内部传导离子的现象被发现并从20世纪60年代开始得到广泛研究。固体电解质的基础理论研究涵盖了离子在固体内部的传导和扩散机理以及固体电解质的应用边界条件，为固体电解质的实用化提供理论指导。本章将从以上两个方面对电化学储能技术的理论基础进行梳理性介绍，以便于读者更好地掌握本章以后的内容。另外，储能钠电池属于化学电源范畴的储能技术，因此化学电源和储能技术的相关基础也将包含在本章中。

1.1 电化学基础理论

1.1.1 原电池与电动势

涉及氧化还原反应的化学反应虽然反应过程中有电子的迁移，但通常无法形成定向移动的电子流。氧化还原的化学能通常以热能或光能的形式释放。原电池是借助于氧化还原反应将化学能转变为电能的装置。原电池由两个半电池组成。两个电极上发生的半电池反应（氧化反应或还原反应）称为电极反应。两个电极反应之和为原电池的全电池反应。最简单的例子是铜锌原电池，即将锌片和铜片分别插入硫酸锌水溶液和硫酸铜水溶液中，当锌片和铜片用导线连接起来时，就可以在导线上获得定向移动的电子，可以测得铜锌原电池的工作电压，并获得工作电流。中间的盐桥起到代替两溶液直接接触而构成闭合回路以及平衡电荷的作用。铜锌原电池也被称为丹尼尔电池。

丹尼尔电池的电极反应和全电池反应可以写为：

负极反应： $$Zn-2e^- \longrightarrow Zn^{2+} \tag{1-1}$$

正极反应： $$Cu^{2+}+2e^- \longrightarrow Cu \tag{1-2}$$

全电池反应： $$Zn+Cu^{2+} = Zn^{2+}+Cu \tag{1-3}$$

上述电池的电池图式为：$(-)Zn|Zn^{2+}(c_1) \| Cu^{2+}(c_2)|Cu(+)$。（－）和（＋）分别代表负电极和正电极，｜代表半电池中的两相界面，溶液或气体通常要注明浓度或压强，‖代表盐桥。电池的电动势是电池开路时正负极之间

的电位差，用 E 表示。假设导线的电阻忽略不计，铜锌原电池的电动势为正极电极电位与负极电极电位之差，可以表示为：

$$E=\varphi_{正}-\varphi_{负}=\varphi_{Cu/l_1}+\varphi_{l_1/l_2}+\varphi_{l_2/Zn}+\varphi_{Zn/Cu} \tag{1-4}$$

式中，φ_{Cu/l_1} 和 $\varphi_{l_2/Zn}$ 分别为 Cu 和 Zn 电极与各自盐溶液之间的电位差；φ_{l_1/l_2} 为两种盐溶液之间的电位差；$\varphi_{Zn/Cu}$ 为两种金属之间的电位差。电位差的形成归根结底是由于组成不同的两相之间的界面形成了正负电荷分布不均匀的双电层所致。电位差所导致的电极电位无法测定，也无需直接测定，实际应用中只需得到其对于一个标准电势的相对值即可得到体系的电动势。国际上规定标准氢电极为标准电极。在任意温度下，$\varphi^{\ominus}(H^+/H_2)=0$。通过标准电极电位表可以查找不同氧化还原对相对于标准氢电极的标准电极电位 $\varphi^{\ominus}$。

$c=1mol\cdot L^{-1}$ 或 $p=0.1MPa$ 在常温条件下的电动势为标准电动势 $E^{\ominus}$。式（1-3）的 $E^{\ominus}=1.1037V$。电动势的正负号代表了氧化还原反应自发进行的方向。非标准状态下，电动势的大小与构成电池的物质的性质、温度、反应物浓度和压力有关。

能斯特在 1891 年阐明了电极反应在恒温恒压下进行时的吉布斯自由能的变化（ΔG）与电池电动势 E 的热力学关系：

$$\Delta G=-nFE \tag{1-5}$$

式中，n 为每摩尔反应物的转移电子数；F 为法拉第常数。对于任意状态下的氧化还原反应（$a\mathrm{A}+b\mathrm{B}=\!=\!=d\mathrm{D}+e\mathrm{E}$）：

$$\Delta G(T)=\Delta G^{\ominus}(T)+RT\ln Q=\Delta G^{\ominus}(T)+2.303RT\lg Q \tag{1-6}$$

将式（1-5）代入式（1-6）可以得到能斯特方程，非标准状态下的电池电动势为：

$$E=E^{\ominus}-\frac{2.303RT}{nF}\lg\frac{\left[\frac{c_D}{c^{\ominus}}\right]^d\left[\frac{c_E}{c^{\ominus}}\right]^e}{\left[\frac{c_A}{c^{\ominus}}\right]^a\left[\frac{c_B}{c^{\ominus}}\right]^b}=E^{\ominus}-\frac{RT}{nF}\ln\frac{\left[\frac{c_D}{c^{\ominus}}\right]^d\left[\frac{c_E}{c^{\ominus}}\right]^e}{\left[\frac{c_A}{c^{\ominus}}\right]^a\left[\frac{c_B}{c^{\ominus}}\right]^b} \tag{1-7}$$

同理，电极电位的能斯特方程可以推导为：

$$\varphi=\varphi^{\ominus}-\frac{2.303RT}{nF}\lg\frac{\left[\frac{c(\text{还原态})}{c^{\ominus}}\right]^d}{\left[\frac{c\ \text{氧化态}}{c^{\ominus}}\right]^a}=\varphi^{\ominus}-\frac{RT}{nF}\ln\frac{\left[\frac{c(\text{还原态})}{c^{\ominus}}\right]^d}{\left[\frac{c\ \text{氧化态}}{c^{\ominus}}\right]^a} \tag{1-8}$$

1.1.2 可逆电池与可逆电极

可逆电池是在化学能与电能相互转化过程中始终处于热力学平衡状态的电池体系，更通俗地讲是电池充放电过程中发生的任何反应均可逆的电池体系。形成可逆电池体系的必要条件包括：①化学反应可逆，放电反应和充电反应互为逆反应；②能量变化可逆，电池工作时，不论充电还是放电，电池内部通过的电流十分微小，即电池在接近平衡的状态下工作，不会有电能不可逆地转化为热能。以丹尼尔电池为例，虽然电极反应是可逆的，但是电池放电时，在两种溶液的接界处还会发生 Zn^{2+} 向硫酸铜溶液中的扩散过程，而这一过程在电池充电时不可逆。因此，丹尼尔电池不属于可逆电池体系。

可逆电池的电极必须是可逆电极。可逆电极的充放电反应是同一反应，只是方向相反，而且可逆电极具有较高的平衡离子浓度和交换电流密度，能迅速建立和保持平衡态。可逆电极电位也称为平衡电极电位。可逆电极通常分为基于电子交换反应的电极和基于离子交换或扩散的电极，可以细分为以下五类。

（1）第一类可逆电极：只有一个相界面

这类电极是金属、合金或气体与它们相应的离子溶液组成的电极。典型的第一类电极是金属电极，也就是金属浸入含有该金属盐溶液中形成的电极。另外还包括汞齐电极、金属配合物电极和氢电极等气体电极。

（2）第二类可逆电极：有两个相界面

这类电极是金属电极表面覆盖一层该金属的难溶盐，再放入含有该难溶盐阴离子的溶液中形成的电极。典型的第二类电极是银-氯化银电极、甘汞电极和锑-氧化锑电极。

（3）第三类可逆电极：氧化还原电极

这类电极是由惰性导体与包含氧化还原对的溶液组成的电极。例如 $Pt|Fe^{3+},Fe^{2+}$ 电极、氢醌-醌电极等。高温钠硫电池的硫电极属于这一类电极。

（4）第四类可逆电极：膜电极

这类电极包含一层特殊的电极膜，电极膜对特定的离子具有选择性响应，电极膜的电位与待测离子含量之间的关系符合能斯特公式。膜电极的总电势由三部分组成，即膜的两侧面与溶液界面上的两个相界面电势以及膜内的扩散电势。典型的第四类电极包括离子选择性电极。

（5）第五类可逆电极：嵌入脱出电极

这类电极通过阴阳离子在电极主体晶格内嵌入/脱出生成非化学计量化合物来改变电极电位。典型的第五类可逆电极是锂离子或钠离子电池的正负极。

1.1.3 电极过电位

电极反应通常经历以下步骤：

① 离子传质步骤：电极活性离子自电解质本体向电极表面迁移。

② 前置表面转化步骤：离子离开电解质，被吸附在电极表面，配合物解体等电极放电反应前的步骤。

③ 电化学步骤：离子在电极表面放电。

④ 随后转化步骤：放电后离子在电极附近的表面转化为新相。

⑤ 新相扩散步骤：新相向电极内扩散或离开电极的步骤。

上述步骤中最慢的步骤就是电极反应的控制步骤。在实际电池中，正负极电极过程的这些步骤，尤其是控制步骤，往往由于极化作用在偏离平衡态下进行，此时电极电位会偏离平衡电极电位产生过电位。某一电流密度下电极电位与平衡电极电位的差值即为电极过电位。极化作用是由于实际电池中电子离子的输运存在一定的滞后，从而在偏离平衡电位的电位上发生氧化还原反应的现象。引发极化现象的原因主要来自欧姆极化、浓差极化和电化学极化三个部分。电池中电极材料、电解质材料以及附着在电极材料上的反应产物都存在欧姆阻抗，从而导致欧姆极化。电化学反应进行中反应物浓度在电极附近和远离电极位置的差异所造成的浓差极化也会造成电极电位对平衡值的偏离。电化学极化通常是充放电步骤、除扩散步骤以外的充放电前置步骤以及充放电的后续步骤（例如充放电产物进入晶格）本身的迟缓导致的。降低电极过电位或减轻电池极化能减小化学能转化为热能的比例，从而提高电池的能量效率。

塔菲尔（Tafel）发现过电位 η 与电流密度 i 的对数之间存在线性关系，即：

$$\eta = a + b\lg i \tag{1-9}$$

式中，a 为单位电流密度下的过电位，反映材料本身与过电位的关系；斜率 b 反映过电位随电流密度的对数的变化率，常常与电极过程的机理有关。

1.1.4 电子转移步骤动力学简述

电池中的电子转移步骤也叫电化学反应步骤，是反应物质在电极/溶液界面得到电子或失去电子，从而还原或氧化成新物质的过程。当电子转移步骤成为电极过程的控制步骤时，产生电化学极化。电极的极化规律取决于电子转移步骤的动力学规律。

电子转移步骤的反应速率与电极电位有关。电极电位通过影响电子转移步骤活化能来影响电子转移步骤的反应速率。对于仅发生电化学极化的电极反应 $Ag^{+}+e^{-}=\!=\!=Ag$，根据图 1-1 所示的位能图，电极还原反应自由能 $\Delta\overrightarrow{G}$ 和氧化反应自由能 $\Delta\overleftarrow{G}$ 可以写作：

$$\Delta\overrightarrow{G}=\Delta\overrightarrow{G}^{0}+\alpha F\Delta\phi \tag{1-10}$$

$$\Delta\overleftarrow{G}=\Delta\overleftarrow{G}^{0}-\beta F\Delta\phi \tag{1-11}$$

式中，$\Delta\overrightarrow{G}^{0}$ 和 $\Delta\overleftarrow{G}^{0}$ 分别为零电位下的还原和氧化反应自由能；$\Delta\phi$ 为相间电位；传递系数 α 和 β 反映电极电位对还原反应和氧化反应的影响程度；F 为法拉第常数。电极电位对电子位能曲线的影响与此类似。因此，存在界面双电层电场时，反应粒子达到活化态需要做功 $\delta nF\Delta\phi$（n 为每摩尔反应物的转移电子数），其中对于还原反应，$\delta=\alpha$；对于氧化反应，$\delta=\beta$。当 $\Delta\phi>0$ 时，还原反应活化能增大，氧化反应活化能减小；反之，还原反应活化能减小，氧化反应活化能增大。

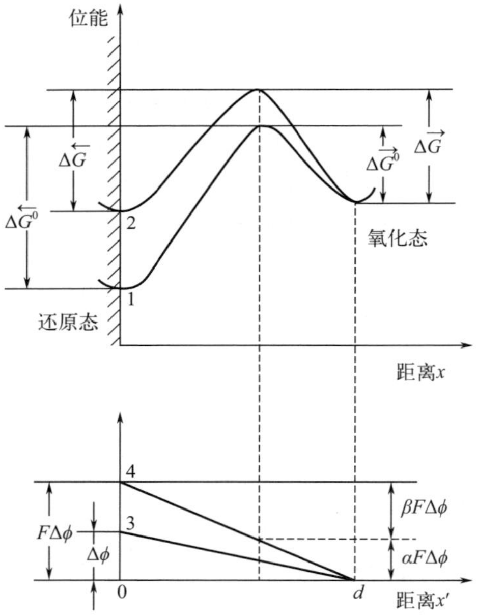

图 1-1 电极电位对 Ag^{+} 位能曲线的影响

1—零电位时的位能曲线；2—双电层电位差为 $\Delta\phi$ 时的位能曲线；
3—双电层紧密层的电位分布；4—双电层中的位能变化

用电流密度 j 表示电极反应速率：

$$j=nFv \tag{1-12}$$

结合式（1-10）和式（1-11）以及化学动力学基本方程：

$$v=kc\exp\left(-\frac{\Delta G}{RT}\right) \tag{1-13}$$

式中，k 为与电极反应速率有关的常数，c 为反应物浓度。结合式（1-12）和式（1-13）可以推导得到：

$$\vec{J}=F\vec{k}c_{\mathrm{o}}\exp\left(-\frac{\Delta\vec{G}^{0}+\alpha F\varphi}{RT}\right)=F\vec{K}c_{\mathrm{o}}\exp\left(-\frac{\alpha F\varphi}{RT}\right)\quad 令\ \vec{K}=\vec{k}\exp\left(-\frac{\Delta\vec{G}^{0}}{RT}\right) \tag{1-14}$$

$$\overleftarrow{J}=F\overleftarrow{k}c_{\mathrm{R}}\exp\left(-\frac{\Delta\overleftarrow{G}^{0}-\beta F\varphi}{RT}\right)=F\overleftarrow{K}c_{\mathrm{R}}\exp\left(\frac{\beta F\varphi}{RT}\right)\quad 令\ \overleftarrow{K}=\overleftarrow{k}\exp\left(-\frac{\Delta\overleftarrow{G}^{0}}{RT}\right) \tag{1-15}$$

令 $\varphi=0$ 时的反应速率 $\vec{J}^{0}=F\vec{K}c_{\mathrm{o}}$，$\overleftarrow{J}^{0}=F\overleftarrow{K}c_{\mathrm{R}}$，可以得到电极电位对电子转移步骤反应速率影响的基本动力学公式：

$$\vec{J}=\vec{J}^{0}\exp\left(-\frac{\alpha F\vec{\varphi}}{RT}\right) \tag{1-16}$$

$$\overleftarrow{J}=\overleftarrow{J}^{0}\exp\left(\frac{\beta F\overleftarrow{\varphi}}{RT}\right) \tag{1-17}$$

$$\vec{\varphi}=\frac{2.303RT}{\alpha F}\lg\vec{J}^{0}-\frac{2.303RT}{\alpha F}\lg\vec{J} \tag{1-18}$$

$$\overleftarrow{\varphi}=-\frac{2.303RT}{\beta F}\lg\overleftarrow{J}^{0}+\frac{2.303RT}{\beta F}\lg\overleftarrow{J} \tag{1-19}$$

当电极电位处于平衡态（$\varphi=\varphi_{平}$）时，$\vec{J}=\overleftarrow{J}=j^{0}$，$j^{0}$ 定义为交换电流密度。交换电流密度满足：

$$j^{0}=F\vec{K}c_{\mathrm{o}}\exp\left(-\frac{\alpha F\varphi_{平}}{RT}\right)=F\overleftarrow{K}c_{\mathrm{R}}\exp\left(\frac{\beta F\varphi_{平}}{RT}\right) \tag{1-20}$$

j^{0} 表征电极反应的动力学特性，即平衡电位下，氧化反应或还原反应的绝对速率或反应粒子在界面交换的速率。j^{0} 大，电极反应容易进行，电极可逆性好，不易极化，反之，电极反应不易进行，极化大。j^{0} 受电极反应速率常数 K、电极材料和反应物浓度 c 影响。当单电子反应 $\alpha+\beta=1$，从电极动力学特性参数 j^{0} 可以推导得到电极热力学特性参数 $\varphi_{平}$：

$$\varphi_{平}=\varphi^{0'}+\frac{RT}{F}\ln\frac{c_{\mathrm{o}}}{c_{\mathrm{R}}}\quad 令\ \varphi^{0'}=\frac{RT}{F}\ln\frac{\vec{K}}{\overleftarrow{K}} \tag{1-21}$$

根据公式可以得知电极反应速率常数 K 的物理意义是电极电位为标准电极电位以及反应粒子浓度为单位浓度时电极反应的交换电流密度。

通过式（1-9）、式（1-18）和式（1-19）可知，塔菲尔斜率 $b=-\frac{2.303RT}{\alpha F}=$

$\frac{2.303RT}{\beta F}$。图 1-2 显示了电化学体系典型的稳态极化曲线。低过电位时，受分散层双电层结构的影响，电极体系不符合塔菲尔曲线。通过对实测的稳态极化曲线中高过电位区进行线性拟合和数据处理，可以获得交换电流密度 j^0、传递系数 α 和 β、电极反应速率常数 K、极化电阻以及自腐蚀电位等重要参数信息。

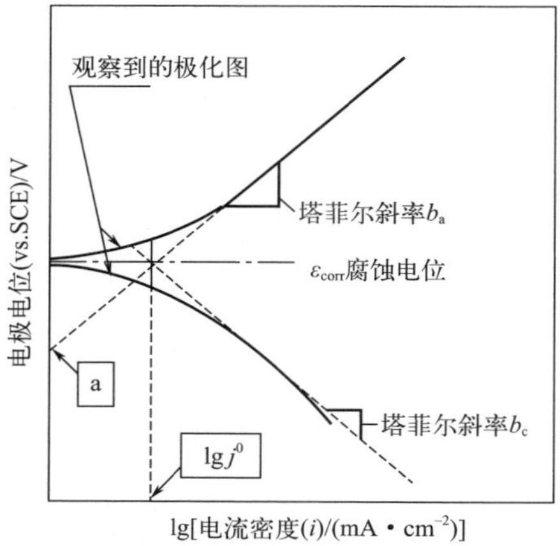

图 1-2　实测稳态极化曲线及拟合的塔菲尔曲线

1.1.5　电极反应的常见机理

电极反应通常分为六种，分别包括简单电子迁移反应、金属沉积反应、表面膜的转移反应、气体氧化或还原反应、气体析出反应和腐蚀反应。目前的电极反应机理主要有以下四种：

① CE 机理，C 代表化学反应（chemical reaction），E 代表电子迁移反应（electron migration reaction），指在发生电子迁移反应之前发生化学反应，其通式可表示为：

$$X \rightleftharpoons Ox + ne^- \rightleftharpoons Red \tag{1-22}$$

在给定的电势区间，电解质中反应物的主要存在形式 X 是非电活性物质，不能在电极表面进行电化学反应，必须通过化学步骤先生成电活性物质 Ox，再进行电极上的电荷传递，如金属配离子的还原、弱酸性电解质中氢气的析出及异构化为前置步骤的有机电极过程等。

② EC 机理，指在电极/电解质界面发生电子迁移反应后又发生了化学反应，其通式如下：

$$\mathrm{Ox} + z\mathrm{e}^- \rightleftharpoons \mathrm{Red} \rightleftharpoons \mathrm{X} \tag{1-23}$$

随后质子转移过程的有机物还原及金属电极在含配合物介质中的负极溶解等均属于此类反应。

③ 催化机理，其属于EC机理中的一种，指在电极和电解质之间的电子传递反应，电极表面物质具有氧化-还原的催化作用，使反应可以在比裸电极更低的超电势下发生，其通式如下：

$$\mathrm{Ox} + n\mathrm{e}^- \rightleftharpoons \mathrm{Red}$$

$$\mathrm{Red} + \mathrm{X} \rightleftharpoons \mathrm{Ox} + \mathrm{Y}$$

总反应：

$$\mathrm{X} + n\mathrm{e}^- \longrightarrow \mathrm{Y} \tag{1-24}$$

④ ECE机理，氧化还原物质先在电极表面发生电子迁移反应，接着发生化学反应，在这两种反应后又发生了电子迁移反应，最终生成产物。

1.1.6 电化学交流阻抗谱基础

近年来，电化学交流阻抗谱（electrochemical impedance spectroscopy，EIS）逐渐成为电池技术中复杂过程研究的重要表征手段之一。它可以在一次测量中分离和表征复杂过程中涉及的不同步骤。EIS是基于传递函数的一种研究方法，是通过在小幅值正弦波的扰动下（系统的选定状态为稳态）测量扰动正弦波的线性响应信号来研究电极过程的方法。通常在进行电化学动力学研究时，5～10mV振幅的扰动是可以接受的。然而，当研究剧烈的电极反应时，振幅会要求下降到0.1mV。相反地，准线性区域的测量可以在50～100mV甚至更高的振幅下进行。信号振幅下降，噪声的影响相对增加，从而导致测量精度下降，而信号振幅的增加导致非线性误差的增加。因此，信号振幅的选择需要综合考虑噪声和误差，取决于研究的目的、所选测试点的线性度、测试仪器的精度和应用的分析方法。通过在宽频率范围内测量EIS，可以得到包含不同速度和时间常数的过程的丰富信息，速度快的子过程出现在高频区，速度慢的子过程出现在低频区，可分离判断出几个子过程，如电子传导、快速电化学动力学、气体在多孔电极中的扩散、离子在固体离子中的传输、新相的形成和生长等。阻抗谱可以等效成是一个电路在不同频率下的阻抗绘制成的曲线。

激励正弦交流电压可以表示为：

$$\phi = \phi_{\mathrm{m}} \sin\omega t = \phi_{\mathrm{m}} \exp(\mathrm{j}\omega t) \tag{1-25}$$

将此正弦信号加到不同电子元件两端，其响应的电流为：

$$\bar{i} = I\exp[\mathrm{j}(\omega t + \varphi)] \tag{1-26}$$

φ 为电流 $\bar{i}$ 与电路两端的电压之间的相位差。电路的阻抗可以表示为：

$$Z=\frac{\phi}{\bar{i}}=\frac{\phi_m}{I}\exp(-j\varphi)=|Z|\exp(-j\varphi)=|Z|(\cos\varphi-j\sin\varphi)=Z'-jZ'' \tag{1-27}$$

Z_{Re} 为阻抗的实部，Z_{Im} 为阻抗的虚部。对于以下等效元件，阻抗分别为：

① 纯电阻 R：没有相位差，$Z=R$。

② 纯电容 C：电流相位比电压相位超前$\frac{\pi}{2}$，$Z=-j\frac{1}{\omega C}$。

③ 纯电感 L：电流相位比电压相位落后$\frac{\pi}{2}$，$Z=j\omega L$。

④ RC 串联电路：$Z=R-j\frac{1}{\omega C}$。

⑤ RC 并联电路：$\frac{1}{Z}=\frac{1}{R}+j\omega C$

另外还有其他常见的等效电路元件，如无限扩散元件 W、有限扩散元件 O 和常相角元件 Q，本书不再详细介绍。

对于一定的电池体系，对电池中各个界面进行电路图等效处理。根据获得的响应信号，通过计算机作图得到阻抗复平面图（也称 Nyquist 图），$\lg|Z|$或 φ-$\lg\omega$ 图（Bode 图）等，通过等效电路图拟合进一步得到电解质电阻、双电层电容、界面电荷转移电阻和特征频率等参数信息。

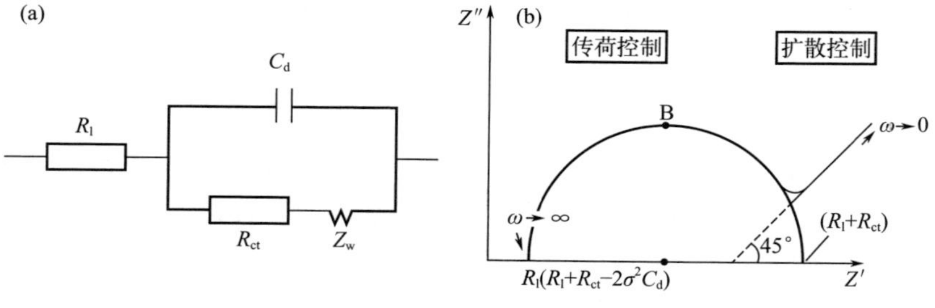

图 1-3 兼有电化学极化和扩散（浓差）极化的电池体系的典型等效电路图和 Nyquist 图

对于一个兼有传荷控制（或电化学极化）和扩散控制（或浓差极化）的电池体系，其等效电路图见图 1-3（a）。电极阻抗 Z 的实部 Z'和虚部 Z''在高频区满足关系式（1-28），在低频区满足关系式（1-29），体现在复平面图上如图 1-3（b）所示，高频区对应欧姆过程，实轴截距对应体系的欧姆阻抗 R_l。高中频区对应传荷控制过程，可见直径为 R_{ct} 圆心在实轴上的第一象限半圆，半圆方程式可以写作式（1-28）；半圆于 $\omega \to \infty$ 处交实轴 $Z=R_1+R_{ct}$ 处。低频段对应扩散控制过程，由半圆转变为一条与实轴呈 45°角的直线，直线方程式可以写作式（1-29）。由高中频区半圆可求得 R_{ct}、C_d 和 R_1 等参数。由低频区直线可求得 σ。若仅氧化态粒子可溶，则可通过关系式（1-30）计算氧化态粒子的扩散系数 D。

$$\left(Z'-R_1-\frac{R_{ct}}{2}\right)^2+Z''^2=\left(\frac{R_{ct}}{2}\right)^2 \tag{1-28}$$

$$Z'=Z''+(R_1+R_{ct})-2\sigma^2 C_d \tag{1-29}$$

$$\sigma=\frac{RT}{\sqrt{2}n^2F^2c_0\sqrt{D}} \tag{1-30}$$

式中，R_1 为欧姆阻抗，R_{ct} 为电荷转移阻抗，C_d 为双电层电容，n 为电荷转移数，F 为法拉第常数，c_0 为反应粒子的浓度，R 为理想气体常数，T 为温度，σ 是与物质转移有关的系数。

交流阻抗谱不仅能进行电极过程的表征，还是测试固体电解质的电导率的有效方法。将固体电解质夹在两个阻塞电极中间，通过交流阻抗谱的测试可以得到高频晶粒体积阻抗和中频晶界阻抗，从而计算得到固体电解质的总电导率。图 1-4 显示了采用阻塞电极测量多晶固体电解质的阻抗时，MgO 稳定的 Na-β″-Al_2O_3 在 400℃下的 Nyquist 图，其等效电路图见图中电路图。R_g 为晶粒体积电阻，R_{gb}、C_{gb} 为晶界电阻和电容。随着测量温度的升高，晶界作用影响减弱，半圆会逐渐消失。根据拟合的曲线可以计算出固体电解质的晶粒电阻、晶界电阻以及总电阻。

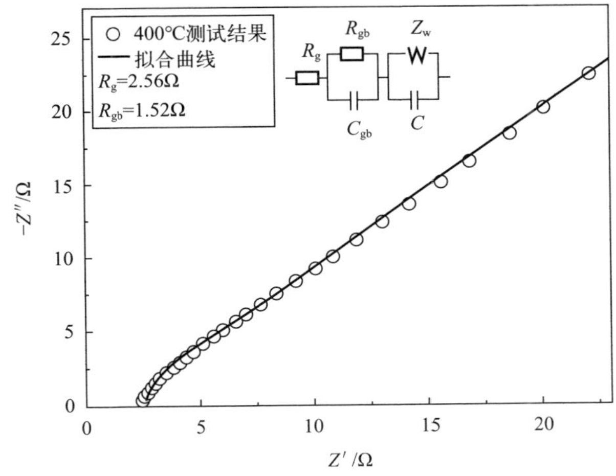

图 1-4　MgO 稳定的 Na-β″-Al_2O_3 在 400℃下的 Nyquist 图及其等效电路图

1.2 固体电解质相关基础理论

1.2.1 固体电解质中的离子输运理论概述

固体电解质中离子的传导来源于点缺陷的迁移，点缺陷主要包括空位缺陷、间隙缺陷和掺杂剂点缺陷。紊乱跃迁理论是最早发展的解释离子在固体中扩散（或传导）机理的理论之一。在该理论中，离子的扩散过程是离子在固态晶格中的缺陷间，如空位或间隙位跃迁实现的。推导得到离子在晶格内的无序扩散系数 D 满足：

$$D=\frac{1}{b}fa^{2}cv_{0}\exp\left(\frac{\Delta S}{R}\right)\exp\left(-\frac{\Delta H}{RT}\right) \tag{1-31}$$

式中，b 为几何结构因子（一维迁移 $b=2$，二维迁移 $b=4$，三维迁移 $b=6$），f 为相关因子，a 为跃迁间距或自由行程，c 为可供跃迁的缺陷浓度，v_0 为晶格离子振动频率，ΔS 和 ΔH 为离子从正常状态迁移到活化状态的熵变和焓变，R 为理想气体常数，T 为热力学温度。在化学势或电势梯度的作用下，无序扩散转变为有序扩散，同种离子参与的扩散或导电作用应服从能斯特-爱因斯坦（Nernst-Einstein）公式：

$$\sigma RT=Dcz^{2}F^{2} \tag{1-32}$$

式中，σ 为电导率，z 为离子所带电荷数，F 为法拉第常数。从式（1-32）可以推断，晶体中载流子的浓度和扩散系数是表征其离子导电性的重要指标，高的载流子浓度和迁移率往往导致高的离子导电性。将式（1-32）代入式（1-31）中，可以得到阿伦尼乌斯（Arrhenius）方程式（1-33）。

$$\sigma=\frac{\sigma_{0}}{T}\exp\left(-\frac{\Delta H}{RT}\right) \tag{1-33}$$

式中，σ_0 称为指数前项，$\Delta H=E_a$ 为电导活化能。阿伦尼乌斯方程表征电导率随温度的变化关系，式（1-33）可以重新写为：

$$\ln(\sigma T)=\ln\sigma_{0}-\frac{E_{a}}{R}\times\frac{1}{T} \tag{1-34}$$

以 $\frac{1}{T}$ 为横轴、$\ln(\sigma T)$ 为纵轴作图可以得到一条斜率为负值的直线，斜率绝对值与理想气体常数的乘积则为电导活化能。固体电解质的活化能一般为正常固体的 1/10～1/5。

基于无序扩散的紊乱跃迁理论假设离子的迁移概率不因其他缺陷的存在

而变化，然而快离子导体晶格内有大量空位，其数目甚至高于迁移离子数，此时离子的迁移必然在很大程度上与邻近粒子或缺陷间的相互作用有关，因此 1970 年前后 Kikuchi 和 Sato 等发展了概率途径法，来计算快离子导体的扩散系数和电导率。他们推导出概率途径假设下电导率与扩散系数需要满足：

$$\frac{\sigma}{D_i}=\left(\frac{e_+^2 n_{\mathrm{Na}}}{kT}\right)f^{-1} \tag{1-35}$$

式中，D_i 为扩散系数，如果扩散离子为钠离子，$i=2$。e_+ 为阳离子所带电荷，n_{Na} 为钠离子密度，f 为相关因子。

1973 年，Läuger 更进一步地对传统跃迁理论进行了修正。在他的迁移速率理论分析中，考虑到结合位点被饱和占用的概率，允许出现饱和现象。也就是说，一个离子只有在位点没有被另一个离子占据的情况下才能进入位点中，而一个离子只有在已经被另一个离子占据的情况下才能离开位点。因此，知道被占用和未被占用的位点的概率就可以表征当前的净单向通量。近二十年来，仍然有学者将离子-离子相互作用引入传统跃迁理论对其进行不断的修正，以使理论计算的结果更加接近实验数据[1,2]。

由晶粒和晶界组成的多晶固体电解质因合成条件较单晶温和得多，而成为固体电解质材料实用化研究的重点。离子在固体电解质多晶中既在晶粒中迁移，也在晶界中传导，从而产生离子导电。一般来说，晶界是相邻晶粒间的晶格错配界面。晶界厚度约为 1 nm，电荷点缺陷丰富，排斥附近具有相同电性的载流子，形成两个空间电荷层。通常，载流子在空间电荷层中的浓度比在晶粒中的浓度低一个数量级，导致离子沿晶界传导迟缓。晶体结构、缺陷结构和晶界等因素影响着载流子的浓度、迁移率和传导活化能，最终深刻地影响着固体电解质多晶的离子电导率。

近年来，除了晶格间隙输运机制以外，美国马里兰大学莫一非教授和上海大学施思齐教授等团队先后发现快离子导体材料特有的离子换位协同输运机理[3,4]。协同输运机制适用于骨架几何形状突出的离子导体，其本质为间隙离子与骨架离子之间以及输运离子之间的相互作用改变了离子迁移方式，降低了输运能垒。图 1-5 为莫一非等所作单离子跃迁与多离子协同跃迁的示意图。对于单离子跃迁，单个离子跃迁的能垒即整个材料的输运能垒；对于多离子跃迁，多离子协同跃迁的能垒要显著低于单个离子跃迁的能垒。激活低能垒的协同跃迁模式成功解释了为什么在很多固体电解质（如 garnet、NASICON）中提高锂组分的含量会导致活化能下降和电导率提高。

在离子协同输运过程中存在多种协同运动方式，例如同种离子间协同（如

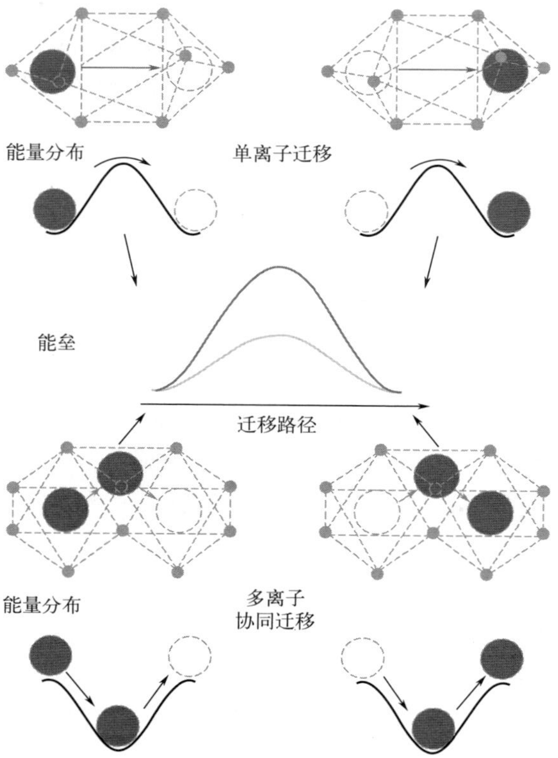

图 1-5　单离子跃迁与多离子协同跃迁的示意图[4]

Li^+-Li^+ 或 Na^+-Na^+）、异种同价离子间协同（如 Li^+-Na^+）。协同输运过程中又存在同种离子与不同离子分别沿同一方向与不同方向的协同运动方式，均影响离子输运的物理图像。在同种离子协同输运过程中，“协同离子”与“输运离子”分别占据高低能位后，通过库仑作用力互相推动协同运动，运动势能进行互补降低系统总激活能。“协同离子”与“输运离子”的占位与浓度决定了局域平衡构型的形成，增加低能垒协同运动，使得协同跳跃率升高，进而提高了扩散系数。由此，协同跳跃率可定量描述协同输运程度。正是基于储能材料中也会存在异种异价迁移离子协同输运的方式，他们发现 Zn^{2+} 的嵌入激活了 $NaV_2(PO_4)_3$ 中 M1 位的 Na^+，Na^+/Zn^{2+} 的协同迁移导致其在 M1（16b）和 M2（18e）混合占据，而这种混合占据有利于提高 Zn^{2+} 嵌入过程中电极材料的结构稳定性，实现良好的电池充放电循环性能[5]。然而，尽管离子的换位协同输运机理在计算上被提出广泛存在于各类无机固体电解质中，但实验上的直接观测仍是一个挑战。

1.2.2 离子传导动力学与研究技术

离子在晶格内的迁移运动可能包括横向运动、转动和振动，其中转动运动较少发生。通常情况下，与固体中离子迁移运动有关的特征频率有以下几种：①本征频率 ω_0，即离子在平衡位置上的振动频率；②离子发生跃迁后的晶格弛豫频率 ω_p；③离子跃迁频率 ω_j。通常 $\omega_0>\omega_p>\omega_j$，且 ω_0 约为 10^{13} Hz，那么在已知化合物结构的前提下，通过分析 X 射线散射光谱中非布拉格散射部分，可以鉴定固体电解质中的晶格缺陷。然而，X 射线散射光谱对轻元素的灵敏度较差，且光子能量远高于固体晶格的振动能，因此能量较低的中子散射成为研究离子传导动力学更优的技术。中子散射截面的相干部分可以确定晶格的平均结构。非相干部分可以表征平均结构随时间的变化，从而探测粒子的扩散过程。

如果离子传导出现离子间的协同作用以及晶格内大量无序度出现，那么离子振动频率可能下降到微波光谱或拉曼（Raman）光谱的吸收范围。实验证明，β-Al_2O_3 在红外和拉曼光谱上均出现低频振动模式，其强度与阳离子的置换作用有关。另外，包括 Na^+ 在内的多种单价离子有较灵敏的核磁共振（NMR）响应，因此 NMR 有助于研究固体电解质中迁移离子的运动特性。Na-β-Al_2O_3 单晶的 NMR 表明，在 77K 的低温下，Na^+ 占据包括三次对称的 BR 位置和其他对称性较低的位置，只有部分位置上的 Na^+ 参与离子传导，但是在高于 110K 的温度下，在 NMR 的时间间隔内（$>10^{-5}$ s），所有位置的 Na^+ 都参与传导过程。

调制晶格动力学被认为是改善固体电解质离子电导率和发现新的离子导体的一种新兴方法[6]。例如，硼氢化物或硫化物固体电解质中的 $[B_nH_n]^{2-}$、$[CB_{n-1}H_n]^-$ 或 $[PS_4]^{3-}$ 等离子在它们的位置上发生旋转，会降低迁移势垒，并促进钠离子的传导。Zeier 等利用声速测量结合结构表征探究了 $Na_3PS_{4-x}Se_x$ 的晶格动力学调控钠离子电导率的规律[7]。固体材料中的声速与声子分支的斜率直接相关，因此声速测试可以较好地度量晶格刚度。$Na_3PS_{4-x}Se_x$ 在 $x\approx0\sim1.5$ 范围内为四方晶相，在 $x\approx2\sim4$ 范围内为立方晶相。随着 x 的增大，观测到声音在对应晶格中的传播速度减小，表明了晶格持续软化。虽然 $Na_3PS_{4-x}Se_x$ 的室温钠离子电导率随 x 的增大而增大，相应的活化能随 x 的增大而减小，但在 $Na_3PS_{0.5}Se_{3.5}$ 时达到极值。晶格更软的 Na_3PSe_4 的钠离子电导率低于 $Na_3PS_{0.5}Se_{3.5}$，表明较软的晶格并不必然会产生电导率更高的固体电解质。基于 S^{2-} 和 Se^{2-} 对氧化物晶格的软化作用，

Wang 等通过密度泛函理论（DFT）计算了 $Na_7P_3X_{11}$（X=O，S，Se）的钠离子电导率。$Na_7P_3S_{11}$ 和 $Na_7P_3Se_{11}$ 的电导率分别为 $10.97mS \cdot cm^{-1}$ 和 $12.56mS \cdot cm^{-1}$，比 $Na_7P_3O_{11}$ 高约 4 个数量级[8]。Sokseiha 等已经通过将声子能带中心作为晶格动力学的描述符，实现了含锂电解质材料的高通量筛选[9]。图 1-6 显示了高通量筛选的原理图。他们将包含氧化物、硫化物、氟化物、氯化物、硼化物、碘化物、氮化物等在内的 14000 余种含锂电解质材料经过逐级筛选，并根据结构稳定性、带隙、成分等因素，对约 1200 个化合物进行了预筛选，最终结合低的声子能带中心、大的电化学稳定性窗口和结构稳定性，预测了 18 种有潜力的锂离子导体，其中 Li_3ErCl_6 的室温电导率较高，为 $0.05 \sim 0.3mS \cdot cm^{-1}$。这表明了基于晶格动力学发现固体电解质的前景。

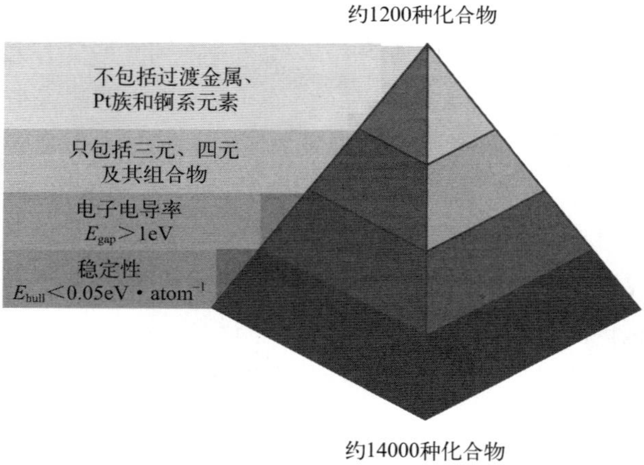

图 1-6　高通量筛选含锂电解质材料的原理图[9]

早在 1991 年，Jansen 等就提出了晶格运动辅助离子扩散的桨轮机制（paddle-wheel mechanisms），具体体现为阴离子配位多面体（即聚阴离子）的旋转运动增强了阳离子迁移[10]。这种传导机制被认为广泛存在于络合硼氢化钠型固体电解质的 $[BH_4]^-$、$[B_nH_n]^{2-}$ 和 $[CB_{n-1}H_n]^-$ 基团[11-13]。最近，桨轮机制也在硫族化合物固体电解质的 $[PS_4]^{3-}$ 和 $[SbS_4]^{3-}$ 四面体聚阴离子中得到发展[14,15]。Nazar 等通过中子衍射数据结合最大熵法和 DFT 计算得到 $Na_{11}Sn_2Pn(S/Se)_{12}$（Pn = P，Sb）更为直观的核密度图。图 1-7 为 $Na_{11}Sn_2PS_{12}$ 和 $Na_{11}Sn_2SbS_{12}$ 在 450K 下通过（001）面 $z=1/8$ 附近的核密度 3D 图和截面图。$Na_{11}Sn_2PS_{12}$ 中 $[PS_4]^{3-}$ 和 $Na_{11}Sn_2SbS_{12}$ 中 $[SbS_4]^{3-}$ 聚阴离子因为旋转而发生重定向。图 1-7（a）显示了 $[PS_4]^{3-}$ 的四个原始晶格位，分

别为 S_{1a}、S_{2a}、S_{3a} 和 S_{4a}，以及 PS_4 四面体的另外四个重定向的密度最大值，分别为 S_{1b}、S_{2b}、S_{3b} 和 S_{4b}，而图 1-7（e）中只有非常局部的 $[SbS_4]^{3-}$ 聚阴离子发生轻微的重定向。其他不同温度下的核密度图断面图也显示 $Na_{11}Sn_2PS_{12}$ 中 $[PS_4]^{3-}$ 的旋转强于 $Na_{11}Sn_2SbS_{12}$ 中的 $[SbS_4]^{3-}$。聚阴离子的旋转不产生离子传导，但可以与阳离子之间发生偶合，促进钠离子的协同扩散与迁移。

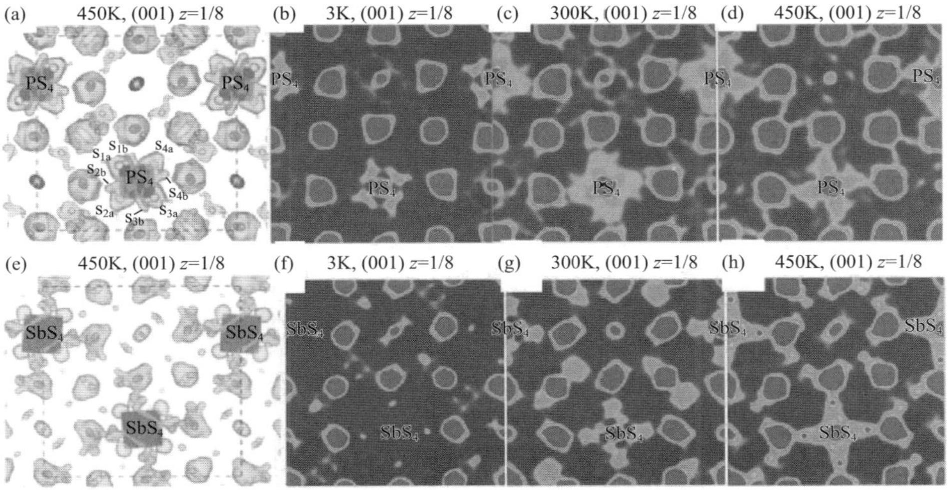

图 1-7 $Na_{11}Sn_2PS_{12}$ 和 $Na_{11}Sn_2SbS_{12}$ 通过（001）面 $z=1/8$ 附近的核密度 3D 图和截面图

1.2.3 固体电解质的离子迁移数和电子迁移数

固体电解质的离子或电子迁移数 $t_{\pm}$ 是离子或电子产生的电流在总电流中的占比，或者离子或电子电导在总电导中的占比，可以写作：

$$t_{\pm}=\frac{I_{\pm}}{I}=\frac{\sigma_{\pm}}{\sigma} \tag{1-36}$$

将固体电解质与两个参考电极一起组成可逆电池，则参考电极和电解质界面间将保持固定的化学势。若电解质是纯离子导电，测量的电动势即为热力学电动势；如果有电子电导存在，电子迁移数可由式（1-34）计算得到：

$$E'=Et_{\mathrm{i}}=-(1-t_{\mathrm{e}})\frac{\Delta G^0}{nF} \tag{1-37}$$

式中，E'为测得的电动势，E 为热力学电动势，t_{i} 为离子迁移数，t_{e} 为电子迁移数，ΔG^0 为电极反应的活化能，n 为电荷数，F 为法拉第常数。测量 Na-β-Al_2O_3 等钠离子固体电解质的电子/离子迁移数时通常选金属钠为参考电极。

为了避免电池自放电，固体电解质的离子迁移数必须达到99%以上。瓦格纳（Wagner）直流极化电池法是测量固体电解质中低的电子电导率较好的方法。对阳离子导体，所用的测试电池为可逆电极｜固体电解质｜阻塞电极。通常采用铂或金作阻塞电极。图1-8显示了直流极化法测试装置的示意图。可逆电极可以是气态电极也可以是固态电极。例如，测量质子导体时可以使用氢活度已知的氢源作为可逆电极。测量时在该电池上外加一个低于电解质分解电压的电势E，由于阻塞电极没有离子源，离子电流会很快下降。当电位梯度产生的离子流和浓度梯度引起的扩散离子流相等时达到稳态，离子电流降为0，此时测得的电流I_e由电子或电子空穴产生。采用计时电流法（chronoamperometry）可以容易得到电子电流I_e。

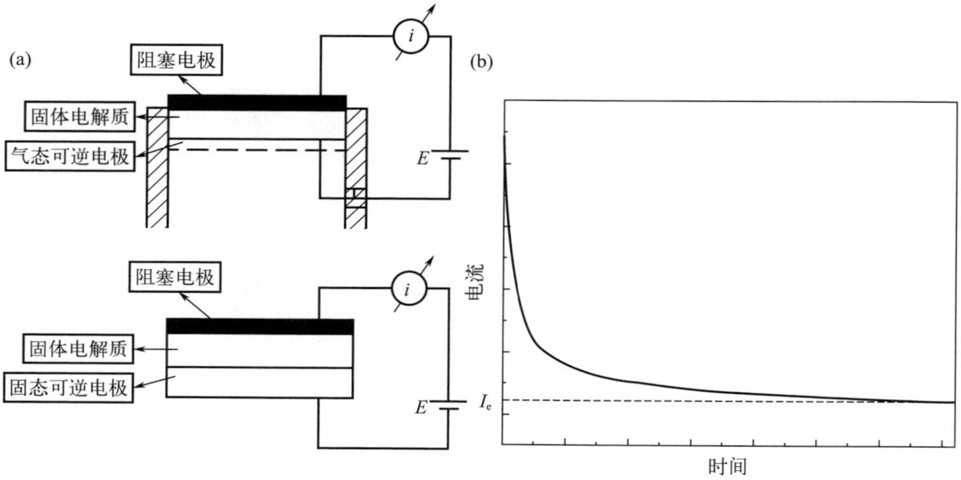

图1-8　直流极化法测试固体电解质电子迁移数的装置示意图（a）与计时电流法数据图示（b）

阳离子固体电解质中电子电流密度i_e与极化电势E之间的关系式为：

$$i_e=\frac{I_e}{S}=\frac{kT}{eL}\left\{\sigma_n'\left[1-\exp\left(-\frac{eE}{kT}\right)\right]+\sigma_p'\left[\exp\left(\frac{eE}{kT}-1\right)\right]\right\} \tag{1-38}$$

式中，S和L为固体电解质的横截面积和厚度，σ_n'和σ_p'为极化电势下的电子和电子空穴电导率。将式中k和e用理想气体常数R和法拉第常数F表示，并当$\frac{EF}{RT}\gg 1$时，式（1-38）可以简写为：

$$i_e=\frac{RT}{FL}\left[\sigma_n'+\sigma_p'\exp\left(\frac{EF}{RT}\right)\right] \qquad \left(\frac{EF}{RT}\gg 1\right) \tag{1-39}$$

以$\exp\left(\frac{EF}{RT}\right)$为横坐标，$i_e$为纵坐标作图，从斜率可以得到$\sigma_p'$，从截距可

以得到 σ_n'。表 1-1 总结了 MgO（2.5%）稳定的 Na-β″-Al_2O_3 在不同温度下的电导率与电子迁移数。可见，Na-β″-Al_2O_3 固体电解质的 σ_p' 比 σ_n' 低 4～5 个数量级，说明其电子电导主要由过剩电子产生。

对于 σ_p' 很小，可以忽略不计的情况下，式（1-39）可以简化为：

$$\sigma_n' = \frac{i_e LF}{RT} \tag{1-40}$$

但是当电解质内的电子电导源于电子还是电子空穴尚不明晰的情况下，使用式（1-40）可能还不够准确，仍需通过式（1-39）进行计算。

表 1-1 MgO（2.5%）稳定的 Na-β″-Al_2O_3 在不同温度下的电导率与电子迁移数

温度/℃	25	100	200	300	400
总电导率/(S·cm^{-1})	1.1×10^{-3}	7.8×10^{-3}	3.9×10^{-2}	1.0×10^{-1}	1.7×10^{-1}
电子电导率/(S·cm^{-1})	1.2×10^{-11}	8.7×10^{-10}	3.3×10^{-8}	3.5×10^{-7}	1.8×10^{-6}
电子迁移数	1.1×10^{-8}	1.1×10^{-7}	8.5×10^{-7}	3.5×10^{-6}	1.1×10^{-5}

1.2.4 固体电解质的电化学窗口与分解电压

固体电解质与电解液或熔盐一样，在过高的外加电压下会发生结构分解，因此固体电解质也有一定的工作电压窗口与极限分解电压。固体电解质本征的分解电压可以由固体电解质与两个阻塞电极形成阻塞电池，通过线性扫描伏安法（linear sweep voltammetry，LSV），测试该电池中固体电解质发生不可逆相变产生非线性增大的电流时所施加的电压获得。通常即认为该电压为固体电解质的本征分解电压。但如果测试时扫速过快或固体电解质的电阻大，造成电池难以快速达到平衡态，则测量会有一定的误差。这时就需要与分解产物的分析等其他测试手段结合起来得到准确的分解电压值。

如果测试固体电解质的电化学窗口，则需要采用可逆电极｜固体电解质｜阻塞电极的电池结构，通过循环伏安法检测固体电解质对可逆电极的电化学稳定电位区间。2016 年，Han 等提出简单地采用 Li 和 Au 作为石榴石（garnet）结构的 LLZO（锂镧锆氧）锂离子固体电解质的两个电极测试电化学窗口的方法，会由于电解质与电极之间固固界面的不均匀接触导致测试结果偏大[16]。采用电解质粉加碳粉作为与阻塞电极之间的过渡层可以得到更加准确的电化学窗口。图 1-9 显示了通过两种电极的循环伏安法测试 Mg^{2+} 掺杂的 NASICON 的电化学窗口[17]。测试结果与 Han 等的结果类似。从图中可以看到，该 Mg^{2+} 掺杂的 NASICON 的电化学窗口为 0～4.5V。

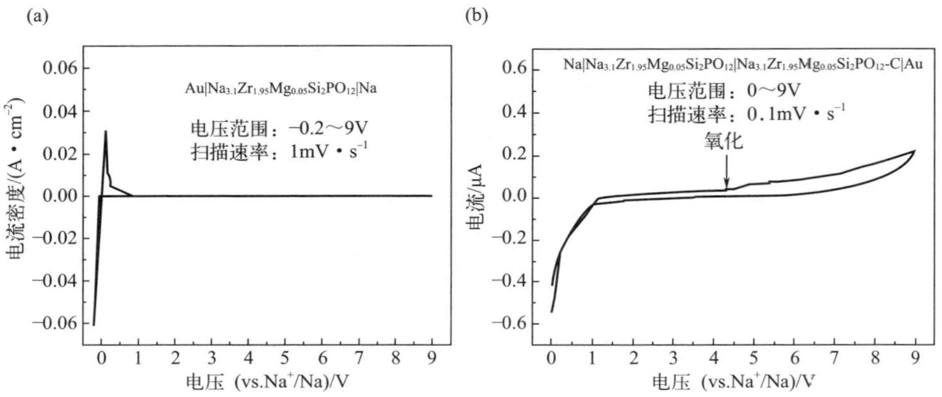

图 1-9　Mg^{2+} 掺杂的 NASICON 的电化学窗口测试

1.2.5　固体电解质的界面电化学基础

固体电解质界面主要包含固体阻塞电极/固体电解质界面、固体可逆电极/固体电解质界面、液体电解质/固体电解质界面以及三相接触界面等类型。根据与储能钠电池的相关程度，本节将重点关注固体可逆电极/固体电解质界面的电化学特性。

固态正极与固体电解质的界面问题主要是由点接触引起的接触不良导致的，通常可以通过高温共烧或组合柔性复合界面来进行改善[18-20]，而液态正极与固体电解质的界面接触相对稳定。当固体电解质与金属钠负极接触时，在电化学循环过程中，界面上可能出现三个主要问题：①形成界面相；②电极与电解质不均匀接触；③形成钠枝晶并向电解质内部渗透。第一个问题是由于金属钠极高的还原性所致，钠电极和电解质之间往往发生反应，形成一层薄的界面相。Wenzel 等根据界面相的稳定性将钠/固体电解质界面分为三种类型：①没有电化学/化学反应的热力学稳定界面；②形成一层同时具有电子和离子电导率的非钝化界面，称为混合导电界面；③形成一层稳定的仅含离子导电性的固体电解质界面相（solid electrolyte interfaces，SEI）。生成第一种和第三种界面相时可以保持电解质界面稳定。通过计算所得的 Na 巨势相图可以评价金属钠与固体电解质之间的化学稳定性及相关反应产物[21-24]。但是，巨势相图法仅考虑固定物质之间反应的热力学势，而不涉及反应的动力学。最近，Li 等将力学-电化学相互作用集成到一个广义的计算方法中[25,26]，以进一步预测这种标准热力学界面稳定性在不同机械性收缩水平下的变化。这是一种适用于锂、钠基固相电解质和界面的通用方法。

表 1-2 给出了部分钠离子固体电解质的热力学窗口及其动力学氧化电位上限[27]。G. Ceder 等发现考虑动力学氧化极限后，固体电解质的稳定电压窗口更宽。分子动力学（molecular dynamics，MD）模拟是评价金属/电解质界面稳定性的另一种方法。然而，它过度依赖于材料结构的初始输入，模拟仅反映出局部特性。为了准确认识界面反应，可以借助多种手段对钠/固体电解质界面产物进行分析，例如电化学阻抗谱（EIS）、X 射线光电子能谱（XPS）、飞行时间二次离子质谱（TOF-SIMS）、原位扫描透射电子显微镜（STEM）和电子能量损失谱（EELS）、同步加速器 X 射线深度剖面和固体核磁共振（ss-NMR）以及原位显微镜等[28,29]。

表 1-2　部分钠离子固体电解质的热力学窗口及其动力学氧化电势极限

化学组成	还原电位/V	氧化电位/V	动力学氧化电位上限/V
Na_3PS_4	1.39	2.45	3.05
Na_3PSe_4	1.57	1.87	2.75
Na_3SbS_4	1.83	1.9	3.22
$Na_{10}SnP_2S_{12}$	1.37	2.23	2.68
$NaZr_2(PO_4)_3$	1.58	4.68	4.78
$Na_4Zr_2(SiO_4)_3$	0.69	3.38	4.13
$NaAl_{11}O_{17}$	0.14	3.79	4.79
$NaAlCl_4$	1.78	4.42	4.84
Na_3AlF_6	0.46	6.19	6.35
$NaBH_4$	0.02	2.07	4.91
$Na_2B_{12}H_{62}$	0.00	3.46	4.31

对于第二个问题，一旦钠与固体电解质之间出现不完全接触的情况，可以观察到界面电阻明显增大。一种解决的方法是将金属钠熔融并润湿在固体电解质上，然而采用这一方法的前提是钠在电解质表面具有良好的润湿性和电解质在高温下对金属钠具有化学稳定性。对于第三个问题，钠被还原时倾向于在势垒最低处沉积，多次溶解沉积的循环可能导致钠枝晶的生长，而连续生长的枝晶甚至可能穿透固体电解质，并导致正负极之间的短路。

早在 20 世纪 80 年代，Viswanathan 和 Virkar 就发现 Na | β''-Al_2O_3 | Na 对称电池的临界电流密度（critical current density，CCD）与金属钠在 β''-Al_2O_3 表面的润湿性相关[30]。近年来，随着多种新型的锂离子或钠离子固体电解质的出现，对固态金属电极和固体电解质界面的研究也越加深入和细化。2016 年，Sakamoto 等以 $Li/Li_7La_3Zr_2O_{12}$ 界面体系为例，将 CCD 的概念更加

明确化，认为施加超过CCD的电流至固体电解质界面将使得固体电解质被击穿[31]。其后，许多学者发现临界电流密度或最大工作电流密度是决定固体电解质基碱金属电池功率密度的关键物理量，它直接与其中的固体电解质界面的物理化学性质相关。提升固体电解质基电池体系的CCD成为众多研究者追求的目标之一。理论上，CCD反映了单位面积和时间内可以传输的最大的离子和电荷的量，界面的单位离子通量和界面电荷转移速率共同决定了CCD值[32]。相关的界面过程包括：①界面动力学，包括金属原子在界面处反复的氧化还原过程（消耗/生成过程），其中包括金属离子在固体电解质中的传导、金属原子成核和生长等主要步骤；②界面形态演化，包括空穴形成和原子扩散；③界面退化和失效。金属离子在固体电解质中传导的相关理论可见1.2.1。金属原子在界面处的成核理论与金属/固体电解质界面演化机制作为碱金属固态电池重要的基础理论部分，在本书中不再展开讨论。有兴趣的读者可以参考Y. Iriyama、R. Raj和J. Janek等的相关研究论文[33-35]。

1.3 化学电源基础

1.3.1 化学电源的组成

化学电源由电极、电极间传导离子的电解质、避免正负极内部短路的隔膜、电极引出极耳以及外壳组成。化学电源的电极包括正极和负极，由正负极活性物质和导电骨架组成。活性物质是指参加成流反应的物质，其材料特性决定了化学电源的基本特性，如电压、能量密度、功率密度等。通常电极材料为电子和离子的良导体，电化学活性高，在电解液中化学稳定性好。导电骨架负责降低电极阻抗，减小电池热效应。

对电解质的要求是电子绝缘但离子电导高，自身和与电极之间化学性质稳定，从而避免电池自放电。

对隔膜的要求是电子绝缘，有一定的机械强度，且在宽的温度范围内化学性质稳定。

外壳主要用于电池密封，要求其机械强度高、耐冲击、耐腐蚀、耐热震等。

1.3.2 化学电源的分类

化学电源的分类方式多种多样，下面简单介绍几种常见的分类方式。化学电源按工作性质不同可以分为两类，即一次电池和二次电池，或原电池和蓄电池。一次电池一次放电后不能重复充电使用。典型的一次电池包含（PC、DME、AN、DMC、FEC参见表5-3）：

锌锰干电池：(−)Zn|$NH_4Cl+ZnCl_2$|MnO_2(+)；

碱性锌锰电池：(−)Zn|KOH|MnO_2(+)；

锌银电池：(−)Zn|KOH|Ag_2O(+)；

碱性锌空气电池：(−)Zn|KOH|O_2(+)；

锂-亚硫酰氯($Li\text{-}SOCl_2$)：(−)Li|$LiAlCl_4\text{-}SOCl_2$|$SOCl_2$(+)；

锂-二氧化锰（$Li\text{-}MnO_2$）：(−)Li|$LiClO_4$(PC+DME)|MnO_2(+)；

锂-二氧化硫（$Li\text{-}SO_2$）：(−)Li|LiBr(SO_2+AN+PC)|SO_2(+)……

二次电池的电化学过程可逆，可以进行反复充放电，作为一种主要的储能技术。典型的二次电池包含：

铅酸电池：(−)Pb|H_2SO_4|PbO_2(+)；

氢镍电池：(−)H_2|KOH|NiOOH(+)；

镍镉电池：(−)Cd|KOH|NiOOH(+)；

（典型的）锂离子电池：(−)C|$LiClO_4$(EC+DMC)|$LiMO_x$(+)（M=Co、Ni、Mn、Al等中的一种或多种金属离子）；

钠硫电池：(−)Na|$Na\text{-}\beta''\text{-}Al_2O_3$|S(C)(+)；

钠-氯化镍电池（ZEBRA电池）：(−)Na|$Na\text{-}\beta''\text{-}Al_2O_3$|$MCl_2$(+)（M=Ni、Fe、Cu等中的一种或多种金属离子）；

（典型的）钠离子电池：(−)C|$NaClO_4$(PC+DMC+FEC)|$NaMO_x$(+)（M=Cu、Ni、Mn等中的一种或多种金属离子）；

（典型的）液流电池：(−)$V_2(SO_4)_3$|H_2SO_4|$VOSO_4$(+)……

化学电源按电解质不同可以分为三类，即无机液体电解质电池、有机液体电解质电池和固体电解质电池。它们分别采用酸性或碱性无机溶液、有机电解液和固体电解质作为电解质，其中固体电解质电池中固体电解质同时作为电池隔膜。主要的储能钠电池钠硫电池和ZEBRA电池即为典型的固体电解质电池。

化学电源按工作方式不同分为激活电池和非激活电池。激活电池在储存期间不能工作，只有给予电池一定的条件，如供热、加水或电解液等，电池才被激活开始放电，如早期的锌银电池和军工上使用的熔盐电池。

化学电源按体系开放程度不同分为两类，即全密封电池和半密封电池。除了早期铅酸等部分电池体系采用半密封形式，目前包括铅酸在内的大部分电池体系都是密封电池体系，但是如燃料电池需要有活性物质持续注入，空气电池需要以空气作为电极，它们则属于半密封电池体系。液流电池原则上属于封闭式，但采用了特殊的结构设计，将电池反应区与活性物质储存区分离，电池充放电时通过泵送将电极活性物质输入或排出反应区。

化学电源按工作温度不同分为三类，即低温电池、中温电池和高温电池。通常100℃以下工作的电池为低温电池；100～200℃工作的电池为中温电池；200℃以上工作的电池为高温电池。

1.3.3 化学电源动力学理论基础

化学电源动力学研究的目的是获得给定输入下整个电极反应的不同过程随时间变化的规律，然后根据给定输入信号所测得的输出信号和动力学规律来解释电池的动力学过程。对于一个给定的电池体系，输入信号通常是电流和温度，输出信号往往是电池电压、电池温度、荷电态（state of charge，SoC）和健康状态（state of health，SoH）。其他输出信号，如内阻、开路电压等，从动态的角度来看，所能给出的额外信息较少，因此在这里不主要被考虑。电极反应响应的时域范围很广，从几微秒到几年不等。图1-10显示了电极反应中不同物理效应所对应的时间响应范围。不同时域范围的响应是由不同的物理效应引起的，其中包括微秒级响应的电效应和磁效应，电极反应中的主要效应有物质输运和双电层效应，以及充放电机制引起的长期效应。大多数物理效应的时域范围在很大程度上依赖于电池体系、电池设计、工作温度、电池的SoC和SoH。电池温度的动态变化取决于电池的热容、散热和热量的产生。由于热的产生取决于施加的负载，因此温度的时域范围可以从几十秒到几个小时。然而，温度影响电池大部分的性能参数，因此在讨论电池动力学过程时需要给定合理的温度范围。下面我们依照时间常数由长到短的顺序逐一介绍。

长时效应的响应时间通常超过1h，与电池的运行状态有关，如电池老化、再生和SoC变化等效应就属于这一类。电池经过老化达到储存或运行的稳定态，经过特殊的充电机制可以再生部分损失的能量。电池的电压随循环过程中SoC的变化而变化，SoC变化的时间域也取决于运行条件，在几分钟到几小时的范围。在SoC变化或循环过程中，电池会不可避免地发热，例如，由欧姆电阻产生热量，且与通过它的有效电流的平方成正比。表1-3给出了不同脉冲电流和占空比下的有效电流值。然而，电池的热源不是简单的欧姆电阻，而是一个更复杂的网络，具有过滤部分交流电流的能力，因此引起电池内部温度升高的热量小于等效的纯欧姆阻抗产生的热量。

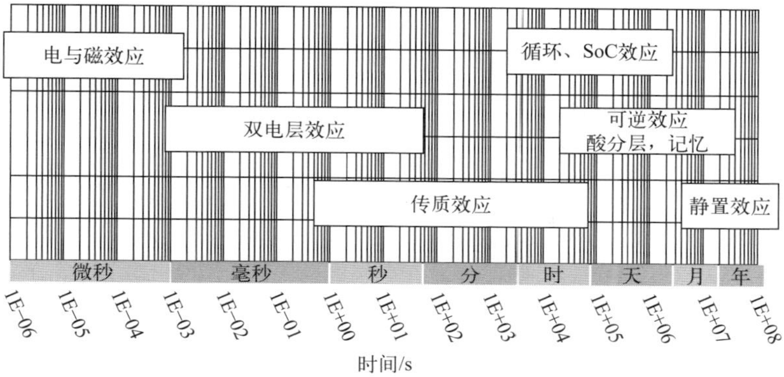

图 1-10　电极反应中不同物理效应所对应的时间响应范围

表 1-3　不同脉冲电流和占空比下的有效电流值

脉冲电流/A	占空比/%	有效电流/A
1.8	100	1.8
3.6	50	2.55
7.2	25	3.67
10	18	4.2

电池内部的传质过程是我们所关心的，主要包括电极过程的传质和电解质内部的传质。根据菲克第一定律（Fick's first law），i 组分的通量可以写为：

$$N_i = -D_i \frac{dc_i}{dZ} \tag{1-41}$$

式中，D_i 是 i 组分本征扩散系数，c_i 是 i 组分的浓度或活度，Z 代表传质的方向。气体的扩散系数通常约为 $10^{-1}cm^2 \cdot s^{-1}$，液体的约为 $10^{-5}cm^2 \cdot s^{-1}$，固体的扩散系数为 $10^{-13} \sim 10^{-10}cm^2 \cdot s^{-1}$。温度是影响扩散系数的重要参数，几乎所有的电池材料随着温度的升高，扩散系数增大。有限的离子扩散导致了局部离子浓度的变化。从电学角度看，扩散导致电荷转移位置的离子浓度降低或增加而引起过电位。扩散表现出动力学特性，对其进行表征的时间常数在很大程度上取决于电极的厚度和结构。典型的响应时间在秒到分钟的范围内，在交流阻抗谱中反应在低频区。电极中的扩散层主要分为三种情况，即半无限的扩散层、边界为理想储层的有限扩散层以及含电活性物质的有限扩散层。图 1-11 为这三种扩散界面的理想 Nyquist 图。无限电解质中的平面电极可看作无限扩散层，也叫 Warburg 扩散元件，其在阻抗复平面图上显示为频率区间的 $-45°$ 的直线。旋转圆盘电极是边界为理想储层的有限扩散层的一个典型例子。

在高频时，由于扩散层内的扩散不受有限扩散层的影响，其特性与 Warburg 元件相同，但低频时，受储层吸附作用的影响，曲线逐渐萎缩成类似容抗弧。电池中多孔电极的扩散过程时常呈现这一现象。含电活性物质的有限扩散层在高频时曲线与 Warburg 元件相同，而在低频时，等效电路变为一个电阻和一个电容串联。超级电容器是含有这种扩散层的典型例子。

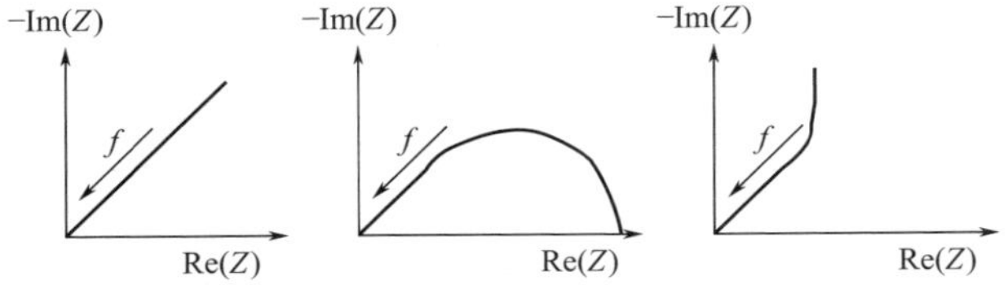

图 1-11　半无限的扩散层（左）、边界为理想储层的有限扩散层（中）以及含电活性物质的有限扩散层（右）的理想 Nyquist 图

在电池电极和电解质之间的界面层上会积聚电荷形成电荷区，且由于迁移距离短、面积大，电荷量不可忽视。这种行为类似于电容器，这种效应被称为双电层电容。双电层电容位于电极表面，它与电化学电荷转移反应平行发生，因此常用它与一个电阻并联来描述电池的电荷转移行为。双电层电容只能伴随高频率的交变电流，导致电荷转移反应过程的响应时间在毫秒到秒范围内。双电层电容的时间常数还取决于电极结构、SoC 和短期历史。由于电池的两个电极通常不对等，它们的电荷转移反应动力学特性也不同。对于铅酸电池，正极典型的双电层电容的容量范围为 7～70F·$(Ah)^{-1}$，对应的截止频率约 10Hz，而负极典型的双电层电容的容量范围为 0.4～1.0F·$(Ah)^{-1}$，对应的截止频率约 100Hz。

对于钠离子电池、锂离子电池等具有多孔电极的电池，其电极中离子迁移的性能及动力学特性不同于平面电极。在放电过程中，电极多孔结构的孔隙率降低，导致离子在多孔电极中的扩散系数下降。这一特性导致多孔电极的不均匀放电，特别是在大电流下，不均匀性会加剧。放电电流越大，达到的放电深度越小，尤其是在电极内部更为显著。如图 1-12 所示，一个完整的多孔电极可以用一个复杂的网络来描述，等效电路可以在垂直方向上展开[36]。该电路能够描述垂直方向上非均匀的电流分布。

在电池中，除了物质扩散和双电层电容等毫秒级以上的效应外，还有一些响应速度更快的现象，例如满足欧姆定律的电子迁移（欧姆电阻）和电感。电池的欧姆电阻包括电解质电阻、集流体电阻、电极电阻以及集流体与电极之间的接触电阻。电感与高频下的集肤效应、电池的几何形状、接线方式以及环境

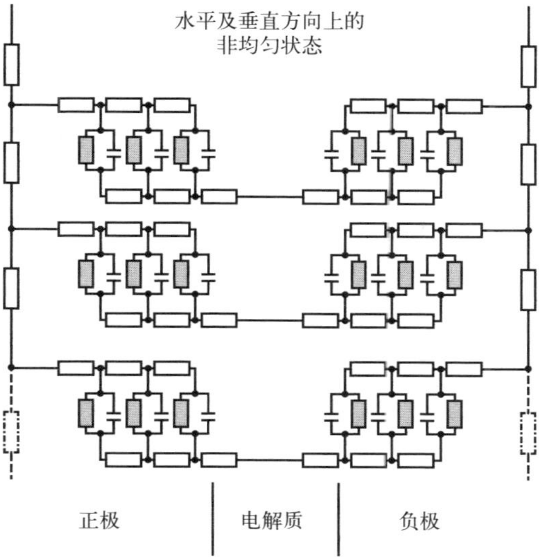

图 1-12　一个多孔电极电池的等效电路图

温度有较大关系。通常，电感只在 10kHz 的高频下才会影响欧姆电阻，圆柱形电池、较厚的电极以及高的环境温度会导致电感效应的增强。

总而言之，电池的动力学响应覆盖了从几微赫兹到几兆赫兹很宽的频率范围。这种广泛的范围是由不同的物理效应引起的，如物质输运、双电层电容效应以及简单的电磁效应。电池的动力学响应在一定程度上反映了电池的 SoC 和 SoH 状态，因此通过交流阻抗谱测试得到的电池动力学参数信息对于深入研究电池材料与性能之间的关系十分重要。

1.4　储能技术与储能钠电池简介

1.4.1　储能技术简介

储能技术是通过特定的装置或物理介质将不同形式的能量通过不同方式储存起来，以便在需要时释放能量的技术。在各种能量形式中，电能的利用最为方便和广泛。狭义的储能技术主要是指电力储能技术。电力储能技术即指可实现电能存储和双向转换的技术。利用储能技术，电能以机械能、电磁场、化学能、热能等形式存储下来，并适时反馈成电能。根据电能储存的能量形式不同，储能可以分为机械储能、电化学储能（电池储能）、热储能、化学储能、电储能等[37]。根据电能储存采用的具体技术不同，机械储能包括抽水储能、压缩空气储能、飞轮储能；电化学储能包括锂离子电池、钠硫电池、铅酸电池、液流电池、钠-金属氯化物电池、钠离子电池储能等；热储能包括熔盐、冰、冻水储能等；化学储能包括氢储能、生物质储能；电储能包括超级电容器储能等[38]。表 1-4 给出了储能技术的不同分类以及它们的应用特点。

表 1-4 储能技术的不同分类以及它们的应用特点

储能类别	储能技术	应用特点
机械储能	抽水储能	体量大，较高的可靠性，长寿命，小时级响应时间，极大受限于严苛的运行地理要求，且影响生态环境
	压缩空气储能	
	飞轮储能	体量小，秒级响应时间，长寿命，自放电率高
电化学储能	二次电池（锂离子电池、钠硫电池、铅酸电池、钠-金属氯化物电池、钠离子电池）储能	秒级到小时级响应时间，能量效率高，体量范围覆盖小型、中型和中大型，运行环境适应性广，10～15 年寿命
	液流电池储能	
热储能	熔盐、冰、冻水储能	成本低，无污染，但运行环境要求高，应用范围有限
化学储能	氢储能	能量效率较低，成本较高，存在安全隐患
电储能	超级电容器储能等	功率密度高，秒级响应时间，运行环境适应性广，但能量密度较低
电磁储能	超导磁储能	能量效率高，秒级响应时间，但超低温运行环境导致高成本

目前各种电化学储能技术的基本特征和成熟度各不相同，每一种技术都有不同的体量在全球不同的地点进行部署。包括锂离子电池、钠硫电池、钠-金属氯化物电池、液流电池和铅酸电池在内的 5 类电池技术已经被认为是较可靠的能源供应体系，在全球范围内有兆瓦（MW）级以上的装机规模。表 1-5 列出了几种实用化程度较高的电化学储能技术的主要技术参数及其储能产业应用现状。目前还没有某一种储能技术能够完全满足循环寿命、可规模化、安全性、经济性和能效等全部五项储能关键应用指标的要求。

表 1-5 几种典型的电化学储能技术的主要技术参数与储能应用现状

性能指标	锂离子电池	液流电池	钠硫电池	钠-氯化镍电池	钠离子电池
工作电压/V	3.3～3.7	1.5	1.8～2	2～2.5	2～4
能量密度/(Wh·kg^{-1})	130～260	15～50	200～250	110～140	75～160

续表

性能指标	锂离子电池	液流电池	钠硫电池	钠-氯化镍电池	钠离子电池
循环寿命/次	2500～15000	10000 以上	4500	5000	800～5000
能量效率/%	约 90	65～85	约 90	82～91	85～90
最佳工作温度/℃	0～40	10～40	300～350	270～320	0～40
工作环境温度/℃	－15～50	5～40	－40～65	－40～65	－20～40
安全性	热失控风险	安全	热失控风险	安全	热失控风险
技术成熟度	较高	较高	高	较高	较低
储能应用现状	规模应用	规模应用	规模应用	规模应用初期	示范应用

1.4.2 储能钠电池简介

装机规模较大的电化学储能技术包括锂离子电池、钠硫电池、液流电池和钠-金属氯化物电池等。2017 年以来，锂离子电池急剧发展，占据了中国和美国、欧洲储能市场的绝大部分份额，技术成熟度也不断提高。随着越来越多储能系统的部署，安全事故的风险也随之增加，尤其是锂离子电池热失控导致的安全事故频发引起了人们的重视和担忧。美国能源局早年即已主要针对电化学储能系统制定了储能安全战略计划。2019 年，国家电网公司发布“关于促进电化学储能健康有序发展的指导意见”，意见强调要严守储能安全红线。不仅如此，锂等元素昂贵，地壳中含量少且分布极不均匀，对于长期规模化应用而言可能会成为一个重要问题。钠元素和锂元素有相似的物理化学特性，且在地壳中储量丰富，资源分布广泛，因此发展针对规模化储能应用的储能钠电池技术具有重要的战略意义，近年来得到研究人员的广泛关注。

广义地讲，储能钠电池是应用于储能领域的一类以钠离子作为工作离子的化学电源体系，主要包括钠硫电池、钠-金属氯化物电池（也称 ZEBRA 电池）、钠离子电池和钠-空气（氧气）电池等体系。已经在储能领域规模化应用的钠电池体系主要包括两种，即基于固体电解质体系的高温钠硫电池和钠-金属氯化物电池体系。它们的负极活性物质均为金属钠，也可以被狭义地统称为钠电池。钠离子电池通常指有机体系钠离子电池和水系钠离子电池，由于其技术水平提升较快，成为极有前景的储能电池之一。本书主要讲述上述这三类重要的储能钠电池体系从基础到应用的相关内容。储能钠电池技术以其资源优势、高的能量密度、低的系统成本、15 年左右的长寿命等特性得到储能市场的重视，在电力系统、可再生能源领域和通信领域广泛应用，在分布式储能和交通领域也有一定的示范应用[38]。

图 1-13 显示了钠硫电池、ZEBRA 电池和钠离子电池的组成对比图以及它们发展历程中的重要时间节点。钠硫电池和 ZEBRA 电池都是以钠离子固体电解质同时作为电解质和隔膜的高温金属钠电池，它们主要的区别在于正极组分和电池结构的差异，而钠离子电池的电化学性质更接近锂离子电池，通常在室温下工作，典型的电池体系采用过渡金属层状氧化物正极、非选择性且电绝缘的多孔聚合物隔膜、硬碳或钛酸盐负极以及有机或水系电解液。

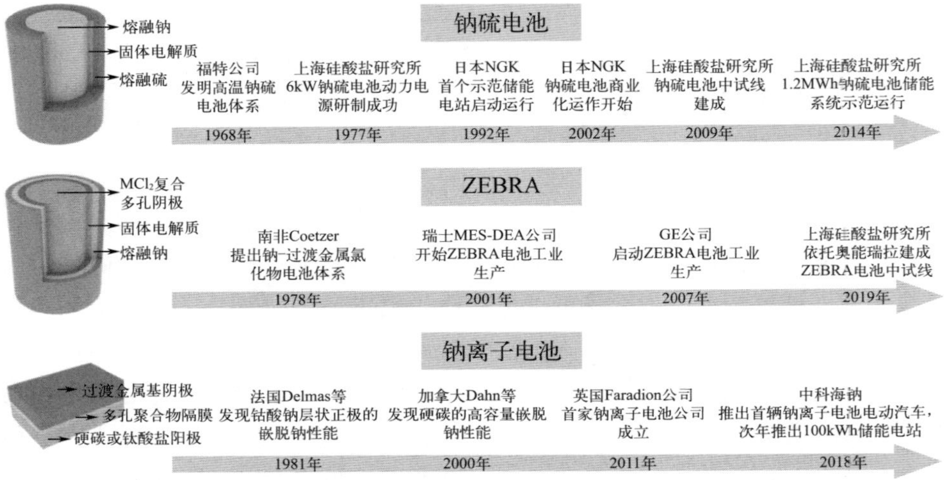

图 1-13　几种钠电池的组成以及它们发展的重要时间节点

钠硫电池在 19 世纪 60 年代由福特公司首先开发，随后美国 NASA 实验室对其进行了系统研究。1984 年，Kummer 和 Weber 详细报道了高温钠硫电池的电化学性能，引发了广泛的关注。日本碍子株式会社（NGK）和东京电力公司（Tokyo Electric Power Co.）1983 年开始合作开发用于静态能量存储的钠硫电池储能系统，2002 年开始投入商业运行，这标志着钠硫电池储能技术已经成熟。在我国，中国科学院上海硅酸盐研究所（SICCAS）早在 20 世纪 70 年代就开展钠硫电池的研发，1977 年研制出 6kW 钠硫电池动力电源，2006 年开始与上海电力公司合作开展用于大规模储能应用的钠硫电池研究，并于 2009 年建成年产能 2MW/16MWh 的 650Ah 钠硫电池单体中试线，2011 年与上海电气合作成立上海钠硫电池储能技术公司，完成崇明 1.2MWh 储能系统示范运行。

1978年，南非 Coetzer 首次提出钠-过渡金属氯化物电池体系，称其为 ZEBRA 电池，并申请专利保护。英国 Beta 研发有限公司继续发展这一电池技术，并在1988年并入 AEG 合资企业（后为戴姆勒）和英美资源集团（Anglo American Corporation）。合资公司 AEG Anglo 电池有限公司于1994年开始试产 ZEBRA 电池。戴姆勒和克莱斯勒合并后，合资企业 AEG Anglo 终止，其 ZEBRA 电池技术业务全部由瑞士 MES-DEA 收购，并将其工业化。2004年，MES-DEA 的生产能力是每年2000个电池组，而该生产线的设计容量为每年30000个电池组[39]。2010年，电池制造商 FIAMM 电源和 MES-DEA 合作成立了一家名为 FZ SoNick 的新公司，拓展 ZEBRA 电池的商业化进程。GE 公司于2007年买下英国 Beta 研发有限公司的 ZEBRA 电池技术，并开始该技术的产业化开发。2017年，超威集团引进 GE 公司的 ZEBRA 电池技术，并开始 ZEBRA 电池国产化探索。这说明 ZEBRA 电池的技术成熟度已足以开展商业化运作。中国科学院上海硅酸盐研究所2014年开始开发50Ah容量圆柱形钠-过渡金属氯化物电池，并在2017年开始进行示范产业化推进，建成100MWh生产线，同时开发成功方形电池并进行工程化研究和开发。

早在1981年，法国 Delmas 等就发现钴酸钠层状材料作为室温钠离子电池正极材料的可行性，但直到2000年，随着加拿大 Dahn 等发现硬碳作为钠离子电池负极展现出实用化的高容量，钠离子电池才引起了研究人员的关注。2011年，首家主营钠离子电池的公司英国 Faradion 公司成立。之后，过渡金属层状氧化物材料、聚阴离子材料和普鲁士蓝等正极材料陆续被开发。随着2016年以来锂离子电池技术的成熟，可与锂离子电池共用大部分生产设备的钠离子电池得到了快速发展。2017年，中科院物理研究所投资成立中科海钠科技有限责任公司，专注钠离子电池的产业化开发。中科海钠于2018年推出了全球首辆钠离子电池低速电动汽车，并在2021年推出了1MWh钠离子电池光储充智能微网系统。与此同时，国内多家研究机构将不同体系的钠离子电池推向示范产业和应用，如武汉大学开发的普鲁士蓝体系并成立珈钠钠离子电池有限公司、苏州大学开发的硫酸铁钠体系并成立钠创新能源有限公司，推出批量化钠离子电动自行车，这都表明钠离子电池的技术成熟度在快速提升，正在成为储能领域的一颗新星。

参考文献

[1] Dyre J C, Maass P, Roling B, et al. Fundamental questions relating to ion conduction in disordered solids. Reports on Progress in Physics, 2009 (72): 046501.

[2] Tindjong R, Kaufman I, McClintock P V E, et al. Nonequilibrium rate theory for conduction in open ion channels. Fluctuation and Noise Letters, 2012 (11): 1240016.

[3] Shi S Q, Lu P, Liu Z Y, et al. Direct calculation of Li-ion transport in the solid electrolyte interphase. Journal of the American Chemical Society, 2012 (134): 15476-15487.

[4] He X F, Zhu Y Z, Mo Y F. Origin of fast ion diffusion in super-ionic conductors. Nature Communications, 2017 (8): 15893.

[5] Hu P, Zou Z Y, Sun X W, et al. Uncovering the potential of M1-site-activated NASICON cathodes for Zn-ion batteries. Advanced materials, 2020 (32): e1907526.

[6] Wu J F, Zhang R, Fu Q F, et al. Inorganic solid electrolytes for all-solid-state sodium batteries: fundamentals and strategies for battery optimization. Advanced Functional Materials, 2021 (31).

[7] Krauskopf T, Pompe C, Kraft M A, et al. Influence of lattice dynamics on Na^+ transport in the solid electrolyte $Na_3PS_{4-x}Se_x$. Chemistry of Materials, 2017 (29): 8859-8869.

[8] Wang Y, Richards W D, Bo S H, et al. Computational prediction and evaluation of solid-state sodium superionic conductors $Na_7P_3X_{11}$ (X = O, S, Se). Chemistry of Materials, 2017 (29): 7475-7482.

[9] Muy S, Schlem R, Shao-Horn Y, et al. Phonon-ion interactions: designing ion mobility based on lattice dynamics. Advanced Energy Materials, 2021 (11): 2002787.

[10] Jansen M. Volume effect or paddle-wheel mechanism—fast alkali-metal ionic conduction in solids with rotationally disordered complex anions. Angewandte Chemie International Edition in English, 1991 (30): 1547-1558.

[11] Duchêne L, Lunghammer S, Burankova T, et al. Ionic conduction mechanism in the $Na_2(B_{12}H_{12})_{0.5}(B_{10}H_{10})_{0.5}$ closo-borate solid-state electrolyte: interplay of disorder and ion-ion interactions. Chemistry of Materials, 2019 (31): 3449-3460.

[12] Kweon K E, Varley J B, Shea P, et al. Structural, chemical, and dynamical frustration: origins of superionic conductivity in closo-borate solid electrolytes. Chemistry of Materials, 2017 (29): 9142-9153.

[13] Varley J B, Kweon K, Mehta P, et al. Understanding ionic conductivity trends in polyborane solid electrolytes from ab initio molecular dynamics. ACS Energy Letters, 2017 (2): 250-255.

[14] Zhang Z Z, Roy P N, Li H, et al. Coupled cation-anion dynamics enhances cation mobility in room-temperature superionic solid-state electrolytes. Journal of the American Chemical Society, 2019 (141): 19360-19372.

[15] Famprikis T, Dawson J A, Fauth F, et al. A new superionic plastic polymorph of the Na^+ conductor Na_3PS_4. ACS Materials Letters, 2019 (1): 641-646.

[16] Han F, Zhu Y, He X, et al. Electrochemical stability of $Li_{10}GeP_2S_{12}$ and $Li_7La_3Zr_2O_{12}$ solid electrolytes. Adv. Energy Mater., 2016 (6): 1501590.

[17] Song S F, Duong H M, Korsunsky A M, et al. A Na (+) superionic conductor for room-temperature sodium batteries. Sci Rep, 2016 (6): 32330.

[18] Zhou W D, Li Y T, Xin S, et al. Rechargeable sodium all-solid-state battery. ACS Central Science, 2017 (3): 52-57.

[19] Wei T, Gong Y H, Zhao X, et al. An all-ceramic solid-state rechargeable Na^+-battery operated at intermediate temperatures. Advanced Functional Materials, 2014 (24): 5380-5384.

[20] Chi X W, Hao F, Zhang J B, et al. A high-energy quinone-based all-solid-state sodium metal battery. Nano Energy, 2019 (62): 718-724.

[21] Miara L, Windmüller A, Tsai C L, et al. About the compatibility between high voltage spinel cathode materials and solid oxide electrolytes as a function of temperature. ACS Applied Materials & Interfaces, 2016 (8): 26842-26850.

[22] Yoon D, Chung K Y, Chang W, et al. Hydrogen-enriched reduced graphene oxide with enhanced electrochemical performance in lithium ion batteries. Chemistry of Materials, 2015 (27): 266-275.

[23] Zhao X D, Zhang Z H, Zhang X, et al. Computational screening and first-principles investigations of NASICON-type $Li_xM_2(PO_4)_3$ as solid electrolytes for Li batteries. Journal of Materials Chemistry A, 2018 (6): 2625-2631.

[24] Ceder G, Ong S P, Wang Y. Predictive modeling and design rules for solid electrolytes. MRS Bulletin, 2018 (43): 746-751.

[25] Fitzhugh W, Ye L H, Li X. The effects of mechanical constriction on the operation of sulfide based solid-state batteries. Journal of Materials Chemistry A, 2019 (7): 23604-23627.

[26] Fitzhugh W, Wu F, Ye L H, et al. Strain-stabilized ceramic-sulfide electrolytes. Small, 2019 (15): 1901470.

[27] Lacivita V, Wang Y, Bo S H, et al. Ab initio investigation of the stability of electrolyte/electrode interfaces in all-solid-state Na batteries. Journal of Materials Chemistry A, 2019 (7): 8144-8155.

[28] Appelt S, Kühn H, Häsing F W, et al. Chemical analysis by ultrahigh-resolution nuclear magnetic resonance in the Earth's magnetic field. Nature Physics, 2006 (2): 105-109.

[29] Xu L, Tang S, Cheng Y, et al. Interfaces in solid-state lithium batteries. Joule, 2018 (2): 1991-2015.

[30] Viswanathan L, Ikuma Y, Virkar A V. Transfomation toughening of β″-alumina by incorporation of zirconia. J. Mater. Sci., 1983 (18): 109-113.

[31] Sharafi A, Meyer H M, Nanda J, et al. Characterizing the Li-$Li_7La_3Zr_2O_{12}$ interface stability and kinetics as a function of temperature and current density. Journal of Power Sources, 2016 (302): 135-139.

[32] Lu Y, Zhao C Z, Yuan H, et al. Critical current density in solid-state lithium metal batteries: mechanism, influences, and strategies. Advanced Functional Materials, 2021 (31): 2009925.

[33] Raj R, Wolfenstine J. Current limit diagrams for dendrite formation in solid-state electrolytes for Li-ion batteries. Journal of Power Sources, 2017 (343): 119-126.

[34] Motoyama M, Ejiri M, Iriyama Y. Modeling the nucleation and growth of Li at metal current collector/LiPON interfaces. Journal of The Electrochemical Society, 2015 (162): A7067-A7071.

［35］ Krauskopf T，Hartmann H，Zeier W G，et al. Toward a fundamental understanding of the lithium metal anode in solid-state batteries-an electrochemo-mechanical study on the garnet-type solid electrolyte $Li_{6.25}Al_{0.25}La_3Zr_2O_{12}$. ACS Applied Materials & Interfaces，2019 (11)：14463-14477.

［36］ Jossen A. Batteries：dynamics//Garche J (Ed.). Encyclopedia of electrochemical power sources. London：Elsevier Science，2009：478-488.

［37］ Rahman M M，Oni A O，Gemechu E，et al. Assessment of energy storage technologies：a review. Energy Conversion and Management，2020 (223)：113295.

［38］ Koohi-Fayegh S，Rosen M A. A review of energy storage types，applications and recent developments. Journal of Energy Storage，2020 (27)：101047.

［39］ Dustmann C H. Advances in ZEBRA batteries. Journal of Power Sources，2004 (127)：85-92.

第 **2** 章

钠离子固体电解质材料

2.1 引言 036

2.2 Na-β/β″-Al_2O_3 陶瓷 036

2.3 NASICON 型固体电解质 053

2.4 硫族化合物固体电解质 061

2.5 其他钠离子固体电解质材料 069

2.6 小结 085

2.1 引言

作为技术较为成熟的储能钠电池体系，钠硫电池和 ZEBRA 电池均采用陶瓷基钠离子固体电解质作为电解质和隔膜，而其电极在运行温度下呈液态。虽然它们的电极和电解质形态与常规水系和有机体系的二次电池相反，但是原理类似，都可以实现离子在固液界面的快速传输。然而，离子在液体电解质和固体电解质材料中传输路径和传输机理有所不同，离子在固体电解质中的传输往往受限于约束的晶体结构，因此要实现固体电解质基储能钠电池的高性能，就必须开发高性能的钠离子固体电解质材料。由于 Na^+ 的离子半径较大（1.02Å，1Å＝0.1nm），钠离子导电晶体的框架必须包含足够的自由空间，以允许大尺寸离子扩散通道的构建，同时保持结构的稳定性。根据基础组分不同，钠离子固体电解质材料可以分为无机、聚合物和有机-无机复合钠离子固体电解质三类，其中无机钠离子固体电解质包括氧化物 β-Al_2O_3、超离子导体 NASICON、硫族化合物、卤族化合物和硼氢化物。根据成相的有序化程度不同，钠离子固体电解质材料又可以分为陶瓷、玻璃、玻璃陶瓷和半固态凝胶电解质。图 2-1 显示了各种钠离子固体电解质的发展历程及性能雷达图[1] 以及它们的电导率-温度关系[2]。下面分小节具体介绍无机、聚合物和有机-无机复合钠离子固体电解质的相关知识。由于卤族化合物和硫族化合物很多性能基本相似，所以在雷达图中没有单独列出。

2.2 Na-β/β″-Al_2O_3 陶瓷

Na-β-Al_2O_3 材料最早在 1916 年被 Rankin 和 Merwin 公开报道，1931 年 Bragg 等分析了其晶体结构，并将它的化学式写为 $Na_2O\cdot 11Al_2O_3$。但事实上，Na-β-Al_2O_3 通常都是非化学计量比的，更准确的化学式为 $(Na_2O)_{1+x}\cdot 11Al_2O_3$。1967 年，Weber 和 Kummer 发现层状结构的 β-Al_2O_3 陶瓷材料具有高的钠离子电导率。他们的发现直接引发了高温钠硫电池的快速发展。其后，人们发现，这种氧化铝框架的钠离子导体分为 β 和 β″两种晶相，它们的钠离子传导机制并不完全相同。根据 β-Al_2O_3 中的迁移离子的不同还分为 Na-β-Al_2O_3、Pb-β-Al_2O_3、Ca-β-Al_2O_3、Sr-β-Al_2O_3 等，甚至有更多种类的离子取代 Na^+ 进入 β-Al_2O_3 后都具有相应离子的导电性。虽然不作特殊说明，β-Al_2O_3 成为这一类铝酸盐固体电解质的统称，但是为了更好地描述结构和性质的区别，本书以下章节将严格区分 Na-β-Al_2O_3 和 Na-β″-Al_2O_3 两种材料。没有特殊说明，

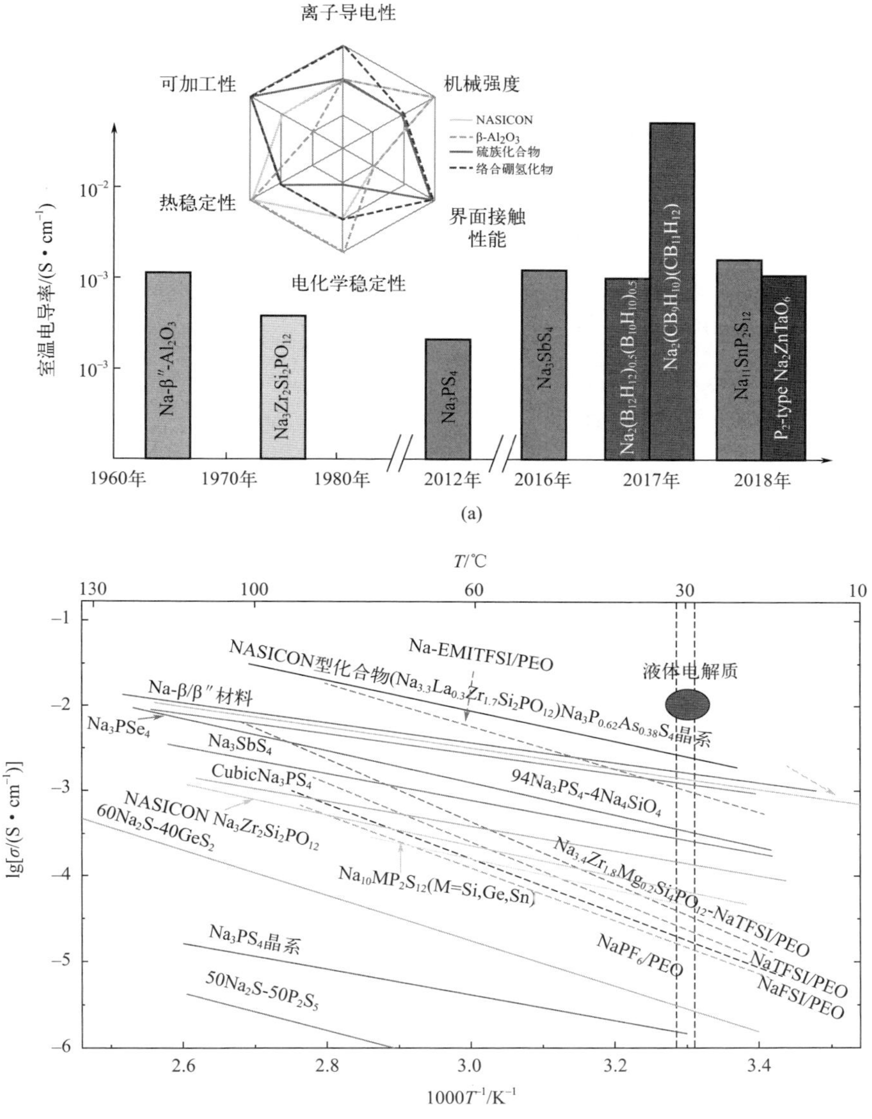

图 2-1 各种钠离子固体电解质的发展历程及性能雷达图（a）和电导率-温度关系（b）

以下将 Na-β-Al_2O_3 和 Na-β″-Al_2O_3 简写为 β-Al_2O_3 和 β″-Al_2O_3。

2.2.1 晶体结构

图 2-2 和图 2-3 分别为理想的 β-Al_2O_3 和 β″-Al_2O_3 的晶胞和 $11\bar{2}0$ 晶面剖面图。下面对比来看 β-Al_2O_3 和 β″-Al_2O_3 晶体结构上的异同点。整体上，

β-Al_2O_3 和 β''-Al_2O_3 均由几个 Al、O 原子密堆积组成的尖晶石基块和 Na、O 原子疏松排列的中间层组成。中间层中存在大比例的空位，为 Na^+ 在层内的迁移提供了通道，而在尖晶石基块中原子是密堆积的，没有可提供离子迁移的空位和通道。β-Al_2O_3 的一个晶胞单元内含有两个 $Al_{11}O_{16}$ 尖晶石基块，尖晶石基块具有与 $MgAl_2O_4$ 尖晶石相同的原子排列，氧离子呈立方密堆积，Al^{3+} 占据其中的四面体和八面体间隙位置。基块间则依靠其中的铝原子与钠氧层中的氧原子形成的 Al-O-Al 桥进行连接，上下两个基块呈镜面对称[2]。与 β-Al_2O_3 不同的是，β''-Al_2O_3 的晶胞单元由三个尖晶石基块组成，每个尖晶石基块由 3 个密堆积 Al-O 单元组成，晶胞 c 轴是 β-Al_2O_3 的 1.5 倍，且相邻的两个基块呈三次螺旋轴非对称分布，钠氧层非镜面对称。

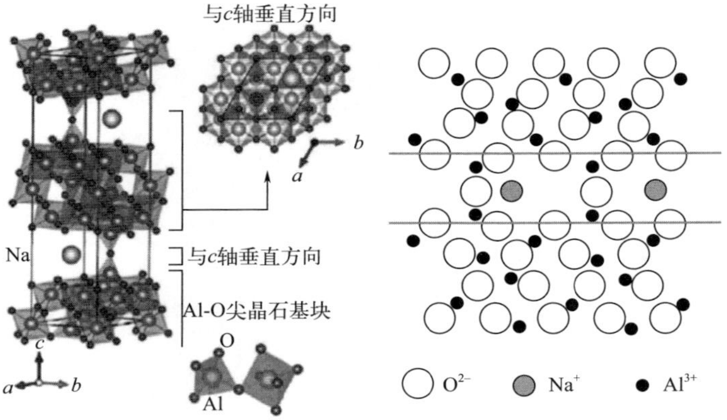

图 2-2　β-Al_2O_3 的晶胞（显示原子）和 $11\bar{2}0$ 晶面剖面图（显示离子）

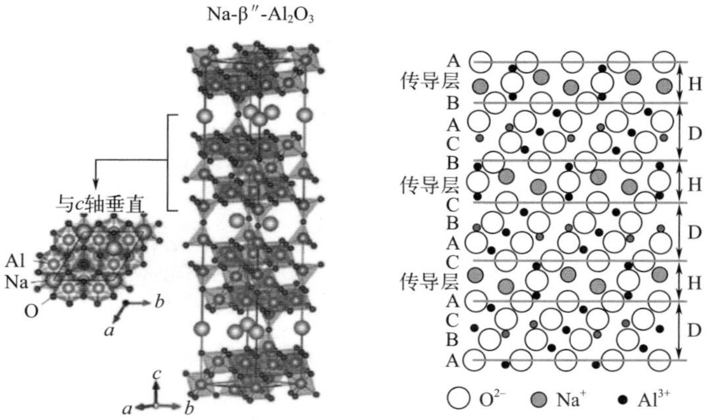

图 2-3　β''-Al_2O_3 的晶胞（显示原子）和 $11\bar{2}0$ 晶面剖面图（显示离子）

图 2-4 显示了 β-Al_2O_3 晶体的晶系、晶胞尺寸、理论密度和 XRD 标准衍射峰。β-Al_2O_3 属于六方晶系，空间群为 *P*63/*mmc*，典型晶胞尺寸为 5.593Å×5.593Å×22.61Å，具体晶胞大小还与 Na_2O 的含量有关，理论密度为 3.25～3.3g·cm^{-3}。其衍射峰的最高峰位对应（002）晶面。钠离子在 β-Al_2O_3 中的传导是二维的。钠氧层中的钠离子与相邻尖晶石基块中的三个氧离子配位，具有三种不等价的 Na^+ 迁移位点，其中钠离子迁移势垒最大的位点在两层尖晶石基块的氧原子之间，氧原子之间间距约为 2Å。当 β-Al_2O_3 中钠离子相比于化学计量比过量 15%～30%时，过量的钠从迁移位点略微移位形成了钠-钠对，类似造成了两个钠离子共用一个迁移位点。计算表明，钠-钠对的迁移运动消耗的能量远低于标准空位机制，因此这些钠-钠对的形成对钠离子在 β-Al_2O_3 中的快速传导至关重要。

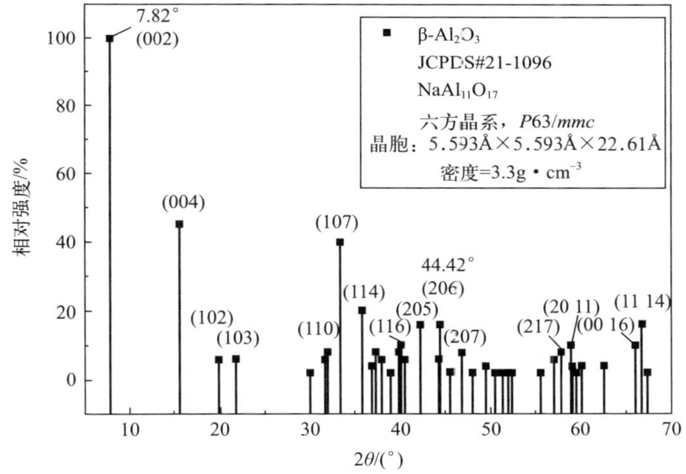

图 2-4　典型的 β-Al_2O_3 晶体的晶系、晶胞尺寸、理论密度和 XRD 标准衍射峰

图 2-5 显示了 β″-Al_2O_3 晶体的晶系、晶胞尺寸、理论密度和 XRD 标准衍射峰。β″-Al_2O_3 属于三方晶系，空间群为 *R*-3*m*，典型晶胞尺寸为 5.607Å×5.607Å×33.85Å，理论密度为 3.23～3.28g·cm^{-3}。由于与 β-Al_2O_3 晶体结构不同，β″-Al_2O_3 衍射峰的最高或次高峰位对应（003）晶面。β″-Al_2O_3 具有较差的热力学稳定性，因此通常通过掺杂 Mg^{2+} 和 Li^+ 得到稳定 β″-Al_2O_3 结构。不同离子掺杂获得的 β″-Al_2O_3 衍射峰位置接近，但相对强度有所差别。钠离子在 β″-Al_2O_3 的传导同样是二维的，但是 β″-Al_2O_3 的钠氧层中的原子密度比 β-Al_2O_3 更小，大约 17%的可用钠位是空位，这一比例远大于钠离子过量的 β-Al_2O_3。另外，β″-Al_2O_3 的迁移位点上最窄的氧原子间距约为 3Å，因

此 β″-Al_2O_3 的 Na^+ 迁移的势垒更小，离子电导率大于 β-Al_2O_3[3]，且 β″-Al_2O_3 对离子半径比钠离子大得多的离子表现出更高的迁移率[4]。

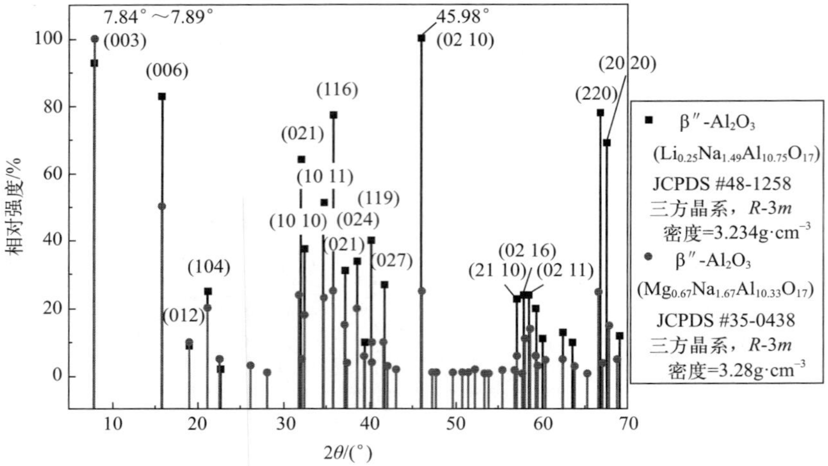

图 2-5　典型的 β″-Al_2O_3 晶体的晶系、晶胞尺寸、理论密度和 XRD 标准衍射峰

2.2.2　相组成

图 2-6 显示了 Na_2O-Al_2O_3 体系的二元相图。从相图中可以看到，β″相的热稳定区间较小，在 1400℃以上的温度下，β″相会转变为 β 相，阴影部分为 β 相和 β″相的固溶体区，在实际烧结的 β-Al_2O_3 陶瓷中 β 相和 β″相常常共存。研究发现，通过添加半径小于 0.97Å 的离子作为稳定剂取代尖晶石基块中的 Al^{3+} 可以提高 β″相的热稳定性。当外加离子的半径大于 0.97Å 时，则其将取代传导面中的 Na^+，稳定相仍为 β 相。已被研究用于稳定 β″相的外加离子有 Li^+、Mg^{2+}、Ni^{2+}、Mn^{2+}、Cu^{2+}、Co^{2+}、Zn^{2+} 等。研究表明，能有效稳定 β″相、提高钠离子电导率且得到较高陶瓷致密度的外加离子主要是 Li^+ 和 Mg^{2+}。据报道，MgO 可以稳定 β″相至 1700℃。理想的 Li^+ 稳定或者 Mg^{2+} 稳定的 β″-Al_2O_3 化学式分别为：$Li_{0.33}Na_{1.67}Al_{10.67}O_{17}$ 和 $Mg_{0.67}Na_{1.67}Al_{10.33}O_{17}$。以 MgO 作为稳定剂为例，$Mg^{2+}$ 取代 Al^{3+} 进入尖晶石基块。为了保持电价平衡，必须加入过量的 Na^+，以实现 $Mg^{2+} + Na^+ \longrightarrow Al^{3+}$ 的价态平衡。最佳的 Na_2O 含量与所添加的 MgO 的量有关。例如，田顺宝等曾做过细致的研究，当 MgO 添加 2%时，为了获得最大电导率，Na_2O 须过量 7.4%[5]。

图 2-7 给出了典型的 Mg^{2+} 稳定的 β″-Al_2O_3 陶瓷的 XRD 图谱。从图中可以发现，其中的主相为 β″相，此外还发现有较弱的 β 相特征峰。β 相明显区别

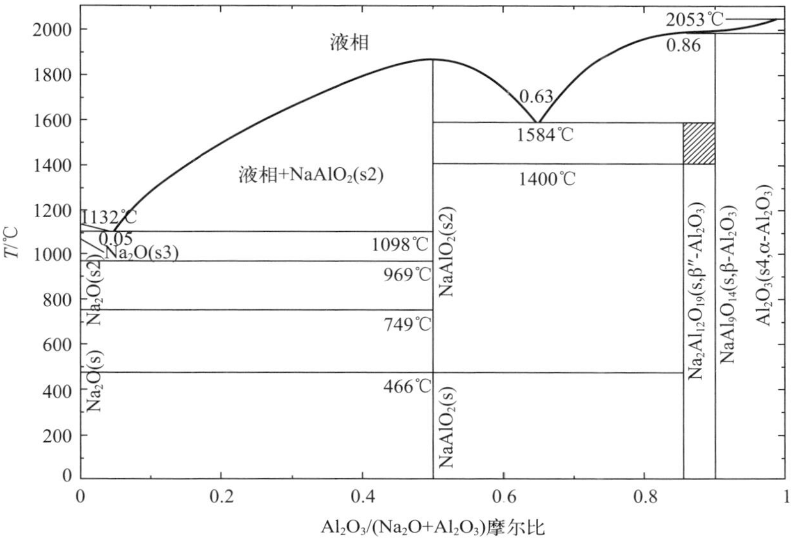

图 2-6　Na_2O-Al_2O_3 体系的二元相图

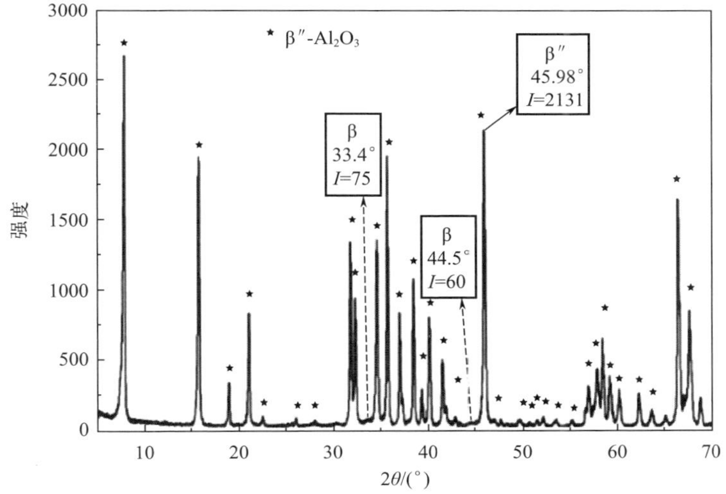

图 2-7　典型的 Mg^{2+} 稳定的 β″-Al_2O_3 陶瓷的 XRD 图谱

于 β″相的特征峰位于 33.4°和 44.5°附近，β″相明显区别于 β 相的特征峰位于 46°附近。通过这几个峰位的峰强和下面的计算公式可以估算出陶瓷中 β″相的含量：

$$f(\beta'')\% = 100\% - f(\beta)\% = 100\% - \frac{I(\beta)_{44.5^\circ}}{I(\beta)_{44.5^\circ} + aI(\beta'')_{46^\circ}} \times 100\% \quad (3\text{-}1)$$

式中，a 为强度修正因子，取值 0.85～0.88[6-9]。根据图 2-7 的结果，当 a 取值为 0.86 时，计算得到该陶瓷中 β″-Al_2O_3 相的含量为 96.83%。

除 β 相和 β″相以外，钠铝酸盐固体电解质族中还包含晶胞单元中钠氧层数大于 3 的 β‴、β⁗相等结构。这些结构都具有双重螺旋轴或三重螺旋轴结构，自然落入 β 相和 β″相的子集。例如 $Na_2O \cdot 4MgO \cdot 15Al_2O_3$，也被写作 β‴-$Al_2O_3$，具有 6 个密堆积 Al-O 单元组成的尖晶石基块和三个钠氧层镜面对称的结构，属于六方晶系，晶胞大小为 5.62Å×5.62Å×31.8Å，属于 β 相的子集。β⁗相的晶胞 c 轴尺寸为 47.7Å，包含三个以 6 个密堆积 Al-O 单元为一个单位的尖晶石基块和三层钠氧层，属于 β″相的子集。

2.2.3 电学性质

根据 1.2.3 节的介绍，β-Al_2O_3 和 β″-Al_2O_3 的电子电导可以忽略。作为固体电解质，我们所关心的是钠离子在 β-Al_2O_3 和 β″-Al_2O_3 中的传导规律。从 2.2.1 节晶体结构的分析可以知道，钠离子在 β-Al_2O_3 中的传导是各向异性的，主要依靠空位传导机制在钠氧层内进行，在尖晶石层内几乎无法迁移。例如，β-Al_2O_3 单晶在垂直于 c 轴的方向上 300℃时的电导率可达 $0.4S \cdot cm^{-1}$，而在平行于 c 轴的方向上电导率低两个数量级。从原子堆积密度、离子迁移位点对称性和导电层层间距等几个方面来看，β″-Al_2O_3 比 β-Al_2O_3 的 Na^+ 迁移的势垒更小，离子电导率更高。图 2-8 显示了单晶和多晶 β-Al_2O_3 和 β″-Al_2O_3 离子电导率的 Arrhenius 曲线。由于钠氧层中迁移离子的分布是无序的，随机地占据部分等效位置。在 β-Al_2O_3 和 β″-Al_2O_3 中，随着温度的升高，这种无序性增加，导致离子电导率增大。单晶和多晶 β-Al_2O_3 则在整个温度范围内服从 Arrhenius 线性关系。而单晶 β″-Al_2O_3 在 150℃附近发生二维的有序/无序转化，在高温区，中间层内形成了准液态的离子无序分布，钠离子传导呈现离子-空位交互传导机制，这种传导机制使电导活化能大大降低，电导率-温度曲线在该温度处发生了转折，偏离 Arrhenius 线性关系。表 2-1 总结了单晶和多晶 β-Al_2O_3 和 β″-Al_2O_3 在 25℃和 300℃下的离子电导率和活化能数据。考虑实际应用中的生产制造成本和综合性能，多晶 β″-Al_2O_3 陶瓷的离子电导率是我们更为关心的。多晶 β″-Al_2O_3 陶瓷在室温下电导率能达到 $3\times10^{-3}\sim1\times10^{-2}S \cdot cm^{-1}$，300℃下能达到 10^{-1} 数量级，与熔盐或常温液体电解质的电导率接近。

多晶的电导率包含晶粒电导和晶界电导。晶粒电导与其晶体结构有关，而晶界电导与显微结构和晶粒尺寸有关，受材料制造过程的影响较大。因此，多晶 β″-Al_2O_3 陶瓷的离子导电性主要取决于三方面的因素：β-Al_2O_3 相和 β″-Al_2O_3 相的相对含量、化学组成、显微结构与晶粒大小。

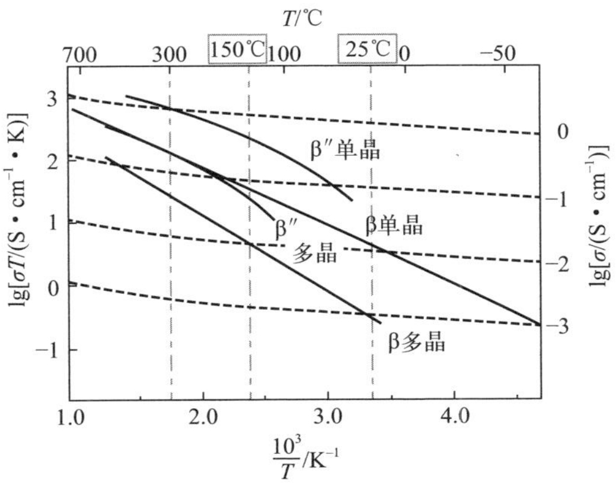

图 2-8　单晶和多晶 β-Al_2O_3 和 β″-Al_2O_3 离子电导率的 Arrhenius 曲线

表 2-1　单晶和多晶 β-Al_2O_3 和 β″-Al_2O_3 在 25℃和 300℃下的离子电导率和活化能

项目	$\sigma_{25℃}$/(S • cm^{-1})	$\sigma_{300℃}$/(S • cm^{-1})	E_a/eV	参考文献
单晶 β-Al_2O_3	0.035	0.21	0.13	Hooper (1977)
	0.03	0.27	0.14	Engstrom et al. (1980)
多晶 β-Al_2O_3	0.0012	0.065	0.27	Hooper (1977)
	—	0.08	0.25	May (1978)
单晶 β″-Al_2O_3	0.04	—	0.22 (25～250℃); 0.17 (250～650℃)	Baffier et al. (1981)
	—	1	0.33 (0～150℃); 0.1 (>150℃)	Engstrom et al. (1981)
多晶 β″-Al_2O_3	0.003～0.01	0.13～0.4[9-11]	0.16～0.22	Virkaretal (1978); Bates et al. (1981)

如图 2-9 所示[12]，β″-Al_2O_3 陶瓷的离子电阻率与 β 和 β″-Al_2O_3 两相的相对含量几乎呈线性关系，β″-Al_2O_3 相含量越高的陶瓷，则其电导率越高[13]。化学组成对陶瓷导电性的影响比较复杂，首先需要将 β″-Al_2O_3 的基本组分，如 Na_2O、Li_2O 或 MgO 等的比例控制在一定的范围内，以获得最佳的离子导电性；另一方面，杂质对导电性的影响也十分显著，如 CaO、SiO_2 等通常都以较大的团聚体混入粉体中并最终在陶瓷的晶界上形成较大尺寸的非导电相，不仅使陶瓷的电导率降低，而且还会引起晶粒的异常长大[14]。

显微结构对导电性也有明显的影响，通过特殊的工艺制备均匀晶粒尺寸的粗晶（约 100μm）和细晶（约 1～2μm）β″-Al_2O_3 陶瓷并测试其导电性能，发

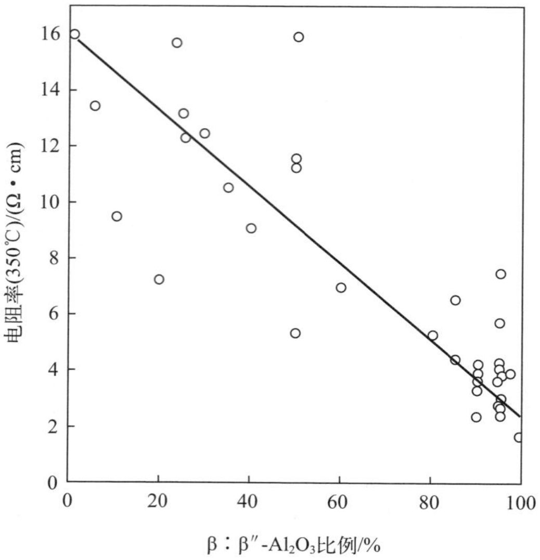

图 2-9　β″-Al_2O_3 陶瓷的离子电阻率与 β 和 β″-Al_2O_3 两相相对含量的关系

现 300℃时粗晶陶瓷和细晶陶瓷的电阻率分别为 2.81Ω·cm 和 4.8Ω·cm。虽然粗晶陶瓷较细晶陶瓷的电导率高，但是在实际应用中还要考虑到使用寿命问题。由于 β″-Al_2O_3 具有二维结构特征，陶瓷中晶粒往往表现出一定的取向性，因此粗晶陶瓷的导电性会呈现一定的各相异性，影响其导电性能。同时，晶粒过分生长会导致 β″-Al_2O_3 陶瓷力学强度显著下降，使其在各种电化学器件中的使用寿命大大缩短，因此，实际使用的 β″-Al_2O_3 陶瓷应具有均匀的细晶显微结构。另外，陶瓷致密度的提高也能在一定范围内提高其电导率。

Bay 等测试了 β″-Al_2O_3 陶瓷的常温下电子电导率，为 $7\times10^{-11}S\cdot cm^{-1}$，与 Wenzel 等计算的结果（$6\times10^{-12}S\cdot cm^{-1}$）接近，说明这一电解质体系能很好地抑制电池自放电[15,16]。

2.2.4　机械力学性质

固体电解质的机械性质直接影响电池的封接和运行可靠性。当 β″-Al_2O_3 陶瓷作为储能钠电池的固体电解质材料时，通常将其与绝缘的 α-Al_2O_3 陶瓷在高温下通过玻璃密封，因此了解 β″-Al_2O_3 陶瓷及其相关封接材料的机械特性具有重要意义。如表 2-2 所列，Sudworth 等总结了 α-Al_2O_3、β-Al_2O_3 和 β″-Al_2O_3 的热膨胀系数、杨氏模量、维氏硬度、泊松比等（热）机械性能参数[17]。

表 2-2 α-Al_2O_3、β-Al_2O_3 和 β''-Al_2O_3 的（热）机械性能参数

性能	α-Al_2O_3	β-Al_2O_3	β''-Al_2O_3
热膨胀系数/($10^{-6}K^{-1}$)	8.8	8～8.3（293～1178K）	7～8.1（293～1178K）
杨氏模量/GPa	440	210	
体积模量/GPa	220	150	
维氏硬度/GPa	29.4	13.7	
泊松比	0.25	0.25	

孔隙率和晶粒尺寸等微观结构对 β''-Al_2O_3 陶瓷力学强度的影响较大，而不同的制备和烧结工艺所获得的微观结构是不同的，通过减少陶瓷的晶界可使陶瓷获得更高的机械强度。研究发现，掺杂氧化锆形成复合陶瓷能在很大程度上提高 β''-Al_2O_3 的机械强度。表 2-3 总结了不同微观结构和氧化锆掺杂量的 β''-Al_2O_3 陶瓷的抗折强度和临界应力强度因子。平均晶粒尺寸小于 5μm 的致密陶瓷的抗折强度大于 200MPa，而晶粒尺寸大于 200μm 时，陶瓷抗折强度低至 120MPa。氧化钇（Y_2O_3）稳定的 ZrO_2 掺杂能将陶瓷的抗折强度提高到 300MPa，甚至 350MPa 以上。ZrO_2 作为第二相主要分布在 β''-Al_2O_3 陶瓷的晶界上。无论是加入四方或立方相 ZrO_2，复合陶瓷的力学性能均较 β''-Al_2O_3 陶瓷有明显的改善，尤其在 t-ZrO_2-β''-Al_2O_3 复合陶瓷中，应力诱导的 t-ZrO_2（四方相）→m-ZrO_2（单斜相）相变增韧是其中的主要增韧增强机制。除了上述的相变增韧外，微裂纹增韧以及裂纹偏转增韧也对复合陶瓷的力学性能提高起到了重要的作用，且同时存在于不同相 ZrO_2 复合的陶瓷中。严格控制 ZrO_2 中 Y_2O_3 的比例也很重要，例如 6.6%（摩尔分数）的 Y_2O_3 掺杂反而会降低陶瓷强度。编著者采用 15%（体积分数）ZrO_2（含 2.5%摩尔分数 Y_2O_3）掺杂后，β''-Al_2O_3 的抗折强度达到 314MPa[18]。当 ZrO_2 掺杂量低于 15%（体积分数）时，300℃下 β''-Al_2O_3 的电导率仍大于 $0.1S \cdot cm^{-1}$，具有应用价值。然而，需要指出的是，离散的孔隙、局部的小孔隙群、微观和宏观裂纹以及由于粉末中的局部不均匀性而产生的杂质，都可能是裂纹产生和扩展的根源，从而导致陶瓷的失效强度远低于其抗折弨度指标，因此陶瓷管生产时对裂纹和微孔进行检测是非常必要的。

表 2-3 不同微观结构和氧化锆掺杂量的 β''-Al_2O_3 陶瓷的抗折强度和临界应力强度因子

化学组分	晶粒尺寸/μm	致密度/%	抗折强度/MPa	临界应力强度因子/($MPa \cdot m^{1/2}$)	参考文献
β''-Al_2O_3	约 3	约 98	210	2.3	[19]
β''-Al_2O_3	40%约 3，60%约 90	约 97	120	2.8	[19]

续表

化学组分	晶粒尺寸/μm	致密度/%	抗折强度/MPa	临界应力强度因子/($MPa \cdot m^{1/2}$)	参考文献
β''-Al_2O_3	约 120	约 97	120	2.6～3.8	[20]
β''-Al_2O_3	＜4	＞99	200	2.3～3.8	[21]
β''-Al_2O_3	＜5	＞99	260	3.6	[19]
β''-Al_2O_3	200～300	＞99	120	2.6～4	[20]
掺杂 15%（体积分数）ZrO_2 [含 3%（摩尔分数）Y_2O_3] β''-Al_2O_3	—	约 97	350	4.5	[22]
β''-Al_2O_3＋15%ZrO_2	—	约 97	228～310	5～8	[23]
β''-Al_2O_3＋25%ZrO_2	—	约 97	379	5～8	[23]
β''-Al_2O_3＋15%（体积分数）ZrO_2 [含 2.4%（摩尔分数）Y_2O_3]	—	＞97	335	4.1	[24]
β''-Al_2O_3＋15%（体积分数）ZrO_2 [含 6.6%（摩尔分数）Y_2O_3]	—	＞97	226	3.2	[25]
β''-Al_2O_3＋15%（体积分数）ZrO_2 [含 2.5%（摩尔分数）Y_2O_3]	—	—	314	3.4	[26]

2.2.5 化学/电化学稳定性

早期对 β/β''-Al_2O_3 的兴趣不仅在于它的快速钠离子传输特性方面，同时还发现 β/β''-Al_2O_3 中的 Na^+ 具有高度的阳离子交换性，特别是 Na-β''-Al_2O_3 中的 Na^+ 可以被大量的一价、二价和三价阳离子交换[27]，使其成为制备其他快离子导体可能的母材。目前已经发现的可与 Na-β''-Al_2O_3 中的 Na^+ 发生离子交换的离子有 NO^+、NH_4^+、Li^+、K^+、Rb^+、Cu^+、Ag^+、Tl^+、Sr^{2+}、Zn^{2+}、Mn^{2+}、Fe^{2+}、Cu^{2+}、Ca^{2+}、Sn^{2+} 和 Pb^{2+}、镧系元素（Pr^{3+}、Nd^{3+}、Ho^{3+}）等[17,28-31]。丰富的离子交换化学为这种材料增加了新的研究和应用维度。通过离子交换，β/β''-Al_2O_3 材料构成了一个广泛的固体电解质家族，其性质取决于插入到导电面上的离子的性质。图 2-10 显示不同阳离子体系的几种 β/β''-Al_2O_3 材料的离子电导率。

离子交换的程度也称离子交换率，与交换阳离子在交换介质中的浓度相关，浓度越高，被交换的 Na^+ 量越大。给予充分交换时间后，Na^+ 与交换离子之间会达到平衡。Yao 和 Farrington 等证实，由于离子导电层的层间距不

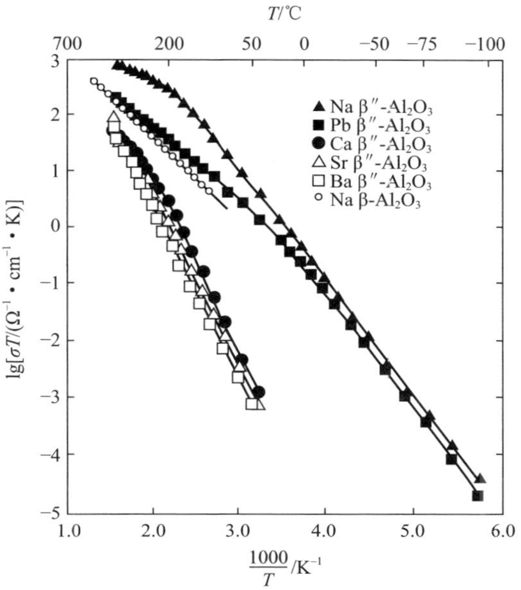

图 2-10 不同阳离子体系的几种 $\beta/\beta''-Al_2O_3$ 材料的离子电导率

同，外部阳离子与 Na-β-Al_2O_3 中钠离子交换的速度远小于 Na-β''-Al_2O_3。表 2-4 给出了多种阳离子与 Na-β/β''-Al_2O_3 发生离子交换的温度条件与交换率。不同的阳离子被交换到 Na-β/β''-Al_2O_3 中后，会引起其晶胞参数的变化，特别是大尺寸的阳离子会使 c 轴方向发生十分明显的变化，从而导致陶瓷的微结构发生严重的损害，使陶瓷产生微裂纹，力学强度下降，甚至破裂。因此，当 Na-β/β''-Al_2O_3 作为固体电解质材料时，电池的电极材料需要高纯度，以免发生破坏性的离子交换。除了通常的各种金属离子外，水合质子也可以对 Na-β/β''-Al_2O_3 中的 Na^+ 进行交换，被交换的 Na-β/β''-Al_2O_3 的 c 轴晶胞参数发生显著的增大，陶瓷的力学强度会被显著破坏，因此，Na-β/β''-Al_2O_3 陶瓷通常需要干燥保存。

表 2-4 阳离子与 Na-β/β''-Al_2O_3 发生离子交换的温度条件与交换率

前驱体	阳离子	阳离子半径/Å	交换熔盐成分	温度/℃	交换率/%
Na-β 粉体	NH_4^+	1.48	NH_4NO_3	170	—
	K^+	1.38	KNO_3	300/350	—
	Cu^+	0.77	$CuNO_3$/CuCl	527	—
	Ag^+	1.15	$AgNO_3$	300/350	—
	Zn^{2+}	0.74	$ZnCl_2$	497 (36h)	20

续表

前驱体	阳离子	阳离子半径/Å	交换熔盐成分	温度/℃	交换率/%
Na-β 粉体	Mn^{2+}	0.67～0.83	$MnCl_2$	550 (24h)	30
	Fe^{2+}	0.61～0.78	$FeCl_2$	697 (72h)	74
	Cu^{2+}	0.73	$CuCl_2$	697 (72h)	16
	Sn^{2+}	—	$SnCl_2$	300 (144h)	37
Na-β 晶体	Pb^{2+}	0.86	$PbCl_2$	550 (70h)	86
	Sr^{2+}	1.18	SrI_2	620 (72h)	92
	Fe^{2+}	0.61～0.78	$FeCl_2$	700 (72h)	28
Na-β″晶体	Ca^{2+}	1.0	$Ca(NO_3)_2/CaCl_2$	500/700 (1h)	—
	Sr^{2+}	1.18	$SrCl_2$	550 (1h)	—
	Ba^{2+}	1.35	$Ba(NO_3)_2/BaCl_2$	550 (1h)	—
	Cd^{2+}	0.95	$CdCl_2$	600 (1h)	—

对于金属钠与 β″-Al_2O_3 之间的化学稳定性，早在 20 世纪 80 年代就已证实 β″-Al_2O_3 在高温下对金属钠有良好的相容性。Wenzel 等通过时间分辨阻抗和极化电阻测量，结合原位 X 射线光电发射光谱，对金属钠电极与 β″-Al_2O_3 的界面稳定性进行了研究[32]，结果表明 β″-Al_2O_3 对金属钠在室温下具有超高的化学稳定性，这对 β″-Al_2O_3 应用于储能钠电池体系具有重要的意义。Lacivita 等通过第一性原理计算了多种钠离子固体电解质的电化学稳定窗口，认为富钠成分的铝酸钠（β/β″-Al_2O_3）对金属钠具有良好的热力学稳定性，能耐受 4V 左右的高电压，仅 β-Al_2O_3 在 0.14V 以下将分解为 $NaAlO_2$ 和 Al[33]。

2.2.6 制备技术

与其他功能陶瓷制备工艺类似，β″-Al_2O_3 固体电解质陶瓷固相法制备的基本工艺流程包括：前驱粉体的合成与造粒，素坯的成型与脱塑，烧结与加工。最简单的方法是将 α-Al_2O_3 或勃姆石（γ-AlOOH）、NaOH 或 Na_2CO_3、$Mg(OH)_2$ 或 MgO、Li_2CO_3 等化合物按照一定的比例，在水或有机介质中球磨混合成均匀的浆料，通过喷雾等方法进行干燥和造粒，形成高流动性的陶瓷粉体，采用等静压等方法成型得到素坯，经 1600℃以上高温烧结后得到致密的陶瓷，再经过必要的加工即得到要求尺寸的陶瓷管[34]。但是，一步固相反应法在制备过程中存在钠组分损耗、晶粒长大和产生 $NaAlO_2$ 副产物，引起对湿度敏感等问题，不易获得具有高离子电导率的致密 β″-Al_2O_3 陶瓷。

美国盐湖城犹他大学和 Ceramatec 公司合作研制了一种基于 Li_2O 稳定剂

的 Zeta 工艺路线，他们将 Li_2O 和 Al_2O_3 预先反应形成 Zeta-铝酸锂。如图 2-11 所示，中科院上海硅酸盐研究所进一步研制了双 Zeta 工艺[35]，首先将锂盐和钠盐分别与 α-Al_2O_3 进行反应，合成得到铝酸锂和铝酸钠化合物，Zeta-铝酸锂具有与尖晶石类似的结构，铝酸钠的结构类似于 β-Al_2O_3，被称作 Zeta-铝酸钠，前驱铝酸盐的形成一方面可以有效地提高钠和锂在最终产物中分布的均匀性，同时 Zeta-铝酸钠的结构可以引导 β″-Al_2O_3 相生成，因此用这种双 Zeta 工艺可以获得高均匀性的 β″-Al_2O_3 陶瓷管，并可实现规模化制备。

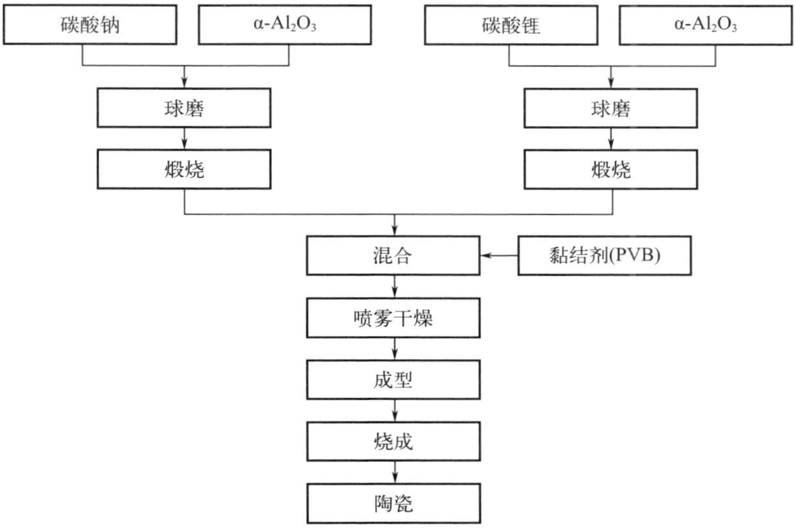

图 2-11 基于双 Zeta 法制备 β″-Al_2O_3 陶瓷的工艺路线

PVB—聚乙烯醇缩丁醛

日本 NGK 公司和中国科学院上海硅酸盐研究所均主要采用等静压素坯成型技术，成型时坯体中含有的黏结剂等有机组分含量较低，经一定温度的素烧可以全部排除，对陶瓷的致密化基本不会产生影响。美国的 GE 公司最早研制了电泳法成型 Na-β″-Al_2O_3 陶瓷坯体，不需要进行等静压压制，即可获得高质量的陶瓷管，相对密度大于 99%，这种技术也被用于规模化制备，这种技术的最大优势是对异形陶瓷的适应性强。此外，挤压成型也被应用于制备 Na-β″-Al_2O_3 陶瓷，所得最终产品的相对密度达到 98%，其主要的优势是成型的素坯壁厚均匀性高[36]。

烧结是 β″-Al_2O_3 陶瓷制备过程中最困难的步骤。一方面，β″-Al_2O_3 陶瓷通常需要在 1560℃以上的高温烧成，但陶瓷中的碱金属组分在高温时很容易挥发，同时强碱性的挥发物腐蚀性强，会对炉体、坩埚等产生严重的腐蚀；另一方面，为了提高致密度，烧结过程中，烧结体会产生一定量的液相，容易引起陶瓷变形。因此，目前 β″-Al_2O_3 陶瓷烧结时通常采用埋粉和坩埚密封共用的方法形成富钠的烧结气氛，抑制陶瓷烧结过程中钠离子的挥发。埋粉采用高氧化钠含量的成相粉体，坩埚材料主要有铂金和氧化镁两种。铂金坩埚价格昂贵但可以反复利用；氧化镁坩埚初始投入成本相对较低，但坩埚会逐渐被碱性气氛腐蚀。

固相反应法制备 β″-Al_2O_3 过程中成相粉体、素坯断面以及陶瓷表面和断面的 SEM 照片显示在图 2-12 中。β″-Al_2O_3 陶瓷制备过程的每一步都需要对质量进行控制，例如前驱粉体的粒度、混合的均匀性；成相粉体的成相制度、粒度；造粒粉体的一次颗粒粒度、流动性、球体的直径分布和空心程度；素坯管/片的壁厚均匀性和一致性；烧结炉的温场均匀性、烧结制度和烧结气氛的保护等。在实用化管式储能钠电池中使用的 β″-Al_2O_3 电解质为一端封底的陶瓷管，图 2-13 显示了日本 NGK 公司和中国科学院上海硅酸盐研究所（SICCAS）研制并已批量化生产的 β″-Al_2O_3 陶瓷管及其性能参数[37,38]。

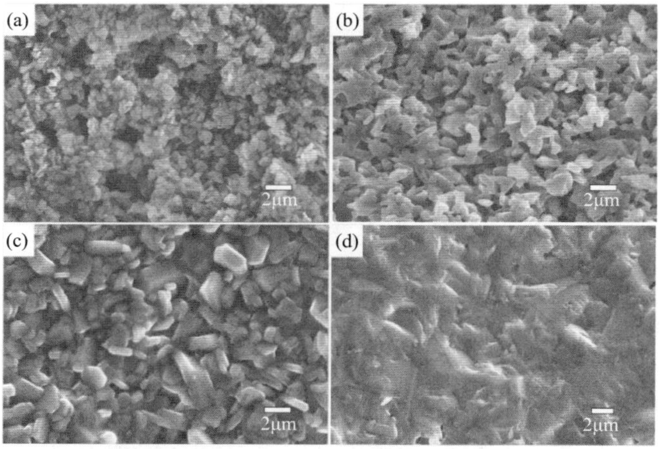

图 2-12　1250℃成相粉体（a）；素坯断面（b）；β″-Al_2O_3 陶瓷表面（c）和断面（d）的 SEM 照片

传统的固相反应法在合成 β″-Al_2O_3 陶瓷时往往会在 β/β″-Al_2O_3 晶界处残留 $NaAlO_2$ 相，从而导致最终产物易被含水和二氧化碳的空气侵蚀。Virkar 等提出了一种气相辅助法合成化学性质稳定且机械强度高的 β″-Al_2O_3 陶瓷[39]。图 2-14 显示的是气相辅助合成 β″-Al_2O_3 陶瓷的工艺路线[31]。初始材料是 α-Al_2O_3 和 YSZ（Y_2O_3 稳定的 ZrO_2）复合材料，成型烧结成 α-Al_2O_3/YSZ 陶瓷前驱体后，将前驱体在松散的钠源（碳酸钠或偏铝酸钠）粉体中高温转化

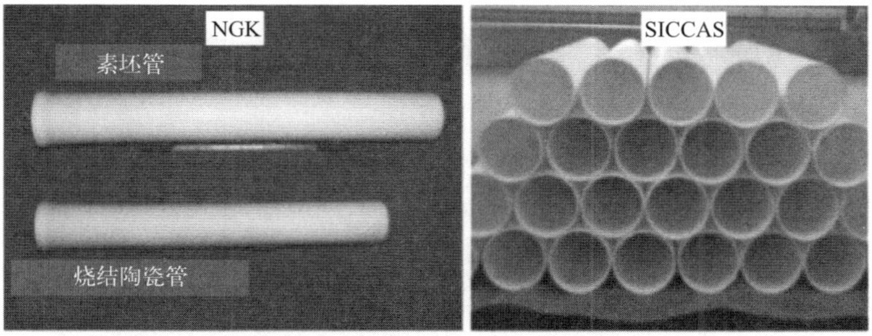

参数	NGK结果	SICCAS结果
外形尺寸/mm	59	10～60
长度/mm	480	100～500
厚度/mm	1.3	1.0～1.5
相对密度/%	>99	>99
钠离子电阻率/(Ω·cm)	2.5(350℃)	5～6(300℃)
抗折强度/MPa	320	314

图 2-13　NGK 和 SICCAS 的 β''-Al_2O_3 陶瓷管以及它们的性能参数

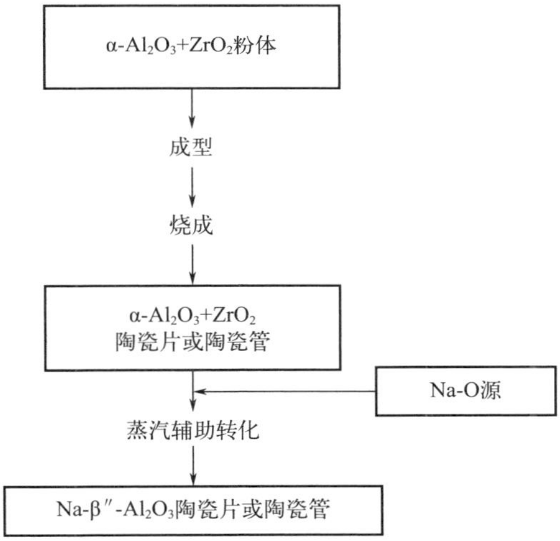

图 2-14　气相辅助合成 Na-β''-Al_2O_3 陶瓷的工艺路线

得到 β''-Al_2O_3/YSZ 陶瓷。见图 2-15，气相辅助合成路线的机理可以理解为分三步进行[39]：①钠源分解生成气态的氧化钠；②氧化钠吸附在 β''-Al_2O_3/YSZ 陶瓷表面；③通过 Na^+ 和 O^{2-} 在 β''-Al_2O_3 和 YSZ 中的协同快速传输实现完全转化反应。

为了进一步提高陶瓷粉体的烧结活性和均匀性，各种液相法也用于合成前驱化物，包括溶胶-凝胶法、燃烧法、双氢氧化物前驱体法、醇盐分解法等[10,40-46]。

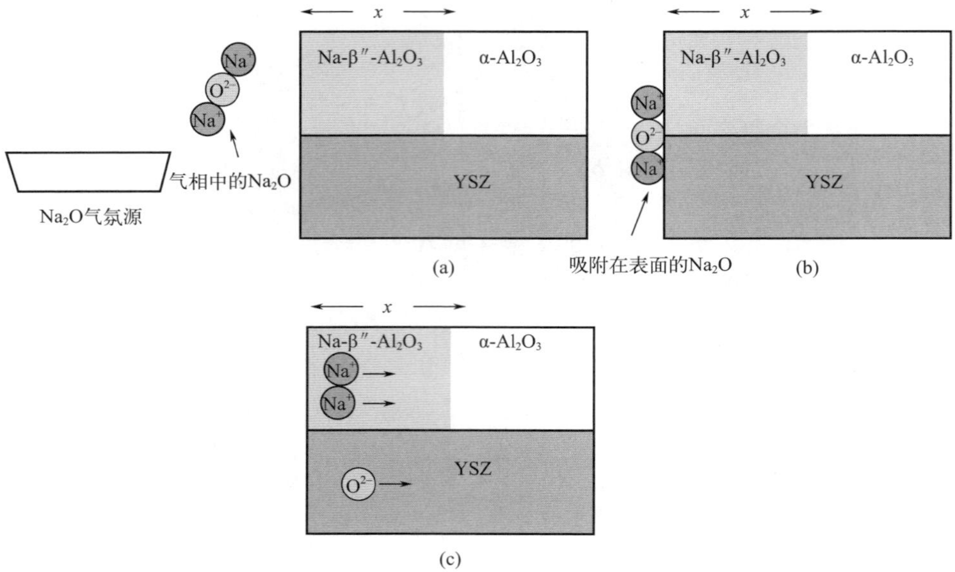

图 2-15　气相辅助合成 β″-Al_2O_3 陶瓷的机理示意图

溶胶-凝胶法可以使反应物在溶液中混合，达到分子水平的均匀分散，并且可以降低反应温度和缩短反应时间。该方法制得的粉体粒径小、比表面积大、反应活性高。虽然液相法合成的前驱粉体具有比固相法更高的烧结活性，粉体颗粒度细，化学组成均匀，但是制备量小，成本高，很难适用于规模化生产。对于烧结过程，Lee 等[47] 通过优化焙烧和煅烧工艺，采用一步烧结法成功制备了 β″-Al_2O_3，该方法相对于传统方法具有工艺简单、能耗低和成本低等优点。此外，通过放电等离子烧结（SPS）法制备各向异性的 β″-Al_2O_3 固体电解质可以快速有效地获得致密化纯 β″-Al_2O_3，有利于提高离子电导率，其得到的多晶 β″-Al_2O_3 在室温下最高离子电导率达到 19mS・cm^{-1}[48]。

我们知道，降低固体电解质的厚度可以有效地降低电解质的电阻[49]，因此 β″-Al_2O_3 陶瓷薄膜的制备越来越受到研究人员的关注。早年已有多种方法被应用于制备厚度小于 1mm 的 β″-Al_2O_3 陶瓷膜，例如滑模铸造、挤压、等静压或电泳法成型，然后烧结成瓷[17,50,51]。近年来，Katsui 等采用激光气相沉积法制备了 Li 稳定的 β″-Al_2O_3 陶瓷薄膜，并研究了 Li 含量对沉积膜的相组成和微观结构的影响[52]。气相沉积 β″-Al_2O_3 陶瓷薄膜的速度为每小时 60μm。流延法作为一种制备陶瓷膜的常规方法，具有易于放大、低成本、素坯表面光滑、厚度一致性好等优点，近年来也探索用于 β″-Al_2O_3 陶瓷薄膜。温兆银等通过研究溶剂、分散剂、黏结剂、塑化剂和浆料球磨时间对流延浆料流变性能的影响，高度可控地制备了厚度约 100μm、致密度高、电性能优异的 Li 稳定 β″-Al_2O_3 陶瓷薄膜[53]。图 2-16（a）显示了本书著者基于 PVB 作为黏结剂的有机浆料（固含量为 22%），通过流延法制得的厚度 30～300μm 的素坯膜，1600℃高温烧结后得到致密度较高的 β″-Al_2O_3 陶瓷薄膜［图 2-16（b）］。

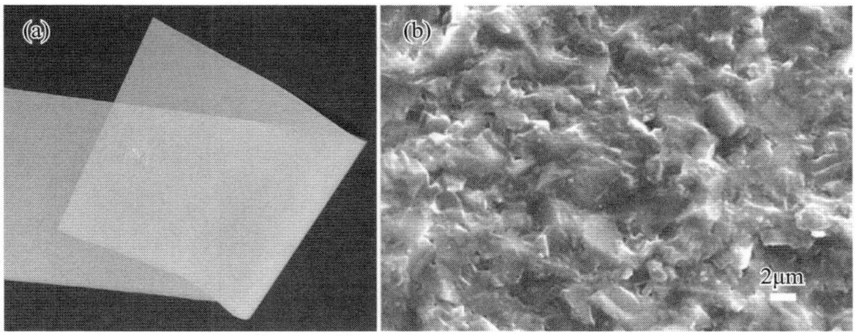

图 2-16　流延法得到的 30μm 厚 Li 稳定 β″-Al_2O_3 素坯的图片（a）；
100μm 厚 β″-Al_2O_3 陶瓷膜截面的显微结构（b）

2.3　NASICON 型固体电解质

NASICON 是“Na super ionic conductor”钠超离子导体的缩写，其通式可以写作 $AMM'P_3O_{12}$ ［或 $AM1M2P_3O_{12}$/$AM1M2(PO_4)_3$］，A 为碱金属离子或碱土金属离子（Li^+、Na^+、K^+、Mg^{2+}、Ca^{2+} 等），M 和 M′为二价、三价或四价过渡金属离子，P 可以部分被 Si 或 As 取代。1976 年 Hong 和 Goodenough 发现并报道了一类以 $Na_{1+x}Zr_2Si_xP_{3-x}O_{12}$（$0<x<3$）为代表的 NASICON 结构晶体[54,55]。与钠离子在 β/β″-Al_2O_3 中的二维传导不同，NASICON 结构的晶体为钠离子迁移提供了三维交叉传导通道。当 $x=2$ 时，$Na_3Zr_2Si_2PO_{12}$ 具有最高的离子电导率，室温时可达 10^{-4}～10^{-3} $S \cdot cm^{-1}$[56,57]。NASICON 钠离子导体的优势主要在于 NASICON 的合成条件比 β/β″-Al_2O_3 更温和，且对水的稳定性更高，更易于保存。

2.3.1　晶体结构

NASICON 型 $Na_3Zr_2Si_2PO_{12}$ 具有菱方相（空间群 $R\bar{3}c$）和单斜相（空间群 $C2/c$）（$1.8 \leqslant x \leqslant 2.2$）两种晶相。图 2-17 显示了菱方相（h-NASICON）和单斜相（m-NASICON）$Na_3Zr_2Si_2PO_{12}$ 的晶体结构及其钠离子传输路径。单斜相是低温相，在 147～177℃下转变为菱方相。菱方相结构由共顶点的四

面体 [SiO_4]、[PO_4] 和八面体 [ZrO_6] 形成稳定的骨架结构。每个 SiO_4 或 PO_4 四面体与四个 ZrO_6 八面体相接，Na1 和 Na2 两个不同的 Na 位点在菱方相中构成三维导电网络。单斜相可以看作由菱方相旋转变形而成，扭曲的单斜晶相中出现了三个 Na 位点，原始的 Na2 分为 Na2 和 Na3 位点，以形成 Na1-Na2 和 Na1-Na3 两个通道。菱方相中，每单位分子的 Na2 位点可容纳 3mol 的 Na^+。因此，可以同时存在大量可移动的 Na^+ 和可用的相邻空位，这对于 Na^+ 的扩散非常有利[58,59]。此外，在 NASICON 型结构中，Na^+ 需要经过一定的势垒较高区域（“瓶颈”区域）才能实现离子传输[60]。例如，单斜 NASICON 结构中有四个“瓶颈”区域，即两个 Na1-Na2 通道和两个 Na1-Na3 通道[61]。增大“瓶颈”区域的大小有利于降低钠离子的迁移能垒。因此，提高其离子电导率的常规方法是通过引入适当的取代离子来扩大“瓶颈”区域尺寸。

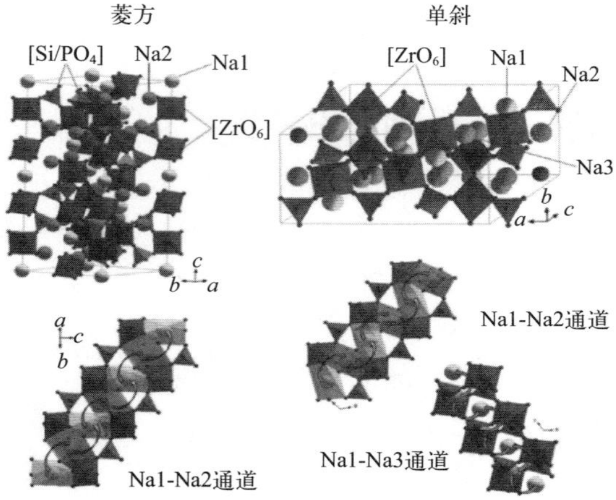

图 2-17 菱方相和单斜相 NASICON（$Na_3Zr_2Si_2PO_{12}$）的晶体结构及其离子传输路径

2.3.2 元素组成与电导率

根据 NASICON 结构材料以及离子传输机理，为了提高 NASICON 型电解质电导率，可采用的技术路线可概括为如下几种[60]：

① 增加晶格中钠离子的浓度。Na^+ 浓度的提高意味着电荷载流子数量的增加，有利于提高离子电导率。

② 通过引入适当的取代离子来扩大“瓶颈”区域的大小。较大的瓶颈尺寸可以减小能垒和活化能。

③ 降低晶界电阻。晶界中的离子传输比晶粒中的离子传输更为复杂。由

于晶界中传输通道的中断，晶界之间的离子传输需要高活化能，从而导致较低的离子电导率。

对三维骨架中的离子进行部分元素取代或替换，适当拓宽离子传输路径，成为进一步提高材料体相离子电导率的重要方法。根据电荷平衡原理，采用低价离子适当置换高价的骨架阳离子可以在晶格中引入更多的钠离子，从而可以提高可输运钠离子的浓度，随之提高电导率[60]。因此，近年来研究人员热衷于探索 NASICON 的元素掺杂。表 2-5 总结了已报道的被不同离子取代的 NASICON 型固体电解质的性能。其中报道较多的是采用二价至五价的阳离子替代 NASICON 中 Zr^{4+} 位。$Na_{3+2x}Zr_{2-x}Si_2PO_{12}$ 中掺入 Ca^{2+}，可以加速 Na3 位置上的 Na^+ 的迁移，从而极大地提高了 Ca^{2+} 取代的 NASICON 的离子电导率，取代量达 5%时，离子电导率可达 $1.67\times10^{-3}S\cdot cm^{-1}$[62]。Ma 等通过溶液辅助固相反应制备 Sc^{3+} 部分取代 Zr^{4+} 位的 $Na_3Zr_2Si_2PO_{12}$[63]，为了补偿由于 $Na_3Zr_2Si_2PO_{12}$ 中 Zr^{4+} 位点的三价掺杂而引起的电荷不均，需要补充更多的钠离子以填充空缺的 Na^+ 位点，从而使晶体中 Na^+ 的浓度得到提高。该固体电解质在 25℃时具有 $4.0\times10^{-3}S\cdot cm^{-1}$ 的高离子电导率。除了常见的对 Zr^{4+} 位点进行取代外，P^{5+} 位点的取代也可以提高电导率[64]。通过用 Si^{4+} 取代 P^{5+} 制备的 $Na_{3.4}Zr_2Si_{2.4}P_{0.6}O_{12}$ 组体的固体电解质，离子电导率达到 $5.0\times10^{-3}S\cdot cm^{-1}$。此外，还有研究同时用 Hf^{4+} 替代 Zr^{4+} 和 P^{5+} 合成 $Na_{3.2}Hf_2Si_{2.2}P_{0.8}O_{12}$，具有 $2.3\times10^{-3}S\cdot cm^{-1}$ 的离子电导率[65]。

表 2-5 不同离子取代的 NASICON 型固体电解质的室温离子电导率

分子式	掺杂离子	掺杂离子半径/Å	晶体致密度/%	室温离子电导率/(mS·cm^{-1})	参考文献
$Na_{3.125}Zr_{1.75}Sc_{0.125}Ge_{0.125}(SiO_4)_2(PO_4)$	Sc^{3+}、Ge^{4+}	0.745、0.53	—	4.64	[66]
$Na_{3.2}Zr_{1.9}Ca_{0.1}Si_2PO_{12}$	Ca^{2+}	1	—	1.7	[67]
$Na_{3.4}Zr_{1.8}Co_{0.2}Si_2PO_{12}$	Co^{2+}	0.65～0.745	97.9	1.6	[68]
$Na_{3.1}Zr_{1.95}Mg_{0.05}Si_2PO_{12}$	Mg^{2+}	0.72	—	3.5	[69]
$Na_{2.9}Mg_{0.1}Zr_2Si_2PF_{0.1}O_{12}$	Mg^{2+}、F^-	0.72、1.33	—	2.21	[70]
$Na_{3.4}Zr_{1.9}Zn_{0.1}Si_{2.2}P_{0.8}O_{12}$	Zn^{2+}	0.74	99.5	5.3	[71]
$Na_{3.43}Zr_{1.83}Zn_{0.22}Si_{1.93}P_{1.02}O_{12}$	Zn^{2+}	0.74	96.9	0.8	[68]
$Na_{3.57}Zr_{1.72}La_{0.21}Si_{2.08}P_{0.92}O_{12}$	La^{3+}	1.03	99.6	3.4	[59]
$Na_{3.59}Zr_{1.92}Ni_{0.21}Si_{1.93}P_{0.91}O_{12}$	Ni^{2+}	0.69	97.1	0.62	[68]
$Na_{3.38}Zr_{1.80}Al_{0.26}Si_{2.06}P_{0.88}O_{12}$	Al^{3+}	0.535	93.1	0.44	[68]

续表

分子式	掺杂离子	掺杂离子半径/Å	晶体致密度/%	室温离子电导率/(mS·cm^{-1})	参考文献
$Na_{3.13}Zr_{1.94}Fe_{0.21}Si_{2.12}P_{0.85}O_{12}$	Fe^{3+}	0.55～0.645	94.5	0.75	[68]
$Na_{3.4}Sc_{0.4}Zr_{1.6}(SiO_4)_2(PO_4)$	Sc^{3+}	0.745	96	4	[63]
$Na_3Zr_{1.9}Yb_{0.1}Si_2PO_{12}$	Yb^{3+}	0.868	96	0.17	[72]
$Na_{3.1}Al_{0.05}Y_{0.05}Zr_{1.9}(SiO_4)_2(PO_4)$	Al^{3+}、Y^{3+}	0.535、0.9	87～93	1.7	[73]
$Na_3Zr_{1.9}Ce_{0.1}Si_2PO_{12}$	Ce^{4+}	0.87	98	0.69	[74]
$Na_{3.1}Zr_{1.9}Ga_{0.1}Si_2PO_{12}$	Ga^{3+}	0.62	86.5	1.06	[75]
$Na_{3.4}Zr_2Si_{2.4}P_{0.6}O_{12}$	Si^{4+}	0.4	95	5.2	[76]
$Na_3Zr_{1.9}Ti_{0.1}Si_2PO_{12}$	Ti^{4+}	0.605	91	0.38	[77]
$Na_3Zr_{1.98}Nb_{0.08}Si_2PO_{12}$	Nb^{5+}	0.64	91	0.21	[77]
$Na_{3.2}Hf_2Si_{2.2}P_{0.8}O_{12}$	Hf^{4+}	0.71	—	2.3	[65]

可以发现，用具有适当半径的取代离子代替骨架原子可以有效地扩大“瓶颈”区域并减小离子传输的能垒，从而提高离子电导率。当取代离子的大小等于或略大于 Zr^{4+}（0.72Å）时，被取代后的 NASICON 会具有较高的离子电导率，例如取代离子为 Mg^{2+}（0.72Å）或 Sc^{3+}（0.745Å）的产物，其离子电导率仅分别达到 $3.5\times10^{-3}S\cdot cm^{-1}$ 和 $4.0\times10^{-3}S\cdot cm^{-1}$。当替代离子的半径太大或太小时，离子电导率则难以有效提升，如 Nd^{3+}（0.98Å）、Co^{2+}（0.65Å）或 Al^{3+}（0.54Å）取代的产物仅 $6.9\times10^{-4}S\cdot cm^{-1}$、$1.6\times10^{-3}S\cdot cm^{-1}$ 和 $4.4\times10^{-4}S\cdot cm^{-1}$。图 2-18 显示了 NASICON 纯相晶体和多种离子掺杂的 NASICON 的 Arrhenius 曲线。$Na_{1+x}Zr_2Si_xP_{3-x}O_{12}$ 的离子电导率在 $x=2$ 时最高，室温下为 $6.7\times10^{-4}S\cdot cm^{-1}$，300℃时为 $0.2S\cdot cm^{-1}$[55]。可以看到，元素掺杂对于提高离子电导率和降低活化能是有效的，其中掺杂低固溶度离子可以通过形成导电的第二相，并且在从单斜相向菱方相 NASICON 的体相转变中 Si∶P 值的变化来提高晶界电导率。目前，Sc^{3+}、Mg^{2+}、La^{3+} 和 Si^{4+} 等元素的掺杂能得到 $10^{-3}S\cdot cm^{-1}$ 数量级的较高室温离子电导率。

陶瓷的致密度和纯度也对电导率有明显的影响。从不同致密度的 Mg^{2+} 和 Zn^{2+} 掺杂 NASICON 的电导率对比可以知道，致密度越高，晶界电阻越小，越容易得到较高的电导率。陶瓷烧结容易导致材料中钠和磷的挥发，从而偏离化学计量比，产生 ZrO_2 或磷酸盐等低电导率杂相，杂相聚集在晶界处，降低了材料的晶界电导。因此，进一步的研究需要集中在如何制备纯相和高致密度的产品，通过离子掺杂以及改善晶粒和晶界的微观结构来提高 NASICON 的电导率。玻璃陶瓷材料通过用非晶相填充晶界来除去陶瓷中的孔洞，是一种有效提高致密度的方法。目前已经报道了 $Na_{1+x}Al_xGe_{2-x}P_3O_{12}$、$Na_{1+x}Y_yGa_{x-y}Ge_{2-x}(PO_4)_3$ 和 $Na_{1-y}Ti_2Si_yP_{3-y}O_{12}$ 等的 NASICON 玻璃陶瓷[78-80]。虽然玻璃陶瓷致密度较高，但电导率提升效果并不明显。电导率较高的 $Na_2Ti_2SiP_2O_{12}$ 玻璃陶瓷，室温电导率仅为 $1\times10^{-4}S\cdot cm^{-1}$[78]。其余多数 NASICON 玻璃陶瓷的室温电导率在 $10^{-5}\sim10^{-4}S\cdot cm^{-1}$ 之间。出现这种现象的原因是玻璃陶瓷在析晶过程中难以实现对成分的准确控制，晶界处低电导率的非晶相过多，导致这些玻璃陶瓷固体电解质电导率偏低，因此需要对非晶相成分的精确调控才能获得高电导率玻璃陶瓷电解质。

此外，多个研究小组都证实 Mg^{2+}、Ga^{3+} 等离子掺杂的 NASICON 材料具有极低的电子电导率，在 $10^{-8}\sim10^{-7}S\cdot cm^{-1}$ 的量级[69,75,81]。低电子电导率的 NASICON 材料更适合作为固态钠离子电池的电解质材料。

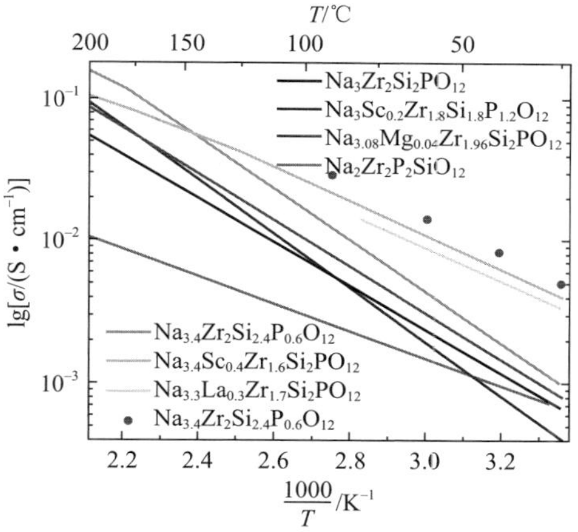

图 2-18　基体和多种离子掺杂的 NASICON 的 Arrhenius 曲线

2.3.3　机械性质

NASICON 材料的晶格存在各向异性膨胀，在 a 轴和 c 轴两个方向上的热膨胀系数（CTE）有较大差异，CTE_c/CTE_a 比值在 3～5 之间变化[82,83]。例如，从室温至 600℃，$Na_{3.4}Sc_2(SiO_4)_{0.4}(PO_4)_{2.6}$ 在 a 轴方向几乎没有热膨胀（<0.1%），但是在 c 轴方向上膨胀显著（2.15%）[84]。各向异性膨胀使材料在烧结后的冷却过程中产生残余应力，从而引起微裂纹，降低导电性，增加安全风险。此外，微裂纹的形成也使得膨胀法测量 CTE 的结果产生误差，因为

膨胀法测定 CTE 所采集的是统计的宏观尺寸变化[85]。高温 X 射线衍射（HT-XRD）被认为是在晶胞水平上测量 CTE 的可靠技术，其中晶格膨胀仅由温度决定。HT-XRD 测得的结果往往小于膨胀法测得的结果。图 2-19 显示了 Naqash 等通过 HT-XRD 法（实心标记）和膨胀法（空心标记）两种方法测试 $Na_{1+x}Zr_2Si_xP_{3-x}O_{12}$ 及其他几种元素掺杂的 NASICON 陶瓷的热膨胀系数结果[86,87]。其中膨胀法测试的样品经过严格控制，几乎无微裂纹。当 $x=1.5$ 或 2 时，两种方法测得的 $Na_{1+x}Zr_2Si_xP_{3-x}O_{12}$ 热膨胀系数非常接近。以 Zr^{4+} 作为过渡金属阳离子时，NASICON 材料的 CTE 随 Na 含量的增加而增加。这是因为过量的钠增加晶格排斥力，影响电荷的极化，因此引起更强的晶格振动。对于三价阳离子掺杂的 NASICON，与四价阳离子相比，三价阳离子对八面体中氧原子的吸引力更弱，从而导致更强的晶格振动和更高的热膨胀系数。

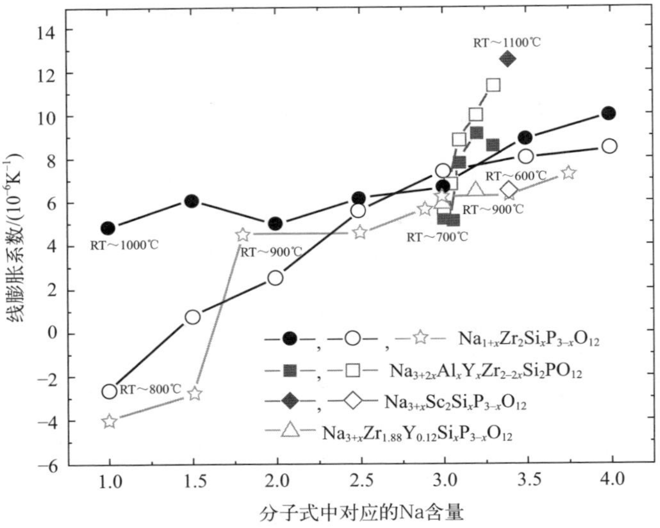

图 2-19　用 HT-XRD 和膨胀法测得的 $Na_{1+x}Zr_2Si_xP_{3-x}O_{12}$ 热膨胀系数

（空心标记为 HT-XRD 法测试数据，实心标记为膨胀法测试数据）

表 2-6 总结了几种具有 NASICON 结构，也称广义 NASICON 材料的维氏硬度。由表可见，β″-Al_2O_3 的维氏硬度为 NASICON 材料的 2～4 倍。

表 2-6　几种广义 NASICON 材料的维氏硬度

项目	$Na_3Zr_2Si_2PO_{12}$	$Na_{3.125}Zr_{1.75}Sc_{0.125}Ge_{0.125}Si_2PO_{12}$	$Sc_{1/3}Zr_2(PO_4)_3$（球磨机）	$Li_{1.3}Al_{0.3}Ti_{1.7}P_3O_{12}$（LATP）	$Li_{6.19}Al_{0.27}La_3Zr_2O_{12}$（LLZO）
维氏硬度/GPa	2.9	5.0	3.0	3.5～7.1	8.1～9.5
参考文献	[66]	[66]	[88]	[89，90]	[90]

2.3.4 化学/电化学稳定性

20 世纪 80 年代以前，NASICON 被报道对空气中的水和二氧化碳性质稳定。但是，Ahmad 等在 1989 年发现，所有 NASICON 结构的钠离子导体都在不同程度上会与水发生反应[91]。用球磨法比用溶胶-凝胶法制备的材料与水反应的速度更快。在室温下，NASICON 中的钠离子与酸性水溶液中的水合氢离子也会发生交换[92]。Mauvy 等探究了 NASICON 与水反应的机理，认为弥散在材料中的 Na_3PO_4 非晶相的溶解是 Na^+ 析出的原因之一[93]。Na^+ 在水中的析出过程受 Na^+ 扩散过程控制。

早期 Schmid 等已经发现 NASICON 材料在 300℃以上的温度下对金属钠不稳定[94]，不能用作高温钠电池的固体电解质。近年，Goodenough 团队发现在低于 175℃的温度下，$Na_3Zr_2Si_2PO_{12}$ 电解质与金属钠反应不明显[95]。如图 2-20 所示，当加热温度从 175℃提高到 380℃时，金属钠在 NASICON 表面的润湿大大增强，NASICON 高温下部分被金属钠还原。组装 Na-$Na_3Zr_2Si_2PO_{12}$-Na 对称电池进行研究发现，用金属钠高温处理 $Na_3Zr_2Si_2PO_{12}$ 陶瓷电解质表面使电池的界面电阻大大减小，说明金属钠在高温下与 NASICON 生成的产物具有较高的离子或电子电导率。他们还采用飞行时间次级离子质谱（time-of-flight secondaryion mass spectrometer，TOF-SIMS）表征 NASICON 与金属钠界面成分，发现 $Na_3Zr_2Si_2PO_{12}$ 电解质在 60℃下与金属钠反应，在界面处生成 NaO_x 薄膜[96]。该界面层的形成可以提高钠金属负极在固体电解质表面的润湿性，促进钠金属负极在反复充放电循环过程中无枝晶沉积。胡勇胜团队通过交流阻抗谱和原位光电子能谱持续观察常温下金属钠和 $Na_3Zr_2Si_2PO_{12}$ 电解质的界面，发现在常温下 $Na_3Zr_2Si_2PO_{12}$ 电解质在早期（15min）与金属钠快速反应形成高电导率的界面层，随后界面层稳定存在[97]。根据 Na_2O-SiO_2-P_2O_5-ZrO_2 四元相图计算得到，该界面层的组分含有 Na_4SiO_4、Na_3P、Na_2ZrO_3 和 ZrSi。他们还发现 $Na_3Zr_2Si_2PO_{12}$ 的电化学稳定窗口在 1.11～3.41V 之间。

2.3.5 制备技术

NASICON 陶瓷电解质的制备与 β″-Al_2O_3 陶瓷制备相似，分为前驱粉体制备、成型和烧结致密化几个步骤。前驱粉体的制备工艺同样可以分为固相法和液相法。两种方法的优缺点见 2.2.6 节。与 β″-Al_2O_3 陶瓷制备过程不同的是，以 $Na_3Zr_2Si_2PO_{12}$ 为例的 NASICON 陶瓷电解质烧结温度通常在 1000～1300℃，具体最佳烧结温度与前驱粉体的粒度分布有关。Ruan 等考察了煅烧

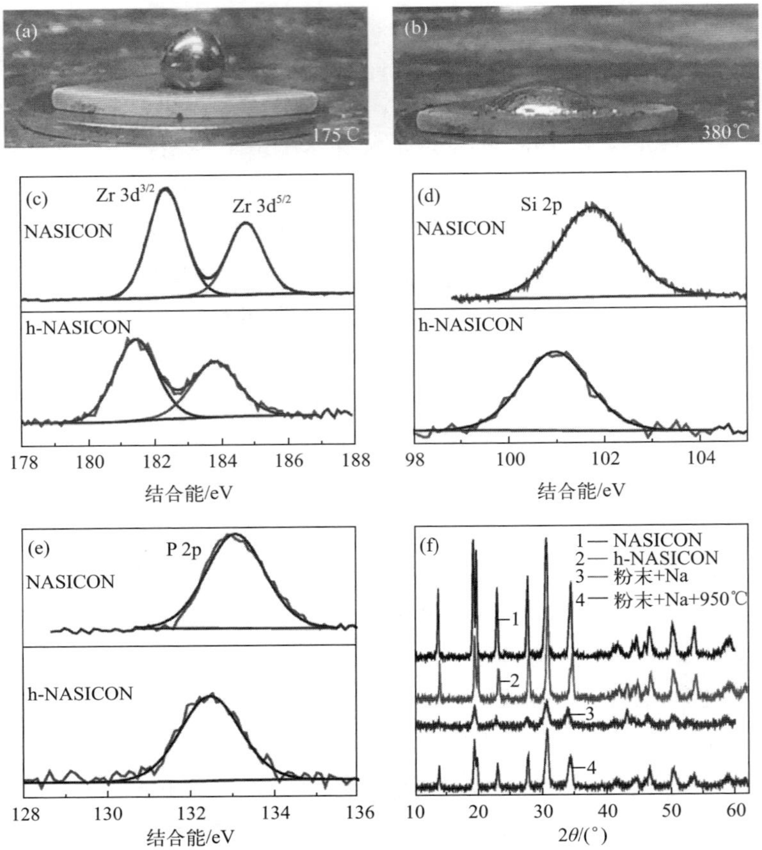

图 2-20 175℃和 380℃金属钠在 $Na_3Zr_2Si_2PO_{12}$ 上的数码照片［(a)、(b)］；金属钠加热前后 $Na_3Zr_2Si_2PO_{12}$ 表面的 XPS 图谱［(c)、(d)、(e)］；$Na_3Zr_2Si_2PO_{12}$ 陶瓷和粉体与金属钠一起加热前后的 XRD 衍射谱（f）

温度对 $Na_3Zr_2Si_2PO_{12}$ 的微结构和离子电导率的影响，发现随着煅烧温度的升高，结晶度逐渐提高[98]。陶瓷的相对致密度在 1150℃时达到峰值，随后由于 ZrO_2 和 $Na_2ZrSi_4O_{11}$ 的出现和孔隙率的增加而降低。NASICON 陶瓷烧结过程中，前驱体中钠和磷存在一定程度的挥发，但由于烧结温度相对较低，因此钠的挥发程度比 β″-Al_2O_3 陶瓷烧结时低。元素挥发使 NASICON 陶瓷偏离化学计量比，通常在晶界处产生少量 ZrO_2、Na_3PO_4 和 $Na_2ZrSi_4O_{11}$ 等杂相，影响陶瓷致密度和电导率。传统的烧结方法由于温度高，会导致副反应、元素挥发和不利相的形成，且能耗高。放电等离子烧结法、冷烧结法和微波辅助烧结法近年来也被探索用于合成 NASICON 陶瓷电解质材料[99-102]。但这些方法对设备要求较高，或难以实现量产，尚处于研发阶段。

2.4 硫族化合物固体电解质

通常来说，固体电解质由可迁移的离子与多面体骨架构成。可迁移的离子与骨架原子之间的相互作用是决定离子电导率最重要的因素之一。与氧原子相比，硫原子的半径更大，同时具有更小的电负性，因此硫化物的晶格参数比氧化物大并且钠离子与硫化物骨架的库仑相互作用力更弱，从而硫化物电解质通常在室温下具有更高的离子电导率。

1992 年，Jansen 等合成了四方相单晶 Na_3PS_4，其 510℃高温下离子电导率达 $8.51\times10^{-2}S\cdot cm^{-1}$，但是其室温电导率很低。Hayashi 等于 2012 年发表了关于立方相 Na_3PS_4 玻璃陶瓷作为室温钠离子固体电解质材料的文章，掀起了硫化物钠离子固体电解质材料的研究热潮[103]。结晶性的改变使得 Na_3PS_4 的室温电导率从 $1\times10^{-6}S\cdot cm^{-1}$ 增长至 $2\times10^{-4}S\cdot cm^{-1}$。随后研究逐渐拓展至类似组成的硫族化合物固体电解质，如四方相的 Na_3SbS_4、$Na_{3.75}Sn_{0.75}Sb_{0.25}S_4$ 等固体电解质被发现具有较高的离子电导率。

2.4.1 晶体结构

硫族钠离子固体电解质主要分为两类，即立方相的 Na_3PS_4 及其衍生物和具有 $Na_{11}Sn_2PS_{12}$ 结构的硫族化合物电解质[104]。图 2-21 显示了立方相和四方相的 Na_3PS_4 的晶胞单元，图中 P 原子显示紫色，S 原子显示黄色，占据 Na1(6b) 位置的钠原子显示红色，占据 Na2(12d) 位置的钠原子显示橙色[105]。立方相的 Na_3PS_4（c-Na_3PS_4）属于空间群 $I\bar{4}3m$，晶胞参数 $a=6.9965$Å，该结构中 PS_4^{3-} 多面体占据体心立方的中心和角位点，Na^+ 占据 PS_4^{3-} 多面体位点所组成的八面体的中心位置 Na1(6b)。Tanibata 等指出另一个 Na^+ 的位点在 Na2(12d) 位置，但能量最小化计算表明 Na2(12d) 位点是不稳定的。四方相的 Na_3PS_4（t-Na_3PS_4）属于空间群 $P\bar{4}2_1c$，晶胞参数 $a=6.9520$Å，$c=7.0757$Å，该结构中 PS_4^{3-} 多面体沿［111］轴呈现微小的扭曲，最终形成两种不同的 Na^+ 位置，即 Na（4d）和 Na（2a)，并且晶胞参数 c/a 的比例比标准立方体略有增加，从而形成四方相结构。t-Na_3PS_4 与 c-Na_3PS_4 的晶格参数最大差异为 1%，体积差异为 0.2%。在颗粒间接触不良的情况下，两种晶相的电导率均为 $10^{-6}S\cdot cm^{-1}$，但立方相的 Na_3PS_4 玻璃陶瓷样品将其电导率提高了 30 倍左右[103]。

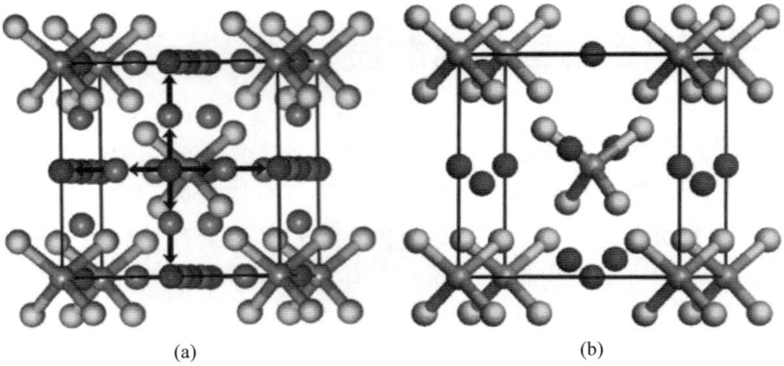

图 2-21 立方相和四方相 Na_3PS_4 的晶胞结构（另见文后彩图）

由于 $Li_{10}GeP_2S_{12}$ 电解质具有很高的室温锂离子电导率，研究人员希望在钠离子硫化物固体电解质中寻找到类似的结构。2016 年，Ceder 等首先合成了 $Na_{10}SnP_2S_{12}$ 电解质，但 $Na_{10}SnP_2S_{12}$ 在室温下只表现出 0.4mS·cm^{-1} 的钠离子电导率[106]。随后，Nazar 团队报道了室温下具有 1.4mS·cm^{-1} 的 $Na_{11}Sn_2PS_{12}$ 固体电解质[104]。图 2-22（a）、（b）显示了四方相 $Na_{11}Sn_2PS_{12}$ 的晶体结构和晶胞单元[104]。与 $Li_{10}GeP_2S_{12}$ 类似，$Na_{11}Sn_2PS_{12}$ 的晶体结构属于空间群 $I4_1/acd$，晶格参数 $a=13.6148(3)$Å，$c=27.2244(7)$Å。空间群为 $I4_1/acd$ 的材料具有三维的钠离子通道，有利于 Na^+ 的扩散，是快离子导体的理想结构。该结构由 SnS_4 和 PS_4 四面体组成三维棋盘结构，这种棋盘结构沿 c 轴在 ab 平面内划定了宽的 Na^+ 通道。在 $Na_{11}Sn_2PS_{12}$ 中，Sn 和 P 占据 16e 和 8a 位点，S 占据 32g 位点。图 2-22（c）、（d）显示的是［010］和［001］方向上钠离子占据位置的示意图，钠离子的位置用椭球表示，玫瑰色的椭球表示部分占据位置，红色的椭球表示完全被占据的位置。钠离子占据 5 种不同的位点：Na(1)，occ 0.87；Na(2)，occ 0.78；Na(3)，occ 0.96；Na(4)，occ 0.97；Na(5)，occ 0.95。钠离子的传输通道由 NaS_6 八面体通过共面沿各个方向连接而成，部分钠空位存在于不同方向的钠离子传输通道的交叉点。结合图 2-22（c）、（d）、（e）可见，在 $z=0.125$ 的 ab 面，Na(1)-Na(5) 链处在通道的相交位置；在 $z=0.25$ 的 ab 面，钠离子各通道的连接处是 Na(3)-Na(2) 链或 Na(4)-Na(2) 链。这些链沿 c 轴周期性地重复排列，就得到了如图 2-22（e）所示的 Na^+ 沿［100］方向的传输通道。由于这种特殊的三维钠离子传输通道，$Na_{11}Sn_2PS_{12}$ 的室温电导率可达 1.4mS·cm^{-1}，并且钠离子迁移的活化能势垒仅为 0.25eV。

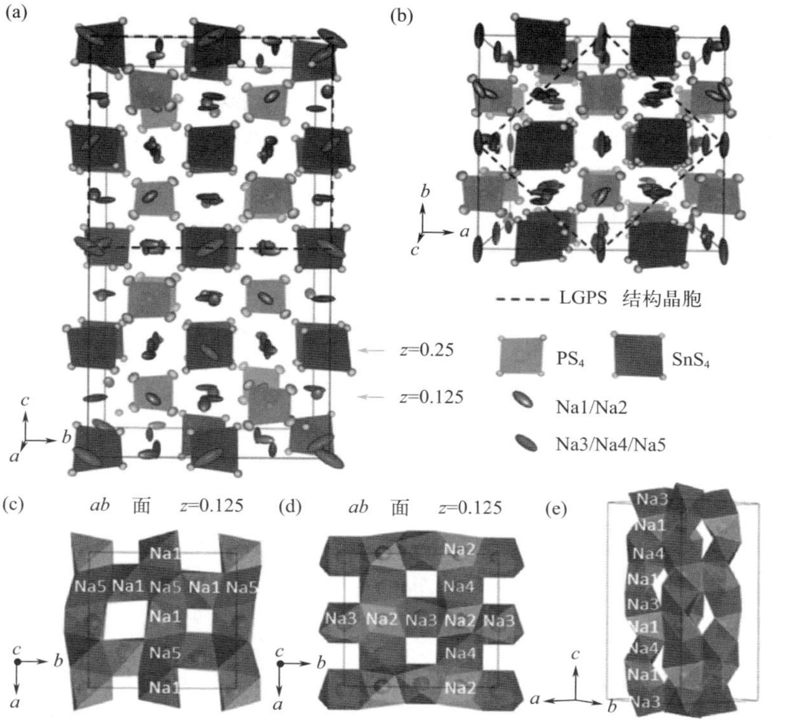

图 2-22 $Na_{11}Sn_2PS_{12}$ 的晶体结构（a），$Na_{11}Sn_2PS_{12}$ 的原胞（与 $Li_{10}GeP_2S_{12}$ 类似）(b)，ab 平面在不同 z 轴位置上的视图［(c) 和 (d)］，沿 c 轴排列的 Na(4)-Na(1)-Na(3)-Na(1) 通道示意图（e）(另见文后彩图)

2.4.2 元素组成与电导率

晶格结构和活性位点的计算表明[107]，Na_3PS_4 电解质的钠离子电导率与钠空位的浓度相关性较大，对四方或立方相的结构却不敏感。Thorben Krauskopf 等[108] 研究了球磨与高温热处理制备的 Na_3PS_4 的精修结构并对比了它们的离子电导率，发现球磨得到的立方相与四方相 Na_3PS_4 的离子电导率相差不多，而高温热处理得到的四方相 Na_3PS_4 的离子电导率明显偏低。他们的实验结果说明离子电导率的差异与晶体结构的影响可能是次要的，由于球磨可以引入更多的缺陷，所以钠离子电导率与缺陷浓度的相关性可能更大。因此，探索硫族化合物固体电解质的思路通常分为三类：①用同一主族并且离子半径更大的元素部分或全部取代骨架元素以增大钠离子的传输通道，如 $Na_3P_{1-x}As_xS_4$、Na_3PSe_4 和 Na_3SbS_4，提高电导率。②以 Na_3PS_4 为基础，通过高价的阴离子或阳离子掺杂以提高 Na 空位的浓度，如 $Na_{3-x}PS_{4-x}Cl_x$ 和

$Na_{3-x}Pn_{1-x}W_xS_4$（Pn=P 和 Sb）。③采用第 14 族和第 15 族元素作为骨架元素，得到不同于 Na_3PS_4 的新晶体结构，如 $Na_{11}Sn_2PS_{12}$ 和 $Na_4Sn_{0.67}Si_{0.33}S_4$。

Zhu 等采用第一性原理研究了立方相 Na_3PS_4 的相稳定性、掺杂形成能以及掺杂前后的 Na_3PS_4 的钠离子电导率[109]。他们发现，初始 c-Na_3PS_4 的钠离子电导率并不高，通过引入过量的 Na^+ 可以提高它的离子电导率，并预测 6.25% Si 掺杂的 c-Na_3PS_4 具有 1.66mS·cm^{-1} 的离子电导率，与实验结果相吻合。他们同时预测了同样浓度 Sn^{4+} 掺杂的 c-Na_3PS_4 具有高达 10.7mS·cm^{-1} 的离子电导率，进而提出钠离子传输通道的体积以及骨架与钠离子的相互作用是影响该结构中钠离子电导率的重要因素。因此，为了提高 Na_3PS_4 的离子电导率，寻找合适的元素替换 Na_3PS_4 晶格中的部分原子是一种有效的策略。

首先是 Na 位置的元素替代。Ca^{2+} 具有与 Na^+ 相近的离子半径（Ca^{2+} 100pm，Na^+ 102pm），是最合适的替换 Na^+ 的二价离子。Chang Ki Moon 等[110] 用元素 Ca 掺杂 Na_3PS_4，在 t-Na_3PS_4 中用 Ca^{2+} 替换 Na^+，同时在 Ca^{2+} 附近引入了 Na 空位，得到了立方相的 $Na_{3-2x}Ca_xPS_4$，尽管活化能增加了，但是却显著地提高了钠离子电导率，当 $x=0.135$ 时，25℃的离子电导率约为 1mS·cm^{-1}。全固态 TiS_2/$Na_{2.700}Ca_{0.150}PS_4$/Na-Sn 电池在 30℃、0.11C 倍率下循环 120 圈依然能保持约 150mAh·g^{-1} 的比容量。

其次，P 位置和 S 位置的元素替代是新型硫族化合物电解质的研究重点。硫化物的稳定性倾向于遵从“硬软酸碱”理论，即硬酸优先与硬碱反应，软酸优先与软碱反应。例如大多数硫代磷酸盐快离子导体在空气中是不稳定的，因为氧气是一种硬碱，倾向于与磷（硬酸）优先反应，并取代硫（软碱）。与 P 同主族的 Sb 属于软酸，具有更大的离子半径，有利于增大钠离子的扩散通道。因此，Wang 等[111] 根据“硬软酸碱”理论合成了在空气中稳定的 Na_3SbS_4 电解质。Na_3SbS_4 属于四方相，$a=7.1453$Å，$c=7.2770$Å，空间群为 $P\bar{4}2_1c$，Na_3SbS_4 晶体结构中有两种主要的 Na^+ 占据位点，Na（1）位于扭曲的 NaS_6 八面体中，Na（2）位点则处在 NaS_8 十二面体中，其晶体结构如图 2-23 所示。在 xy 平面中，NaS_6 八面体与 NaS_8 十二面体之间通过共面相互交替连接排列，Na^+ 可以沿-Na(1)-Na(2)-Na(1)-Na(2)-的平面通道传输。此外，在 Na_3SbS_4 中，沿 z 轴方向，NaS_6 八面体之间通过共用棱边而相互连接，从而允许 Na^+ 跃过上述的平面通道而进一步传输。因此，Na_3SbS_4 中存在三维的钠离子传输通道，有利于钠离子的快速传输。并且 Na（2）位置有 5%的钠空位，便于 Na^+ 的跃迁。室温下 Na_3SbS_4 的离子电导率达到 $1mS \cdot cm^{-1}$，并且对金属钠稳定，电化学窗口宽，可以稳定到 5V。Tatsumisago 等[112] 进一步用 W 替换部分 Sb，得到的 $Na_{2.88}Sb_{0.88}W_{0.12}S_4$ 电解质呈立方相，在结构中引入了大量的钠空位，室温下的钠离子电导率高达 $32mS \cdot cm^{-1}$，并且对空气稳定。

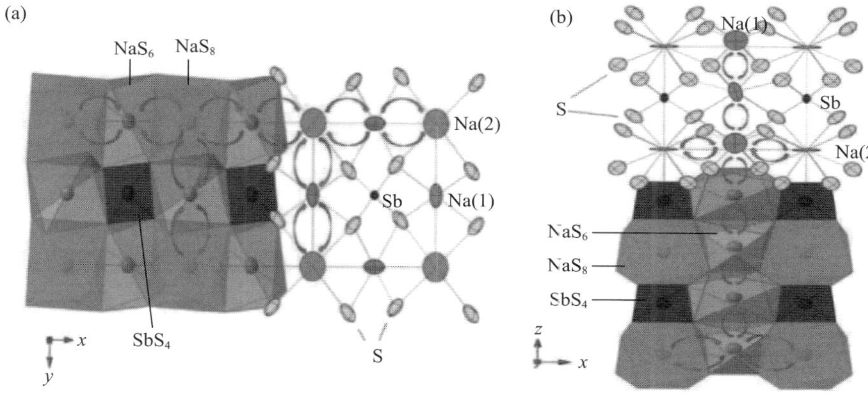

图 2-23　Na_3SbS_4 沿 [001]（a）和 [010]（b）方向的晶体结构示意图

由“硬软酸碱”理论可知，软酸 Sn 基硫化物可以降低与水的反应活性，如 Li_4SnS_4 电解质就具有高的空气稳定性。Jia 等[113] 基于 Na_4SnS_4 基体，通过添加 Na_2S 到 Na_4SnS_4 中，用 M（M＝Si，Ge，P）替换 Sn，得到了一种具有 $I4_1/acd$ 空间群的晶体结构。其中，$Na_4Sn_{0.67}Si_{0.33}S_4$ 因具有三维的扩散通道而具有比 Na_4SnS_4 高 2～3 个数量级的离子电导率，经过冷压成型的 $Na_4Sn_{0.67}Si_{0.33}S_4$ 的离子电导率为 $1.23\times10^{-5}S \cdot cm^{-1}$。采用 $Na_4Sn_{0.67}Si_{0.33}S_4$ 作模板，通过化学组分或结构的调整，可以进一步提高钠离子的电导率。如 P 掺杂的 $Na_{3.75}[Sn_{0.67}Si_{0.33}]_{0.75}P_{0.25}S_4$ 电解质在室温下表现出 $1.6\times10^{-3}S \cdot cm^{-1}$ 的电导率，并且在空气中稳定。P 的掺杂改变了空穴的浓度，弱化了 Na^+ 与 S^{2-} 的相互作用，有利于钠离子电导率的提升。他们进一步在 $Na_4Sn_{0.67}Si_{0.33}S_4$ 结构中用 Sb^{5+} 替换部分 Sn 和 Si，在上述研究的基础上同时也研究了部分 Ge 原子替换 Si 原子的四元体系[114]，合成了一系列 $Na_{4-x}[Sn_{0.67}M_{0.33}]_{1-x}Sb_xS_4$（M＝Si，Ge）的材料，其中 $Na_{3.8}[Sn_{0.67}Si_{0.33}]_{0.8}Sb_{0.2}S_4$ 表现出较高的室温电导率，约为 $1.75\times10^{-4}S \cdot cm^{-1}$。

Yu 等采用 As 部分取代阴离子骨架中的 P，所得 $Na_3P_{0.62}As_{0.38}S_4$ 的室温离子电导率达到了 $1.46mS \cdot cm^{-1}$[115]。与 Na_3PS_4 相比，$Na_3P_{0.62}As_{0.38}S_4$

在空气中对水分稳定。异价原子掺杂的研究工作中，通过四价的 Si 替换部分的 P[116]，94Na_3PS_4-6$NaSiS_4$ 的室温离子电导率可以达到 0.74mS·cm^{-1}。在 PS_4^{3-} 和 SbS_4^{3-} 单元中，典型的异价掺杂一般为四价的元素，如 Si^{4+}、Ge^{4+}、Sn^{4+}，这些掺杂不仅没有增加更多的空位，反而引入了更多的 Na^+。Till Fuchs 等[117] 则通过 W^{6+} 替换阴离子多面体中的中心原子以在 Na_3PS_4 或 Na_3SbS_4 中产生更多的空位，所得 $Na_{3-x}Pn_{1-x}W_xS_4$（Pn=P，Sb）具有目前硫化物电解质报道的最高室温钠离子电导率。其中，$Na_{2.9}P_{0.9}W_{0.1}S_4$ 的离子电导率达到（13±3)mS·cm^{-1}，而 $Na_{2.9}Sb_{0.9}W_{0.1}S_4$ 的离子电导率甚至高达（41±8)mS·cm^{-1}。

此外，用卤素对 S 位置进行取代可以促进固体电解质与金属钠负极间形成钝化中间层，从而提升硫化物基固体电解质界面的稳定性[118]。S^{2-} 被卤素取代时，由于电荷的补偿，会在结构中引入钠空位，但是也减小了载流子的浓度与离子传输通道的尺寸。引入结构缺陷的 Cl 掺杂四方相 Na_3PS_4 的离子电导率可以达到 1.1mS·cm^{-1}。Se 与 S 为同一主族，Se 比 S 的离子半径大，所以理论上 Se 取代后的骨架尺寸更大。同时 Se^{2-} 比 S^{2-} 具有更高的极化率，有利于弱化迁移离子与阴离子骨架的相互作用。Zhang 等[119] 通过 Se 取代 S，合成了立方相的 Na_3PSe_4。Na_3PSe_4 属于 $I\bar{4}3m$ 空间群，晶胞参数 $a=7.3094$Å（明显大于 Na_3PS_4，$a=6.9965$Å)，其室温离子电导率达到 1.16mS·cm^{-1}。

在 Na_3PS_4 中同时取代 P 位和 S 位也能有效地提高硫化物电解质的钠离子电导率。Jia 等[120] 通过卤素掺杂 $Na_{3.67}[Sn_{0.67}Si_{0.33}]_{0.67}P_{0.33}S_4$ 电解质，合成了一系列 $Na_{3.57}[Sn_{0.67}Si_{0.33}]_{0.67}P_{0.33}S_{3.9}X_{0.1}$（X=Cl，Br 和 I）试样，I 掺杂的电解质 $Na_{3.57}[Sn_{0.67}Si_{0.33}]_{0.67}P_{0.33}S_{3.9}I_{0.1}$ 表现出 1.08mS·cm^{-1} 的室温钠离子电导率，活化能为 0.24eV。$Na_3Sn/Na_{3.57}[Sn_{0.67}Si_{0.33}]_{0.67}P_{0.33}S_{3.9}I_{0.1}/Se_{0.05}S_{0.95}$-pPAN 全固态钠硫电池在 30℃、0.15A·g^{-1} 电流密度下，循环 40 圈保持 501.2mAh·g^{-1} 的比容量。Wan 等[121] 采用机械化学法制备了 $Na_{11}Sn_2SbS_{11.5}Se_{0.5}$ 固体电解质，通过用 Sb 原子取代晶体中的部分 P 原子，Se 原子取代部分 S 原子，增加了阴离子的骨架，软化了阴离子亚晶格，从而减小钠离子迁移的活化能，钠离子的电导率可以达到 6.6×10^{-4}S·cm^{-1}。

2.4.3 物化性质

硫族化合物电解质总体质地软，硬度低，通过简单的冷压即可降低晶界的阻抗，实现与电极材料之间良好的界面接触。McGrogan 等测试了硫化物锂离

子固体电解质 Li_2S-P_2S_5（7∶3）的杨氏模量、维氏硬度和临界应力强度因子[122]，测试结果分别为（18.5±0.9）GPa、（1.9±0.2）GPa 和（0.23±0.04）MPa·$m^{1/2}$。Ga_2S_3-Sb_2S_3-AgI 玻璃体系的维氏硬度测试结果为 1.32～1.94GPa[123]。

Na_3PS_4 的电化学窗口约为 1.55～2.25V，低于 1.55V 时，还原产物为 Na_2S 等，在高于 2.25V 时，分解产物为 P_2S_7、S 等[124]。较窄的电化学窗口使 Na_3PS_4 容易发生氧化还原分解，与之匹配的正负极材料选择比较有限。实验发现，Na_3PS_4 与金属 Na 不稳定，它们之间接触时会逐渐生成硫化钠和磷化钠。此外，Na_3PS_4 对空气中的水分和氧气等也比较敏感，生成 H_2S 等产物[125]。由于这种反应所生成的副产物一般不具备钠离子传导能力或传导能力较弱，导致电解质的离子电导率急剧下降，严重影响了钠电池的性能。然而，Sb 取代 P 得到的 Na_3SbS_4 在干燥空气中稳定，暴露在潮湿的空气中容易生成 $Na_3SbS_4\cdot 9H_2O$，但是 150℃处理 1h 后能恢复到纯的 Na_3SbS_4 相，进一步表明了 Na_3SbS_4 结构中 Sb^{5+}（软酸）与 S^{2-}（软碱）的键合作用稳固，可以可逆地吸附/脱附水分[126]。Na_3SbS_4 对 CO_2 也是稳定的，在 CO_2 气流中存放 24h，XRD 衍射图谱基本没有变化且电导率几乎没有衰减。然而，Na_3SbS_4 对金属钠仍然不稳定，在电化学过程中主要的分解产物为 Na_2S 和 Sb。Hu 等[127] 为了提高 Na_3SbS_4 与金属钠的界面稳定性，引入电子绝缘的中间层：纤维素-聚环氧乙烷（CPEO）。采用 CPEO/Na_3SbS_4/CPEO 电解质组装的 Na-Na 对称电池在电流密度为 0.1mA·cm^{-2} 下循环 800h 依然能保持稳定的钠沉积/脱出。

$Na_{11}Sn_2PS_{12}$ 的电化学窗口较窄，在 1.16～1.92V。外加电压低于 1.16V 时，$Na_{11}Sn_2PS_{12}$ 会分解生成 Na_2S、Na_3P、NaSnP、$Na_{15}Sn_4$ 甚至 Sn，而高于 1.92V 时则生成 SnS_2、P_2S_7 和 S[128]。目前，由于相关的研究还比较少，参考 Na_3PS_4 电解质的改善策略对提高 $Na_{11}Sn_2PS_{12}$ 的离子电导率、空气稳定性与电化学稳定性具有借鉴意义。

2.4.4 制备技术

硫族化合物固体电解质通过原料混合冷压后再进行低温热处理或高能球磨即可成相。热处理的温度对形成的晶相有很大影响。图 2-24 显示了不同摩尔比的 Na_2S 与 P_2S_5 通过机械球磨生成玻璃的差热分析曲线[129]。体系的玻璃化温度为 180～190℃，首次结晶温度为 190～220℃，二次相变温度高于 300℃。

Yu 等将 Na_2S 与 P_2S_5 以摩尔比 75∶25 混合球磨（400r·min^{-1}）10h 以上即可以通过机械化学反应制得立方相的 Na_3PS_4[107]。他们发现除了热处理的技术参数外，球磨转速、球磨时间、反应物纯度等制备工艺对 Na_3PS_4 的纯度、结晶态和晶型均具有明显的影响。立方相 Na_3PS_4 的纯度随球磨时间的变化和立方相 Na_3PS_4 随热处理增加转变四方相的过程见图 2-25[107]。当以 400r·min^{-1} 转速球磨 5h 以上时，才能减小副产物 Na_2S 的含量。在 300℃及以上温度下热处理，立方相 Na_3PS_4 转化为四方相。Hayashi 等还发现如果使用高纯度（99.1%）的 Na_2S 晶体作为原料，立方相 Na_3PS_4 玻璃陶瓷的室温离子电导率能提高一倍（4.6×10^{-4}S·cm^{-1}）[130]。

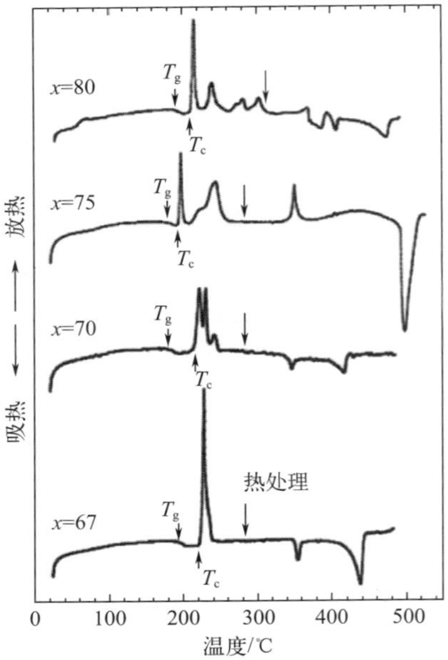

图 2-24　$x Na_2S\cdot(100-x)P_2S_5$ 玻璃的差热分析曲线

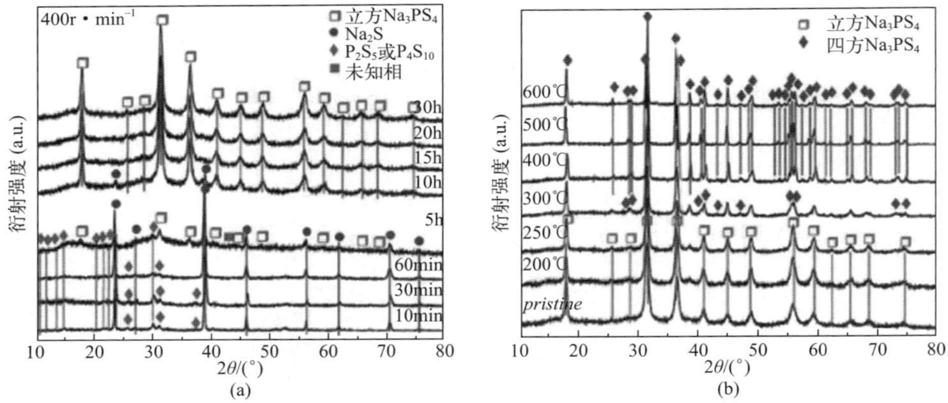

图 2-25　立方相 Na_3PS_4 纯度随球磨工艺和热处理温度的演变过程

Kanno 等发现经过加热—淬火—加热连续处理能够得到晶格体积更大的 t-Na_3PS_4，淬火能够使高温相在室温下稳定并增加钠离子空位，而淬火后的二次加热能够使晶格扩张，进一步增加钠离子空位和间隙，电导率提高了一个数量级（3.39×10^{-3}S·cm^{-1}）[131]。

冷却速率对硫化物电解质晶相的稳定也产生一定影响。Nazar 等对 Na-Sn-P-S 的相图进行研究后发现，在前驱体 Na_2S、P_2S_5、SnS_2 熔融后以缓慢速率冷却可以得到无色的 $Na_{11}Sn_2PS_{12}$ 单晶[104]。Richards 等用固相法制得了四方相 $Na_{10}SnP_2S_{12}$，快速冷却能得到纯相的 $Na_{10}SnP_2S_{12}$，但电导率低，而慢速冷却时虽产生少量的 Na_2S、P_2S_5、Na_3PS 杂相[106]，但室温离子电导率达到 $0.4mS \cdot cm^{-1}$，其原因解释为慢速冷却产物 $Na_{10}SnP_2S_{12}$ 中有更高的 Sn/P 比，导致晶胞体积更大，室温离子电导率更高。

2.5 其他钠离子固体电解质材料

2.5.1 卤化物固体电解质

近年来，卤化物固体电解质（sodium halide solid electrolyte）的快速发展引起了广泛的关注，因为它们不仅与硫化物固体电解质类似，具有晶格框架较软、机械延展性优良的特点，可实现优异的固-固界面接触，而且与氧化物正极之间具有良好的电化学稳定性（>4V）（见图 2-26）[132]，即卤化物固体电解质可以与裸露的正极颗粒直接接触而不需要对正极材料进行额外的修饰[133,134]，为全固态电池的制备建立了更多的基础。然而，与锂卤化物固体电解质不同，现有报道的钠卤化物固体电解质通常表现出较低的离子电导率（10^{-6}～$10^{-5}S \cdot cm^{-1}$）。这是由于锂（约 76pm）和钠（>100pm）的离子半径存在差异，经计算，二者在不同亚晶格结构中的扩散通道的迁移能垒存在明显区别。因此，锂卤化物固体电解质的设计原则并不能直接应用于钠卤化物固体电解质[135]。

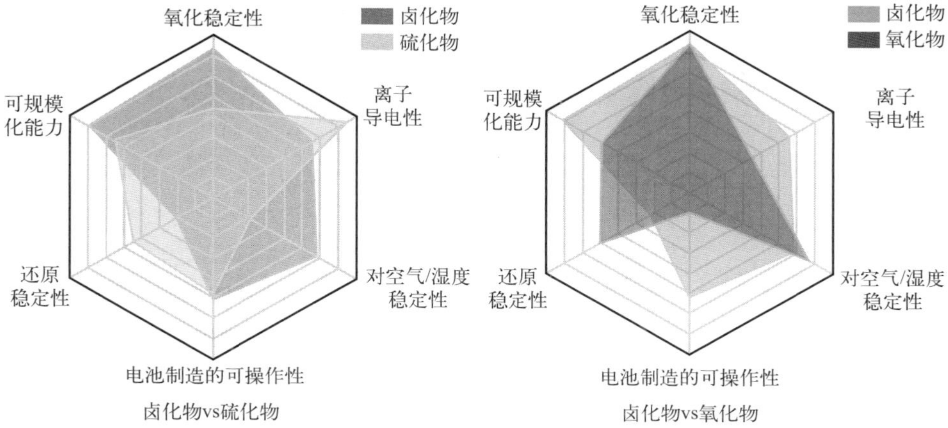

图 2-26　卤化物电解质与氧化物和硫化物电解质的关键性能对比

迄今为止开发的钠卤化物固体电解质仍仅是少数。目前所报道的钠卤化物固体电解质主要可以分为框架型离子晶体卤化物和无定形非晶卤化物两大类。具体而言，框架型离子晶体卤化物根据其晶体结构可以进一步分为封闭阴离子框架的 Na_3MX_6 和具有 UCl_3 型结构的 $Na_xM_yCl_6$。

第一类框架型离子晶体卤化物通式为 Na_3MX_6（M 为过渡金属元素、镧系元素、硼族元素或氮族元素；X 为 Cl、Br、F 等卤族元素），其晶体结构主要与 M 和 X 位点的元素半径相关，具体包括三方 $P1c$、三方 R、单斜 $P21/n$ 和单斜 $C2/m$。如图 2-27 所示，Na_3MX_6 型卤化物固体电解质晶体结构由稳定的 NaX_6 和 MX_6 八面体组成，不同的 NaX_6 连接方式决定了钠离子的迁移路径，并影响钠离子的传导特性[136,137]。例如，在 Na_3YCl_6 的晶体结构中，$NaCl_6$ 八面体存在沿 c 轴以面对面和沿 a 和 b 轴以边对边两种堆叠方式：前者在 c 轴上形成了可供钠离子从相邻八面体位点直接迁移的快速通道；而后者钠离子通过四面体位点迁移到其他八面体位点，由于四面体位点被来自相邻 Y^{3+} 的排斥部分阻断，这将导致钠离子沿 a 和 b 轴缓慢迁移。因而在 Na_3YCl_6 固体电解质中，钠离子存在各向异性的传导机制并且使得钠离子优先沿着 c 轴方向传导。对于 Na_3YBr_6 固体电解质，$NaBr_6$ 八面体在所有方向上以边对边的方式连接，显示出各向同性的钠离子传导。目前被广泛研究的 Na_3MX_6 主要有氯化物和氟化物两种，但由于其封闭的框架结构，钠离子被限制在平衡位点，周围为有序分布的 $[XCl_6]^-$ 八面体，钠离子形成三维扩散网络需要克服相当大的激活能障碍，因此 Na_3MX_6 型卤化物固体电解质往往显示很差的

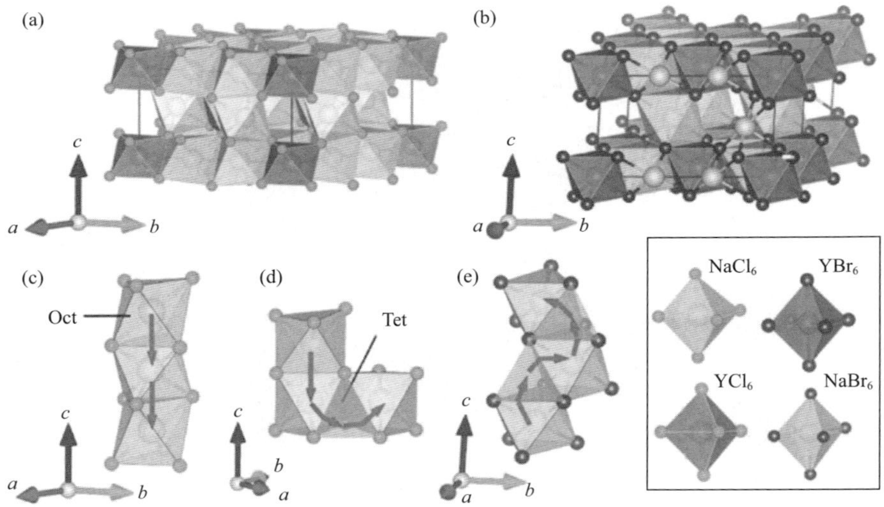

图 2-27　Na_3YCl_6 和 Na_3YBr_6 固体电解质的晶体结构

离子电导率。事实上，机械合成的氯基卤化物 Na_2ZrCl_6 及其同族替代物 $Na_{3-x}Er_{1-x}Zr_xCl_6$ 和 $Na_{3-x}Y_{1-x}Zr_xCl_6$ 在室温附近的钠离子电导率分别为 $0.018mS \cdot cm^{-1}$、$0.04mS \cdot cm^{-1}$、$0.066mS \cdot cm^{-1}$[135,138,139]。氟化物型固体电解质理论上表现出最宽的电化学窗口，此外，与其他类型的卤化物相比也具有更好的空气稳定性，并且具备匹配高电压正极材料的潜力[140]。然而，现阶段报道的氟化物型固体电解质较低的室温离子电导率（$10^{-8} \sim 10^{-5}S \cdot cm^{-1}$）并不能满足全固态钠电池对离子导电性的要求。例如，通过固相退火法合成的 Na_3GaF_6 往往伴生大量的 NaF，导致其室温电导率仅在 $10^{-7} \sim 10^{-6}S \cdot cm^{-1}$，虽然利用液态金属辅助合成可以进一步提升其离子电导率至 $10^{-4}S \cdot cm^{-1}$（40℃）[141]，但与实际运行需求仍有一定的差距。因此如何改善工艺实现其室温离子电导率$>10^{-3}S \cdot cm^{-1}$是发展氟/氯基卤化物型全固态电池必须要突破的关键问题。

第二类框架型离子晶体卤化物为具有 UCl_3 型结构的 $Na_xM_yCl_6$，其组成范围较宽（M＝La～Sm，x＝0～1，y＝1.67～2）。与具有封闭阴离子框架的 Na_3MX_6 卤化物相比，$Na_xM_yCl_6$ 的结构呈现共面的八面体钠离子位点，沿 c 轴形成 1D 扩散通道。这些八面体位点被扭曲，从而扩大了 Cl 三角瓶颈尺寸。Sun 等通过 AIMD 模拟评估了两种具有 UCl_3 型结构的 $NaSm_2Cl_6$ 和 $NaLa_{1.67}Cl_6$ 卤化物，结果表明两者都表现出沿 1D 通道的快速钠离子传导特征，活化势垒分别为 0.13eV 和 0.15eV，并以此为指导通过球磨法成功合成了一系列 $Na_{3x}M_{2-x}Cl_6$（M＝La，Ce，Nd，Sm）UCl_3 型卤化物钠离子导体，其中 $NaLa_{0.95}Ta_{0.43}Cl_6$ 具有高达 $1.4mS \cdot cm^{-1}$ 的钠离子电导率[135]。2023年，Sun 等进一步利用 UCl_3 型和框架型卤化物的结构差异，开发了一类新型卤化物异质结构电解质，该异质结构卤化物可表示为 $0.62[Na_{0.75}Sm_{1.75}Cl_6]$-$0.38[NaTaCl_6]$，具有 $2.7mS \cdot cm^{-1}$ 的钠离子电导率，是迄今为止报道的固体卤化物钠离子电解质的最高值之一[142]。具体而言，$0.62[Na_{0.75}Sm_{1.75}Cl_6]$-$0.38[NaTaCl_6]$ 复合电解质颗粒具有晶体-非晶异质结构，其中晶态区域为 $Na_{0.75}Sm_{1.75}Cl_6$，非晶态区域为 $NaTaCl_6$。异质结构电解质离子电导的来源包括体相 $Na_{0.75}Sm_{1.75}Cl_6$、非晶态 $NaTaCl_6$ 和界面/晶粒边界，晶体区域、非晶态区域和界面之间的相互作用加强了复合电解质的离子传导，非晶态区域在连接不同晶体颗粒实现远程传输方面起到了关键作用，而异质界面对整体离子电导起到了重要的作用。

晶态的钠离子导体具有明显的晶型结构，钠离子固定存在于特定的位置，且只能通过在特定的通道或平面移动来实现离子扩散的传输。因此，室温下其离子电导率通常受到可移动钠离子浓度、离子传输路径的粒径分布以及晶界尺寸的显著影响。相反，非晶态卤化物固体电解质的原子结构具有短程有序而长程无序的特点，使离子在结构中的传输不受固定通道或平面的限制[143]。因此，非晶态钠卤化物固体电解质通常具有更高的离子传导率和更软的机械性能。Sun 等成功设计并合成了一种新型的无定形 $NaTaCl_6$ 卤化物固体电解质，其室温下离子电导率可达到 $4\times10^{-3}S\cdot cm^{-1}$，与常用的 NASICON 固体电解质处于同一水准。所取得的高离子电导率可以归因于高能球磨过程中形成的无定形聚（$TaCl_6$）八面体网络，该网络有效地将钠离子推到开放的无定形卤化物网络中，从而具有更弱的 Na-Cl 相互作用[144]。见图 2-28。

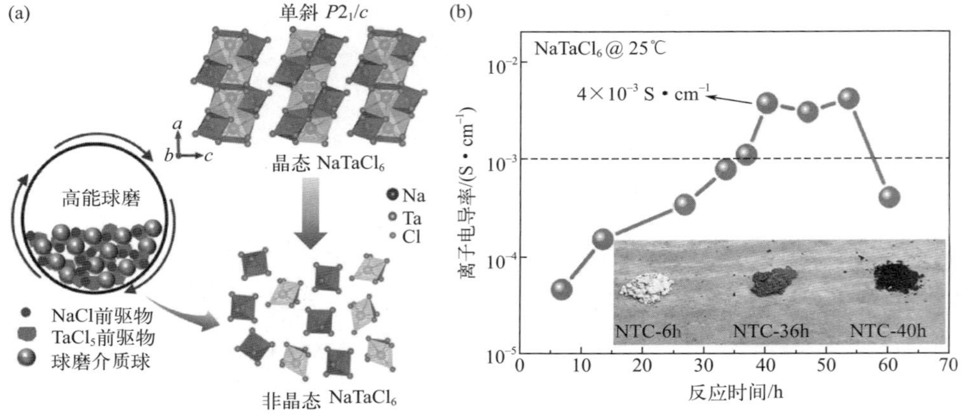

图 2-28　无定形 $NaTaCl_6$ 卤化物电解质的制备工艺

2.5.2　硼氢化钠型固体电解质

由一个金属正离子和一个金属负离子组成的配位氢化物可用通式 $M(M'H_n)$ 表示。这里金属阳离子 M 可以是 Li^+、Na^+、Mg^{2+} 等，而络合阴离子 $M'H_n$ 的例子有 $[BH_4]^-$、$[B_{12}H_{12}]^{2-}$、$[B_{10}H_{10}]^{2-}$、$[CB_{11}H_{12}]^-$、$[CB_9H_{10}]^-$ 等。2012 年，Matsuo 等发现 $Na(BH_4)_{0.5}(NH_2)_{0.5}$ 在 27℃时钠的离子电导率为 $2\times10^{-6}S\cdot cm^{-1}$，比传统材料 $NaBH_4$ 和 $NaNH_{2.55}$ 高 4 个数量级[145]，从而引发了大家对于硼氢化钠作为钠离子固体电解质的兴趣[146]。随后，人们又发现 $Na_2B_{12}H_{12}$ 和 $Na_2B_{10}H_{10}$ 在高温下表现出无序诱导的高电导率[147,148]。不同于传统的 β-氧化铝和 NASICON 等钠离子导体，这类化合物具有硼烷阴离子多面体组成的高度对称的大型笼状准球形结构。如图 2-29 所示，以 $Na_2B_{10}H_{10}$ 为例，大的硼氢化物阴离子组成面心立方骨架以供钠离子传输。如图 2-29（d）、（e），在低温（低于 350K）下，晶体具有稳定的单斜相，硼氢化物阴离子骨架是相对固定的，它们的方向是有序的，钠离子倾向于占据四面体（Td）位点［图 2-29（a）］。如图 2-29（f），当温度升高到 380K 附近，晶相转变为立方相，在立方相中，$B_{10}H_{10}^{2-}$ 基团重新定向/旋转导致无序化程度增大，一些最初位于 Td 位的 Na^+ 可以被激发占据 6 重配位的八面体位置（Oh）［见图 2-29（e）］。含阳离子空位的无序晶格使 Na^+ 在结构中跃迁势垒降低，出现电导率在临界温度以上的突变。

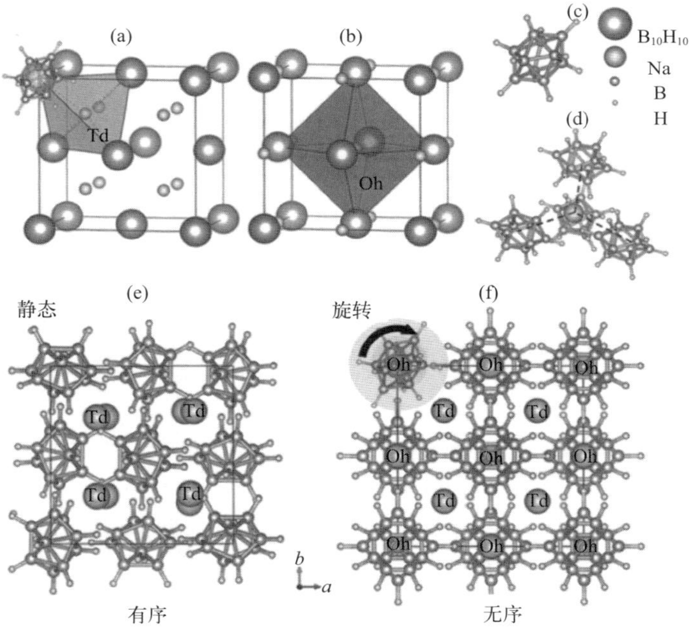

图 2-29　$Na_2B_{10}H_{10}$ 的晶体结构及其有序-无序晶相下的钠离子迁移位点

图 2-30 显示了多种硼氢化钠固体电解质的电导率随温度变化的曲线。$Na_2B_{10}H_{10}$ 在 110℃[148] 和 $Na_2B_{12}H_{12}$ 在 259℃附近[147] 的离子电导率分别达到 $0.01S \cdot cm^{-1}$ 和 $0.1S \cdot cm^{-1}$。它们在相变温度以上时均表现出较高的离子电导率，显示了熵驱动的有序-无序转变，但是在相变温度以下，几乎丧失导电能力。并且，这类晶体的电导率还体现出对热历史的依赖性，经过不同热循环过程的晶体电导率有明显差异，其原因可能与硼氢化钠升降温过程中的复杂相变有关。例如，XRD 数据表明，$Na_2B_{12}H_{12}$ 除了已知的低温单斜相外，还存在三种不同的高温相[149]。

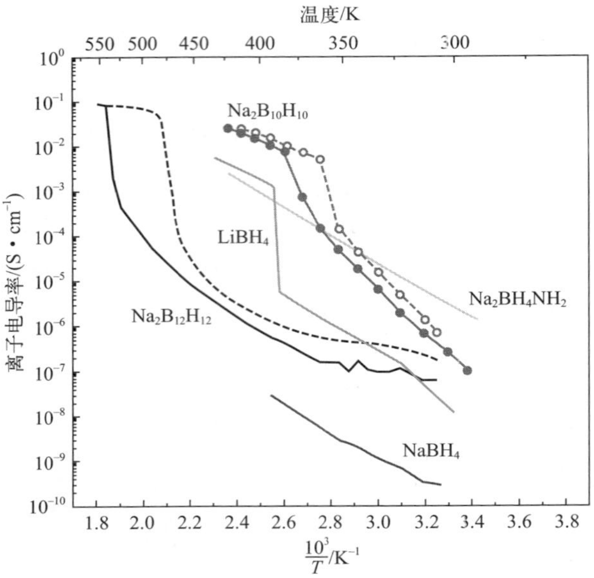

图 2-30　多种硼氢化钠固体电解质电导率随温度变化的曲线

为了将硼氢化钠的高电导相稳定到室温，研究人员提出了一些策略，包括机械球磨以减小颗粒尺寸和对阳离子/阴离子进行元素取代等。$Na_3BH_4B_{12}H_{12}$、$(Li_{0.7}Na_{0.3})_3BH_4B_{12}H_{12}$ 和球磨 $Na_2B_{12}H_{12}$ 的室温电导率均接近 $10^{-3}S\cdot cm^{-1}$[150,151]。T. J. Udovic 等在络合硼氢化钠型钠离子导体的开发上做了大量的工作，从 $Na_2B_{12}H_{12}$、$Na_2B_{10}H_{10}$ 到 $NaCB_{11}H_{12}$ 和 $NaCB_9H_{10}$，旨在明确相变过程和实现更大的温度范围内电导率的连续变化。2014 年，他们合成了 $Na_2B_{12}H_{12}$，并研究了 Na 迁移与阴离子取向无序之间的关系[147,149,152]。更有意义的是，2015 年以后，同一研究小组的 Tang 等开发出 $NaCB_9H_{10}$、$NaCB_{11}H_{12}$ 以及 $Na_2(CB_9H_{10})(CB_{11}H_{12})$ 等材料，室温电导率达到 $0.01S\cdot cm^{-1}$ 以上[153]。他们认为碳可以改变硼氢阴离子的优先取向，增加阴离子旋转能力，从而增强晶体结构的无序性[154]。其后他们通过中子粉末衍射图谱、中子散射、Na^+ 核磁共振推导出一定温度范围的多种络合硼氢化钠晶体的详细结构和钠离子的迁移数[154-157]。与其他硼氢化钠相比，掺入碳的硼氢化钠的相变温度更低：$NaCB_{11}H_{12}$ 约为 127℃，$NaCB_9H_{10}$ 约为 50℃[158,159]，$Na_2(CB_9H_{10})(CB_{11}H_{12})$ 接近室温（约 37℃）。另外，Tang 等的研究发现，$NaCB_9H_{10}$ 和 $Na_2(CB_9H_{10})(CB_{11}H_{12})$ 的高温相在室温时依然稳定，使 $NaCB_9H_{10}$ 的室温电导率可达 $3\times10^{-2}S\cdot cm^{-1}$，$Na_2(CB_9H_{10})(CB_{11}H_{12})$ 的

室温电导率为 5×10^{-3}S·cm^{-1}。

下面讨论各种高电导率的络合硼氢化钠晶体的化学稳定性。$Na_2B_{10}H_{10}$ 在室温下保持空气稳定，227℃时也没有明显的分解，120℃时电化学稳定窗口达到5V。第一性原理研究表明，硼氢化钠在相对较低的电压下易于被氧化，但是其分解产物 $B_{12}H_{12}^{2-}$ 仍具有5V的电化学窗口，在一定程度上稳定了该电解质。硼氢化钠电解质柔软且具有延展性，使其与电极材料可以有紧密的接触。硼氢化钠晶体的电子电导率没有明确测定，但通常认为其电子电导可以忽略不计[145,158]。

图2-31显示了硼氢化物的多种合成路线[160]。第一种和第三种合成路线是硼烷（乙硼烷或癸硼烷）与金属硼氢化物加热反应得到产物[161-163]。第二种合成路线是碘还原金属硼氢化物得到中间体，中间体加热得到产物[164,165]。这一反应避免了使用昂贵的硼烷等前驱体。第四种合成路线使用强酸性离子交换柱从 $Na_2B_{12}H_{12}$ 前驱体水溶液中获得酸性 $(H_3O)_2B_{12}H_{12}$，再通过酸、碱、氧化物、碳酸盐或游离金属之间的反应，合成一系列金属-$B_{12}H_{12}$ 化合物[166]。第五种方法是碳硼烷与硼烷加热反应得到碳硼氢化物[167,168]。另外，通过氯化、溴化等化学反应还可以将硼氢化物的阴离子/阳离子功能化，得到更加多样化的产物[169,170]。

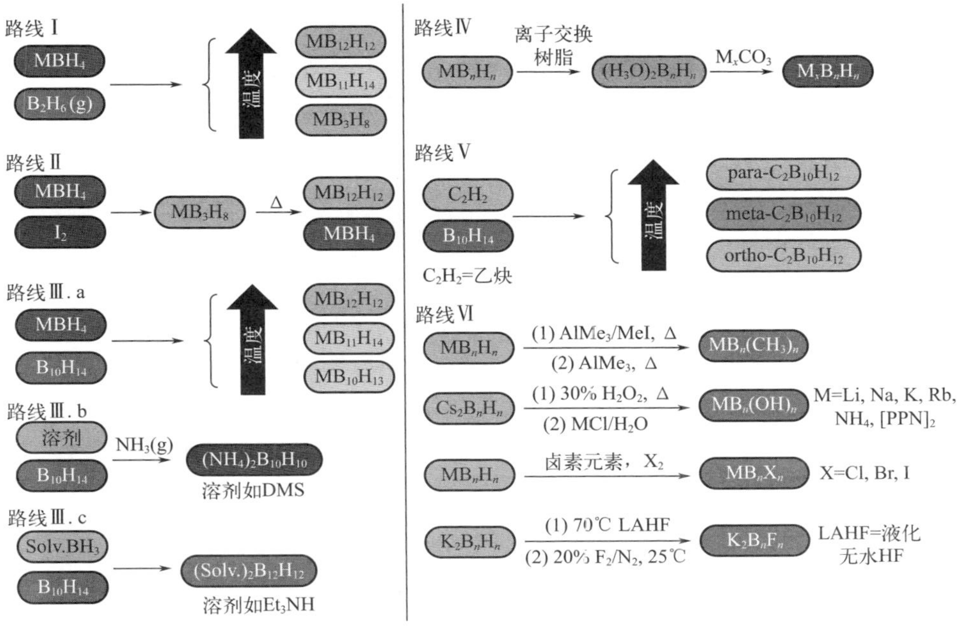

图2-31 络合硼氢化物的合成路线

2.5.3 P2 型 $Na_2M_2TeO_6$

2011 年，Evstigneeva 等首先研究了 P2 型 $Na_2M_2TeO_6$（M＝Zn，Ni，Co，Mg）的晶体结构及其钠离子传输特性[171]。如图 2-32 所示，他们发现当 M＝Co，Zn，Mg 时，晶体属于 $P6_322$ 空间群，呈 Te M Te M 和 M M M M 的层状排布，而当 M＝Ni 时，晶体属于 $P6_3/mcm$ 空间群，呈 Te Te Te Te 和 Ni Ni Ni Ni 的层状排布。只要用 5%的 Li 取代 Ni 就能诱导 $P6_3/mcm$ 向 $P6_322$ 结构转变。钠离子无序地分布在层间间隙中 1、2、3 三种共面三角棱柱位点上。P2 型 $Na_2M_2TeO_6$ 被认为是纯的离子导体，300℃下的钠离子电导率为 0.04～0.11S・cm^{-1}，仅当 M＝Co 时，300℃下约有 0.1%的电子电导。

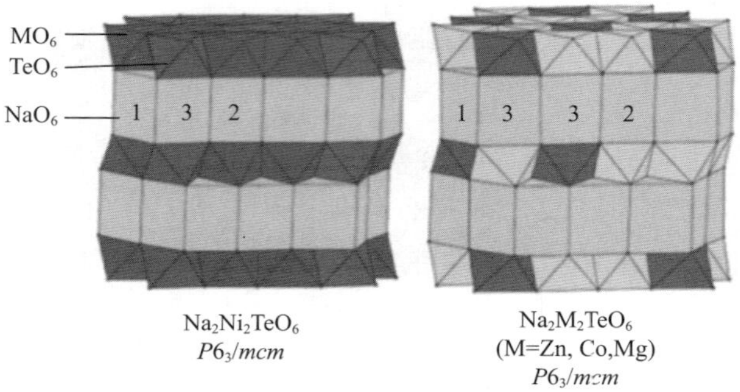

图 2-32 P2 型 $Na_2M_2TeO_6$（M＝Zn，Ni，Co，Mg）的晶体结构

2018 年，韩建涛等开发了 Ga 掺杂的 $Na_2Zn_2TeO_6$ 的 $Na_{2-x}Zn_{2-x}Ga_xTeO_6$ P2 型固体电解质，发现 x＝0.1 的掺杂量会带来 1.1×10^{-3}S・cm^{-1} 的较高室温离子电导率和 0.271eV 的活化能[172]。Ga 掺杂的 $Na_2Zn_2TeO_6$ 室温下与金属钠之间无明显副反应，电化学窗口为 0.5～4V。他们还尝试合成对环境和金属钠稳定的 $Na_2Mg_2TeO_6$ 和 Ca 掺杂 $Na_2Zn_2TeO_6$ 固体电解质，然而该电解质室温离子电导率仅（2.3～7.54）$\times10^{-4}$S・cm^{-1}，而且其中含有 3%左右的电子电导[173,174]。

P2 型 $Na_2M_2TeO_6$ 固体电解质可通过固相法在 600～820℃高温合成，但是目前所得到的材料致密度较低，只接近 84%，尚不足以作为合适的固态电池电解质材料。

2.5.4 聚合物固体电解质

与无机固体电解质相比，聚合物固体电解质（polymer solid electrolyte，PSE）具有机械柔性好、密度低、成本低、制备工艺方便、充放电过程中电极体积变化小等优点，在全固态钠电池中得到了广泛的研究。早期的钠离子聚合物电解质是从聚氧化乙烯（PEO）体系开始的，钠盐在其中溶解形成阳离子和阴离子，钠离子被聚合物链键合并通过链段的运动实现离子的迁移。电解质中的离子传输能力受到游离钠离子数量及其沿聚合物链移动能力显著的影响。然而，对于聚合物电解质而言，因为具有足够离子传输能力的链段只能在聚合物的玻璃化温度（T_g）以上才能实现，在室温下较难达到高的离子导电性，因此大多数基于聚合物电解质的固态电池需要在 60～80℃ 的温度下运行。到目前为止，聚氧化乙烯（PEO）、聚乙烯吡咯烷酮（PVP）、聚丙烯腈（PAN）、聚甲基丙烯酸甲酯（PMMA）、聚偏氟乙烯（PVDF）、聚氯乙烯（PVC）、聚乙二醇（PEG）和聚离子液体等作为溶解聚合物电解质钠盐的基体都已经得到了研究。表 2-7 总结了常见的聚合物固体电解质的基体及其物理化学性质[175]。

表 2-7 常见的钠离子聚合物固体电解质的基体及其物理化学性质

聚合物基体	聚合单元	T_g/℃	T_m/℃	说明
PEO	$\leftarrow CH_2CH_2O \rightarrow_n$	−64	65	参与 Na^+ 的溶剂化
PPO	$\leftarrow CHCH_2O \rightarrow_n$	−60	—	参与 Na^+ 的溶剂化
PAN	$\leftarrow CH_2CH_2CN \rightarrow_n$	125	217	通过偶极子相互作用参与 Na^+ 的溶剂化，提高热稳定性
PMMA	$\leftarrow CH_2C(CH_3)(CO_2CH_3) \rightarrow_n$	120	—	通过偶极子相互作用参与 Na^+ 的溶剂化，广泛用于凝胶交联
PVDF	$\leftarrow CF_2CH_2 \rightarrow_n$	−30	171	有助于负极稳定，但不溶剂化 Na^+，用于凝胶的制备
PVDF-HFP	$\leftarrow CF_2CH_2 \rightarrow_n \leftarrow CF_2CF(CF_3) \rightarrow_m$	−90	135	有助于负极稳定，但不溶剂化 Na^+，用于凝胶的制备
PVC	$\leftarrow CH_2CHCl \rightarrow_n$	80	220	—

1978 年，Armand 等首次提出将 PEO 与碱金属盐的配合物用作固态电解质，从而引起电化学工作者的广泛关注。PEO 基固体电解质具有质量轻、黏弹性好、易成膜、电化学窗口宽和化学稳定性好等优点，钠离子传输主要发生在无定形区域，其机理如图 2-33 所示[176]。游离钠离子先与聚合物分子链上的非结晶区域上的极性基团（如—O—、N—、—S—、C ═O 等）形成配位位点，其次在电场的作用下，在分子链段热运动的基础上钠离子从一个配位点跳跃到相邻的配位点，实现离子传输。但 PEO 在室温下处于高度结晶状态，链

段的蠕动受到限制，导致离子迁移困难，室温下离子电导率较低（$3.20\times10^{-9}S\cdot cm^{-1}$）。通过添加钠盐共混或共聚，降低 PEO 的结晶度，可将其离子电导率提高至 $10^{-8}\sim10^{-6}S\cdot cm^{-1}$[164]。

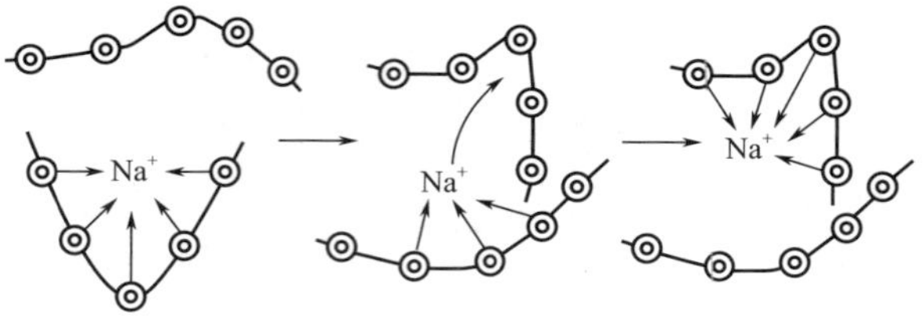

图 2-33　钠离子在 PEO 无定形区域中传输的示意图

1988 年，K. West 等报道了以 $NaClO_4$ 为盐的 PEO 基电解质，EO/Na^+ 摩尔比为 12∶1，60℃时具有 $3.1\times10^{-6}S\cdot cm^{-1}$ 的离子电导率[178]。1995 年，Chandra 等利用溶液浇铸法制备了不同 EO/Na^+ 比例的 PEO-$NaPF_6$ 薄膜，在 EO/Na^+ 为 0.065 时，室温离子电导率为 $5\times10^{-6}S\cdot cm^{-1}$[179]。在类似的工作中，随着 PEO 中钠盐浓度的增加，电导率增加，活化能降低。2015 年，Boschin 等系统地研究了钠盐的阴离子类型（NaFSI 和 NaTFSI）和 O/Na 摩尔比对电导率的影响[180]。当温度低于 40℃时，PEO-NaTFSI 比 NaFSI-PEO 显示更高的离子电导率（$4.5\times10^{-5}S\cdot cm^{-1}$）。这种差异源于 $TFSI^-$ 阴离子大的体积与内部的灵活性，可抑制结晶，而 FSI^- 阴离子在室温下更容易结晶。此外，与 $TFSI^-$ 相比，FSI^- 与 Na^+ 之间的相互作用更强，这也是导致 NaFSI-PEO 离子电导率较低的原因。

除了 PEO 及其衍生物，人们还对含有—OH、—CO 基团的聚乙烯醇、聚碳酸酯的钠离子聚合物电解质进行了研究[181]。2008 年，Bhargav 等制备的聚乙烯醇（PVA）/NaBr（质量比 7∶3）30℃时的电导率达到 $1.362\times10^{-5}S\cdot cm^{-1}$[182]。2017 年，Brandell 等报道了聚三甲基碳酸酯（PTMC）/NaTFSI 中的 $TFSI^-$ 浓度对体系 T_g 的影响，60℃的电导率达到了 $10^{-6}S\cdot cm^{-1}$ 量级[183]，装配的 Na | 聚合物电解质 | 普鲁士蓝（PB）电池能够放出使用液态电解液电池容量的 88%。2010 年，Osman 等比较了以三氟甲基磺酸钠（$NaCF_3SO_3$）和三氟甲基甲磺酸锂（$LiCF_3SO_3$）为盐，DMF 为溶剂的聚丙烯腈（PAN）基离子导电聚合物电解质[184]。PAN＋24% $NaCF_3SO_3$ 显示出比 PAN＋26% $LiCF_3SO_3$ 高的离子电导率（$0.71mS\cdot cm^{-1}$）和较低的活化能（0.23eV），后者的室温离子电导率与活化能分别为 $0.31mS\cdot cm^{-1}$ 与

0.28eV。作者认为因为 Li^+ 的 Lewis 酸性更强，所以 Na^+ 与 PAN 中氮原子的相互作用相比 Li^+ 要弱，从而表现出更好的离子导电性。

PVP、PMMA、PVDF-HFP 等也是有潜力的钠离子聚合物电解质基体，加入 NaF、$NaClO_3$、$NaClO_4$ 等无机盐后也可形成较高电导率的聚合物电解质。2001 年，Reddy 等制备了 $NaClO_3$ 分散的 PVP 基聚合物固体电解质，发现 PVP-$NaClO_3$（7∶3）的电导率比纯 PVP 大了 4 个数量级[185]。PVP-Na-ClO_3 电解质的离子电导可能是由在 PVP 链的局部结构弛豫、配位和链段迁移之间的跳跃机制引起的。在 Chen 等发表的类似工作中，PVP 主体聚合物会与 $NaClO_4$ 发生络合[186]。在 25～150℃温度区间，PVP-$NaClO_4$ 电解质的电导率随 $NaClO_4$ 浓度与温度的升高而增大。由于 PVP 的无定形性增强，PVP-$NaClO_4$ 电解质的活化能低于纯 PVP（由 0.72eV 降低到 0.26eV）。此外，PVP-$NaClO_4$ 的钠离子迁移数为 0.27，说明阴离子（ClO_4^-）的逆迁移率导致了较大的浓差极化。2011 年，Kumar 等研究了氟化钠对 PEO/PVP 混合聚合物电解质室温离子电导率和活化能的影响[187]。NaF 的加入提高了 PEO/PVP 聚合物电解质的离子电导率，降低了其活化能。NaF 含量为 15%的 PEO/PVP 共混物的离子电导率比纯 PEO/PVP 共混物高近两个数量级。

除了单一聚合物作为溶剂外，复合聚合物电解质还可以与其他有机聚合物相结合，以提高离子电导率、力学性能和电化学稳定性。例如，PEO 电解质与丁二腈（SN）、PVP 和 PANI 的混合物也被用作聚合物复合电解质。2015 年，Gerbaldi 等制备了与羧甲基纤维素钠（Na-CMC）混合的 PEO 基聚合物电解质，通过 Na-CMC 中的羟基与 PEO 中的醚氧所形成的氢键构建三维交联结构，提高了复合体系的机械稳定性[188]。同时，Na-CMC 作为电极黏结剂优化了电极与电解质的界面。PEO-Na-CMC 电解质显示出比 PEO 电解质更低的电荷转移阻抗，表明 PEO-Na-CMC 电解质与电极之间具有更好的相容性和理想的离子扩散行为。2019 年，马紫峰等基于紫外固化技术，通过在聚丙烯无纺布中分散含硼交联剂，制备了晶相聚合物固体电解质（B-PCPE）[189]。得益于 B 的 sp^2 杂化空轨道作为 Lewis 酸与 ClO_4^- 作用，获得了高达 0.62 的钠离子迁移数，室温电导率达到 $3.6\times10^{-4}S\cdot cm^{-1}$。2020 年，西南大学徐茂文等报道了 Na^+ 型的全氟磺酸薄膜（PFSA-Na）的室温电导率达到 $1.59\times10^{-4}S\cdot cm^{-1}$，负极稳定电压达到 4.7V，室温下能够使 Na‖普鲁氏蓝（PB）体系放出和常规液体电解液相当的容量，同时能够在−35℃的低温环境下稳定循环[190]。

2.5.5 凝胶聚合物电解质

虽然已有大量的研究工作开展了对聚合物固体电解质中聚合物基体材料的结构设计和优化以及对聚合物电解质组成成分的调控。但迄今为止，聚合物固体电解质的离子电导率仍很有限，室温下往往难以达到 $10^{-4}S \cdot cm^{-1}$，从而限制了聚合物固体电解质基电池的进一步发展和应用。Feuillade 等于 1975 年尝试在聚合物-碱金属盐的电解质基体中加入含有锂盐的非质子溶剂，形成凝胶态来研究聚合物-碱金属盐复合物的性能，由此提出了凝胶聚合物电解质的概念[191]。凝胶聚合物电解质是介于有机液态电解质和聚合物固体电解质之间的一种混合体系，通过在聚合物固体电解质中引入溶剂型增塑剂而得到。凝胶聚合物电解质的成分主要包括框架结构的聚合物基底材料、钠盐和增塑剂[192]。常用于制备凝胶聚合物电解质的聚合物基体有 PEO、PVDF、PMMA 和氰基高分子等。常用的增塑剂通常是介电常数高、挥发性低、对聚合物复合物具有相容性且对盐具有良好溶解性的有机溶剂，如 EC、DEC、PC、DMC、EMC、DME、FEC 等，同时为了避免增塑剂的挥发，也常使用中低极性的聚醚和离子液体等，可以提高电解质的热稳定性以及拓宽电化学窗口，即提升电解质的电化学稳定性。目前制备凝胶聚合物电解质的方法包括浸泡聚合物膜、溶液浇铸和原位聚合。具体来说，浸泡聚合物膜就是将通过溶液法、相分离法或静电纺丝法等方法制备的聚合物膜浸泡到所选的有机电解液中，在此期间，可以添加氧化物、离子导体或玻璃纤维以进一步提高性能。溶液浇铸法涉及在溶解钠盐聚合物时添加增塑剂或离子液体，以制备具有强相互作用的凝胶电解质。原位聚合法是通过光、热、引发剂或自聚合来制备具有可调节界面的隔膜支架或自支撑的凝胶聚合物电解质，其具体性能及合成示意图见图 2-34[193]。

将有机溶剂、有机小分子或离子液体用作增塑剂添加到 PEO 链中，能够提高凝胶聚合物电解质的离子电导率，将离子液体掺入 PEO 基材中还可改善柔性聚合物电解质的热稳定性和力学性能。2016 年，R. K. Singh 等选择离子液体（BMIMTFS）作为增塑剂，选择双（三氟甲基磺酰基）亚胺钠（NaTFSI）作为盐制备的凝胶聚合物电解质，其室温离子电导率高达 $4.1 \times 10^{-4}S \cdot cm^{-1}$，钠离子转移数为 0.39，且具有较好的热稳定性[194]。2021 年，K. Vignarooban 等以 PEO 为聚合物主体和 $NaClO_4$ 作为钠盐，使用 EC/PC 混合溶剂作为增塑剂制备了凝胶聚合物电解质，结果发现当 PEO：$NaClO_4$：EC：PC 的重量比为 7：13：40：40 时，凝胶聚合物电解质具有超高离子电导率（$9.5 \times 10^{-3}S \cdot cm^{-1}$）[195]。

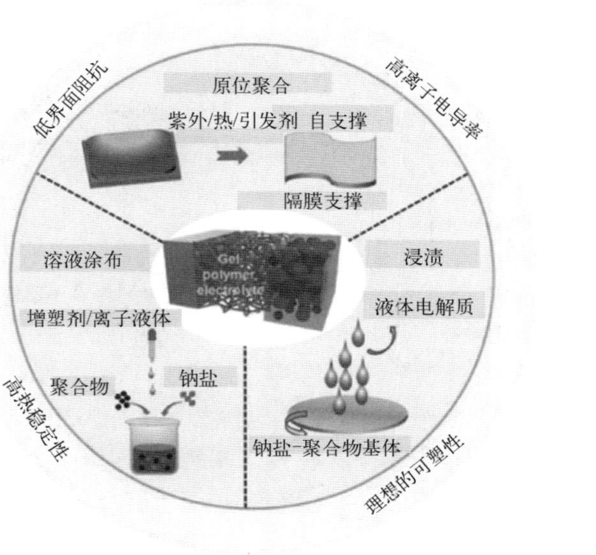

图 2-34 典型的凝胶聚合物电解质的合成方法及其性能

具有强吸电子基团的 PVDF 基凝胶聚合物电解质相较于 PEO 基凝胶聚合物电解质具有更高的介电常数（8.4）和较低的玻璃化转变温度，有利于钠盐在聚合物中解离，同时 PVDF 基聚合物可以通过溶液浇铸和静电纺丝法轻松制备。2015 年，Wu 等报道了一种以 PVDF-HFP 为聚合物骨架，将 $1mol \cdot L^{-1}$ 的 $NaClO_4$ EC：DEC：DMC（体积比为 1：1：1）为增塑剂的凝胶聚合物电解质，该电解质室温下的离子电导率为 $6.0 \times 10^{-4} S \cdot cm^{-1}$[196]。2016 年，A. Venimadhav 等通过将 PVDF 膜长时间浸泡在 $1mol \cdot L^{-1}$ 的 $NaClO_4$ EC：DEC（体积比为 1：1）或 $1mol \cdot L^{-1}$ 的 $NaPF_6$ EC：PC（体积比为 1：1）溶液中，得到的凝胶聚合物电解质在室温下能达到 $0.74 \sim 1.08 \times 10^{-3} S \cdot cm^{-1}$ 的高离子电导率[197]。2019 年，Le 等采用相转化法制备了多孔 PVDF-HFP 膜，并在 $1.0mol \cdot L^{-1}$ 的 $NaClO_4$ 或 $1mol \cdot L^{-1}$ 的 $NaPF_6$（溶剂为 PC：FEC）或 $0.5mol \cdot L^{-1}$ 的 NaTFSI（溶剂为 EMITFSI 离子液体）中溶胀。结果发现使用 PVDF-HFP/$NaClO_4$/PC：FEC（$1mol \cdot L^{-1}$，PC，2% FEC）的 Na‖GPE‖$Na_{0.44}MnO_2$ 电池在室温下表现出 $100mAh \cdot g^{-1}$ 的高稳定比容量，这是因为 FEC 的加入有助于稳定电极-电解质界面[198]。除了传统的转化方法，在 2017 年，Kim 等采用简单的非溶剂诱导相分离（NIPS）方法，制备了一种孔结构可控的凝胶聚合物电解质，并研究了非溶剂含量的调节如何影响复合隔膜的纳米形貌，结果发现当丙酮和水的质量比为 93：7 时，离子电导率可达到3.8mS·cm^{-1}，同时多孔的PVDF-HFP层作为一种强电解质吸收剂，提高了电解质和电极之间的界面黏附性，从而使钠电池具有良好的倍率性能和循环性能[199]。

PMMA分子链上含有丰富的酯键，对液态溶剂分子和钠离子都有较好的吸附能力，但由于其分子内部存在极强的相互作用，表观为坚硬的透明固体，当加入大量的液态增塑剂如PC时即可制成凝胶电解质，且添加的PC质量分数越大，离子电导率越大，但随之所带来的是凝胶电解质力学性能的急剧下降及安全隐患的升高，因此通常需要对纯组分的PMMA凝胶电解质进行改性提高离子电导率和力学性能。2016年，Gao等以四甘醇二甲基丙烯酸酯（TEG-DMA）为交联剂、2,2-偶氮二甲基丙腈（AIBN）为引发剂、甲基丙烯酸甲酯（MMA）为聚合单体溶解于$NaClO_4$电解液中形成前驱体，将其滴加于多孔纤维膜中，通过原位自由基聚合法合成了一种低成本的交联PMMA凝胶电解质，在4.8V的电位下可保持化学稳定，室温离子电导率高达6.2mS·cm^{-1}[200]。2018年，Li等采用1-乙基-3-甲基咪唑鎓（EMITFSI）离子液体为增塑剂制备了SiO_2和Al_2O_3（质量比为5∶5）纳米粒子修饰的聚（甲基丙烯酸甲酯-丙烯腈-丙烯酸乙酯）[P（MMA-AN-EA）]基凝胶聚合物电解质，电化学测试表明该凝胶电解质的室温离子电导率可达到3.2mS·cm^{-1}，这得益于其内部的多孔结构（最高孔隙率为70%）[201]。2014年Zheng等通过原位热聚合法制备了含有丙烯酸烷基酯（PMMA）、三乙二醇二甲基丙烯酸酯（TEGDMA）和液体电解质的交联共聚物凝胶电解质，结果表明聚合物和液体电解质的质量分数分别为15%和85%时，该凝胶电解质具有足够的机械强度和室温离子电导率（5mS·cm^{-1}），以及优异的热稳定性和电化学性能[202]。

PAN是丙烯腈单体自由基聚合得到的高聚物，其分子链上的丙烯腈链节以首尾相连的方式连接，侧链上的—CN具有较强的极性，因此对液态电解质有很好的亲和性，并具有较高的氧化电位，因此聚丙烯腈凝胶电解质可以实现较高的离子电导率和电化学窗口，可以适配高电压的正极材料。但同时—CN的存在也使PAN凝胶电解质与金属电极的相容性较差，不利于电池的循环稳定性。2016年，Jyothi等使用碳酸乙烯酯和*N*,*N*-二甲基甲酰胺作为增塑溶剂，通过简单的溶液浇铸法合成了一种基于PAN的凝胶聚合物电解质，其离子电导率随NaI浓度而变化，在NaI的质量分数为30%时，30℃的离子电导率高达2.35×10^{-4}S·cm^{-1}[203]。此外，还开发了类似的PAN/Al_2O_3/NaF/EC和PAN/$NaClO_4$/EC/PC电解质体系，在室温下的离子电导率分别为4.82×10^{-3}S·cm^{-1}和4.5×10^{-3}S·cm^{-1}[204]。2018年，Ahn等采用静电纺丝PAN纳米纤维膜作为凝胶聚合物电解质，与聚酰亚胺（PI）/多壁碳纳米管纳米复合材料的正极材料组装在一起，研究了该电池体系的电化学性能。有机 PI 纳米复合正极和凝胶聚合物电解质的结合获得了一种高效的钠离子电池，能够在高倍率下稳定循环超 3000 次，具有出色的循环性能[205]。

除了传统的聚合物主体外，还可以设计出其他结构的凝胶聚合物电解质。2020 年，Li 等设计了一种具有三维聚合乙氧基化季戊四醇四丙烯酸酯（EPTA）网络和液体电解质的准固态凝胶聚合物电解质，其中以 FEC 作为助溶剂，1,3-丙磺内酯作为原位聚合的添加剂，采用 EPTA 作为聚合物骨架的凝胶聚合物电解质与液态电解液相比能够有效防止电解液泄漏，提高安全性。此外，凝胶聚合物电解质表现出高的离子电导率（$5.33\times10^{-3}mS\cdot cm^{-1}$，25℃时），同时具有稳定正负极界面、抑制枝晶的能力，其与液态电解液的对比示意图见图 2-35[206]。2021 年，Kim 等通过原位聚合制备了一种聚己内酯三丙烯酸酯基的不易燃交联凝胶聚合物电解质，其中磷酸三甲酯（TMP）具有阻燃性。具有三维聚合物框架的凝胶聚合物电解质可以促进 Na^+ 的均匀沉积并抑制溶剂的分解，离子电导率高达 $6.3\times10^{-3}mS\cdot cm^{-1}$[207]。2020 年，Guo 等设计了一种新型三维交联聚醚网络凝胶聚合物电解质，它是由 1,3-二氧戊环（DOL）和三羟甲基丙烷三缩水甘油醚（TMPTGE）两种不同的单体原位聚合制备而成，并使用 $NaPF_6$ 作为引发剂，这种方法既能克服单纯线型聚合体系缓慢的动力学行为所带来的聚合时间长、热稳定性差的障碍，又解决了单纯三维聚合体系空间位阻引起的不完全聚合、刚性过大的问题（见图 2-36）[208]。2019 年，Li 等通过聚乙二醇二缩水甘油醚和二氨基聚环氧丙烷的一锅开环聚合反应设计并制备了一种紧凑型凝胶聚合物电解质，其中使用玻璃纤维（GF）膜作为支撑框架。以 GF 为支撑的凝胶聚合物电解质具有更高的机械强度、柔韧性和离子电导率（$2.18\times10^{-3}S\cdot cm^{-1}$）[209]。

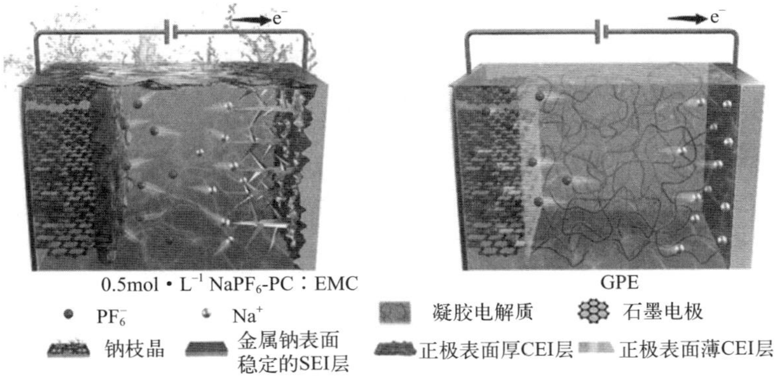

图 2-35 使用传统液态电解液与凝胶聚合物电解质组装的全电池示意图

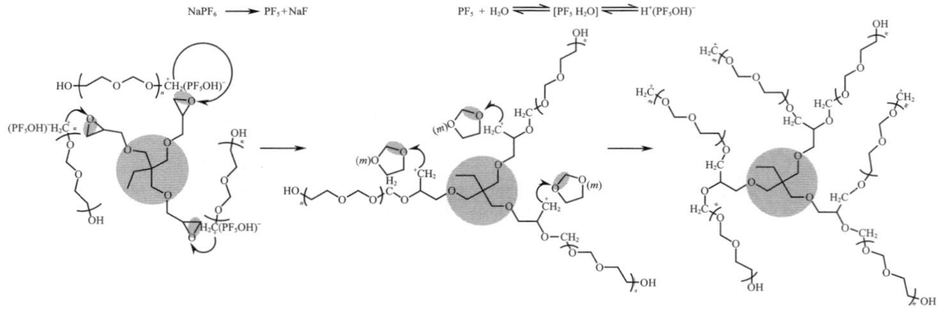

图 2-36 用 $NaPF_6$ 诱导的 DOL 和 TMPTGE 生成凝胶电解质的交联聚合机理

2.5.6 无机-有机复合电解质

近年来，人们发现在聚合物电解质中加入纳米陶瓷颗粒作为填料或固体增塑剂，形成无机-有机复合电解质，一方面可以有效地降低聚合物的结晶度，从而提高电解质在室温下的离子电导率，另一方面还可以提高电解质的机械强度。目前已研究的无机填料有 SiO_2、TiO_2、β″-Al_2O_3、NASICON、Na_3PS_4 陶瓷粉体等。

2014 年，Scrosati 等研究了纳米 SiO_2 对 PEO/NaTFSI 聚合物电解质的影响。加入 5% SiO_2，且 EO/Na 比例为 20 时，聚合物电解质具有最高的离子电导率（$10^{-5}S \cdot cm^{-1}$），钠离子迁移数为 0.51[210]。在金属氧化物添加剂上修饰适宜的官能团可进一步改善聚合物的性能，如在 SiO_2 纳米颗粒表面共价键复合一层低聚 PEG 链，具有比纯 SiO_2 填料更优异的性能[211,212]。Armand 等报道了一种基于 PEO 和 PEGDME 共混主体聚合物的固体杂化电解质，其中分散有功能化无机-有机 SiO_2，二氧化硅纳米粒子接枝钠盐的阴离子（SiO_2-anion）或 PEG（SiO_2-PEG-anion），如图 2-37 所示[213]。EP（环氧树脂）-SiO_2-阴离子（EO/Na 约为 10）与 EP-SiO_2-PEG-阴离子（EO/Na 约为 20）的室温离子电导率可达到 $2\times10^{-5}S \cdot cm^{-1}$，最佳 EO/Na^+ 比的 EP-SiO_2-阴离子和 EP-SiO_2-PEG-阴离子的电化学窗口分别为 4.4V 和 3.8V。达到最优离子电导率值时，EP-SiO_2-PEG-阴离子电解质中需要盐的含量较少，原因是引入了较大的磺酰亚胺基团阴离子，离域化程度较高，从而抑制了由于阴离子迁移造成的大范围极化中心的形成。此外，PEG 起到增塑剂的作用，提高了电解质的离子电导率。该固体聚合物复合电解质由于具有较高的室温离子电导率（$>10^{-5}S \cdot cm^{-1}$），有望应用于固态钠电池中。

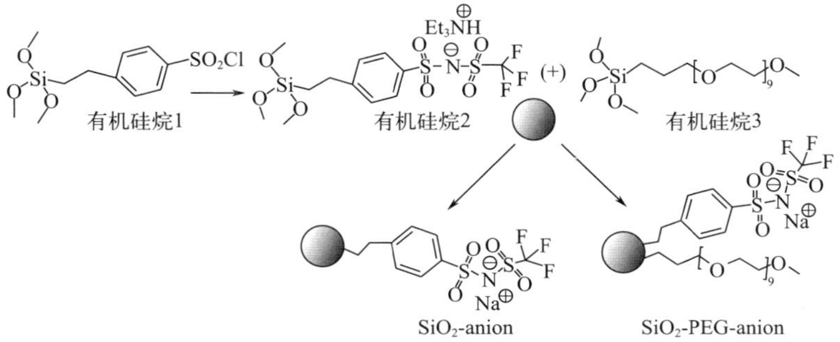

图 2-37　无机-有机杂化 SiO_2 纳米颗粒（SiO_2-阴离子和 SiO_2-PEG-阴离子）合成示意图

相比于不具有钠离子导电性的氧化物填料，β″-Al_2O_3、NASICON、Na_3PS_4 陶瓷等自身具有可解离的 Na^+，能够参与离子传输，扩展离子传输路径。将具有 NASICON 结构的 $Na_{3.4}Zr_{1.8}Mg_{0.2}Si_2PO_{12}$ 陶瓷与 PEO/NaFSI 复合，填充率为 40%的复合电解质在 80℃时可获得 $2.4\times10^{-3}S\cdot cm^{-1}$ 的离子电导率，同时表现出良好的电化学稳定性，电压达到 4.5V 时仍没有明显的氧化电流产生[214]。Xu 等使用溶剂相反应合成了 Na_3PS_4-PEO 电解质，在室温下获得了 $9.4\times10^{-5}S\cdot cm^{-1}$ 的离子电导率，装配的 Na‖SnS_2 电池在 40 圈后具有 $230mAh\cdot g^{-1}$ 的比容量[215]。该体系良好的稳定性源于 PEO 在 Na_3PS_4 电解质与钠金属之间的隔离作用，缓解了二者之间的副反应。PVDF-HFP 基聚合物电解质与 β″-Al_2O_3、NASICON 等无机固体电解质复合也得到了不错的结果。2019 年，Lei 等将 PVDF-HFP 基聚合物电解质与 β″-Al_2O_3 纤维复合得到无机-有机复合电解质膜，室温电导率为 $7.13\times10^{-4}S\cdot cm^{-1}$。如图 2-38 所示，他们试图通过钠离子在复合电解质中的直线传输来提高钠离子传输效率。虽然该电解质膜的电导率提升不明显，但其在抵御钠枝晶和提升膜机械强度方面相比液体电解质和玻璃纤维填料的 PVDF-HFP 膜具有明显优势[216]。类似的方法也用在 PVDF-HFP/PMMA-$Na_3Zr_2Si_2PO_{12}$ 体系中，电导率可以提高至 $(2\sim3)\times10^{-3}S\cdot cm^{-1}$[217-219]。

2.6　小结

用表 2-8 总结以上各种钠离子固体电解质的各类性能参数，发现各种钠离子固体电解质各有其优缺点。β/β″-Al_2O_3 具有高的离子电导率、高的机械强

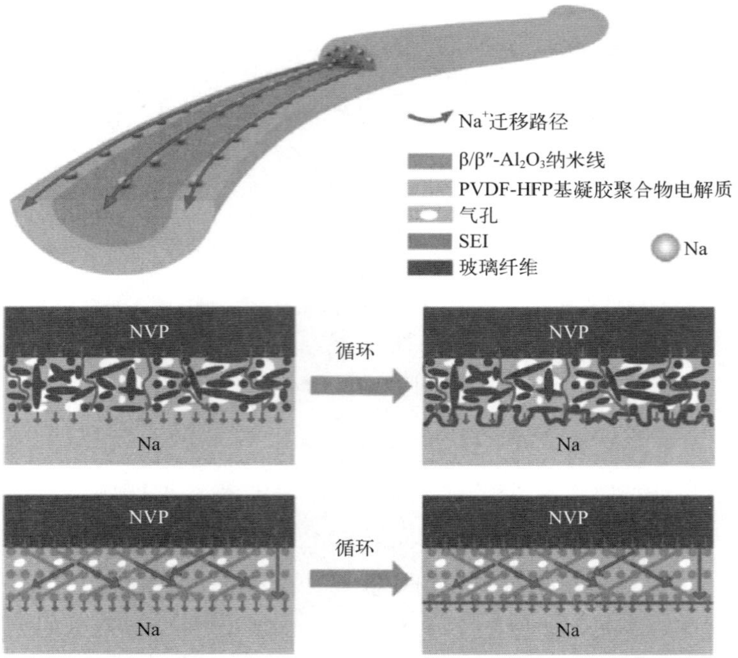

图 2-38 PVDF-HFP-β''-Al_2O_3 纤维复合电解质膜的钠离子传输路径和抑制钠枝晶机理示意图

度、好的热稳定性和较好的化学稳定性、宽的电化学窗口，但是制备能耗高、界面接触性差；NASICON 具有较高的离子电导率、较高的机械强度、好的热稳定性和较好的化学稳定性、较宽的电化学窗口，但是制备能耗较高且界面接触性较差；硫族化合物具有高的离子电导率、低的制备能耗和好的界面接触性，但是热稳定性和化学稳定性差、电化学窗口较窄。不同的钠电池体系由于其工作环境和电极材料的不同，对固体电解质的要求不尽相同，要根据不同的需求来选择合适的固体电解质材料。

表 2-8 钠离子固体电解质的性能参数

项目	室温离子电导率/$(mS \cdot cm^{-1})$	300℃离子电导率/$(mS \cdot cm^{-1})$	维氏硬度/GPa	热稳定性	化学稳定性	电化学窗口/V	制备能耗	界面接触性
β/β''-Al_2O_3	3～40	130～1000	13.7	好	对水不稳定	0.14～4	高	差
NASICON	0.2～5.2	12.5～200	2.9～5	好	175℃以上被钠还原	1.1～3.4	较高	较差

续表

项目	室温离子电导率/(mS·cm^{-1})	300℃离子电导率/(mS·cm^{-1})	维氏硬度/GPa	热稳定性	化学稳定性	电化学窗口/V	制备能耗	界面接触性
硫族化合物	1～41	—	1.9±0.2	高温分解	对钠、水、氧不稳定	1.55～2.25 (Na_3PS_4)；1.57～1.87 (Na_3PSe_4)	低	好
络合硼氢化钠	0.01～5（部分）	约 100	—	高温相变但 227℃不分解	较好	0.00～5 ($Na_2B_{12}H_{12}$)	较低	较好
P2 型 $Na_2M_2TeO_6$	0.23～1.1	40～110	—	好	较好	0.5～4	较低	较差
聚合物固体电解质	0.02～0.36	—	—	差	对钠、水、氧稳定	0～4.7	低	好

参考文献

[1] Zhou C, Bag S, Thangadurai V. Engineering materials for progressive all-solid-state Na batteries. ACS Energy Letters, 2018 (3): 2181-2198.

[2] Zhao C, Liu L, Qi X, et al. Solid-state sodium batteries. Advanced Energy Materials, 2018 (8): 1703012.

[3] Lu X, Lemmon J P, Sprenkle V, et al. Sodium-beta alumina batteries: status and challenges. JOM, 2010 (62): 31-36.

[4] Sudworth J L, Barrow P, Dong W, et al. Toward commercialization of the beta-alumina family of ionic conductors. MRS Bulletin, 2000 (25): 22-26.

[5] 林祖纕，郭祝崑，孙成文，等. 快离子导体（固体电解质）. 上海：上海科学技术出版社，1983.

[6] Yang L P, Shan S J, Wei X L, et al. The mechanical and electrical properties of ZrO_2-TiO_2-Na-β/β″-alumina composite electrolyte synthesized via a citrate sol-gel method. Ceramics International, 2014 (40): 9055-9060.

[7] Pekarsky A, Nicholson P S. The relative stability of spray-frozen freeze-dried beta″-Al_2O_3 powders. Materials Research Bulletin, 1980 (15): 1517-1524.

[8] Liu Z, Chen J, Wang X, et al. Synthesis and characterization of high ionic-conductive sodium beta-alumina solid electrolyte derived from boehmite. Journal of Materials Science: Materials in Electronics, 2020 (31): 17670-17678.

[9] Chen G, Lu J, Zhou X, et al. Solid-state synthesis of high performance Na-β″-Al_2O_3 solid electrolyte doped with MgO. Ceramics International, 2016 (42): 16055-16062.

[10] Butee S, Kambale K, Firodiya M. Electrical properties of sodium beta-alumina ceramics synthesized by citrate sol-gel route using glycerine. Processing and Application of Ceramics, 2016 (10): 67-72.

[11] Wang J, Hu Y, Li Y, et al. Reversible $AlCl_4$ −/Al_2Cl_7 − conversion in a hybrid Na-Al battery. Journal of Power Sources, 2020 (453): 227843.

[12] Lu X, Yang Z. Molten salt batteries for medium-and large-scale energy storage//Advances in Batteries for Medium and Large-Scale Energy Storage, 2015: 91-124.

[13] Sudworth J L, Hames M D, Storey M A, et al. Power Sources. Oriel Press, 1973.

[14] Yasui I, Doremus R H, Effects of calcium, potassium, and iron ions on degradation of beta″-alumina. Journal of the Electrochemical Society, 1978 (125): 1007-1010.

[15] Bay M C, Wang M, Grissa R, et al. Sodium plating from Na-β″-alumina ceramics at room temperature, paving the way for fast-charging all-solid-state batteries. Advanced Energy Materials, 2019 (10).

[16] Wenzel S, Leichtweiss T, Weber D A, et al. Interfacial reactivity benchmarking of the sodium ion conductors Na_3PS_4 and sodium β-alumina for protected sodium metal anodes and sodium all-solid-state batteries. ACS Applied Materials & Interfaces, 2016 (8): 28216-28220.

[17] Sudworth J L, Tilley A R. The sodium sulphur battery [M]. New York: Chapman and Hall Ltd., 1985.

[18] Wen Z Y, Gu Z H, Xu X H, et al. Research activities in Shanghai Institute of Ceramics, Chinese Academy of Sciences on the solid electrolytes for sodium sulfur batteries. Journal of Power Sources, 2008 (184): 641-643.

[19] Virkar A V, Tennenho G J, Gordon R S, Hot-pressing of Li_2O-stabilized beta″-alumina. Journal of the American Ceramic Society, 1974 (57): 508.

[20] Virkar A V, Gordon R S. Fracture Properties of polycrystalline lithia-stabilized beta″-alumina. Journal of the American Ceramic Society, 1977 (60): 58-61.

[21] Zhu C, Xue J. Structure and properties relationships of beta-Al_2O_3 electrolyte materials. Journal of Alloys and Compounds, 2012 (517): 182-185.

[22] Lange F F, Davis B I, Aksay I A, Processing-related fracture origins. 3. differential sintering of ZrO_2 agglomerates in Al_2O_3/ZrO_2 composite. Journal of the American Ceramic Society, 1983 (66): 407-408.

[23] Viswanathan L, Ikuma Y, Virkar A V, Transformation toughening of beta″-alumina by incorporation of zirconia. J. Mater. Sci., 1983 (18): 109-113.

[24] Green D J, Transformation toughening and grain-size control in beta″-Al_2O_3/ZrO_2 composites. J. Mater. Sci., 1985 (20): 2639-2646.

[25] Heavens S N. Strength improvement in beta″ alumina by incorporation of zirconia. J. Mater. Sci., 1988 (23): 3515-3518.

[26] Wen Z, Gu Z, Xu X, et al. Research activities in Shanghai Institute of Ceramics, Chinese Academy of Sciences on the solid electrolytes for sodium sulfur batteries. Journal of Power Sources, 2008 (184): 643-645.

[27] Ansell R. The chemical and electrochemical stability of beta-alumina. J. Mater. Sci., 1986 (21):

365-379.

[28] Tietz F, Urland W. Lanthanide ion exchange in sodium-β-alumina. Solid State Ionics, 1991 (46): 331-335.

[29] Jayaraman V, Periaswami G, Kutty T R N. Preparation of lithium β′-alumina by the ion-exchange reaction. Materials Research Bulletin, 1998 (33): 1811-1820.

[30] Iyi N, Takekawa S, Kimura S. Ion-exchange reaction of barium β-alumina. Journal of Solid State Chemistry France, 1985 (59): 250.

[31] Koh J H, Weber N, Virkar A V. Synthesis of lithium-beta-alumina by various ion-exchange and conversion processes. Solid State Ionics, 2012 (220): 32-38.

[32] Wenzel S, Leichtweiss T, Weber D A, et al. Interfacial reactivity benchmarking of the sodium ion conductors Na_3PS_4 and sodium beta-alumina for protected sodium metal anodes and sodium all-solid-state batteries. ACS Applied Materials & Interfaces, 2016 (8): 28221-28224.

[33] Lacivita V, Wang Y, Bo S H, et al. Ab initio investigation of the stability of electrolyte/electrode interfaces in all-solid-state Na batteries. Journal of Materials Chemistry A, 2019 (7): 8144-8155.

[34] Xu X G, Wen Z Y, Li N, et al. Preparation of Na-beta-Al_2O_3 green bodies through nonaqueous gel-casting process//Jiang D L, Zeng Y P, Singh M, et al (Eds.). Ceramic Materials and Components for Energy and Environmental Applications, 2010: 397-402.

[35] Wen Z Y, Cao J D, Gu Z H, et al. Research on sodium sulfur battery for energy storage. Solid State Ionics, 2008 (179): 1699-1701.

[36] Harbach F, Nienburg H. Homogeneous functional ceramic components through electrophoretic deposition from stable colloidal suspensions-Ⅱ beta-alumina and concepts for industrial production. Journal of the European Ceramic Society, 1998 (18): 689-691.

[37] Oshima T, Kajita M, Okuno A. Development of sodium-sulfur batteries. International Journal of Applied Ceramic Technology, 2004 (1): 269-276.

[38] Wen Z Y, Cao J D, Gu Z H, et al. Research on sodium sulfur battery for energy storage. Solid State Ionics, 2008 (179): 1697-1700.

[39] Parthasarathy P, Virkar A V. Vapor phase conversion of alpha-alumina plus zirconia composites into sodium ion conducting Na-beta″-alumina plus zirconia solid electrolytes. Journal of the Electrochemical Society, 2013 (160): A2268-A2280.

[40] Shan S J, Yang L P, Liu X M, et al. Preparation and characterization of TiO_2 doped and MgO stabilized Na-beta″-Al_2O_3 electrolyte via a citrate sol-gel method. Journal of Alloys and Compounds, 2013 (563): 176-179.

[41] Jayaraman V, Gnanasekaran T, Periaswami G. Low-temperature synthesis of beta-aluminas by a sol-gel technique. Materials Letters, 1997 (30): 157-162.

[42] Subasri R, Mathews T, Sreedharan O M, et al. Microwave processing of sodium beta alumina. Solid State Ionics, 2003 (158): 199-204.

[43] Yi E, Temeche E, Laine R M. Superionically conducting β″-Al_2O_3 thin films processed using flame synthesized nanopowders. Journal of Materials Chemistry A, 2018 (6): 12411-12419.

[44] Zhang G, Wen Z, Wu X, et al. Sol-gel synthesis of Mg^{2+} stabilized Na-β″/β-Al_2O_3 solid electrolyte

for sodium anode battery. Journal of Alloys and Compounds, 2014 (613): 80-86.

[45] Mali A, Petric A. Synthesis of sodium beta″-alumina powder by sol-gel combustion. Journal of the European Ceramic Society, 2012 (32): 1229-1234.

[46] Zhang H, Zhang G X, Wu X W, et al. Synthesis of Na-beta″/beta-Al_2O_3 nanorods in an ionic liquid. Journal of Materials Research, 2013 (28): 2017-2022.

[47] Lee D H, Lee S T, Kim J S, et al. Analysis of properties of partially stabilized zirconia-doped Na^+-beta-alumina prepared by calcining-cum-sintering process. Materials Research Bulletin, 2017 (96): 143-148.

[48] Koganei K, Oyama T, Inada M, et al. C-axis oriented β″-alumina ceramics with anisotropic ionic conductivity prepared by spark plasma sintering. Solid State Ionics, 2014 (267): 22-26.

[49] Yang Z, Zhang J, Kintner-Meyer M C W, et al. Electrochemical energy storage for green grid. Chemical Reviews, 2011 (111): 3577-3613.

[50] Harbach F, Nienburg H. Homogeneous functional ceramic components through electrophoretic deposition from stable colloidal suspensions-Ⅱ beta-alumina and concepts for industrial production. Journal of the European Ceramic Society, 1998 (18): 685-692.

[51] Wei X L, Xia Y, Liu X M, et al. Preparation of sodium beta″-alumina electrolyte thin film by electrophoretic deposition using taguchi experimental design approach. Electrochimica Acta, 2014 (136): 250-256.

[52] Chi C, Katsui H, Goto T. Effect of Li addition on the formation of Na-beta/beta″-alumina film by laser chemical vapor deposition. Ceramics International, 2017 (43): 1278-1283.

[53] Li N, Wen Z Y, Liu Y, et al. Preparation of Na-beta″-alumina film by tape casting process. Journal of the European Ceramic Society, 2009 (29): 3031-3037.

[54] Goodenough J B, Hong H Y P, Kafalas J A. Fast Na^+-ion transport in skeleton structures. Materials Research Bulletin, 1976 (11): 213-218.

[55] Hong H Y P. Crystal structures and crystal chemistry in the system $Na_{1+x}Zr_2Si_xP_{3-x}O_{12}$. Materials Research Bulletin, 1976 (11): 173-179.

[56] HONG H Y P. Crystal structures and crystal chemistry in the system $Na_{1+x}Zr_2Si_xP_{3-x}O_{12}$. Materials Research Bulletin, 1976 (11): 178-182.

[57] Goodenough J B, Hong H Y P, Kafalas J A. Fast Na^+-ion transport in skeleton structures. Materials Research Bulletin, 1976 (11): 203-220.

[58] Guin M, Tietz F. Survey of the transport properties of sodium superionic conductor materials for use in sodium batteries. Journal of Power Sources, 2015 (273): 1056-1064.

[59] Zhang Z, Zhang Q, Shi J, et al. A self-forming composite electrolyte for solid-state sodium battery with ultralong cycle Life. Advanced Energy Materials, 2017 (7): 1601196.

[60] Yang Z, Tang B, Xie Z, et al. NASICON-type $Na_3Zr_2Si_2PO_{12}$ solid-state electrolytes for sodium batteries. Chem Electro Chem, 2021 (8): 1-14.

[61] Park H, Jung K, Nezafati M, et al. Sodium ion diffusion in NASICON ($Na_3Zr_2Si_2PO_{12}$) solid electrolytes: effects of excess sodium. ACS Applied Materials & Interfaces, 2016 (8): 27814-27824.

[62] Lu Y, Alonso J A, Yi Q, et al. A high-performance monolithic solid-state sodium battery with Ca^{2+} doped $Na_3Zr_2Si_2PO_{12}$ electrolyte. Adv. Energy Mater., 2019 (9): 1901205-2.

[63] Ma Q, Guin M, Naqash S, et al. Scandium-substituted $Na_3Zr_2(SiO_4)_2PO_4$ prepared by a solution-assisted solid-state reaction method as sodium-ion conductors. Chemistry of Materials, 2016 (28): 4821-4828.

[64] Ma Q L, Tsai C L, Wei X K, et al. Room temperature demonstration of a sodium superionic conductor with grain conductivity in excess of 0.01S・cm^{-1} and its primary applications in symmetric battery cells. Journal of Materials Chemistry A, 2019 (7): 7768-7774.

[65] Vogel E M, Cava R J, Rietman E. Na^+ ion conductivity and crystallographic cell characterization in the hf-nasicon system $Na_{1+x}Hf_2Si_xP_{3-x}O_{12}$. Solid State Ionics, 1984 (14): 1-6.

[66] Ran L, Baktash A, Li M, et al. Sc, Ge co-doping NASICON boosts solid-state sodium ion batteries' performance. Energy Storage Materials, 2021 (40): 282-291.

[67] Lu Y, Alonso J A, Yi Q, et al. A high-performance monolithic solid-state sodium battery with Ca^{2+} doped $Na_3Zr_2Si_2PO_{12}$ electrolyte. Adv. Energy Mater., 2019 (9): 1901205-4.

[68] Jolley A G, Cohn G, Hitz G T, et al. Improving the ionic conductivity of NASICON through aliovalent cation substitution of $Na_3Zr_2Si_2PO_{12}$. Ionics, 2015 (21): 3031-3038.

[69] Song S, Duong H M, Korsunsky A M, et al. A Na(+) superionic conductor for room-temperature sodium batteries. Sci Rep, 2016 (6): 32330.

[70] He S, Xu Y, Ma X, et al. Mg^{2+}/F^- synergy to enhance the ionic conductivity of $Na_3Zr_2Si_2PO_{12}$ solid electrolyte for solid-state sodium batteries. Chem Electro Chem, 2020 (7): 2087-2094.

[71] Yang J, Liu G, Avdeev M, et al. Ultrastable all-solid-state sodium rechargeable batteries. ACS Energy Letters, 2020 (5): 2835-2841.

[72] Khakpour Z. Influence of M: Ce^{4+}, Gd^{3+} and Yb^{3+} substituted $Na_{3+x}Zr_{2-x}M_xSi_2PO_{12}$ solid NASICON electrolytes on sintering, microstructure and conductivity. Electrochimica Acta, 2016 (196): 337-347.

[73] Naqash S, Tietz F, Guillon O. Synthesis and characterization of equimolar Al/Y-substituted NASICON solid solution $Na_{1+2x+y}Al_xY_xZr_{2-2x}Si_yP_{3-y}O_{12}$. Solid State Ionics, 2018 (319): 13-21.

[74] Liu S, Zhou C, Wang Y, et al. Ce-substituted nanograin $Na_3Zr_2Si_2PO_{12}$ prepared by LF-FSP as sodium-ion conductors. ACS Appl Mater Interfaces, 2020 (12): 3502-3509.

[75] Huang C, Yang G, Yu W, et al. Gallium-substituted NASICON $Na_3Zr_2Si_2PO_{12}$ solid electrolytes. Journal of Alloys and Compounds, 2021 (855): 157501.

[76] Ma Q L, Tsai C L, Wei X K, et al. Room temperature demonstration of a sodium superionic conductor with grain conductivity in excess of 0.01S・cm^{-1} and its primary applications in symmetric battery cells. Journal of Materials Chemistry A, 2019 (7): 7766-7776.

[77] Chen D, Luo F, Zhou W, et al. Influence of Nb^{5+}, Ti^{4+}, Y^{3+} and Zn^{2+} doped $Na_3Zr_2Si_2PO_{12}$ solid electrolyte on its conductivity. Journal of Alloys and Compounds, 2018 (757): 348-355.

[78] Nieto-Muñoz A M, Ortiz-Mosquera J F, Rodrigues A C M. Novel sodium superionic conductor of the $Na_{1+y}Ti_2Si_yP_{3-y}O_{12}$ series for application as solid electrolyte. Electrochimica Acta, 2019 (319): 922-932.

[79] Zhu Y S, Li L L, Li C Y, et al. $Na_{1+x}Al_xGe_{2-x}P_3O_{12}$ ($x=0.5$) glass-ceramic as a solid ionic conductor for sodium ion. Solid State Ionics, 2016 (289): 113-117.

[80] Li C, Jiang S, Lv J W, et al. Ionic conductivities of Na-Ge-P glass ceramics as solid electrolyte. Journal of Alloys and Compounds, 2015 (633): 246-249.

[81] Yang J, Wan H L, Zhang Z H, et al. NASICON-structured $Na_{3.1}Zr_{1.95}Mg_{0.05}Si_2PO_{12}$ solid electrolyte for solid-state sodium batteries. Rare Metals, 2018 (37): 480-487.

[82] Pet'kov V I, Asabina E A, Shchelokov I A. Thermal expansion of NASICON materials. Inorganic Materials, 2013 (49): 502-506.

[83] Srikanth V, Subbarao E C, Agrawal D K, et al. Thermal expansion anisotropy and acoustic emission of $NaZr_2P_3O_{12}$ family ceramics. Journal of the American Ceramic Society, 1991 (74): 365-368.

[84] Kaus M, Guin M, Yavuz M, et al. Fast Na^+ ion conduction in NASICON-type $Na_{3.4}Sc_2(SiO_4)_{0.4}(PO_4)_{2.6}$ observed by ^{23}Na NMR relaxometry. The Journal of Physical Chemistry C, 2017 (121): 1449-1454.

[85] Maca K, Pouchly V, Boccaccini A R. Sintering densification curve—a practical approach for its construction from dilatometric shrinkage data. Science of Sintering, 2008 (40): 117-122.

[86] Oota T, Yamai I. Thermal expansion behavior of $NaZr_2(PO_4)_3$ type compounds. Journal of the American Ceramic Society, 1986 (69): 1-6.

[87] Naqash S, Gerhards M T, Tietz F, et al. Coefficients of thermal expansion of Al-and Y-substituted NASICON solid solution $Na_{3+2x}Al_xY_xZr_{2-2x}Si_2PO_{12}$. Batteries, 2018 (4): 33.

[88] Imanaka N, Adachi G Y. Rare earth ion conduction in tungstate and phosphate solids. Journal of Alloys and Compounds, 2002 (344): 137-140.

[89] Hu X, Chen Y, Hu Z, et al. All-solid-state supercapacitors based on a carbon-filled porous/dense/porous layered ceramic electrolyte. Journal of The Electrochemical Society, 2018 (165): A1269-A1274.

[90] Wolfenstine J, Allen J L, Sakamoto J, et al. Mechanical behavior of Li-ion-conducting crystalline oxide-based solid electrolytes: a brief review. Ionics, 2018 (24): 1271-1276.

[91] Ahmad A, Wheat T A, Kuriakose A K, et al. Dependence of the properties of NASICONS on their composition and processing. Solid State Ionics, 1987 (24): 89-97.

[92] Gulens J, Hildebrandt B W, Canaday J D, et al. Influence of water on the electrochemical response of a bonded nasicon protonic conductor. Solid State Ionics, 1989 (35): 45-49.

[93] Mauvy F, Siebert E, Fabry P. Reactivity of NASICON with water and interpretation of the detection limit of a NASICON based Na^+ ion selective electrode. Talanta, 1999 (48): 293-303.

[94] Anantharamulu N, Koteswara Rao K, Rambabu G, et al. A wide-ranging review on NASICON type materials. J. Mater. Sci., 2011 (46): 2821-2837.

[95] Zhou W, Li Y, Xin S, et al. Rechargeable sodium all-solid-state battery. ACS Central Science, 2017 (3): 52-57.

[96] Gao H, Xin S, Xue L, et al. Stabilizing a high-energy-density rechargeable sodium battery with a solid electrolyte. Chem, 2018 (4): 833-844.

[97] Zhang Z, Wenzel S, Zhu Y, et al. $Na_3Zr_2Si_2PO_{12}$: A stable Na^+-Ion solid electrolyte for solid-state batteries. ACS Applied Energy Materials, 2020 (3): 7427-7437.

[98] Ruan Y, Song S, Liu J, et al. Improved structural stability and ionic conductivity of $Na_3Zr_2Si_2PO_{12}$ solid electrolyte by rare earth metal substitutions. Ceramics International, 2017 (43): 7810-7815.

[99] Lee G, Olevsky E A, Manière C, et al. Effect of electric current on densification behavior of conductive ceramic powders consolidated by spark plasma sintering. Acta Materialia, 2018 (144): 524-533.

[100] Lalère F, Leriche J B, Courty M, et al. An all-solid state NASICON sodium battery operating at 200℃. Journal of Power Sources, 2014 (247): 975-980.

[101] Leng H, Huang J, Nie J, et al. Cold sintering and ionic conductivities of $Na_{3.256}Mg_{0.128}Zr_{1.872}Si_2PO_{12}$ solid electrolytes. Journal of Power Sources, 2018 (391): 170-179.

[102] Wang X, Liu Z, Tang Y, et al. Low temperature and rapid microwave sintering of $Na_3Zr_2Si_2PO_{12}$ solid electrolytes for Na-Ion batteries. Journal of Power Sources, 2021 (481): 228924.

[103] Hayashi A, Noi K, Sakuda A, et al. Superionic glass-ceramic electrolytes for room-temperature rechargeable sodium batteries. Nature communications, 2012 (3): 856.

[104] Zhang Z, Ramos E, Lalère F, et al. $Na_{11}Sn_2PS_{12}$: a new solid state sodium superionic conductor. Energy & Environmental Science, 2018 (11): 87-93.

[105] de Klerk N J J, Wagemaker M. Diffusion mechanism of the sodium-ion solid electrolyte Na_3PS_4 and potential improvements of halogen doping. Chemistry of Materials, 2016 (28): 3122-3130.

[106] Richards W D, Tsujimura T, Miara L J, et al. Design and synthesis of the superionic conductor $Na_{10}SnP_2S_{12}$. Nature Communications, 2016 (7): 11009.

[107] Yu C, Ganapathy S, de Klerk N J J, et al. Na-ion dynamics in tetragonal and cubic Na_3PS_4, a Na-ion conductor for solid state Na-ion batteries. Journal of Materials Chemistry A, 2016 (4): 15095-15105.

[108] Krauskopf T, Culver S P, Zeier W G. Local tetragonal structure of the cubic superionic conductor Na_3PS_4. Inorg Chem, 2018 (57): 4739-4744.

[109] Ren X D, Wang B Z, Zhu J Z, et al. The doping effect on the catalytic activity of graphene for oxygen evolution reaction in a lithium-air battery: a first-principles study. Physical Chemistry Chemical Physics, 2015 (17): 14605-14612.

[110] Moon C K, Lee H J, Park K H, et al. Vacancy-driven Na^+ superionic conduction in new Ca-doped Na_3PS_4 for all-solid-state Na-ion batteries. ACS Energy Letters, 2018 (3): 2504-2512.

[111] Wang H, Chen Y, Hood Z D, et al. An air-stable Na_3SbS_4 superionic conductor prepared by a rapid and economic synthetic procedure. Angew Chem Int Ed Engl, 2016 (55): 8551-8554.

[112] Hayashi A, Masuzawa N, Yubuchi S, et al. A sodium-ion sulfide solid electrolyte with unprecedented conductivity at room temperature. Nat Commun, 2019 (10): 5266.

[113] Jia H, Sun Y, Zhang Z, et al. Group 14 element based sodium chalcogenide $Na_4Sn_{0.67}Si_{0.33}S_4$ as structure template for exploring sodium superionic conductors. Energy Storage Materials, 2019 (23): 508-513.

[114] Jia H, Peng L, Zhang Z, et al. $Na_{3.8}[Sn_{0.67}Si_{0.33}]_{0.8}Sb_{0.2}S_4$: a quinary sodium fast ionic conductor for all-solid-state sodium battery. Journal of Energy Chemistry, 2020 (48): 102-106.

[115] Yu Z, Shang S L, Seo J H, et al. Exceptionally high ionic conductivity in $Na_3P_{0.62}As_{0.38}S_4$ with improved moisture stability for solid-state sodium-ion batteries. Adv. Mater, 2017 (29).

[116] Tanibata N, Noi K, Hayashi A, et al. X-ray crystal structure analysis of sodium-ion conductivity in $94Na_3PS_4 \cdot 6Na_4SiS_4$ glass-ceramic electrolytes. Chem Electro Chem, 2014 (1): 1130-1132.

[117] Fuchs T, Culver S P, Till P, et al. Defect-mediated conductivity enhancements in $Na_{3-x}Pn_{1-x}W_xS_4$ (Pn=P, Sb) using aliovalent substitutions. ACS Energy Letters, 2019 (5): 146-151.

[118] Feng X, Chien P H, Zhu Z, et al. Studies of functional defects for fast Na-ion conduction in $Na_{3-y}PS_{4-x}Cl_x$ with a combined experimental and computational approach. Advanced Functional Materials, 2019 (29): 1807951.

[119] Zhang L, Yang K, Mi J, et al. Na_3PSe_4: a novel chalcogenide solid electrolyte with high ionic conductivity. Adv Energy Mater, 2015 (5).

[120] Jia H, Liang X, An T, et al. Effect of halogen doping in sodium solid electrolytes based on the Na-Sn-Si-P-S quinary system. Chemistry of Materials, 2020 (32): 4065-4071.

[121] Wan H, Cai L, Weng W, et al. Cobalt-doped pyrite for $Na_{11}Sn_2SbS_{11.5}Se_{0.5}$ electrolyte based all-solid-state sodium battery with enhanced capacity. J Power Sources, 2020 (449).

[122] McGrogan F P, Swamy T, Bishop S R, et al. Compliant yet brittle mechanical behavior of Li_2S-P_2S_5 lithium-ion conducting solid electrolyte. Advanced Energy Materials, 2017 (7): 1602011.

[123] Huang X, Jiao Q, Lin C, et al. Formation, microstructure, and conductivity of a novel Ga_2S_3-Sb_2S_3-AgI chalcogenide system. Scientific Reports, 2018 (8): 1699.

[124] Tian Y, Shi T, Richards W D, et al. Compatibility issues between electrodes and electrolytes in solid-state batteries. Energy & Environmental Science, 2017 (10): 1150-1166.

[125] 贾曼曼，张隆. 钠离子硫化物固态电解质研究进展. 储能科学与技术，2020 (9): 1266-1283.

[126] Wang H, Chen Y, Hood Z D, et al. An air-stable Na_3SbS_4 superionic conductor prepared by a rapid and economic synthetic procedure. Angew Chem Int Ed Engl, 2016 (55): 8553-8555.

[127] Hu P, Zhang Y, Chi X, et al. Stabilizing the interface between sodium metal anode and sulfide-based solid-state electrolyte with an electron-blocking interlayer. ACS Appl Mater Interfaces, 2019 (11): 9672-9678.

[128] Ma Q, Tietz F. Solid-state electrolyte materials for sodium batteries: towards practical applications. Chemelectrochem, 2020 (7): 2693-2713.

[129] Noi K, Hayashi A, Tatsumisago M. Structure and properties of the Na_2S-P_2S_5 glasses and glass-ceramics prepared by mechanical milling. Journal of Power Sources, 2014 (269): 260-265.

[130] Hayashi A, Noi K, Tanibata N, et al. High sodium ion conductivity of glass-ceramic electrolytes with cubic Na_3PS_4. Journal of Power Sources, 2014 (258): 420-423.

[131] Takeuchi S, Suzuki K, Hirayama M, et al. Sodium superionic conduction in tetragonal Na_3PS_4. Journal of Solid State Chemistry, 2018 (265): 353-358.

[132] Tuo K, Sun C, Liu S. Recent progress in and perspectives on emerging halide superionic conductors for all-solid-state batteries. Electrochem Energy Rev, 2023, 6 (1).

[133] Wang C, Liang J, Jiang M, et al. Interface-assisted in-situ growth of halide electrolytes eliminating interfacial challenges of all-inorganic solid-state batteries. Nano Energy, 2020, 76.

[134] Park J, Son J P, Ko W, et al. $NaAlCl_4$: new halide solid electrolyte for 3V stable cost-effective all-solid-state Na-ion batteries. ACS Energy Lett, 2022, 7 (10): 3293-3301.

[135] Wang S, Fu J, Liu Y, et al. Design principles for sodium superionic conductors. Nat Commun, 2023, 14: 7615.

[136] Qie Y, Wang S, Fu S, et al. Yttrium-sodium halides as promising solid-state electrolytes with high ionic conductivity and stability for Na-ion batteries. The Journal of Physical Chemistry Letters, 2020, 11 (9): 3376-3383.

[137] Kwak H, Lyoo J, Park J, et al. Na_2ZrCl_6 enabling highly stable 3V all-solid-state Na-ion batteries. Energy Storage Mater, 2021, 37: 47.

[138] Schlem R, Banik A, Eckardt M, et al. $Na_{3-x}Er_{1-x}Zr_xCl_6$—a halide-based fast sodium-ion conductor with vacancy-driven ionic transport. ACS Appl Energy Mater, 2020, 3: 10164.

[139] Wu E A, Banerjee S, Tang H, et al. A stable cathode-solid electrolyte composite for high-voltage, long-cycle-life solid-state sodium-ion batteries. Nat Commun, 2021, 12: 1256.

[140] Nie X, Hu J, Li C. Halide-based solid electrolytes: the history, progress, and challenges. Interdiscip Mater, 2023, 2 (3): 365-389.

[141] Yu Q, Hu J, Nie X, et al. Liquid metal mediated heterostructure fluoride solid electrolytes of high conductivity and air stability for sustainable Na metal batteries. ACS Nano, 2024, 18: 5790-5804.

[142] Fu J, Wang S, Wu D, et al. Halide heterogeneous structure boosting ionic diffusion and high-voltage stability of sodium superionic conductors. Adv Mater, 2023: 2308012.

[143] Wang C, Yu R, Duan H, et al. Solvent-free approach for interweaving freestanding and ultrathin inorganic solid electrolyte membranes. ACS Energy Lett, 2021, 7 (1): 410-416.

[144] Hu Y, Fu J, Xu J, et al. Superionic amorphous $NaTaCl_6$ halide electrolyte for highly reversible all-solid-state Na-ion batteries. Matter, 2024: 7 (3): 1018-1034.

[145] Matsuo M, Kuromoto S, Sato T, et al. Sodium ionic conduction in complex hydrides with $[BH_4]^-$ and $[NH_2]^-$ anions. Applied Physics Letters, 2012 (100): 203904.

[146] Somer M, Acar S, Koz C, et al. α-and β-$Na_2[BH_4][NH_2]$: two modifications of a complex hydride in the system $NaNH_2$-$NaBH_4$; syntheses, crystal structures, thermal analyses, mass and vibrational spectra. Journal of Alloys and Compounds, 2010 (491): 98-105.

[147] Udovic T J, Matsuo M, Unemoto A, et al. Sodium superionic conduction in $Na_2B_{12}H_{12}$. Chemical Communications, 2014 (50): 3750-3752.

[148] Lu Z, Ciucci F. Structural origin of the superionic Na conduction in $Na_2B_{10}H_{10}$ closo-borates and enhanced conductivity by Na deficiency for high performance solid electrolytes. Journal of Materials Chemistry A, 2016 (4): 17740-17748.

[149] Verdal N, Her J H, Stavila V, et al. Complex high-temperature phase transitions in $Li_2B_{12}H_{12}$ and $Na_2B_{12}H_{12}$. Journal of Solid State Chemistry, 2014 (212): 81-91.

[150] He L, Li H W, Nakajima H, et al. Synthesis of a bimetallic dodecaborate $LiNaB_{12}H_{12}$ with out-

standing superionic conductivity. Chemistry of Materials, 2015 (27): 5483-5486.

[151] Tang W S, Matsuo M, Wu H, et al. Stabilizing lithium and sodium fast-ion conduction in solid polyhedral-borate salts at device-relevant temperatures. Energy Storage Materials, 2016 (4): 79-83.

[152] Verdal N, Udovic T J, Stavila V, et al. Anion reorientations in the superionic conducting phase of $Na_2B_{12}H_{12}$. Journal of Physical Chemistry C, 2014 (118): 17483-17489.

[153] Tang W S, Yoshida K, Soloninin A V, et al. Stabilizing superionic-conducting structures via mixed-anion solid solutions of monocarba-closo-borate salts. ACS Energy Letters, 2016 (1): 659-664.

[154] Skripov A V, Majer G, Babanova O A, et al. Na^+ diffusivity in carbon-substituted nido-and closo-hydroborate salts: pulsed-field-gradient NMR studies of Na-7-$CB_{10}H_{13}$ and Na-2 (CB_9H_{10}) ($CB_{11}H_{12}$). Journal of Alloys and Compounds, 2021 (850): 156781.

[155] Dimitrievska M, Shea P, Kweon K E, et al. Carbon incorporation and anion dynamics as synergistic drivers for ultrafast diffusion in superionic $LiCB_{11}H_{12}$ and $NaCB_{11}H_{12}$. Advanced Energy Materials, 2018 (8).

[156] Jorgensen M, Shea P T, Tomich A W, et al. Understanding superionic conductivity in lithium and sodium salts of weakly coordinating closo-hexahalocarbaborate anions. Chemistry of Materials, 2020 (32): 1475-1487.

[157] Tang W S, Dimitrievska M, Stavila V, et al. Order-disorder transitions and superionic conductivity in the sodium nido-undeca (carba) borates. Chemistry of Materials, 2017 (29): 10496-10509.

[158] Tang W S, Unemoto A, Zhou W, et al. Unparalleled lithium and sodium superionic conduction in solid electrolytes with large monovalent cage-like anions. Energy Environ Sci, 2015 (8): 3637-3645.

[159] Tang W S, Matsuo M, Wu H, et al. Liquid-like ionic conduction in solid lithium and sodium monocarba-closo-decaborates near or at room temperature. Advanced Energy Materials, 2016 (6): 1502237.

[160] Hansen B R S, Paskevicius M, Li H W, et al. Metal boranes: progress and applications. Coordination Chemistry Reviews, 2016 (323): 60-70.

[161] Friedrichs O, Remhof A, Hwang S J, et al. Role of $Li_2B_{12}H_{12}$ for the formation and decomposition of $LiBH_4$. Chemistry of Materials, 2010 (22): 3265-3268.

[162] Remhof A, Yan Y, Rentsch D, et al. Solvent-free synthesis and stability of $MgB_{12}H_{12}$. Journal of Materials Chemistry A, 2014 (2): 7244-7249.

[163] He L, Li H W, Tumanov N, et al. Facile synthesis of anhydrous alkaline earth metal dodecaborates $MB_{12}H_{12}$ (M=Mg, Ca) from $M(BH_4)_2$. Dalton Transactions, 2015 (44): 15882-15887.

[164] Geis V, Guttsche K, Knapp C, et al. Synthesis and characterization of synthetically useful salts of the weakly-coordinating dianion $[B_{12}Cl_{12}]^{2-}$. Dalton Transactions, 2009: 2687-2694.

[165] Caputo R, Garroni S, Olid D, et al. Can $Na_2[B_{12}H_{12}]$ be a decomposition product of $NaBH_4$?. Physical Chemistry Chemical Physics, 2010 (12): 15093-15100.

[166] Muetterties E L, Balthis J H, Chia Y T, et al. Chemistry of Boranes. Ⅷ. salts and acids of

$B_{10}H_{10}^{2-}$ and $B_{12}H_{12}^{2-}$. Inorganic Chemistry，1964 (3)：444-451.

[167] Nam W，Onak T. Relative reactivities of the small closo carboranes 1,6-$C_2B_4H_6$ and 2,4-$C_2B_5H_7$ and of closo-1，10-$C_2B_8H_{10}$ toward electrophilic reagents. Inorganic Chemistry，1987 (26)：1581-1586.

[168] Williams R E. Carboranes and boranes; polyhedra and polyhedral fragments. Inorganic Chemistry，1971 (10)：210-214.

[169] Peryshkov D V，Strauss S H. $K_2B_{12}F_{12}$：a rare A_2X structure for an ionic compound at ambient conditions. Journal of Fluorine Chemistry，2010 (131)：1252-1256.

[170] Knoth W H. Miller H C，Sauer J C，et al. Chemistry of boranes. Ⅸ. halogenation of $B_{10}H_{10}^{2-}$ and $B_{12}H_{12}{}^{2-}$. Inorganic Chemistry，1964 (3)：159-167.

[171] Evstigneeva M A，Nalbandyan V B，Petrenko A A，et al. A new family of fast sodium ion conductors：$Na_2M_2TeO_6$ (M = Ni，Co，Zn，Mg). Chemistry of Materials，2011 (23)：1174-1181.

[172] Li Y，Deng Z，Peng J，et al. A P2-type layered superionic conductor Ga-doped $Na_2Zn_2TeO_6$ for all-solid-state sodium-ion batteries. Chemistry-A European Journal，2018 (24)：1057-1061.

[173] Li Y，Deng Z，Peng J，et al. New P2-type honeycomb-layered sodium-ion conductor：$Na_2Mg_2TeO_6$. ACS Applied Materials & Interfaces，2018 (10)：15760-15766.

[174] Deng Z，Gu J，Li Y，et al. Ca-doped $Na_2Zn_2TeO_6$ layered sodium conductor for all-solid-state sodium-ion batteries. Electrochimica Acta，2019 (298)：121-126.

[175] Eshetu G G，Elia G A，Armand M. Electrolytes and interphases in sodium-based rechargeable batteries：recent advances and perspectives. Adv. Energy Mater，2020 (10)：2000093-2000133.

[176] 杜奥，柴敬，张建军，等. 锂电池用全固态聚合物电解质的研究进展. 储能科学与技术，2016 (5)：627-648.

[177] 张庆凯，梁风，姚耀春，等. 钠基固体电解质及其在能源上的应用. 化学进展，2019 (31)：210-222.

[178] West K，Zachau-Christiansen B，Jacobsen T，et al. Poly (ethylene oxide)-sodium perchlorate electrolytes in solid-state sodium cells. British Polymer Journal，1988 (20)：243-246.

[179] Hashmi S A，Chandra S. Experimental investigations on a sodium-ion-conducting polymer electrolyte based on poly (ethylene oxide) complexed with $NaPF_6$. Materials Science and Engineering：B，1995 (34)：18-26.

[180] Boschin A，Johansson P. Characterization of NaX (X：TFSI，FSI)-PEO based solid polymer electrolytes for sodium batteries. Electrochimica Acta，2015 (175)：124-133.

[181] 高舒，周敏，韩静，等，钠离子电池聚合物电解质研究进展. 储能科学与技术，2020 (9)：1300-1308.

[182] Balaji Bhargav V M M P，Sharma A K，Rao V V R N. Characterization of poly (vinyl alcohol)/sodium bromide polymer electrolytes for electrochemical cell applications. Journal of Applied Polymer Science，2008 (108)：510-517.

[183] Mindemark J，Mogensen R，Smith M J，et al. Polycarbonates as alternative electrolyte host materials for solid-state sodium batteries. Electrochemistry Communications，2017 (77)：58-61.

[184] Osman Z, Isa K B M, Ahmad A, et al. A comparative study of lithium and sodium salts in PAN-based ion conducting polymer electrolytes. Ionics, 2010 (16): 431-435.

[185] Kumar K N, Sreekanth T, Reddy M J, et al. Study of transport and electrochemical cell characteristics of PVP: $NaClO_3$ polymer electrolyte system. Journal of Power Sources, 2001 (101): 130-133.

[186] Reddy C V S, Jin A P, Zhu Q Y, et al. Preparation and characterization of ($PVP + NaClO_4$) electrolytes for battery applications. Eur. Phys. J. E, 2006 (19): 471-476.

[187] Kumar K K, Ravi M, Pavani Y, et al. Investigations on the effect of complexation of NaF salt with polymer blend (PEO/PVP) electrolytes on ionic conductivity and optical energy band gaps. Physica B, 2011 (406): 1706-1712.

[188] Colò F, Bella F, Nair J R, et al. Cellulose-based novel hybrid polymer electrolytes for green and efficient Na-ion batteries. Electrochimica Acta, 2015 (174): 185-190.

[189] Chen S, Feng F, Yin Y, et al. Plastic crystal polymer electrolytes containing boron based anion acceptors for room temperature all-solid-state sodium-ion batteries. Energy Storage Materials, 2019 (22): 57-65.

[190] Du G, Tao M, Li J, et al. Low-operating temperature, high-rate and durable solid-state sodium-ion battery based on polymer electrolyte and prussian blue cathode. Adv. Energy Mater., 2020 (10): 1903351-1903358.

[191] Feuillade G, Perche P. Ion-conductive macromolecular gels and membranes for solid lithium cells. Journal of Applied Electrochemistry, 1975 (5): 63-69.

[192] Liang S, Yan W, Wu X, et al. Gel polymer electrolytes for lithium ion batteries: fabrication, characterization and performance. Solid State Ionics, 2018 (318): 2-18.

[193] Pan J, Wang N, Fan H J. Gel polymer electrolytes design for Na-ion batteries. Small Methods, 2022 (6): 2201032.

[194] Singh V K, Shalu, Chaurasia S K, et al. Development of ionic liquid mediated novel polymer electrolyte membranes for application in Na-ion batteries. RSC Advances, 2016 (6): 40199-40210.

[195] Menisha M, Senavirathna S L N, Vignarooban K, et al. Synthesis, electrochemical and optical studies of poly (ethylene oxide) based gel-polymer electrolytes for sodium-ion secondary batteries. Solid State Ionics, 2021 (371): 115755.

[196] Yang Y Q, Chang Z, Li M X, et al. A sodium ion conducting gel polymer electrolyte. Solid State Ionics, 2015 (269): 1-7.

[197] Janakiraman S, Surendran A, Ghosh S, et al. Electroactive poly (vinylidene fluoride) fluoride separator for sodium ion battery with high coulombic efficiency. Solid State Ionics, 2016 (292): 130-135.

[198] Vo D T, Do H N, Nguyen T T, et al. Sodium ion conducting gel polymer electrolyte using poly (vinylidene fluoride hexafluoropropylene). Materials Science and Engineering: B, 2019 (241): 27-35.

[199] Kim J I, Choi Y, Chung K Y, et al. A structurable gel-polymer electrolyte for sodium ion batteries. Advanced Functional Materials, 2017 (27): 1701768.

[200] Gao H, Zhou W, Park K, et al. A sodium-ion battery with a low-cost cross-linked gel-polymer electrolyte. Advanced Energy Materials, 2016 (6): 1600467.

[201] Li M, Liao Y, Liu Q, et al. Application of the imidazolium ionic liquid based nano-particle decorated gel polymer electrolyte for high safety lithium ion battery. Electrochimica Acta, 2018 (284): 188-201.

[202] Zheng J, Li X, Yu Y, et al. Cross-linking copolymers of acrylates' gel electrolytes with high conductivity for lithium-ion batteries. Journal of Solid State Electrochemistry, 2014 (18): 2013-2018.

[203] Krishna Jyothi N, Vijaya Kumar K, Sunita Sundari G, et al. Ionic conductivity and battery characteristic studies of a new PAN-based Na^+ ion conducting gel polymer electrolyte system. Indian Journal of Physics, 2016 (90): 289-296.

[204] Vignarooban K, Badami P, Dissanayake M A K L, et al. Poly-acrylonitrile-based gel-polymer electrolytes for sodium-ion batteries. Ionics, 2017 (23): 2817-2822.

[205] Manuel J, Zhao X, Cho K K, et al. Ultralong life organic sodium ion batteries using a polyimide/multiwalled carbon nanotubes nanocomposite and gel polymer electrolyte. ACS Sustainable Chemistry & Engineering, 2018 (6): 8159-8166.

[206] Xu X, Lin K, Zhou D, et al. Quasi-solid-state dual-ion sodium metal batteries for low-cost energy storage. Chem, 2020 (6): 902-918.

[207] Park T H, Park M S, Ban A H, et al. Nonflammable gel polymer electrolyte with ion-conductive polyester networks for sodium metal cells with excellent cycling stability and enhanced safety. ACS Applied Energy Materials, 2021 (4): 10153-10162.

[208] Niu Y B, Yin Y X, Wang W P, et al. In situ copolymerizated gel polymer electrolyte with cross-linked network for sodium-ion batteries. CCS Chemistry, 2020 (2): 589-597.

[209] Yu Q, Lu Q, Qi X, et al. Liquid electrolyte immobilized in compact polymer matrix for stable sodium metal anodes. Energy Storage Materials, 2019 (23): 610-616.

[210] Moreno J S, Armand M, Berman M B, et al. Composite PEO_n: NaTFSI polymer electrolyte: preparation, thermal and electrochemical characterization. Journal of Power Sources, 2014 (248): 695-702.

[211] Schaefer J L, Moganty S S, Yanga D A, et al. Nanoporous hybrid electrolytes. Journal of Materials Chemistry, 2011 (21): 10094-10101.

[212] Nugent J L, Moganty S S, Archer L A. Nanoscale organic hybrid electrolytes. Advanced Materials, 2010 (22): 3677-3680.

[213] Villaluenga I, Bogle X, Greenbaum S, et al. Cation only conduction in new polymer-SiO_2 nanohybrids: Na^+ electrolytes. J. Mater. Chem. A, 2013 (1): 8348-8352.

[214] Zhang Z, Zhang Q, Ren C, et al. A ceramic/polymer composite solid electrolyte for sodium batteries. J. Mater. Chem. A, 2016 (4): 15823-15828.

[215] Xu X, Li Y, Cheng J, et al. Composite solid electrolyte of Na_3PS_4-PEO for all-solid-state SnS_2/Na batteries with excellent interfacial compatibility between electrolyte and Na metal. Journal of Energy Chemistry, 2020 (41): 73-78.

[216] Lei D, He Y B, Huang H, et al. Cross-linked beta alumina nanowires with compact gel polymer electrolyte coating for ultra-stable sodium metal battery. Nature communications, 2019 (10): 4244.

[217] Wang X, Liu Z, Tang Y, et al. PVDF-HFP/PMMA/TPU-based gel polymer electrolytes composed of conductive $Na_3Zr_2Si_2PO_{12}$ filler for application in sodium ions batteries. Solid State Ionics, 2021 (359): 115532.

[218] Yi Q, Zhang W, Li S, et al. Durable sodium battery with a flexible $Na_3Zr_2Si_2PO_{12}$-PVDF-HFP composite electrolyte and sodium/carbon cloth anode. ACS Applied Materials & Interfaces, 2018 (10): 35039-35046.

[219] Cheng M, Qu T, Zi J, et al. A hybrid solid electrolyte for solid-state sodium ion batteries with good cycle performance. Nanotechnology, 2020 (31): 425401.

第 3 章

钠硫电池

3.1 引言 102
3.2 钠硫电池的工作原理 102
3.3 钠硫电池的结构与组成 105
3.4 钠硫电池的性能影响因素 127
3.5 钠硫电池低温化的研究进展 130

3.1 引言

钠硫电池作为目前全球范围内装机容量最大的钠电池，其技术成熟度较高，在大规模储能领域备受关注，尤其是从 2000 年到 2014 年，除抽水蓄能、压缩空气以及储热项目外，钠硫电池在全球储能项目中所占的比例约为 40％～45％，占据领先地位[1]。钠硫电池具有以下优势[2,3]：

① 比能量高。目前钠硫电池单体实际能量密度已达到 $240Wh \cdot kg^{-1}$ 和 $390Wh \cdot L^{-1}$ 以上，与三元锂离子电池相当[4]。

② 功率密度高。用于储能的钠硫单体电池功率达到 120 W 以上，形成模块后，模块功率通常达到数十千瓦，可直接用于储能。

③ 可长时放电。通常钠硫电池储能电站的额定容量可提供 6～8h 长时放电，满足能量型储能领域的需求。

④ 长寿命。电池满充满放循环 4500 次以上，寿命 15 年左右。

⑤ 响应时间短。钠硫电池从待机到工作的响应时间小于 1ms，具有快速响应需求的特点。

⑥ 库仑效率高。由于采用固体电解质，电池几乎没有自放电现象，充放电效率几乎为 100％。

⑦ 环境适应性好。由于电池通过保温箱恒温运行，因此环境温度适应范围广，通常为－40～60℃。

⑧ 电池运行无污染。电池采用全密封结构，运行中无振动无噪声，没有气体放出。

⑨ 电池原料成本低廉，无资源争夺隐患，结构简单，维护方便。

锂离子电池虽然在近年快速发展，并逐渐进入储能市场，但也面临着原材料资源焦虑和较大的安全隐患等问题。钠硫电池以其资源优势、可长时放电特性、极宽的环境适应温度以及较高的能量和体积密度在储能领域仍具有商业化和可持续发展的巨大潜力和优势。本章将从工作原理、电池结构、正负极特性以及电极制造工艺等多个方面综合且详细地介绍钠硫电池。

3.2 钠硫电池的工作原理

钠硫电池是一种以钠和硫分别作为电池负极和正极活性材料、钠离子导电的固体电解质 β″-氧化铝同时作为电解质和隔膜的高温二次电池。它的电池形式如下：

$$(-)Na(l)|\beta''\text{-}Al_2O_3|S/Na_2S_x(l)|C(+)$$

基本的电池反应是：

$$2Na + xS \rightleftharpoons Na_2S_x \quad (x=3\sim5) \tag{4-1}$$

图 3-1 是钠硫电池的工作原理示意图。钠硫电池放电时，负极金属钠失去电子变为 Na^+，Na^+ 通过 β''-Al_2O_3 固体电解质迁移至正极与硫离子反应生成多硫化钠，同时电子经外电路到达正极使硫变为硫离子。反之，充电过程中，Na^+ 通过固体电解质返回负极与电子结合生成金属钠。电池的开路电压与正极材料（Na_2S_x）的成分有关，通常为 1.74～2.08V。随着 Na^+ 的持续输入，正极活性物质经历了从 Na_2S_5（2.076V）、Na_2S_4（1.97V）到 Na_2S_3（1.74～1.81V）的变化过程。

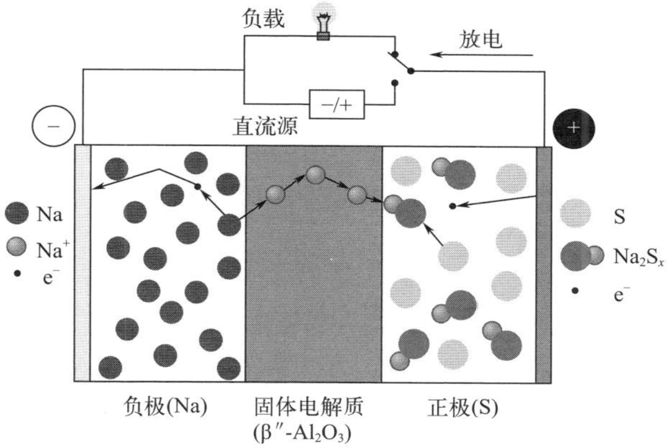

图 3-1　钠硫电池的工作原理示意图

钠硫电池的工作温度控制在 300～350℃，此时钠与硫均呈液态，β''-Al_2O_3 具有极高的离子电导率（约 $0.2S \cdot cm^{-1}$），电池具有快速的充放电反应动力学。理解钠硫电池的工作温度对于理解钠硫电池的工作原理很重要[5]。图 3-2 显示了 Na_2S_x 的相图，图中反映了不同放电深度反应产物的熔点。Na_2S_4 作为正极主要放电产物，其熔点为 285℃，因此工作温度降低不仅影响固体电解质 β''-Al_2O_3 的钠离子导电性，还会造成放电深度降低。熔点高达 425℃且电子绝缘的 Na_2S_2 生成即终止放电过程。温度高于 440℃时，正极熔体气化导致电池内压上升，将影响电池安全运行。

图 3-3 显示了钠硫电池的理论放电曲线。钠硫电池的放电一般经过三个过程：

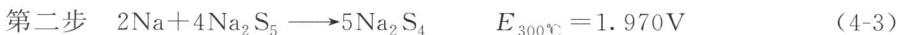

第一步　$2Na + 5S \longrightarrow Na_2S_5$　　$E_{300℃} = 2.075V$　　(4-2)

第二步　$2Na + 4Na_2S_5 \longrightarrow 5Na_2S_4$　　$E_{300℃} = 1.970V$　　(4-3)

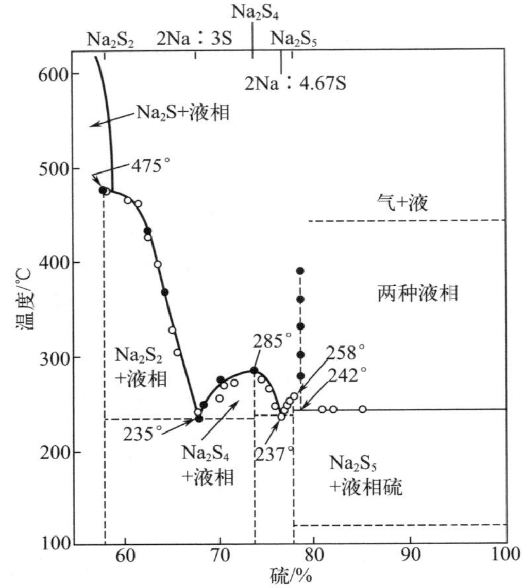

图 3-2 Na_2S_x 相图

第三步 $2Na+3Na_2S_4 \longrightarrow 4Na_2S_3$ $E_{300℃}=1.78\sim1.81V$ (4-4)

为了避免低电导率的固相产生，理论上，当电压达到 1.78V 时，高温钠硫电池的放电状态为 100%。放电过程几乎完全可逆，电池充电后，电池正负极材料仍为金属钠和单质硫。电池实际工作过程中，由于极化的存在，电池的充放电电压会偏离理论开路电压。以 Na_2S_3 为最终放电产物的电池正极理论比容量约为 558mAh·g^{-1}，可以计算得到钠硫电池在 350℃ 工作温度下的理论能量密度高达 760Wh·kg^{-1}。

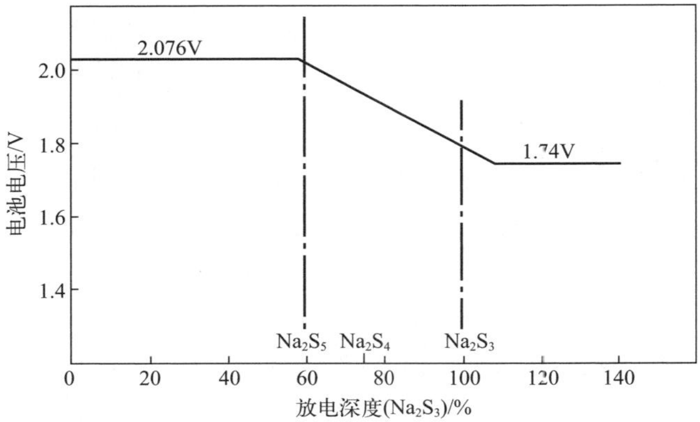

图 3-3 钠硫电池的理论放电曲线

3.3 钠硫电池的结构与组成

钠硫电池通常设计为平板和管式两种结构，其中管式钠硫电池还分为钠芯管式、硫芯管式和多管式三种结构类型。电池由钠负极、钠极安全管、陶瓷固体电解质及其封接件、硫（或多硫化钠）正极、硫极导电网络（一般为碳毡）、集流体和外壳等部分组成。图 3-4 显示了平板式和钠芯管式钠硫电池的结构示意图。平板式钠硫电池是通过玻璃将固体电解质薄片（一般是 β''-Al_2O_3）和外部的绝缘陶瓷环（一般是 α-Al_2O_3）密封（密封 1），正负极腔室外壳与绝缘环进行热压封接（密封 2），电解质片两端装载正负极材料后进行焊接密封。平板式钠硫电池虽然在电池成组便利性、热管理、电解质批量化生产、安全性以及质量控制上优于管式电池，但其存在两个难以克服的劣势：①密封可靠性问题。最近的研究结果表明，与相同反应面积的管式电池相比，平板电池的电解质和密封结构在同等条件下承受的应力显著增加，这对平板电池的可靠性提出了更高的要求和挑战[6]。②电解质的机械强度问题。通过计算预测作为可实用化的平板钠硫电池，电解质片的直径至少需要达到 80mm，最优的电解质直径为 250mm。降低电解质片的厚度能有效提高电

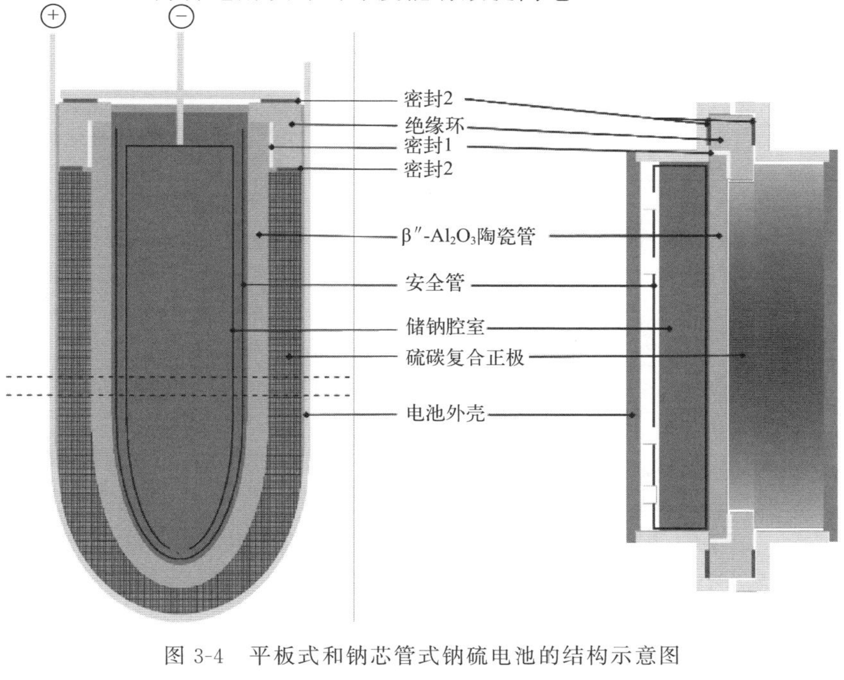

图 3-4　平板式和钠芯管式钠硫电池的结构示意图

池的电化学性能。然而，大直径、小厚度的电解质片的机械强度难以满足电池热压密封过程中施加压力的要求。因此，这两个问题极大地制约了平板钠硫电池的大规模发展。不过，平板式电池具有固定的活性面积，且可适当忽略垂直方向上的反应过程，因此也为硫电极和集流体等材料的基础研究提供了很好的途径。

实用化的钠硫电池一般设计为中心钠负极的管式结构，即装载钠储罐在固体电解质管内形成负极。通常固体电解质为一端开口一端封闭的管，其开口端通过玻璃封接与绝缘陶瓷进行密封，正负极终端与绝缘陶瓷之间通过热压铝环进行密封。钠储罐被设置在陶瓷管内壁，与安全管共同实现调控钠流量的作用。渗硫的石墨毡组成的硫碳复合正极紧压在陶瓷管外侧，正极通过电池外壳进行集流。钠芯管式钠硫电池面临的一个重要问题是正极对电池外壳的强腐蚀问题。为了克服这一问题，早期也有学者研究了中心硫极设计的管式电池[7]。然而，硫芯管式钠硫电池因其受限于正极的空间体积，导致电池能量密度难以提升，应用价值有限。GE 公司早期还进行了多管式钠硫电池的开发工作[8]。虽然他们克服了绝缘陶瓷头易碎、多重玻璃封接和陶瓷管垂直度要求高等难题，但是由于多管式钠硫电池的成本相比于相同管数的单管电池高近一倍，而且其安全性能难以保证等原因，最终放弃了对多管式钠硫电池的继续研发。表 3-1 总结了以上各种结构的钠硫电池的优缺点。目前集流体腐蚀问题已有成本可接受且较可靠的解决方案（具体请见 3.3.2.4 节），商用的钠硫电池均采用加入安全管的钠芯管式结构。由于篇幅有限，下面仅针对钠芯管式钠硫电池的各个组成部分进行详细介绍。

表 3-1 不同结构的钠硫电池的优劣势

结构类型	优势	劣势
平板式	（1）安全性好；（2）易于开展硫正极和集流体的研究	（1）可靠组装困难；（2）集流体腐蚀问题；（3）大尺寸固体电解质制备和强度问题
钠芯管式	（1）电化学性能优异；（2）易可靠组装	（1）集流体腐蚀问题；（2）大尺寸电池存在安全隐患
硫芯管式	（1）无严重腐蚀问题；（2）易可靠组装；（3）较好的安全性	能量密度难以提高（$<100\text{Wh}\cdot\text{kg}^{-1}$）
多管式	（1）能量密度和功率密度高	（1）成本高；（2）可靠组装困难；（3）集流体腐蚀问题；（4）安全性差

3.3.1 金属钠负极

为了降低钠电极对钠硫电池内阻的贡献，金属钠电极的研究需要考虑两个问题：一是钠与固体电解质之间的界面问题，即需要尽可能减小钠/β''-Al_2O_3

陶瓷界面极化；二是参与电极反应的钠的可控供给，即需要保证电池运行过程中钠与 β″-Al_2O_3 全面良好的接触。这两项工作的前提是了解金属钠的物化特性，因此这一小节从金属钠的特性出发，一方面关注钠电极的界面电化学，另一方面关注增强电极利用率的结构设计。

3.3.1.1 金属钠的物化性质

金属钠的熔点为 97.82℃，熔融时的潜热为 113kJ·kg^{-1}，沸点为 881.4℃，沸腾时的潜热为 3877kJ·kg^{-1}。电池工作温度（325℃）下，金属钠处于熔融状态，饱和蒸气压约为 5×10^{-5}atm。低温组装的钠硫电池在高温工作时负极体积增加约 2.7%，结合钠的饱和蒸气压可知，电池负极内压较低。300℃下，金属钠黏度仅为 0.345cP（1cP=10^{-3}Pa·s），流动性好。若不添加限制钠流速的储罐，在陶瓷管损坏时易出现安全问题。300℃下，钠的表面张力为 0.187N·m^{-1}。该值通常大于复合氧化物在同一温度下的表面张力，因此电池工作温度下，钠在 β″-Al_2O_3 电解质表面的润湿是一个潜在的问题。这一问题在 3.3.1.2 节将进行详细讨论。

3.3.1.2 钠电极的界面电化学

假设熔融钠是理想的可逆电极，那么极化问题将不会出现在钠/β″-Al_2O_3 界面，然而人们的研究多次证实了钠/β″-Al_2O_3 界面极化的存在。Sudworth 等通过管式 Na/β″-Al_2O_3/Na 系统测试了钠/β″-Al_2O_3 界面的直流循环极化曲线和交流阻抗[9]。实验发现，对称电池的交流阻抗随频率的增大而减小，直流循环极化曲线是非欧姆型、非对称且依赖循环速率的，体现出明显的钠/β″-Al_2O_3 界面极化。同时，该实验的对比实验表明钠中含有的氧不是该极化产生的原因，而且钠的纯度越高极化越严重。这一结果被 Bradhurst 和 Buchanan 所证实[10]，他们还证实钠中溶解的氧有利于钠在 β″-Al_2O_3 上的润湿。

值得一提的是，Armstrong 等组装平板 Na/β″-Al_2O_3/Na 对称电池，通过交流阻抗谱直接测试了不同温度下钠/β″-Al_2O_3 的界面电阻[11]。图 3-5（a）显示的是对称电池 220℃下的交流阻抗谱，图 3-5（b）为其所对应的拟合等效电路图。该阻抗谱在实轴上的截距 R_b 相应的电阻对应 β″-Al_2O_3 的晶粒电阻，中频下的半圆对应的电阻 R_{gb} 为 β″-Al_2O_3 的晶界电阻，较低频下的半圆所示的电阻 R_{ct} 为 Na/β″-Al_2O_3 界面电阻（也称电荷转移电阻）。大量研究结果显示，钠在 β″-Al_2O_3 上润湿程度的提高会导致 R_{ct} 的减小[12-14]。因此，钠在

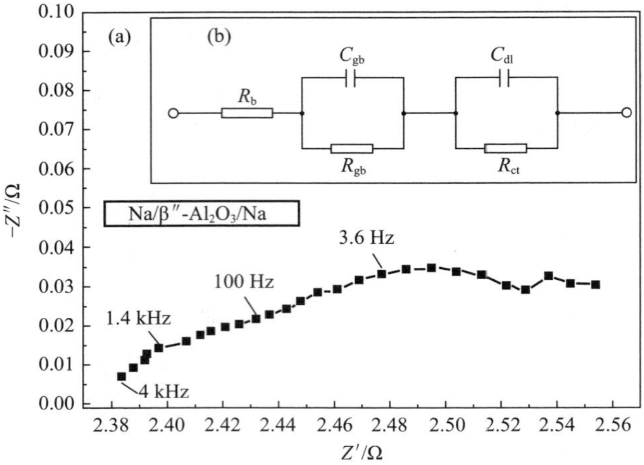

图 3-5　使用 β''-Al_2O_3 片的钠-钠对称电池 220℃下的交流阻抗谱及其所对应的拟合等效电路图

β''-Al_2O_3 表面不完全润湿会导致钠/β''-Al_2O_3 界面上正电荷累积，从而产生界面极化。图 3-6 很好地示意了钠在 β''-Al_2O_3 表面不完全润湿产生界面极化的机理。当然，有少数研究发现钠/β''-Al_2O_3 界面极化不仅仅由于钠对 β''-Al_2O_3 的润湿性差，还与湿度和 β''-Al_2O_3 上形成的 Na_2O 钝化膜有关[12,15,16]。

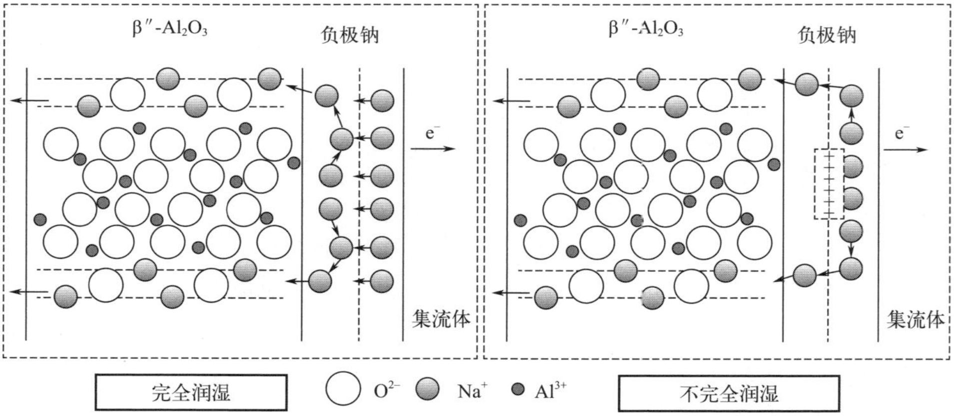

图 3-6　钠在 β''-Al_2O_3 表面不完全润湿产生界面极化的机理图

钠在 β''-Al_2O_3 上的不完全润湿行为引起界面极化的理论研究始于 20 世纪 70 年代。起初，Virkar 和 Miller 希望通过 Richman-Tennenhouse（R-T）模型来解释 β''-Al_2O_3 在液钠中的退化[17]，结果发现实验得到的 β''-Al_2O_3 分解的临界电流密度与理论结果相差很大。于是他们提出在 β''-Al_2O_3 的不润湿区域诱发了高的局部电流密度从而引起其分解，而且还利用电气-机械模拟法得到不润湿区域局部电流密度的公式[17]：

$$i_{\mathrm{tip}}=i\left[2\left(\frac{C}{r}\right)^{1/2}+1\right] \tag{4-5}$$

$2C$ 为不润湿区域的直径，r 为裂纹尖端半径。电流随不润湿区域的增大而增大。Feldman 和 DeJonghe 认为钠枝晶更容易在高局部电流区域生长[18]。因此，减小钠电极对电池内阻贡献的关键在于优化熔融钠在电池循环过程中与 β''-Al_2O_3 电解质间界面的润湿特性。下面详细讨论钠对 β''-Al_2O_3 的润湿作用。

表征液体在固体上的润湿能力涉及两个重要的参数：润湿度和润湿速率。润湿度一般通过液体和固体的界面上形成的接触角进行表征，由液固界面相关的表面和界面能决定。润湿速率指液体在固体上铺展的快慢，它受很多因素影响，例如环境温度、毛细作用、液体黏度以及界面上发生的化学反应等。

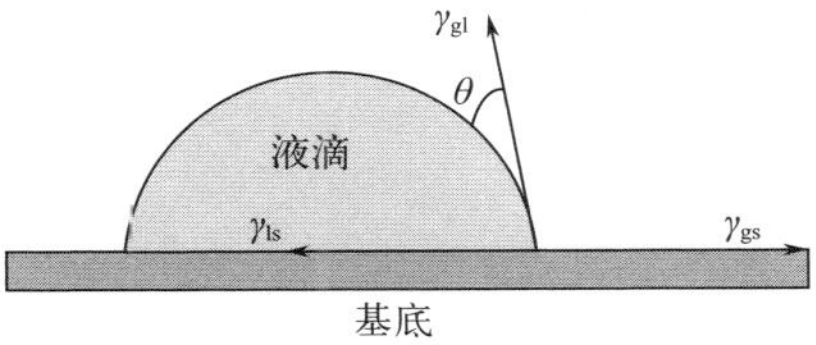

图 3-7　接触角示意图

图 3-7 显示的是液滴在一个固体表面部分铺展，其中在气/液/固三相交点处形成的夹角 θ 即为接触角（或润湿角）。接触角被广泛用于表征界面行为、固体表面的润湿性、多孔介质中的毛细渗透、涂覆层和镀层等。对于单相液体和理想表面，润湿的驱动力可以表达为：$F(t)=\gamma_{gs}-[\gamma_{gl}\cos\theta(t)+\gamma_{ls}]$。在达到平衡态时，铺展停止，此时 $F=0$，因此得到杨氏方程（或润湿方程）[19]：

$$\gamma_{gs}-\gamma_{gl}=\gamma_{gl}\cos\theta \tag{4-6}$$

将润湿方程代入式（1-6）～式（1-8）可以得到：

$$W_{a}=\gamma_{gl}(\cos\theta+1) \tag{4-7}$$

$$W_{i}=\gamma_{gl}\cos\theta \tag{4-8}$$

$$S=\gamma_{gl}(\cos\theta-1) \tag{4-9}$$

由此可见，只要测定了液体的表面张力 γ_{gl} 和接触角 θ，就可以计算出黏附功、黏附张力和铺展系数，从而判断给定温度压力条件下的润湿情况。为实用，通常以 $\theta=90°$ 为界，$\theta<90°$ 时为润湿，$\theta>90°$ 时为不润湿。

渗透过程受润湿方程制约，将润湿方程代入 $\Delta P=\frac{2\gamma_{gl}\cos\theta}{r}$ 中：

$$\Delta P=\frac{2\gamma_{gl}\cos\theta}{r}=\frac{\gamma_{gs}-\gamma_{ls}}{r} \tag{4-10}$$

由此可见，只有 $\theta<90°$ 时，渗透才能进行，若液体在固体上不润湿，渗透不能自发进行。同时，固体表面能（或表面张力）越高，越有利于渗透进行；

γ_{ls} 越小，即液体与固体相容性越好，渗透越容易进行。表 3-2 给出了多种物质的表面张力。从表中可以看出，表面张力的大小大致可以归纳为：金属>共价键结合物质>复合氧化物>离子键结合物质>分子力结合物质。由表 3-2 可知金属钠在 250℃下的表面张力为 0.199N·m^{-1}，较复合氧化物大，而且两种类型物质间电子结构差异大，γ_{ls} 大，通常表现为不润湿。表 3-3 总结了不同温度下熔融钠在各种金属和非金属上的润湿性能。一般而言，金属由于拥有较大的表面张力，相对非金属更容易润湿钠。对于没有经过处理的 β″-Al_2O_3，Gibscn 和 Viswanathan 等曾经得到类似的结论，即熔融钠在 300℃温度下不能在其上润湿[20]。

表 3-2　多种物质的表面张力

物质	表面张力 γ/(N·m^{-1})	温度/K
金属		
Ni	1.615（氦气气氛）	1743
Fe	1.560（氦气气氛）	1823
Ca	0.600	773
Na	0.206，0.199	373，523
Sn	0.440，0.425	1373，1473
Ge	0.620	1323
Cu	1.250	1373
Co	1.594，1.530	1823，2043
Pb	0.459，0.420	673，973
Al	0.914	933
共价键结合物质		
Si	0.720	1633
FeO	0.584	1673
Al_2O_3	0.580	2323
Cu_2S	0.410（氩气气氛）	1403
复合氧化物		
$MnO·SiO_2$	0.415	1843
$CaO·SiO_2$	0.400	1843
$Na_2O·SiO_2$	0.284	1673
离子键结合物质		
Li_2SO_4	0.220	1133
$CaCl_2$	0.145（氩气气氛）	1073
CuCl	0.092（氩气气氛）	723

续表

物质	表面张力 $\gamma/(N \cdot m^{-1})$	温度/K
分子力结合物质		
H_2O	0.076	273
S	0.056	393
P_4O_6	0.037	307
CCl_4	0.029	273

表 3-3 钠在各种金属和非金属上的润湿性能

材料	测试温度	测试方法	润湿性（接触角）
Ni，Co，Fe，Mo，W，V，Ti，Zr，Cr	低于 200℃	垂直板法	润湿
Ni，Fe	250℃	—	润湿（30°）
Cr	低于 280℃，350℃	静滴法	不润湿（150°），润湿（75°）
Fe	低于 330℃，350℃	静滴法	不润湿（120°），润湿（60°）
Mo	低于 380℃，400℃	静滴法	不润湿（140°），润湿（90°）
Ni	低于 330℃，400℃	静滴法	不润湿（150°），润湿（75°）
Al_2O_3，ZrO_2，Y_2O_3，MgO	低于 400℃	—	不润湿

多年来，许多研究者尝试去探索钠在 β''-Al_2O_3 上润湿性差的原因以及改善这一润湿性的办法。除了金属钠的高表面能以外，一般认为有两个因素影响该润湿性，即 β''-Al_2O_3 表面的水蒸气以及其内部含有的杂质离子（主要是 Ca 杂质）。Viswanathan 等将 β''-Al_2O_3 陶瓷分别在干燥和潮湿的环境中预处理后测试钠在其上的润湿性，结果发现水蒸气的存在使润湿性变差，而当 β''-Al_2O_3 在真空高温环境中长时间干燥后润湿性会大大增强。还有另一些研究发现 β''-Al_2O_3 中的 Ca 杂质在电池循环过程中会迁移到钠与 β''-Al_2O_3 的界面导致电池内阻明显增大[21,22]。Ca 杂质在钠/β''-Al_2O_3 界面的累积于 1981 年被 Demott 等通过示踪放射性同位素 Ca-45 所证实。之后，Lehnert 和 Hartmann 发现由于 $Ca(OH)_2$ 和 CaO 层在钠/β''-Al_2O_3 界面的产生导致 Na/β''-Al_2O_3/Na 对称体系出现非对称行为。

为了克服杂质离子的负面影响，增强钠在 β''-Al_2O_3 上的润湿性，在合成 β''-Al_2O_3 时使用含超低 Ca 含量的原料固然可以得到好的效果，然而这必然大大增加电池成本，因此有必要探索更加简易低廉的方法。β''-Al_2O_3 进行表面处理成为改善钠在 β''-Al_2O_3 上润湿性的有效途径。表 3-4 总结了文献报道的

各种 β″-Al_2O_3 表面处理方法的效果及存在的问题，钠在其上的润湿特性通过钠液滴在 β″-Al_2O_3 片上的接触角进行表征。可以看到，包括金属（如 Pb、Bi、Sn）、过渡金属氧化物在内的很多材料被包覆在 β″-Al_2O_3 表面用于增强润湿性[23-25]，其中 Wright 等发现在 β″-Al_2O_3 表面涂上一层铅可以大大提高与钠的润湿性，并进一步改进涂覆铅的方法，利用醋酸铅受热分解生成铅的方法实现了该方法在电池上的应用。然而铅为有毒的重金属，且在中温下易升华，同时在 100 个同样组装的电池中只有 50% 的电池内阻稳定和充放电过程对称[26]，因此电池运行过程中的稳定性还有待进一步提高。David Reed 等在 β″-Al_2O_3 表面物理沉积一层金属锡薄膜，利用钠锡合金的形成来提高对钠的润湿性，并结合真空干燥技术，实现了低温下（约 200℃）对钠润湿性的明显提高，但是蒸镀的锡膜由于形成合金而不能稳定存在，从而影响其在电池运行过程中的服役性能[27]。另外，还有研究者通过在金属钠中添加合金元素（如 Ti、Zr、Ce、Rb、K 等）来吸附活性氧并降低液体表面张力的方法，达到低温下在陶瓷表面润湿的目的[28]。Ahlbrecht 等通过交流阻抗谱详细对比分析了钠合金（钠铋合金、钠锡合金和钠铟合金）在未包覆 β″-Al_2O_3 表面以及钠在包覆金属薄膜的 β″-Al_2O_3 表面的润湿和电化学行为[29]。图 3-8（a1）和（a2）显示了钠或钠合金（钠铋合金、钠锡合金和钠铟合金）/未包覆 β″-Al_2O_3/钠或钠合金对称电池 35 次循环前后的交流阻抗谱。钠合金较纯的金属钠体现出更小的总电阻率，其中钠铋合金循环初期在未包覆 β″-Al_2O_3 表面显示出最小的欧姆阻抗和电荷转移阻抗，而钠锡合金在循环后的阻抗更小。图 3-8（b1）和（b2）显示了钠/金属膜包覆 β″-Al_2O_3/钠对称电池循环前后的交流阻抗谱。50μm 厚度铋包覆的 β″-Al_2O_3 与金属钠之间的电子和离子传导速度最快，其次是 100μm 厚铟包覆的试样，最差的 100μm 厚锡包覆 β″-Al_2O_3 的电池在 35 次循环后电阻率甚至大于未包覆的样品。这说明不同金属处理的 β″-Al_2O_3 与钠或钠合金之间的结合层随金属组分和钠溶解-沉积过程的进行发生着变化，这与合金的表面能和润湿过程中发生的合金反应及其反应产物迁移有关。

表 3-4　β″-Al_2O_3 的表面处理方法效果及存在的问题汇总

对 β″-Al_2O_3 的处理方法	测试温度	润湿性能（接触角）	存在的问题
425℃真空烘烤 60h	360℃	完全润湿（0°）	成本较高
涂覆 Pb 或 Bi	250℃	润湿	具有生物毒性
涂覆过渡金属氧化物（Fe，Ni，Cu，Mn，Co，Cr，Mo）	250℃	润湿	生成氧化钠钝化层

续表

对 β''-Al_2O_3 的处理方法	测试温度	润湿性能（接触角）	存在的问题
包覆金属锡	200℃	不完全润湿（约 105°）	润湿性较差，不稳定
涂覆多孔碳	300℃	不完全润湿（94°）	润湿性较差
涂覆镍网格	300℃	润湿（40°）	价格昂贵
涂覆多孔碳纤维	260℃	润湿（20°）	涉及多步反应

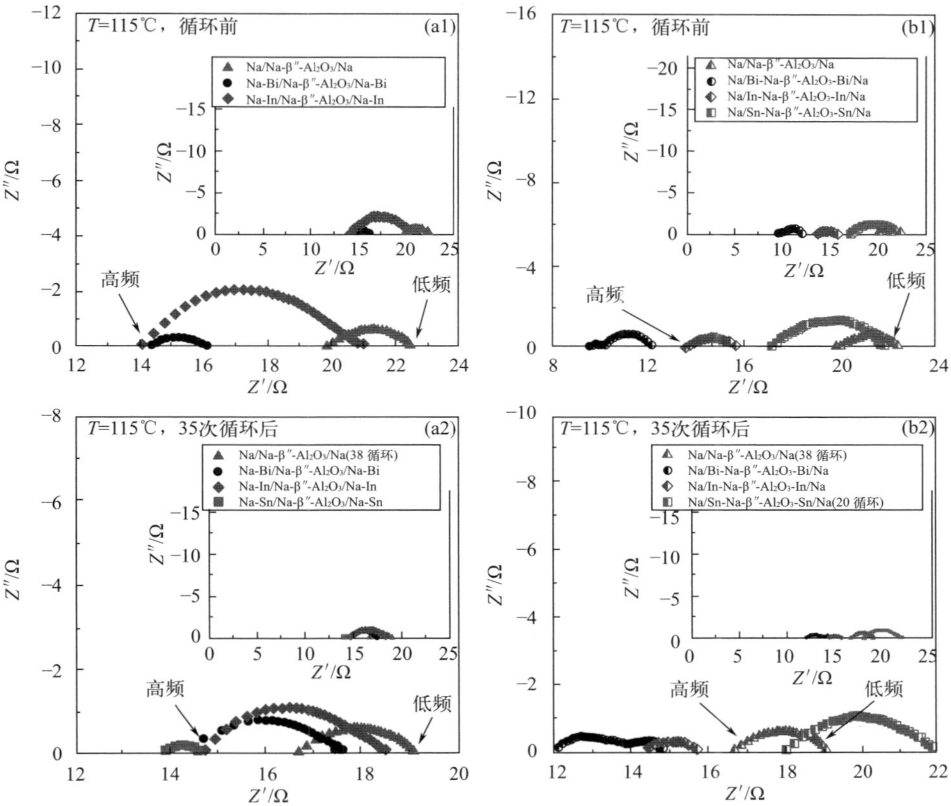

图 3-8　钠或钠合金（钠铋合金、钠锡合金和钠铟合金）/未包覆 β''-Al_2O_3/钠或钠合金对称电池 35 次循环前后的交流阻抗谱［(a1)、(a2)］；钠/金属膜包覆 β''-Al_2O_3/钠对称电池循环前后的交流阻抗谱［(b1)、(b2)］

本书著者通过化学法成功地在陶瓷电解质表面原位合成了化学性质稳定的多孔碳和金属镍纳米线组成的膜，以提高钠在陶瓷表面的润湿性能[14,30,31]。如图 3-9 所示，镍纳米线修饰层的引入能促进钠在电解质表面的润湿，有效降低接触角，降低 Na/β''-Al_2O_3 与钠极之间的界面极化，在电池循环和升降温过程中也表现出良好的稳定性。著者还将脱脂棉炭化后得到的无定形碳管作为 $\beta''-Al_2O_3$ 陶瓷的修饰涂层，也显示出了较好的改善钠润湿性的效果[32]。目前常用的 $\beta''-Al_2O_3$ 负极修饰层为碳或金属/碳复合多孔材料两种，均具有较好的增强润湿、改善负极界面极化的效果。

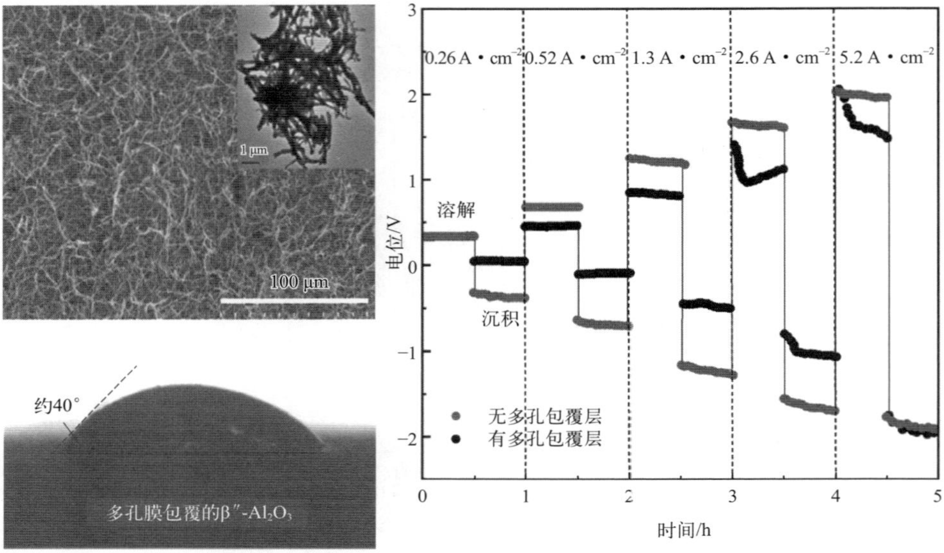

图 3-9　$\beta''-Al_2O_3$ 陶瓷电解质表面原位合成的镍纳米线网络膜、钠 300℃下在修饰多孔镍包覆层的陶瓷电解质表面的润湿性能以及修饰镍涂层前后的 $Na/\beta''-Al_2O_3/Na$ 对称电池溶解-沉积极化电压图

3.3.1.3　钠电极的结构设计

传统的钠硫电池钠电极通过三种结构设计来保证钠与电解质的良好接触：①添加钠极毛细层；②顶部添加储钠罐；③提供外压力源。它们分别利用毛细作用、重力作用和压力作用实现钠在固体电解质表面的完全覆盖。早期钠硫电池的钠极通常是利用储钠罐中钠的重力作用来操作，但是储钠罐仅在电池充电过程中发挥作用，而当电池放电时，储钠罐将空置，这就大大降低了负极空间的利用率。图 3-10 分别显示了包含储钠箱和添加钠极毛细层的钠电极结构示意图。利用钠极毛细层而不通过提供额外的钠或压力来保证钠与电解质陶瓷的接触有很多优势：①简化封接过程；②提高钠的利用率；③减少钠的传输路径并提高电池安全性；④利于更紧凑的电池设计，更适合大规模储能；⑤降低成本。因此，钠硫电池后期均采用钠极毛细层的结构设计。考虑到提高电池安全特性，钠电极还会进一步添加安全管限制钠的流速。钠电极内充入压缩氮气是

早期钠电极尝试过的一种设计，但由于其制造难度大带来的高成本而逐渐被毛细层设计所取代。下面着重介绍毛细层设计的相关内容。

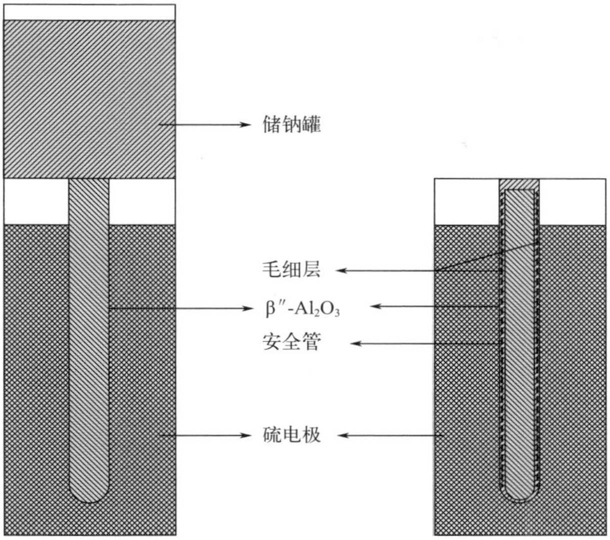

图 3-10　钠硫电池钠电极结构示意图

钠极毛细层选用的材料需要满足以下几个要求：

① 在钠的装填温度下对钠润湿。

② 在液钠中稳定。

③ 密度小，易于操作，成本低廉。

④ 与 S 反应不产生大量的热。

⑤ 在电池升温过程中无挥发性物质释放。

毛细管上升高度 h 可以通过式（4-11）进行简单计算：

$$h=\frac{2T\cos\theta}{\rho Gr} \tag{4-11}$$

式中 ρ 为金属钠的密度，G 为重力常数，θ 为钠在毛细层上的接触角，T 为金属钠的表面能，r 为毛细间隙大小。从 3.3.1.2 节的讨论可知，金属材料具有高的表面能，且耐腐蚀性较强，因此金属片和金属网是常见的钠极毛细层材料。由于 β″-Al_2O_3 陶瓷管难以做到垂直度和圆度完全一致，因此柔性的金属网是更加合适的选择。对于金属网而言，式（4-11）可以改写为：

$$h=\frac{T\cos\theta}{\rho G}\left(\frac{2\pi nr}{1-n\pi r^2}\right) \tag{4-12}$$

式中，r 为金属网丝径，n 为金属网单位截面金属丝数量。典型的金属网为 300 目不锈钢网，θ 为 20°时，计算得到 350℃下钠的毛细高度为 30cm。多孔金属和金属粉末早期也被用作钠极毛细层。Knoedler 等研究了包含多孔不锈钢毡毛细层的钠电极电化学性能[33]。他们发现，最佳的孔径尺寸为 80μm、孔隙率为 90%左右。硫芯管式钠硫电池的钠电极还涉及到电解质管与电池外壳之间空间的填充问题。作为填充介质的材料通常选择碳球或碳粉、玻璃或陶瓷粉。另外，也有铝片作为氧俘获剂与碳球并用，共同作为硫芯钠硫电池的负极填充剂的相关研究[34]。

3.3.2 硫正极

硫正极活性物质在放电态为多硫化钠，充电态为单质硫。充放电产物在工作温度下都呈液态。单质硫是电子绝缘体，因此硫正极活性物质只有负载在电子导电网络内部才能参与充放电过程。该电子导电网络要求是轻质的，且不与硫或多硫化钠发生反应。碳材料是导电网络的首选材料。硫电极通常为碳与硫（多硫化钠）的复合电极。

钠硫电池放电开始后，作为钠离子导体的多硫化钠生成，极大地扩展了电极活性区域，这成为钠硫电池能承受高的极限电流密度的原因之一。因此，认识多硫化钠的性质对于硫电极的理解和设计至关重要。本节就从介绍多硫化钠的特性开始，进而开展硫电极界面电化学和动力学分析，最后介绍集流体以及硫电极的结构设计。

3.3.2.1 硫及多硫化钠的物化性质

金属钠和单质硫在沸腾的甲苯、二甲苯、三甲苯或氨水中可直接化合生成一定化学计量比的多硫化钠，但是这一方法中的溶剂很难从产物中完全去除。更好地制备多硫化钠的方法是精确控制钠硫电池的放电深度，从放电后的电池正极中简单提取高纯度的多硫化钠。

Cleaver 等针对多硫化钠的电导率、密度、表面张力和黏度开展了研究，并进行了系列报道[35-37]。图 3-11 给出了不同温度下不同化学计量比的多硫化钠的钠离子电导率。从图中可以看到，随着多硫化钠中钠含量的提高，电导率上升。300℃以上的温度下，多硫化钠的电导率均高于 β''-Al_2O_3，甚至可以达到 β''-Al_2O_3 的 2 倍，说明正极活性物质在充放电过程中对电池内阻贡献较小。有趣的是 220℃下，多硫化钠仍有一定的电导率，且电导率与硫含量之间呈线性关系。Na_2S_3、Na_2S_4 和 Na_2S_5 的熔点均高于 220℃，这说明多硫化钠一定条件下可出现过冷。这对于扩宽钠硫电池的工作温度范围具有重要意义。

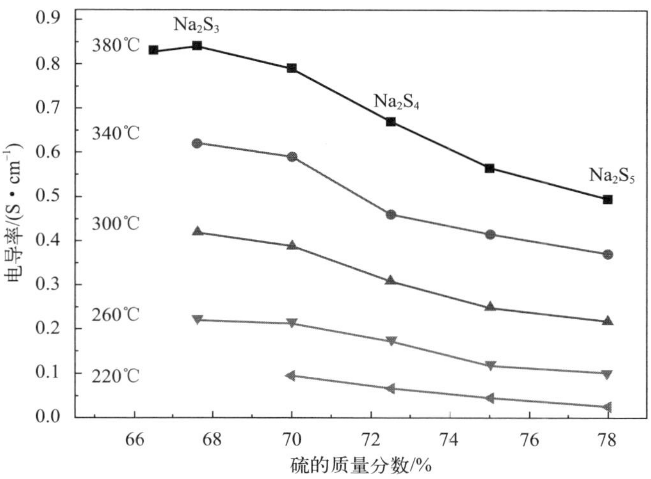

图 3-11　不同温度下多硫化钠的电导率

表 3-5 给出了硫和多种多硫化钠的物化性质参数。350℃下，Na_2S_3、Na_2S_4 和 Na_2S_5 的黏度分别为 18.4cP、18cP 和 18.6cP，这一值比硫的黏度(500cP) 小很多，这说明电池放电开始后物质扩散将加快；Na_2S_3、Na_2S_4 和 Na_2S_5 的表面张力分别为 $0.172N\cdot m^{-1}$、$0.131N\cdot m^{-1}$ 和 $0.114N\cdot m^{-1}$，大于硫在同一温度下的表面张力 ($0.046N\cdot m^{-1}$)，因此多硫化钠在导电基底上的润湿会变得困难；Na_2S_3、Na_2S_4、Na_2S_5 和 S 的密度分别为 $1.87g\cdot cm^{-3}$、$1.89g\cdot cm^{-3}$、$1.86g\cdot cm^{-3}$ 和 $1.66g\cdot cm^{-3}$，说明放电过程中 S 位于 S 和多硫化钠混合体系的上层。基于对硫和多硫化钠物化性质的认识，可以更深入地分析钠硫电池充放电过程中电极材料及其界面的变化过程。

表 3-5　硫和多种多硫化钠的物化性质参数

组成	熔点/℃	密度/($g\cdot cm^{-3}$)	黏度/cP	电导率/($S\cdot cm^{-1}$)	表面张力/($N\cdot m^{-1}$)
S	115.3	1.66	500	10^{-7}	46
Na_2S_5	258	1.86	18.6	0.4	0.114
Na_2S_4	285	1.89	18	0.48	0.131
Na_2S_3	235	1.87	18.4	0.69	0.172

3.3.2.2　硫电极的电极材料

钠硫电池的正极一般由导电辅助材料和硫复合而成，是影响性能的关键因素之一。作为硫的有效载体的导电碳材料需要具有相对高的导电性、易于裁剪、化学性质稳定和大的比表面积等特性。对碳布或石墨布、碳纤维泡沫材料、不锈钢泡沫材料，以及炭黑、聚丙烯腈纤维与硫复合的粉末材料在钠硫电池中应用的研究表明，这些材料主要存在使用寿命较短、电化学稳定性较差以及电极的单位成本较高等问题。碳纤维毡具有良好的导电性、导热性、机械均一性、电化学活性和耐酸耐强氧化性，适用于钠硫电池正极导电辅助材料。South 等早期对碳质毡/布、石墨毡/布和泡沫碳等多种碳质多孔材料在多硫化钠中的行为进行了研究[38]。他们将小块的多孔碳材料用不锈钢片夹紧，用玻璃封装后露出 0.56cm^2 的截面作为工作电极，结合玻碳对电极和参比电极，在多硫化钠熔体中测试多孔碳材料的极化行为。结果显示，这些碳材料的极限电流密度可高达 1.6A·cm^{-2}，但这一值是基于多孔碳的全部表面积来计算的。多孔碳的比表面积通常在 1m^2·g^{-1} 左右，因此按照宏观截面积计算的极限电流密度会远小于上述值。平均孔径为 40μm 和 60μm 的泡沫碳的孔隙率约为 41%。泡沫碳的电极在给定电流下显示出快速极化的行为，因此小孔径高孔隙率（>95%）的碳毡被认为是优选的硫极导电载体。

碳纤维毡的特性决定了正极与电解质的润湿、接触性能，还对硫的饱和含量、正极的导电性及电池阻抗等影响很大。首先，碳毡通常是黏胶人造丝经过编织堆叠后经过 1200～2000℃高温炭化得到。石墨毡的炭化温度高于一般碳毡，碳含量应在 99%以上，但受国内石墨化炉研制水平的限制，在 2000℃以下烧出的碳毡的碳含量常在 95%左右，即含有约 5%的无机盐或氧化物等杂质，影响电极与电解质界面性能以及 Na^+ 的传输性能等。为此，国内研究者常用酸处理、热处理或电化学氧化处理等表面修饰来提高碳纤维毡的性能。实验证明，对碳毡进行退火处理能在一定程度上改善硫电极的电化学性能。图 3-12 显示了退火处理前后碳毡的表面形貌和电导率。经过 550℃退火处理的碳毡表面出现了大量微孔，且电导率提高 2 倍多[39]。这主要是因为退火处理改变了碳毡表面含氧基团的分布与含量。表面微孔的出现大大提高了硫电极的活性面积。

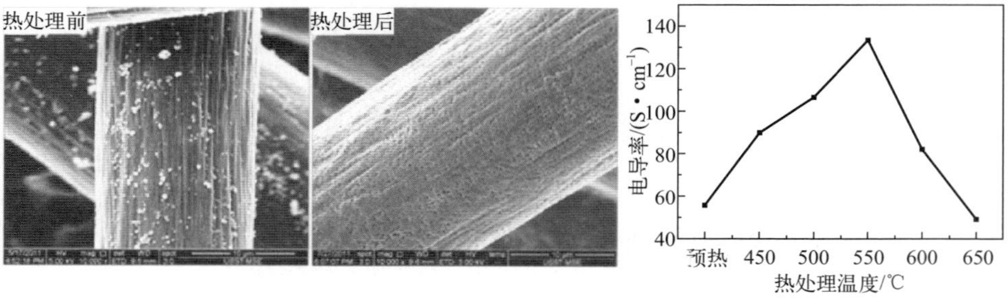

图 3-12 退火处理前后的碳毡表面形貌和电导率

其次，碳纤维毡的厚度、密度、孔隙率与比表面积关系到电极与电解质的润湿及与集流体的接触等性能。碳纤维毡的厚度对电池性能有影响，尤其是在增加电极的厚度时，会使电池内阻增加、再充电性能变差。电池正极的厚度与电池性能之间需要建立精确的数学模型，以保证电池的尺寸改变时，仍能正确预测电池的性能。在电池结构、尺寸定型后，最好选用比正极集流体和电解质之间间隙稍大的毡，保证毡与集流体和陶瓷电解质的接触。具有一定厚度和弹性的碳纤维毡，在电解质陶瓷发生碎裂或微裂时，能起紧箍的作用，避免发生安全事故。著者对十余种不同的石墨毡进行测试，发现密度为 0.06～0.08$g \cdot cm^{-3}$、孔隙率约为 97%、比表面积为 $(1 \pm 0.2) m^2 \cdot g^{-1}$ 的碳纤维毡性能良好。

再次，碳纤维毡的原丝情况、针刺方式、纤维直径和毛细管直径等都对电池性能有影响。碳纤维毡所用原丝主要有黏胶纤维、沥青纤维和聚丙烯腈纤维 3 大类。黏胶纤维毡具有良好的弹性，但电阻率较高；沥青纤维毡虽然弹性不好，但成本更低，电导率较高；聚丙烯腈纤维具有最好的综合性能，目前的用量也最大。碳毡一般具有一定的弹性，因其纤维同向排列具有各向异性的电导特性，即平行于纤维方向的电导率远高于纤维垂直方向。这对于硫电极制造工艺具有重要意义。为增强碳纤维毡各向（即包括横向、纵向）的导电性，采用针刺立体成毡的方式有利于电子在三维方向，尤其是在纵向电子的传输。如果采用平面成毡的方式，则电子主要在层内传输，层间电子的电导率只有层内的千分之一，不利于电子在垂直于陶瓷电解质方向的传输，电池内阻增大。

3.3.2.3 硫电极的界面电化学

我们知道，硫正极在放电过程中单质硫接受钠离子生成多硫化钠，充电过程中多硫化钠释放钠离子生成单质硫。这一反应最初在硫极熔体/固体电解质界面发生，随后推进至硫极熔体/导电碳界面。在充电早期或放电末期，如果硫覆盖在 $\beta''\text{-}Al_2O_3$ 表面，则电荷转移会受到抑制，影响充放电的继续进行[40]。在放电早期或充电末期，低钠多硫化钠容易抑制硫与导电网络的通路，将导致较大的充放电极化[41]。也就是说，硫极熔体/固体电解质界面以及硫极熔体/导电碳界面的电化学特性成为影响硫电极性能的重要原因。

为了优化硫极熔体与固体电解质之间的界面，早期通过在 $\beta''\text{-}Al_2O_3$ 电解质表面引入多孔的惰性薄层（一般为金属或氧化物）作为中间层吸附充电生成的硫，避免硫在 $\beta''\text{-}Al_2O_3$ 上沉积[42]。然而，导电性好的金属作为中间层需要在其上包覆一层氧化层以免金属被电极材料腐蚀，氧化物（如氧化铝）中间层由于导电性不好而需要严格控制其厚度，因此硫极中间层的选择还存在一定的探索空间。近年，著者测试了单质硫在 $\beta''\text{-}Al_2O_3$ 固体电解质表面的接触角，

120～180℃的温度范围内，该接触角约为100°，并设计了一层由导电性好的金属和抗硫腐蚀的碳复合的多孔涂层，通过化学法将该多孔涂层直接包覆在β″-Al_2O_3电解质表面作为硫极中间层，有效增强导电网络与固体电解质之间的接触，降低硫极界面电阻。图3-13（a）显示了硫在修饰该多孔复合涂层前后的β″-Al_2O_3电解质表面的接触角，结果显示，该多孔涂层可以有效吸附充电生成的硫，对于电池大电流充电性能十分有利。由已有的研究结果得知，$NaNO_3$与β″-Al_2O_3之间的极化可忽略不计，β″-Al_2O_3的晶粒和晶界电阻在350℃下可忽略[43]。因此，用组装的Cu/$NaNO_3$/β″-Al_2O_3/S/碳带/Cu电池测试硫极与β″-Al_2O_3电解质之间的接触-界面电阻，该电池测得的电阻主要就是由硫极与β″-Al_2O_3之间的界面电阻所贡献的。图3-13（b）为镍/碳膜修饰前后的电池在350℃下保温3h待界面稳定后测得的交流阻抗谱。修饰后的电池的界面电阻不到未修饰电池的1/10，说明由于引入镍/碳纳米复合多孔膜作为过渡层，硫与β″-Al_2O_3之间的界面电阻显著降低。但是，该多孔修饰层在硫/多硫化钠的长时间高温腐蚀下的稳定性还有待考察。

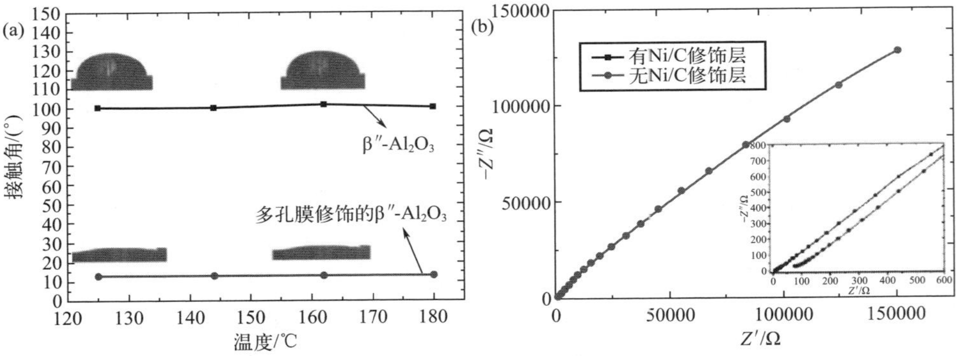

图3-13 熔融硫在修饰镍/碳纳米复合多孔膜前后的β″-Al_2O_3的接触角（a）；镍/碳膜修饰前后的Cu/$NaNO_3$/β″-Al_2O_3/S/碳带/Cu电池350℃下测得的交流阻抗谱，插图为部分放大图（b）

对于硫极熔体/导电碳界面，研究发现，350℃下单质硫在碳毡上的接触角为90°～95°。利用稀释的无机酸处理碳毡后，该接触角能下降至0°～30°，但是这种化学处理被认为只在首次充放电过程中起作用。由于多硫化钠的表面张力比硫大，多硫化钠在传统的碳毡上的润湿性比硫更差，生成的多硫化钠无法很快在碳毡表面铺展开，从而出现充放电极化偏大的问题。要解决这一问题，一种方法是在碳毡中添加优先润湿多硫化钠的组分，另一种方法是使用分级孔隙的碳或石墨毡来改变硫电极中的电势分布。一般来说，第二种方法结构复杂，制备工艺步骤较多，成本较高，而第一种方法生产的电池具有更好的充电特性。基于第一种方法的思路，如图 3-14 所示，著者设计了一种复合二氧化硅纤维的碳毡[39]，并将 20%～35%的 SiO_2 纤维均匀地分布在碳毡的碳纤维中共压成型。采用 C/SiO_2 复合材料的钠硫电池循环稳定性得到了显著提高，放电过电位大大降低。添加 35%的 SiO_2 进一步改善了充放电行为，比含 20% SiO_2 的复合碳毡具有更好的循环稳定性。通过在碳纤维毡中针刺低成本的氧化硅或玻璃纤维的方法得到的复合硫电极，电池每次循环的容量衰减率由 0.3%降低至 0.03%。电池性能的改善与碳和二氧化硅表面不同的吸附和润湿特性有关，大量多硫化钠被选择吸附在二氧化硅表面，从而提供更丰富的活性区域供电极反应。类似的思路也被 Okuyama 等采用[44]。

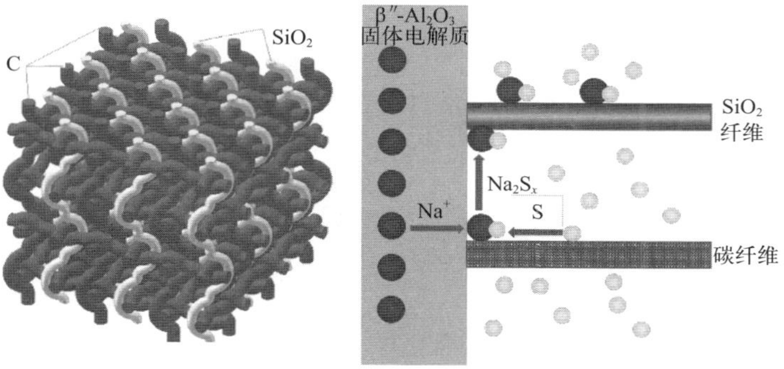

图 3-14　一种复合二氧化硅纤维的硫电极用碳毡结构图及其工作机理示意图

Kim 等利用溶胶-凝胶法在碳毡的纤维表面包覆一层 6nm 厚的氧化铝/二氧化硅纳米颗粒涂层[45]。图 3-15 显示了使用包覆前后碳毡的钠硫电池充放电曲线和循环-倍率容量曲线。采用该复合碳毡的硫正极充放电曲线更加平坦，充电过电位相比纯碳毡降低 50%左右。相比原始碳毡，复合碳毡使电池具有更好的倍率性能，当工作电流密度从 $20mA \cdot cm^{-2}$ 提高至 $100mA \cdot cm^{-2}$ 时，容量可保持 95%左右，且循环稳定。图 3-16 显示的是使用包覆前后碳毡的硫正极放电态的 SEM 和元素面扫描 EDS（能谱图）结果。可以看到，多硫化钠在氧化铝/二氧化硅涂层附近富集，这与它们之间的优先润湿有关。因此，该涂层有利于充电后期和放电初期电池的快速反应动力学。

3.3.2.4 硫电极的集流体防腐

如前所述，钠硫电池的工作温度（300～350℃）下，硫和放电产物多硫化钠处于熔融状态，具有极强的腐蚀性。电池外壳同时作为硫正极的集流体，一旦被腐蚀，可能造成容量的损失、电阻的增加和安全隐患，因此保证电池外壳

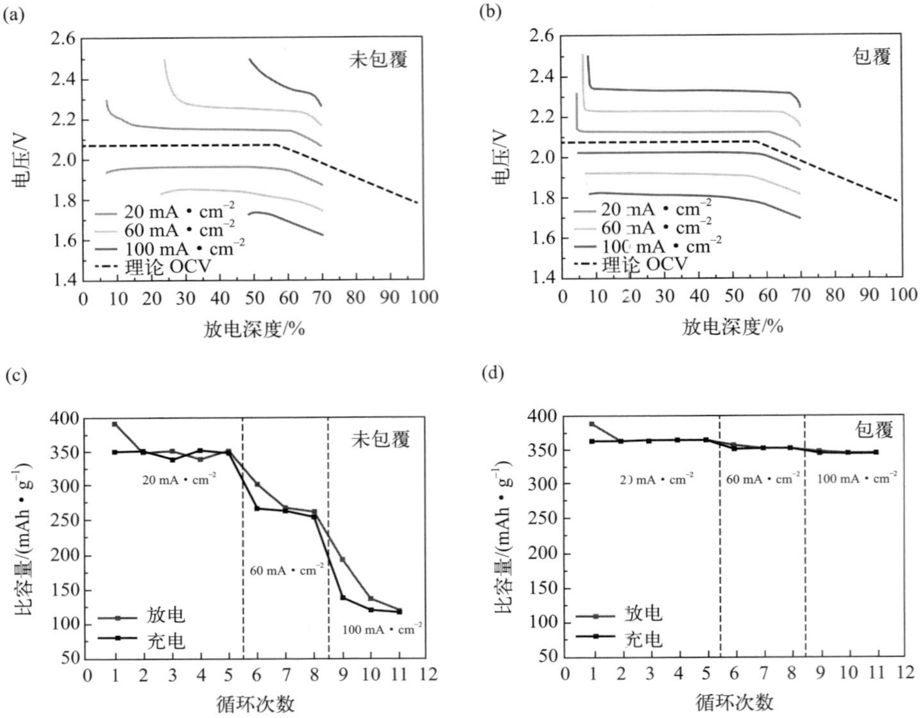

图 3-15 使用氧化铝/二氧化硅纳米颗粒包覆碳毡对钠硫电池的充放电曲线和循环-倍率容量曲线的影响（另见文后彩图）

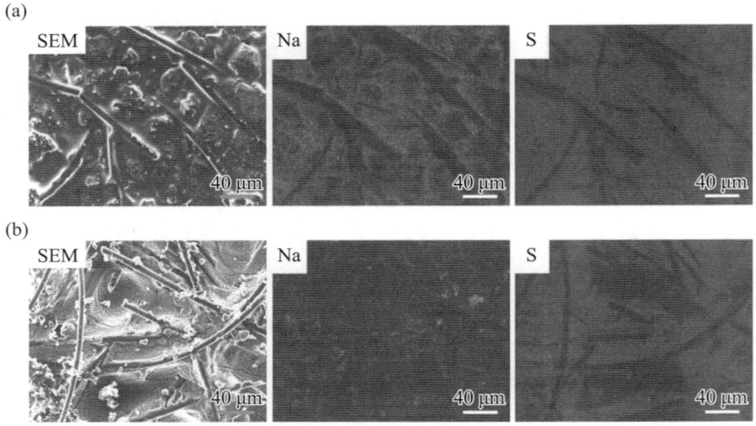

图 3-16 使用氧化铝/二氧化硅纳米颗粒包覆前（a）后（b）碳毡的硫正极放电态 SEM 和面扫描 EDS

的耐腐蚀性对提高电池的电化学性能和安全性非常重要。理想的集流体材料应该具备接近金属的电子电导率、不被钠还原、不被硫氧化、良好的力学性质以及易加工成型等特性。

研究者们为了寻找合适的硫极集流体/壳体材料进行了大量的探索。福特公司和 ABB 公司的研究人员对可能用到的金属、合金和非金属进行了耐腐蚀性能测试，并基于大量的静态腐蚀实验结果，按各种材料在 400℃多硫化钠熔体中的腐蚀情况对材料进行分类，见表 3-6[46]。第Ⅰ类材料在静态浸泡腐蚀试验中出现严重腐蚀，因而不能直接用作硫极集流体/壳体，也不能用作涂层材料。第Ⅱ类材料在多硫化钠熔盐中能够形成一层保护层，从而具备一定的耐腐蚀性，可以考虑用作硫极集流体/壳体的衬底材料，在其上再制备一层耐腐蚀性强的材料；也可以考虑其中的某些材料作为硫极集流体/壳体的涂层材料。而第Ⅲ类材料耐腐蚀性强，被众多研究者视为涂层的备选材料。

表 3-6　各种材料在 400℃多硫化钠熔盐中的静态腐蚀实验结果分类

耐腐蚀类型	材料	腐蚀特点
Ⅰ　严重腐蚀型	Fe，Cu，Ti 铜镍合金，低碳钢 TaB_2，CrB_2，ZrB_2，NbB_2 TaC，TiC，VC，ZrC，CoC， $TiSi_2$，$CrSi_2$，$ZrSi_2$ TaN，TiN，VN	不能形成保护膜，或者腐蚀产物溶于熔体中，从而被严重腐蚀
Ⅱ　形成保护膜型	Cr，Al，Zr，Mo，Hf Fe-Cr 合金，Ni-Cr 合金	能形成一层保护膜，具备一定的耐腐蚀性
Ⅲ　耐腐蚀型	C，Cr_xC_y，Cr_2O_3，ZrO_2，SiC TiO_2/(Ta，Nb)，$La_{0.54}Sr_{0.16}CrO_3$ 97%$SrTiO_3$ 3% Fe_2O_3 聚苯，导电玻璃	在多硫化钠熔体中性能稳定，不与多硫化钠反应或者反应速率很慢

只有少量的金属和合金在硫和多硫化钠中比较稳定，分别是：铝、铬、钼、某些不锈钢以及超合金。金属铝是一种理想的材料，价格低廉，易加工成型，质轻（密度只有 $2.3g \cdot cm^{-3}$），电导率也非常高（在 350℃时其电阻率仅为 $\rho=6.4\times10^{-6}\Omega \cdot cm$）。铝在硫和多硫化钠中能够发生钝化，形成一层稳定的 Al_2S_3 保护膜。但是 Al_2S_3 的电阻率极高，在 350℃时达到 $109\Omega \cdot cm$，并且熔点较低（660.4℃），因此 Hartmann 等认为铝不能直接用作壳体材料[47]。NGK 公司研发出一种铝合金，含 1%～1.5%Mn，0.3%～0.6%Si，0.3%～0.7%Cu，0.25%Zn。据称用这种纤维状铝合金通过热挤压方法制成的管状壳体，具有很高的强度和优异的耐温性[48]。

铬在硫和多硫化钠中的腐蚀速率较低，并且其形成的产物 Cr_2S_3 膜在多硫化钠中的溶解度比 Fe、Cu、Ni 等的硫化物低得多。然而，由于金属铬价格昂贵以及可加工性较差，也不能直接用作壳体材料。NGK 公司公布了一项关于 Cr-Fe 合金粉体的专利，这种合金包含 55%～70%Cr，3%～20%C[49]。通过热喷涂将这种合金在金属壳体上制备防腐蚀层，可以显著提高金属壳体的耐腐蚀性能和电池的耐用性及可靠性。

某些含有适量（约 20%）铬的不锈钢以及超合金在熔融硫和多硫化钠中有较高的抗腐蚀性能。2002 年以前，YUASA CORP KK 申请了很多关于用不锈钢或者合金作为电池壳体的专利[50-52]。NGK 公司早期采用表面有厚约 5～20 μm 镍层的奥氏体不锈钢作为电池壳体[53]。

许多非金属材料是电子的良导体，同时在熔融硫和多硫化钠中又非常稳定。研究者们主要关注碳材料、碳化物以及氧化物、钙钛矿等陶瓷材料。对于钠芯设计的钠硫电池，Ludwig 等尝试过用碳或者石墨作为电池壳体/集流体[54]。结果发现与硫芯电池中相似的问题：碳的孔隙需要消除、加工性差、封接困难以及力学性能差等。两种碳化物材料 TiC 和 Cr_3C_2 也曾被用于硫芯单电池中，结果显示，相比于用石墨棒作集流体，碳化物材料作集流体可使电池电阻降低 25%。与碳以及碳化物类似，陶瓷材料也不能直接替代金属材料用作壳体，首先，陶瓷材料密度大，用其作壳体会大大降低电池的质量能量密度；其次，陶瓷材料成型、封接难度高，但通常可以考虑用作涂层或者复合材料。

目前实用化的硫电极集流体/壳体材料通常采用金属外壳体和耐腐蚀内涂层结合的复合材料。金属外壳体一般为铝合金和不锈钢，耐腐蚀内涂层可选择合金、碳化物甚至钙钛矿等陶瓷材料。研究表明，将耐腐蚀性强但电导率低的材料制备成薄的管包覆在金属丝外面，当管材料的电阻率为 0.5Ω·cm，管的厚度为 2mm 时，其对电池总电阻的贡献仅仅只有 $0.1\Omega\cdot cm^2$。只要能在金属表面制成薄的包覆层，更高电阻率的耐腐蚀材料亦可以考虑[55]。NGK 采用含 Fe-Cr75 合金涂层的铝合金材料作为钠硫电池外壳，其设计寿命为 15 年[2,56]。近年来，著者将钙钛矿型非金属材料作为外壳耐腐蚀涂层进行了研究[57,58]。较为成功的一个例子是 $La_{0.8}Sr_{0.2}Co_{0.2}Cr_{0.8}O_{3-\delta}$（LSCC）钙钛矿涂层，其腐蚀电流密度比 316L 不锈钢低两个数量级，腐蚀速度为 $12\mu m\cdot a^{-1}$，远小于铝（$150\mu m\cdot a^{-1}$）和 AISI446 不锈钢（$90\mu m\cdot a^{-1}$）[59]。最近，Xu 等还从热机械稳定性的角度通过模拟仿真研究了铝合金（Al3003）、不锈钢（STS304、STS340）和 Fe-Co-Ni 合金作为电池外壳的稳定性[60]。结果显示，应用热膨胀系数小于 $12\times10^{-6}K^{-1}$ 的合金材料作为电池外壳有利于增强电池外壳封接处的热机械稳定性。

3.3.2.5 硫电极的结构设计

对硫电极进行结构设计的目的一是降低电池运行过程中的正极内阻，二是提供尽可能高的电池能量密度。硫电极的结构设计主要包括碳毡内纤维与电解质管的相对走向、碳毡和电解质管之间界面的结构设计与硫电极厚度设计三个部分，前两者涉及正极循环过程中的内阻，后者涉及电池的能量密度最大化。

首先，如 3.3.2.2 节所述，碳毡的电导率呈各向异性，沿纤维平行方向的电导率远大于垂直纤维方向，因此如果碳毡纤维走向与 $\beta''\text{-}Al_2O_3$ 电解质管平行，将造成电子迁移困难，硫电极电阻率大，电池充电过程极化严重，在充放电循环过程中电池内阻明显上升，容量快速衰减。而当石墨毡纤维走向与 $\beta''\text{-}Al_2O_3$ 电解质管垂直时，电子可以有效迁移至固体电解质表面，硫电极电阻率小，电池极化小，充放电容量衰退延缓[61]。

其次，如 3.3.2.3 节所述，硫易沉积在固体电解质表面，堵塞电子和离子传输通道，使得极化严重，甚至导致电极充放电终止。另外，硫电极中，负载硫的碳毡和电解质管之间难以做到完全紧贴，除了采用复合碳毡以外，一个有效的方法是在碳毡与固体电解质之间加入一层高表面能的界面中间层。对这层界面中间层的要求是：①材料对硫和多硫化钠完全惰性；②材料能优先润湿多硫化钠；③有效的毛细半径尽可能小。氧化铝纤维毡被认为是较理想的硫电极界面中间层材料[62]。

图 3-17 是我们采用三种不同结构的硫电极制备的钠硫电池的循环性能曲线。可以看到，采用纤维走向与 $\beta''\text{-}Al_2O_3$ 电解质管垂直且衬入氧化铝纤维毡的硫电极结构，电池可具有 500 次以上最为稳定的循环性能[63]。尽管中间层为电子绝缘体，但其厚度一般小于 1mm，对于放电态的电池内阻影响不大。然而，它造成了电池放电初期的高阻抗，因此也有研究者开展氧化铝纤维与碳纤维复合编织的薄毡作为硫极界面中间层的研究工作。

硫电极厚度 t_s 的优化对于提高电池性能十分关键。对于钠芯钠硫电池，电池内阻 R 可以通过下式计算：

$$R(\Omega \cdot cm^2)=\rho_E t_E+0.4t_s+\frac{\rho_c L^2 d}{2t_c d_c}+\frac{\rho_{Na} L^2}{2t_{Na}} \tag{4-13}$$

钠芯钠硫电池的电压效率 η 的计算公式推导为：

$$\eta=1-\frac{R(dt_s+t_s^2)E_t\delta_s}{KV_0^2 Td} \tag{4-14}$$

式中，ρ_x 为材料 x 的电阻率，t_x 为材料 x 的厚度，L 为外壳的长度，d 为外壳的直径，E 代表电解质，s 代表硫电极，c 代表电池外壳，Na 代表钠电极毛细层；E_t 为电池理论比能量（$760Wh \cdot kg^{-1}$），δ_s 为工作温度下 Na_2S_3

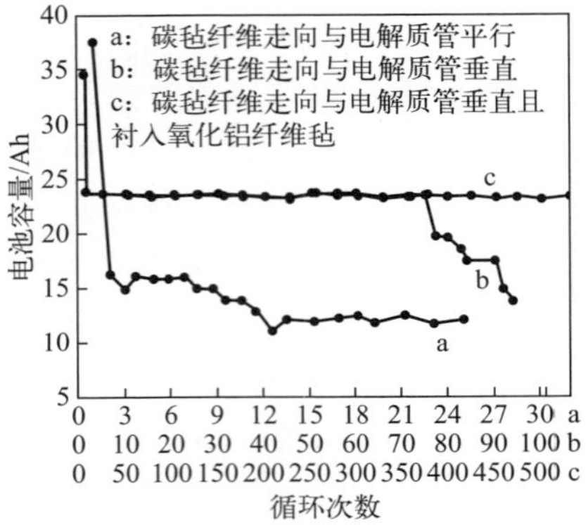

图 3-17　三种不同结构的硫电极制备的钠硫电池的循环性能曲线

的密度，K 为与硫电极中碳的体积分数有关的常数，V_0 为电池平均开路电压，T 为电池设计放电时间。

通过 R 和 η 可以计算电池能量：

$$E(\mathrm{Wh})=\frac{V_0^2(1-\eta)T\pi dL}{R} \tag{4-15}$$

查表可得到各种材料的电阻率，取 $t_E=2.5\mathrm{cm}$，$L=30\mathrm{cm}$，$T=2\mathrm{h}$，可计算得到 t_s 与电压效率 η 和能量密度的关系图（图 3-18）。当硫电极厚度为 6～

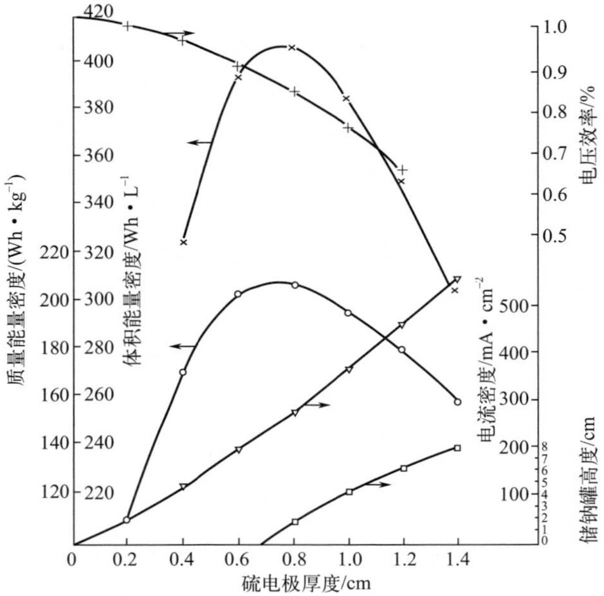

图 3-18　硫电极厚度对钠芯钠硫电池电压效率和能量密度的影响

8mm 时，钠芯钠硫电池具有高于 80% 的电压效率和较理想的质量能量密度（约 $210Wh \cdot kg^{-1}$）和体积能量密度（约 $390Wh \cdot L^{-1}$）。

3.4 钠硫电池的性能影响因素

钠硫电池重要的电化学性能参数包括电池内阻、电池充放电特性和电池循环稳定性。电池内阻决定了电池的最大功率，也是判断电池内热聚焦程度的重要参数。电池充放电特性除了与电池内阻有密切联系，还与充放电制度（例如放电终止电压、充电截止电流和充放电倍率）有关。电池循环稳定性直接决定电池寿命，其影响因素很多。下面对以上各个方面进行具体阐述。

3.4.1 电池内阻与充放电特性

图 3-19 给出了两只 88Ah 钠硫电池的直流极化曲线[7]。这两条曲线在电池工作电压范围内呈线性，这说明电池在充放电过程中没有呈现非对称性，原因在于钠负极与固体电解质管之间没有明显的界面极化出现。在充电后期，极化曲线出现弯曲现象，是因为硫在固体电解质表面沉积引起硫电极钝化。从极化曲线中可以计算得到电池直流内阻约为 6.5 mΩ。由于金属钠是电子和钠离子的良导体，因此钠硫电池的内阻主要来源于固体电解质的电阻和硫电极的电阻。

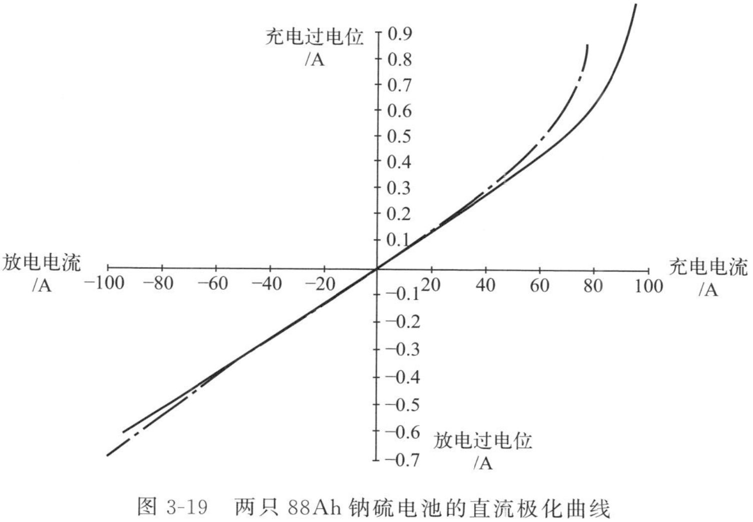

图 3-19　两只 88Ah 钠硫电池的直流极化曲线

对于钠硫电池内阻的影响因素，如前面3.3.1.3和3.3.2.5节所述，钠电极的界面润湿性和硫电极的结构设计对电池内阻影响较大，这里不再赘述。需要指出的是，钠硫电池运行温度也在一定程度上影响内阻。图3-20显示了钠硫电池中固体电解质阻抗、硫电极阻抗和电芯内阻随运行温度变化的曲线。固体电解质阻抗占电芯内阻的60%左右，且在250～375℃的温度范围内随温度升高持续降低，这与β″-Al_2O_3随温度升高活化能降低有关；硫电极阻抗随温度变化的趋势与固体电解质类似，这与温度升高导致活性物质的黏度降低有关。更高的温度（>350℃）不会明显降低电池内阻。

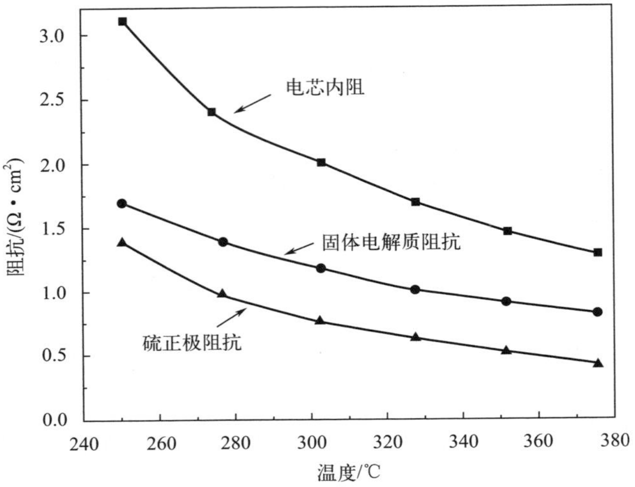

图3-20 钠硫电池中固体电解质阻抗、硫电极阻抗和电芯内阻随运行温度变化的曲线

见图3-21，Sudworth等报道了一种经过优化设计、容量为95Ah的钠硫电池电芯在不同电流密度下的充放电曲线。随着工作电流密度的增大，钠硫电池的充放电极化呈现缓慢增大的趋势。值得注意的是，钠硫电池的工作电流密度可以高达350mA·cm^{-2}以上，在186.9mA·cm^{-2}的较高电流密度下，电池的充放电过程未显示出明显的非对称极化。

3.4.2 电池循环稳定性及其影响因素

钠硫电池性能的退化和失效决定了电池的循环稳定性。电池失效的表现形式有快速衰变和缓慢衰变两种。一般来说，电池快速衰变通常是固体电解质管破裂，造成电池内部短路或电池密封损坏引起短路的情况；缓慢衰变则是电池性能随充放电循环进行逐步退化到正常工作所不能接受的程度。电池性能退化

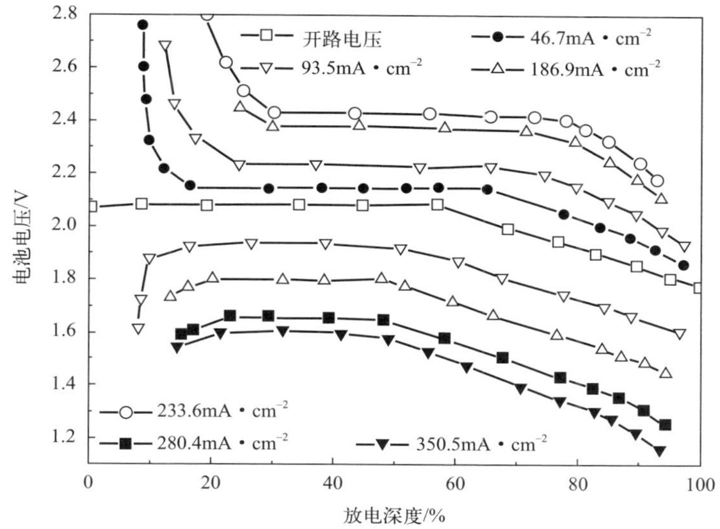

图 3-21　优化设计的 95Ah 钠硫电池电芯在不同电流密度下的充放电曲线

的表现形式主要有电池内阻增大以及容量下降。目前，日本 NGK 公司开发的 T4.1（ϕ62mm × 375mm）、T4.2（ϕ68mm × 390mm）和 T5（ϕ91mm × 516mm）三种规格的电池，电池的循环寿命超过 5000 次，容量的年衰减率约为 1.2%，效率的年退化率约为 0.2%，在放电深度为 20%、90%和 100%时的循环寿命分别可达到 40000 次、4500 次和 2500 次。钠硫电池性能退化的影响因素主要有以下几个方面：

① β''-Al_2O_3 陶瓷电解质管的致密度、微结构和杂质含量。较低致密度的 β''-Al_2O_3 陶瓷表面微裂纹、内部闭气孔等缺陷往往是电池在充电过程中产生钠枝晶沉积的诱因。陶瓷电解质管的致密度和微结构之间存在一定的对应关系，这在前面已有讨论。研究表明，β''-Al_2O_3 陶瓷中的钙和硅杂质是有害的。在电池充放电期间，Ca^+ 可以在 β''-Al_2O_3 陶瓷结构中移动，并迁移到 Na/β''-Al_2O_3 界面与钠中的氧反应形成氧化物膜，引起界面电阻上升，并最终导致电池失效。

② 钠/β''-Al_2O_3 电解质界面极化与稳定性。根据 3.3.1.2 节的讨论，钠硫电池钠在 β''-Al_2O_3 电解质表面润湿前后，界面电阻相差一倍；钠电极界面毛细作用较差将造成钠与 β''-Al_2O_3 电解质管内壁接触不良，导致电池初始放电电流很小，波动不稳，电池内阻很大。在继续放电中很难达到正常工作状态，最终因电流分布不均匀，局部电流密度过大，导致电池早期失效。

③ 活性物质的纯度。负极金属钠中的钙杂质对电池性能的损害是非常明显的。随着钠中 Ca 杂质含量的增加，电池初始阻抗和循环后的阻抗都呈上升趋势。通常钠硫电池负极金属钠中 Ca 的含量低于 $100\mu g \cdot g^{-1}$。Okuyama 等发现正极中金属硫化物杂质的含量对性能的影响与硫电极结构设计有关，且 FeS_2、CoS_2 和 Cr_2S_3 杂质对正极性能影响较大，而 NiS_2 和 Al_2S_3 对性能影响较小[44]。当硫电极中的碳毡未复合氧化铝/玻璃纤维膜时，3% FeS_2 掺杂的电池容量损失约 65%，电阻上升 65%，而使用复合碳毡时，电池性能受杂质的影响大大减弱。

④ 硫电极导电网络的性质及其界面。因为硫电极阻抗约占电池内阻的 40%，所以硫电极导电网络的电导率、孔隙率等参数以及硫电极的结构设计对电池性能退化有十分重要的影响。这部分内容已在 3.3.2.3 和 3.3.2.5 节进行详细讨论。

⑤ 硫极集流体的耐腐蚀特性。电池经长时间反复充放循环后出现的性能退化现象还往往与硫极容器内壁受硫和多硫化钠腐蚀有关。随着这些腐蚀产物不断产生、转移，并在电解质管表面聚集，将引起电池内阻上升[44]。

⑥ 电池密封可靠性。硫电极泄漏会导致电池容量下降；钠电极泄漏不仅会使钠氧化，引起电池内阻上升，更严重的是会造成电池因外部短路，早期即失效，所以良好的电池密封可靠性对钠硫电池来说非常重要[63]。有关钠硫电池密封设计的内容在第 6 章进行详细介绍。

⑦ 电池充放电制度。滥用充放电条件，对电池将造成破坏，钠硫电池也不例外。β''-Al_2O_3 的分解电压在 3.2～3.3V，因此充电电压上限一般都小于 3V。研究发现，硫极的腐蚀产物与硫极放电产物密切相关，在两相区范围内腐蚀产物是附在容器壁上一层单一的金属硫化物，对电池电阻影响不大，但当电池放电深度大于 90%，在单相区范围将生成复杂的三元钠硫化物溶于多硫化钠中，并随充放电过程沉积到电解质管表面，造成电池内阻上升，因此控制放电深度对于提高电池循环稳定性具有重要的意义。

3.5 钠硫电池低温化的研究进展

传统钠硫电池的高温运行环境是钠硫电池系统成本偏高的一个重要原因，因此钠硫电池的一大发展方向是在维持电池良好性能的前提下，降低钠硫电池的工作温度。中温和常温钠硫电池已成为近年来化学电源领域基础研究的热点，在电极材料、电池结构设计和电池性能提升上都取得了诸多进展。

3.5.1 中温钠硫电池

对于钠硫电池，多硫化物的高熔点限制了高温钠硫电池钠与硫的化学计量窗口为 0.66，而采用有机溶剂在较低的温度下电池有可能增大放电深度，获得更大的理论能量密度。在这一思路的启发下，中温钠硫电池得到了发展。

在 100～200℃的中温条件下，金属钠和单质硫仍处于熔融态，但是一旦放电开始，电池正极生成的放电产物多硫化钠成为固体析出。这些固相产物的可逆性有限，而且部分覆盖在固体电解质表面，导致正极利用率降低，电池性能下降。为此，中温钠硫电池的正极通常需要添加辅助电解液，维持多硫化物以正极电解质的形式溶解于正极辅助电解液中，以提高活性物质的利用率和放电产物的可逆性。早期，美国宇航局的 Fielder 等以及 Abraham 等研究了多硫化钠在包括醇、胺、酰胺、环醇和多元醇在内的多种溶剂中的溶解性和稳定性。随后，含有多个醚型氧原子和柔性烷氧链的聚乙烯醚类电解液被开发作为正极电解质的高效溶剂[64]。这类电解液对单质 S、Na_2S_4，在一定程度上对 Na_2S 有较高的溶解度。在这类电解液中，四乙二醇二甲醚（TEGDME）因其沸点（275℃）高于三甘醇二甲醚（triglyme）和丁基二甘醇二甲醚（butyl diglyme）而被广泛应用。同时，还需要在电解液中添加钠盐，如 NaI，以提高 Na 离子的迁移率。典型的中温钠硫电池通常选择 1mol・L^{-1} NaI 的 TEGDME 溶液作为正极辅助电解液。相对于 Na | Na^+ 电极，TEGDME 电解液的电化学窗口在 0～3.5V 范围内，当加入如 NaI、$NaPF_6$ 和 $NaClO_4$ 等钠盐时，电化学窗口缩小到约 1～2.5V。为了满足中温钠硫电池的实用化，放电产物在电解液中应该有足够的溶解度。表 3-7 显示了硫和多硫化钠在该电解液中的溶解度。150℃下，硫在电解液中溶解度为可接受的 2.3mol・L^{-1}。常温下，高阶多硫化钠（$x=5\sim8$）黏度高，可溶性强，但低阶多硫化钠（$x\leqslant3$）在电解液中几乎不溶[65]。虽然升高温度能在一定程度上提高低阶多硫化钠的溶解度，但常规设计的中温钠硫电池的放电深度仍受制于多硫化钠在电解液中的溶解度。

表 3-7 硫和多硫化钠在 TEGDME 电解液中的溶解度

温度	50℃	100℃	150℃	200℃
硫的溶解度①	0.25	0.9	2.3	2.8
多硫化钠	Na_2S_8	Na_2S_6	Na_2S_5	Na_2S_4
常温溶解度①	10.5	6.9	2.4	1.6

① 溶解度单位为 mol・L^{-1}。

Lu 等开发了一种可进行在线拉曼光谱测试的平板式中温钠硫电池结构[66]。中温钠硫电池除了在正极添加辅助电解液外，其结构与高温钠硫电池类似。由于硫被证明是容易通过拉曼光谱进行分子表征的，因此在线拉曼光谱为探究中温钠硫电池充放电机理提供了有力证据。图 3-22 给出了该钠硫电池在 150℃时典型的充放电曲线及充放电过程中测得的在线拉曼光谱图。放电初始阶段［图 3-22（a）a～e］，波段的展宽和高波数侧的移动可以归属为单质硫还原成可溶的多硫化物，随后发生级联转换为低阶多硫化物。随着放电深度的增加，477cm^{-1} 处的峰消失，495cm^{-1} 处出现归属于 Na_2S_4 的峰。Na_2S_5（441cm^{-1}）的拉曼光谱也发生了同样的变化，其拉曼光谱右移至 450cm^{-1}，且峰强降低，表明 Na_2S_5 还原后形成了较低溶解度的多硫化钠，如 Na_2S_3 和 Na_2S_2。多硫化钠的形成顺序为：$Na_2S_5 + S \longrightarrow Na_2S_5 + Na_2S_4 \longrightarrow Na_2S_4 + Na_2S_3/Na_2S_2$。在充电过程中，可以看到相反的行为。从图 3-22（c）可以看

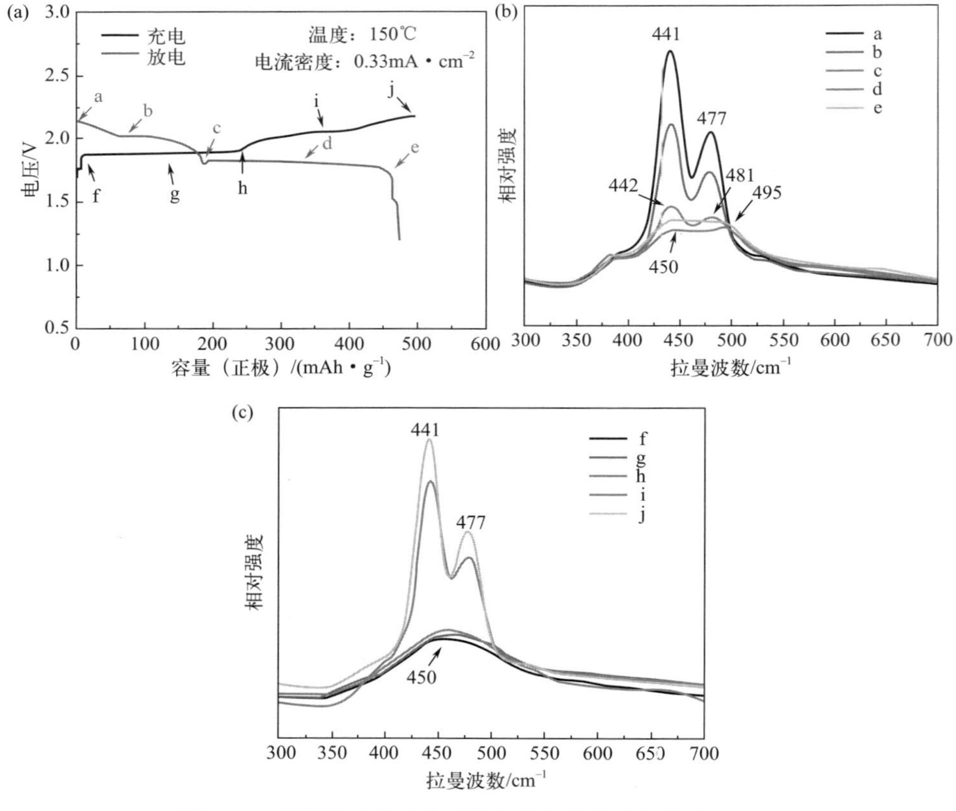

图 3-22　中温钠硫电池典型的充放电曲线及充放电过程中测得的在线拉曼光谱图（另见文后彩图）

出，在 450cm^{-1} 处的峰分裂成两个尖锐的峰，表明充电后期生成单质硫（441cm^{-1}）和 Na_2S_4（477cm^{-1}）。

通过中温钠硫电池的充放电反应机理可以得知，放电后期低阶多硫化钠的固相析出在很大程度上限制了中温钠硫电池的反应深度和能量密度，因此开发新型正极电解液和新型电池结构对于提高中温钠硫电池硫正极利用率至关重要。Li Zheng 等开发了一种中温管式液流型钠硫电池，提供了一个提高硫极利用率的思路[67]。他们通过硫极泵送的方式，将硫极生成的固相多硫化钠及时排出电池系统，从而保证了电池较深的放电深度。图 3-23 显示了该中温管式液流型钠硫电池的结构示意图及其测试和拟合获得的充放电曲线。该电池在 150℃时能得到 800mAh・g^{-1} 以上的可逆放电容量，对应最终放电产物 Na_2S_2。除了主要关注的多硫化钠溶解度和硫极利用率较低的问题外，固体电解质低温电导率下降和负极金属钠在固体电解质表面的低温润湿性较差也是中温钠硫电池在走向应用的过程中亟待解决的重要问题。最近 Nikiforidis 等开发的中温管式钠硫电池采用 2.5mol・L^{-1} Na_2S_5 TEGDME 溶液作为电池正极，获得了连续循环 42 天的较长寿命，体积能量密度为 83Wh・L^{-1}[68]。基于该体系的中温钠硫电池可将单体容量扩充至 790mAh，体现出中温钠硫电池可观的应用潜力。

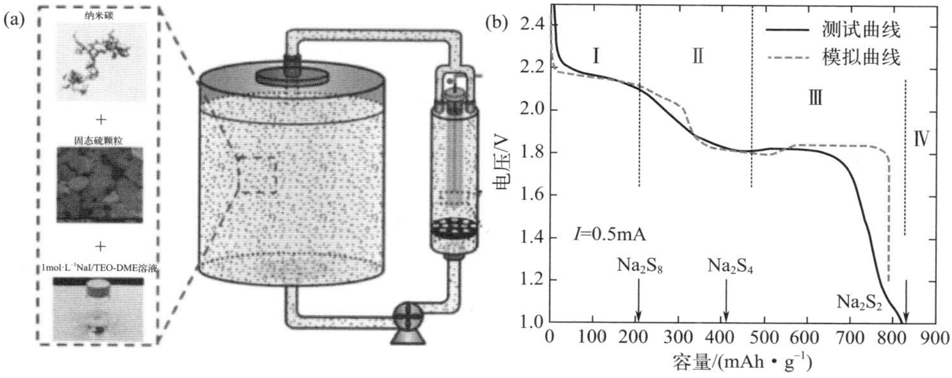

图 3-23 中温管式液流型钠硫电池的结构示意图及其测试和拟合获得的充放电曲线

最近，Wang 和 Matsumoto 等设计了一种基于 β″-Al_2O_3 和无机离子液体 Na[OTf]-Cs[TFSA]([OTf]＝trifluoromethanesulfonate,[TFSA]＝bis(trifluoromethanesulfonyl)amide）组成的固体电解质-液体电解质双电解质体系，并将其应用于中温钠硫电池的设计[69]。所设计的钠硫电池中，他们将电化学窗口达到 5.1V 的高稳定性 Na[OTf]-Cs[TFSA] 离子液体添加到硫正极中，利用其增强硫极反应活性从而提高硫正极利用率，而 β″-Al_2O_3 陶瓷电解质则有效地阻挡了硫化物的穿梭效应，从而提升电池的循环寿命，该电池在 150℃ 运行时硫正极可释放 795mAh·$(g\text{-}S)^{-1}$ 的可逆容量，0.64mA·cm^{-2} 电流密度下循环寿命达到 1000 次。组合陶瓷电解质与高温离子液体的设计不失为降低钠硫电池运行温度的策略。

3.5.2 常温钠硫电池

常温下，钠硫电池的负极金属钠和正极硫碳复合物均为固相。酯类或醚类电解液体系的常温钠硫电池与锂硫电池存在类似的问题，例如多硫化物的穿梭效应导致库仑效率低、碱金属枝晶、体积效应和电极导电性差等问题。早期人们的注意力集中在高比能锂硫电池领域，近年来随着钠电池研究热潮的出现，常温钠硫电池也逐渐受到关注，并取得了一些重要的研究进展。解决这些问题所采取的策略集中在电解液加入添加剂限制多硫化钠的溶出、物理/化学吸附溶出的多硫化钠、（电）催化多硫化钠的转化反应、构建有效的导电网络加速电极反应动力学、构建钠均匀沉积的负极集流体/界面等几个方面。清华大学深圳研究生院的李宝华教授与悉尼科技大学的汪国秀教授合作开发了一种“鸡尾酒设计”的常温钠硫电池电解液体系，该电解液体系包含 2mol·L^{-1} 体积比 1∶1 的碳酸丙烯酯（PC）与氟代碳酸乙烯酯（FEC），并加入三碘化铟（InI_3）作为氧化还原中间体[70]。相比醚类电解液，如常用的四乙二醇二甲醚（TEGDME），多硫化钠在酯类电解液中的溶解度更低[71]。该体系中 FEC 和高盐浓度不仅能进一步降低多硫化钠在电解液中的溶解度，而且还有利于循环过程中钠负极表面生成稳定的固体电解质界面（SEI）。InI_3 增加了正极多硫化钠转化反应的动力学，并在钠极上形成含铟的钝化层，以避免钠极被多硫化物腐蚀。图 3-24（a）和（b）显示了采用该电解液体系及多孔碳纤维负载硫正极（S@MPCF）的常温钠硫电池的循环稳定性和倍率性能。因为 Na_2S 的初始不可逆转化，电池在 0.1 C 下首周库仑效率为 79.1%，在 0.5C 时为 71.9%。0.1C 循环 200 次后，放电容量为 927mAh·g^{-1}，相对第二次循环的容量保持率为 77.7%。考虑到中值放电电压约为 1.4V，根据硫和 S@C 复合材料质量计算的能量密度分别为 1477Wh·kg^{-1} 和 886Wh·kg^{-1}。在 0.5C 和 1C 下循环 500 次后，电池的放电容量分别保持在 648mAh·g^{-1} 和 581mAh·g^{-1}。该电池的倍率性能测试也表现出良好的稳定性。图 3-24（c）给出了不同硫载量时该电池体系的循环性能。硫载量分别为 0.35mg·cm^{-2}、1.24mg·cm^{-2}、1.57mg·cm^{-2}、4.27mg·cm^{-2} 和 4.64mg·cm^{-2} 时，在 0.1C 倍率下循环 50 次后，电池容量仍分别保持在 1134mAh·g^{-1}、1038mAh·g^{-1}、1007mAh·g^{-1}、

354mAh·g^{-1} 和 301mAh·g^{-1}，具有实际应用的潜力。

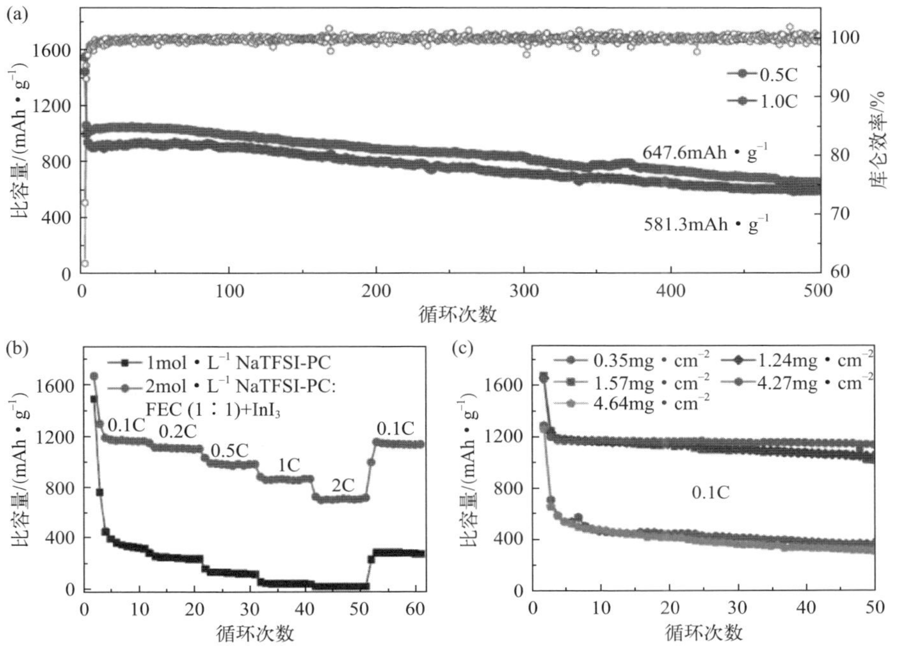

图 3-24 Na/2mol·L^{-1} NaTFSI in PC∶FEC（1∶1 体积比）-InI_3/S@MPCF 常温钠硫电池的循环稳定性、倍率特性和不同硫载量电极的循环性能（另见文后彩图）

搭载催化剂或吸附剂的多孔碳材料作为负载硫的基体，以提高硫正极利用率和稳定性的策略在锂硫电池正极的研究中被证明是有效的。常温钠硫电池借鉴这一思路也有研究报道，但其产生的效果还比较有限。表 3-8 总结了目前常温钠硫电池基于催化剂或吸附剂的正极结构体系及其性能。过渡金属单原子及其硫化物可以降低电极反应过电势，提高电极利用率，被认为是多硫化钠转化反应的有效催化剂；将其与碳材料（包括氮掺杂碳）进行复合还能进一步提高材料对多硫化钠的吸附能力，抑制穿梭效应。随着研究的不断深化和推进，目前常温钠硫电池已能做到 1000 甚至 2000 次以上的循环，但是其正极载硫量通常小于 1.5mg·cm^{-2}，硫基体需要载入稀有过渡金属，且需要复杂的化学过程合成，尚不具备商用量产的条件。

基于固体电解质的常温钠硫电池可以有效地克服液体电解液体系的穿梭效应所导致的低库仑效率和钠枝晶导致的微短路等问题，并具有高的理论比容量和高安全性等独特优势，近年来受到越来越多的关注。然而，由于常温下固体电解质的电导率远低于高温环境（通常低于 10^{-3}S·cm^{-1}），而且电池负极存

表 3-8　常温钠硫电池基于催化剂或吸附剂的正极结构体系及其性能

负载硫的材料结构	载硫量/($mg \cdot cm^{-2}$)	电解液体系	初始比容量(相对于 S)/($mAh \cdot g^{-1}$)	循环倍率/Ag^{-1}	循环次数/次	循环后的比容量/($mAh \cdot g^{-1}$)	参考文献
CoS_2/氮掺杂碳复合物	0.4～0.5	1mol·L^{-1} $NaSO_3CF_3$ 溶于 TEGDME	1345	1	1000	794.8	[72]
MoS_3/氮掺杂碳球复合物	0.3	碳酸盐电解质	1397.4	1	2800	360.7	[73]
Ni/Co 双金属纳米颗粒复合碳球	1.4	1mol·L^{-1} $NaClO_4$ 溶于 TEGDME	1229.3	约 0.4	1000	391.1	[74]
多孔无定形硅	0.4～0.6	1mol·L^{-1} $NaPF_6$ 溶于 1,2-二甲氧基乙烷	1131	10	1460	955.8	[75]
Co 纳米颗粒复合碳纳米纤维的“枝叶”结构	1～1.2	1mol·L^{-1} $NaClO_4$ 溶于 EC/DEC（1∶1 体积比）	1201	约 1.2	1000	225.7	[76]
Fe 单原子/氮掺杂碳复合物	—	1mol·L^{-1} $NaClO_4$ 溶于 PC/EC（1∶1 体积比）＋3% FEC	692	0.3	1300	455	[77]
Co/氮掺杂碳复合物	0.6～0.7	NaFSI/DME/BTFE（1∶1∶0.8 摩尔比）	1095	0.08	150	500	[78]
Co 纳米颗粒复合碳纳米纤维	约 1	1mol·L^{-1} $NaClO_4$ 溶于 EC/DEC（1∶1 体积比）	905.6	约 1	800	411	[79]
VO_2 纳米“花”复合还原氧化石墨（rGO）	—	1mol·L^{-1} $NaClO_4$ 溶于 TEGDME	876.4	约 0.2	200	400	[80]
Co 原子/多孔中孔纳米碳球复合结构	—	1mol·L^{-1} $NaClO_4$ 溶于 PC/EC（1∶1 体积比）＋5% FEC	820	0.1	600	507	[81]

在固固接触和不稳定的SEI膜等问题，因此目前常温固体电解质钠硫电池的能量效率、循环和倍率性能还远达不到应用要求，尚处于基础研究阶段。常温固态钠硫电池的研发主要集中在固体电解质开发、硫电极材料和结构设计以及钠电极界面设计三个方面。首先，对于常温钠硫电池，提高固体电解质的电导率成为其中的研究要点。近年来，多种钠离子固体或准固体电解质，例如β''-Al_2O_3、NASICON、硫化物固体电解质、聚合物凝胶电解质等，被探索用于常温固态钠硫电池的电解质材料。钠离子固体电解质的各种性质已在本书第3章进行详细介绍。表3-9列出了不同类型钠离子固体电解质在室温钠硫电池中的应用特点及其主要研发方向。在当前阶段，各种钠离子固体电解质都存在特定的优缺点，在不同电极和电解液体系的常温钠硫电池中都具有研究价值。这部分也在第3章中进行了具体阐述。其次，与液体电解液体系的常温钠硫电池不同的是，常温固态钠硫电池硫电极的主要开发方向更多地关心电极电子和离子的有效传输、活性物质的面含量和利用率。再次，由于采用固体电解质，在常温下电极（尤其是金属钠电极）与固体电解质之间的界面电阻对电池性能有较大的影响。钠/固体电解质界面电阻主要分为两个部分，即固固接触电阻和SEI膜主导的界面电阻。通常研究人员通过引入界面中间层和预制稳定的SEI膜的方法来改善界面性能。

表3-9　不同类型钠离子固体电解质的应用特点及其主要研发方向

钠离子固体电解质类型	β''-Al_2O_3	NASICON	硫化物固体电解质	聚合物凝胶电解质
典型结构式	$Na_2O\cdot 5Al_2O_3$	$Na_3Zr_2Si_2PO_{12}$	Na_3PS_4	PEO-NaFSI-C_2H_3N
优势	（1）机械强度高；（2）化学稳定性好；（3）电导率适中	（1）机械强度高；（2）电导率适中	（1）制备能耗低；（2）电导率适中	（1）易制备；（2）柔性界面接触；（3）化学稳定性适中
劣势	（1）制备能耗高；（2）表面能低，界面润湿困难	（1）表面能低，界面润湿困难；（2）高温稳定性差	（1）化学和电化学稳定性较差；（2）机械强度较差	（1）机械强度差；（2）常温电导率低
主要研发方向	改善界面润湿	（1）通过元素掺杂提高电导率；（2）改善界面润湿	通过元素掺杂或包覆提高机械强度和稳定性	通过添加无机电解质填料提高机械强度和电导率

在综合考量以上三个关键因素的前提下，研究人员在常温固体电解质钠硫电池领域取得了一些突破性进展。Kim等采用β''-Al_2O_3作为固体电解质，TEGDME作为正极辅助电解液和硫-活性炭复合正极材料组装了固体电解质钠

硫电池[82]。该电池在常温下获得了 855mAh·g^{-1} 的比容量，经过 100 次以上的循环，比容量仍保持在 520mAh·g^{-1} 以上。最近，Yu 等设计了一种聚合物（PIN）包覆 NASICON（$Na_3Zr_2Si_2PO_{12}$）作为固体电解质的常温钠硫电池[83]。该电池结构如图 3-25（a）所示，聚合物包覆后明显减小了金属钠与 NASICON 之间的界面电阻，极大地促进了钠的均匀沉积。采用碳纳米管/S 复合材料作为正极的该电池在低倍率下获得 950mAh·g^{-1} 以上的比容量，0.2C 下循环 100 次后比容量仍达到 600mAh·g^{-1} 左右，体现出较好的倍率性能和循环稳定性［图 3-25（b）、（c）］。

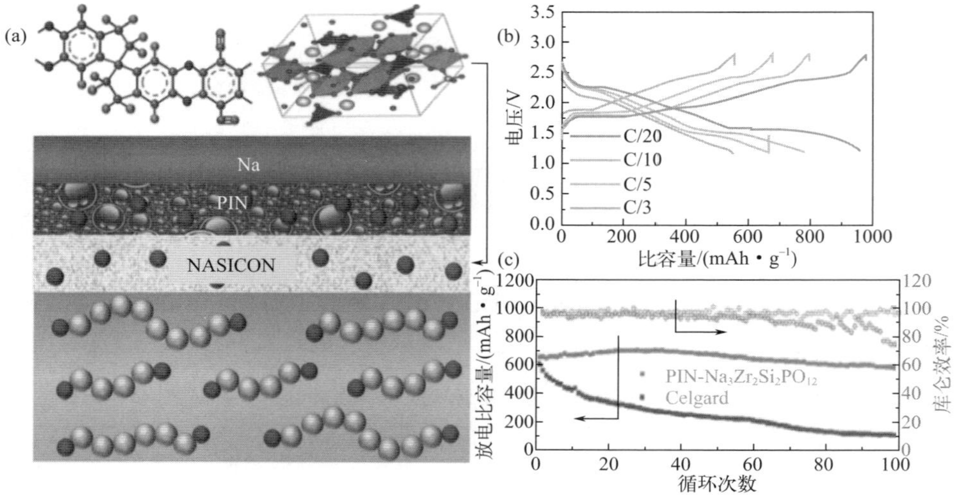

图 3-25　PIN 包覆 NASICON 作为固体电解质的常温钠硫电池结构设计及其电化学性能（另见文后彩图）

作为钠硫电池安全问题的最终解决方案，常温全固态钠硫电池在近年来也受到了越来越多的关注。然而，一方面，完全的固固接触导致极大的电极/电解质界面电阻，电池反应动力学缓慢；另一方面，体积效应缓冲区的缺失导致电极在长循环中的稳定性下降，使全固态钠硫电池的性能难以取得突破，因此全固态钠硫电池的研究重点都集中在构建低阻抗电极/电解质界面和提高硫极电子和离子电导率等方面。

目前，仅有少量全固态钠硫电池的相关文献报道[84-87]。柔性的无机粉体增塑的 PEO 基聚合物电解质被探索用于全固态钠硫电池。Zhu 等报道了一种纳米 TiO_2 增塑 PEO-NaFSI 聚合物电解质的全固态钠硫电池，其正极采用硫/碳化聚丙烯腈复合材料与 PEO 电解质混合的电极体系[84]。该电池虽然在 60℃下循环 100 次的稳定性较好，但电池的可逆比容量仅约 250mAh·g^{-1}，这与电解质较低的离子电导率（4.89×10^{-4}S·cm^{-1}）和电池的较大极化有关。由于钠和硫的熔点较低，低温可塑性好、电导率高的硫化物固体电解质是全固态钠硫电池的首选。Tanibata 等采用 Na_3PS_4 固体电解质构建了全固态常温钠硫电池（Na-Sn｜Na_3PS_4｜S-AB-Na_3PS_4，其中 AB 为乙炔黑）[85]。见图 3-26，该电池实现了最终放电产物 Na_2S 的可逆充放电，在室温下获得了约 1100mAh·g^{-1} 的比容量，并具有较高的库仑效率和较好的倍率特性。Fan 等通过将 Na_2S 和 Na_3PS_4 的混合物均匀负载在 CMK-3 介孔碳上，退火处理后得到了改良的硫电极[86]（图 3-27）。他们采用该新型正极组装了 NaSn-

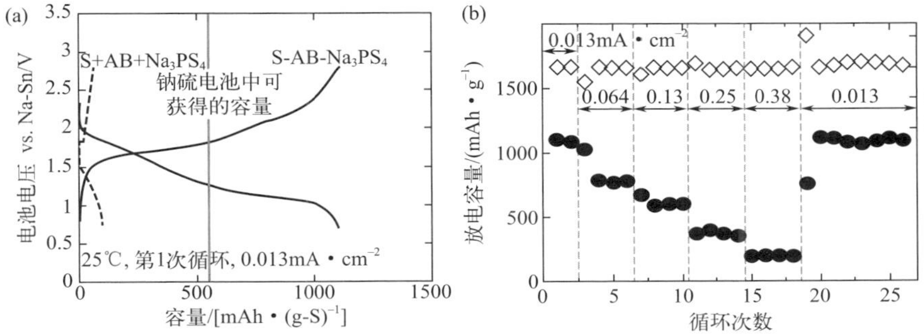

图 3-26 基于 Na_3PS_4 固体电解质的全固态常温钠硫电池充放电曲线和倍率性能

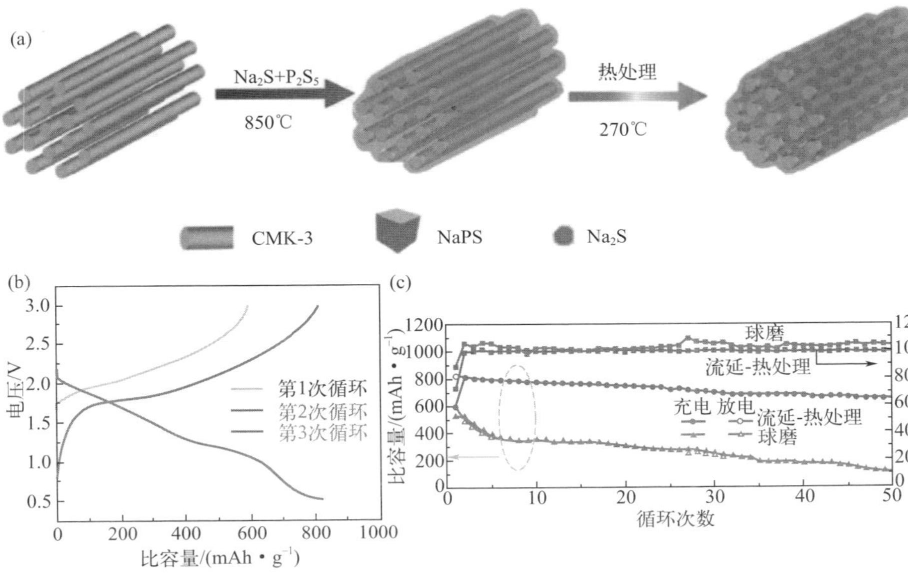

图 3-27 NaSn-C｜Na_3PS_4｜Na_2S-C-Na_3PS_4 全固态钠硫电池的结构设计及其电化学性能（另见文后彩图）

composite | Na_3PS_4 | Na_2S-C-Na_3PS_4 结构的全固态钠硫电池，进行充放电测试后发现，该电极能稳定提供 800mAh · g^{-1} 以上的比容量，且循环性能明显好于球磨得到的纳米复合正极。总体而言，全固态电池报道的循环寿命普遍在 100 次循环内，仍处于基础研发阶段。

参考文献

[1] DOE Global Energy Storage Database, 2020.

[2] Tamakoshi T. Development of sodium sulfur battery and application//Grand Renewable Energy 2018 Proceedings, Japan, 2018: O-En-2-9.

[3] Wen Z Y. Study on energy storage technology of sodium sulfur battery and it's application in power system. 2006 International Conference on Power Systems Technology: Powercon, 2006, Vols 1-6.

[4] Andriollo M, Benato R, Dambone Sessa S, et al. Energy intensive electrochemical storage in Italy: 34.8MW sodium-sulphur secondary cells. Journal of Energy Storage, 2016 (5): 146-155.

[5] Sangster A D P J. The Na-S (sodium-sulfur) system. Journal of Phase Equilibria, 1997 (18): 89-96.

[6] Heinz M V F, Graeber G, Landmann D, et al. Pressure management and cell design in solid-electrolyte batteries, at the example of a sodium-nickel chloride battery. Journal of Power Sources, 2020 (465): 228268.

[7] Sudworth J L, Tilley A R. The Sodium Sulphur Battery. New York: Chapman and Hall Ltd., 1985.

[8] Chatterji D. Development of sodium-sulfur batteries for utility application. NASA STI/Recon Technical Report N, 1976.

[9] Sudworth J L, Tilley A R, South K D. Fast ion transport in solids. New York: North-Holland, 1973.

[10] Bradhurst D A, Buchanan A S. Surface properties of liquid sodium and sodium-potassium alloys in contact with metal oxide surfaces. Aust. J. Chem., 1961 (14): 397-408.

[11] Armstrong R D, Dickinson T, Turner J. The impedance of the sodium beta-alumina interphase. Electroanal. Chem. Interfacial Electrochem., 1973: 157-167.

[12] Breiter M W, Dunn B, Powers R W. Asymmetric behavior of beta″-alumina. Electrochimica Acta, 1980 (25): 613-616.

[13] Hu Y Y, Wen Z Y, Wu X W, et al. Low-cost shape-control synthesis of porous carbon film on beta″-alumina ceramics for Na-based battery application. Journal of Power Sources, 2012 (219): 5-8.

[14] Hu Y Y, Wen Z Y, Wu X W. Porous iron oxide coating on beta″-alumina ceramics for Na-based batteries. Solid State Ionics, 2014 (262): 133-135.

[15] Ansell R O. The chemical and electrochemical stability of beta-alumina. J. Mater. Sci., 1986 (21): 365-379.

[16] Park D S, Powers R W, Breiter M W. Resistivity aging of beta-alumina ceramics in sodium-sulfur cells. Solid State Ionics, 1981 (5): 271-274.

[17] Virkar A V, Viswanathan L, Biswas D R. A three-dimensional approach to the electrolytic degra-

dation of solid electrolytes. J. Mater. Sci. , 1983 (18): 1202-1210.

[18] Feldman L A, DeJonghe L C. Initiation of mode-1 degradation in sodium-beta alumina electrolytes. J. Mater. Sci. , 1982 (17): 517-524.

[19] 颜肖慈，罗明道. 界面化学. 北京：化学工业出版社，2005.

[20] Viswanathan L, Virkar A V. Wetting characteristics of sodium on beta-alumina and on nasicon. J. Mater. Sci. , 1982 (17): 753-759.

[21] Buechele A C, DeJonghe L C. Microstructure and ionic resistivity of calcium-containing sodium beta-alumina. American Ceramic Society Bulletin, 1979 (58): 861-864.

[22] Yasui I, Doremus R H. Effects of calcium, potassium, and iron ions on degradation of beta″-alumina. Journal of the Electrochemical Society, 1978 (125): 1007-1010.

[23] Chang H J, Lu X, Bonnett J F, et al. Decorating β″-alumina solid-state electrolytes with micron Pb spherical particles for improving Na wettability at lower temperatures. Journal of Materials Chemistry A, 2018 (6): 19703-19711.

[24] Jin D, Choi S, Jang W, et al. Bismuth islands for low-temperature sodium-beta alumina batteries. ACS Appl Mater Interfaces, 2019 (11): 2917-2924.

[25] Hu Y Y, Wen Z Y, Wu X W. Porous iron oxide coating on beta″-alumina ceramics for Na-based batteries. Solid State Ionics, 2014 (262): 135-137.

[26] Barrow P, Wright M L. Method of preparing ceramic surfaces for wetting thereof by alkali metals, in, United States Patent, US 7/97, 521, 1989.

[27] Reed D, Coffey G, Mast E, et al. Wetting of sodium on β″-Al_2O_3/YSZ composites for low temperature planar sodium-metal halide batteries. Journal of Power Sources, 2013 (227): 94-100.

[28] Lu X, Li G, Kim J Y, et al. Liquid-metal electrode to enable ultra-low temperature sodium-beta alumina batteries for renewable energy storage. Nature Communications, 2014 (5): 4578.

[29] Ahlbrecht K, Bucharsky C, Holzapfel M, et al. Investigation of the wetting behavior of Na and Na alloys on uncoated and coated Na-β″-alumina at temperatures below 150A℃, Ionics, 2017: 1319-1327.

[30] Hu Y Y, Wen Z Y, Wu X W, et al. Low-cost shape-control synthesis of porous carbon film on beta″-alumina ceramics for Na-based battery application. Journal of Power Sources, 2012 (219): 1-4.

[31] Hu Y Y, Wen Z Y, Wu X W, et al. Nickel nanowire network coating to alleviate interfacial polarization for Na-beta battery applications. Journal of Power Sources, 2013 (240): 786-795.

[32] Wu T, Wen Z Y, Sun C Z, et al. Disordered carbon tubes based on cotton cloth for modulating interface impedance in beta″-Al_2O_3-based solid-state sodium metal batteries. Journal of Materials Chemistry A, 2018 (6): 12623-12629.

[33] Knoedler R, Baukal W, Kuhn W. Investigation into the immobilization of the sodium electrode in the sodium-sulfur battery. Journal of the Electrochemical Society, 1977 (124): 236-237.

[34] Wright M L, Hames M D. Sodium sulphur cells. British Patent Application, 1982: 2080608.

[35] Cleaver B, Davies A J, Hames M D. Properties of fused polysulphides. Ⅰ. the electrical conductivity of fused sodium and potassium polysulphides. Electrochimica Acta, 1973 (18): 719-726.

[36] Cleaver B, Davies A J. Properties of fused polysulphides. Ⅱ. the density, surface tension and viscosity of fused sodium polysulphides. Electrochimica Acta, 1973 (18): 727-731.

[37] Cleaver B, Davies A J. Properties of fused polysulphides. Ⅲ. EMF measurements on the sodium-sulphur cell, and sulphur activities and constitution in fused sodium polysulphides. Electrochimica Acta, 1973 (18): 733-739.

[38] South K D, Sudworth J L. Sulfur electrode in the sodium/sulfur cell//143rd meeting of the Electrochemical Society, J. Electrochem. Soc., Chicago, 1973.

[39] Wen Z, Hu Y, Wu X, et al. Main challenges for high performance NAS battery: materials and interfaces. Advanced Functional Materials, 2013 (23): 1005-1018.

[40] Fally J, Lasne C, Lazennec Y, et al. Some aspects of sodium-sulfur cell operation. Journal of the Electrochemical Society, 1973 (120): 1292.

[41] Dunn B, Sholtes V L. Behavior of a sodium-sulfur cell with a dynamic sulfur electrode. Journal of Power Sources, 1979 (4): 33-41.

[42] 曾乐才，邱广玮，倪蕾蕾. 钠硫电池的结构、工艺与应用. 装备机械，2010 (3): 58-63.

[43] Breiter M W, Dunn B. Interfacial behaviour of various liquid electrode/β″-alumina systems. Journal of Applied Electrochemistry, 1981 (11): 685-689.

[44] Okuyama R, Nakashima H, Sano T, et al. The effect of metal sulfides in the cathode on Na/S battery performance. Journal of Power Sources, 2001 (93): 50-54.

[45] Kim S I, Park W I, Jung K, et al. An innovative electronically-conducting matrix of the cathode for sodium sulfur battery. Journal of Power Sources, 2016 (320): 37-42.

[46] Kinsman K R, Winterbottom W L. The use of coatings in high temperature battery systems. Thin Solid Films, 1981 (83): 417-428.

[47] Hartmann B. Casing materials for sodium/sulfur cells. Journal of Power Sources, 1978 (3): 227-235.

[48] 日本碍子株式会社. 用于钠硫电池的阳极容器. JP2007172861A, Japan, 2007.

[49] 日本碍子株式会社. 用于形成耐腐蚀膜的热喷涂粉末材料，高度耐腐蚀的膜，用于钠硫电池的负极容器及其制造方法. JP2006022358A, Japan, 2006.

[50] 日本电池株式会社. 钠硫电池容器的加工方法. JP2001035456A, 2001.

[51] 日本电池株式会社. 钠硫电池，JP2001035529A, 2001.

[52] 日本电池株式会社. 钠硫电池，JP2000067911A, 2000.

[53] 日本碍子株式会社. 使用包覆材料的金属管，其制造方法以及使用该金属管的钠硫电池用钠储存容器. JP2000141032A, Japan, 2000.

[54] F. M. Company, Secondary battery or cell with pyrolytic graphite coated graphite current collector, 1979.

[55] Yang Z, Zhang J, Kintner-Meyer M C W, et al. Electrochemical energy storage for green grid. Chemical Reviews, 2011 (111): 3577-3613.

[56] Oshima T, Kajita M, Okuno A. Development of sodium-sulfur batteries. International Journal of Applied Ceramic Technology, 2004 (1): 269-276.

[57] 黄颖. 钠硫电池硫极集流体的高温腐蚀机理与防腐蚀研究. 上海：中国科学院上海硅酸盐研究所，2011.

[58] Huang Y, Wen Z, Yang J, et al. $La_{0.8}Sr_{0.2}Co_{0.3}Fe_{0.7}O_{3-\delta}$ as a novel candidate coating material for the positive current collector in sodium sulfur battery. Electrochimica Acta, 2010 (55):

8632-8637.

[59] Huang Y, Wen Z, Yang J, et al. Study of $La_{0.8}Sr_{0.2}Co_{0.2}Cr_{0.8}O_{3-\delta}$ as a candidate coating material for the positive current collector in Na/S battery. Solid State Ionics, 2011 (192): 364-367.

[60] Xu Y, Jung K, Park Y C, et al. Selection of container materials for modern planar sodium sulfur (NaS) energy storage cells towards higher thermo-mechanical stability. Journal of Energy Storage, 2017 (12): 215-225.

[61] 杨建华，曹佳弟，励肇成. 钠硫电池硫极预制结构对电性能退化的影响. 电源技术，1995 (19): 12-14.

[62] Janz G J, Murphy R M, Spiak W A. Wetting properties of the sulphur electrolyte in sodium-sulphur batteries. Journal of Applied Electrochemistry, 1980 (10): 789-797.

[63] 曹佳弟. 钠硫电池退化和失效的研究. 电池，1996 (26): 276-279.

[64] Wang Y, Zhou D, Palomares V, et al. Revitalising sodium-sulfur batteries for non-high-temperature operation: a crucial review. Energy & Environmental Science, 2020 (13): 3848-3879.

[65] Kim I, Park J Y, Kim C, et al. Sodium polysulfides during charge/discharge of the room-temperature Na/S battery using TEGDME electrolyte. Journal of the Electrochemical Society, 2016 (163): A611-A616.

[66] Lu X, Kirby B W, Xu W, et al. Advanced intermediate-temperature Na-S battery. Energy & Environmental Science, 2013 (6): 299-306.

[67] Yang F, Mousavie S M A, Oh T K, et al. Sodium-sulfur flow battery for low-cost electrical storage. Advanced Energy Materials, 2018 (8): 1701991.

[68] Nikiforidis G, Jongerden G J, Jongerden E F, et al. An electrochemical study on the cathode of the intermediate temperature tubular sodium-sulfur (NaS) battery. Journal of the Electrochemical Society, 2019 (166): A135-A142.

[69] Wang Di, Hwang Jinkwang, Chen Chiyao, et al. A β″-alumina/inorganic ionic liquid dual electrolyte for intermediate-temperature sodium-sulfur batteries. Adv. Funct. Mater. , 2021, 31: 2105524.

[70] Xu X, Zhou D, Qin X, et al. A room-temperature sodium-sulfur battery with high capacity and stable cycling performance. Nature Communications, 2018 (9): 3870.

[71] Zhang H, Diemant T, Qin B, et al. Solvent-dictated sodium sulfur redox reactions: investigation of carbonate and ether electrolytes. Energies, 2020 (13).

[72] Xiao F, Wang H, Yao T, et al. MOF-derived CoS_2/N-doped carbon composite to induce short-chain sulfur molecule generation for enhanced sodium-sulfur battery performance. ACS applied materials & interfaces, 2021 (13): 18010-18020.

[73] Wang Y, Lai Y, Chu J, et al. Tunable electrocatalytic behavior of sodiated MoS_2 active sites toward efficient sulfur redox reactions in room-temperature Na-S batteries. Advanced Materials, 2021 (33).

[74] Ma Q, Zhong W, Du G, et al. Multi-step controllable catalysis method for the defense of sodium polysulfide dissolution in room-temperature Na-S Batteries. Acs Applied Materials & Interfaces, 2021 (13): 11852-11860.

[75] Zhou J, Yang Y, Zhang Y, et al. Sulfur in amorphous silica for an advanced room-temperature sodium-sulfur battery. Angew Chem Int Ed Engl, 2021 (60): 10129-10136.

[76] Du W, Shen K, Qi Y, et al. Efficient catalytic conversion of polysulfides by biomimetic design of "branch-leaf" electrode for high-energy sodium-sulfur batteries. Nano-Micro Letters, 2021 (13).

[77] Lai W H, Wang H, Zheng L, et al. General synthesis of single-atom catalysts for hydrogen evolution reactions and room-temperature Na-S batteries. Angewandte Chemie-International Edition, 2020 (59): 22171-22178.

[78] Zhang R, Esposito A M, Thornburg E S, et al. Conversion of Co nanoparticles to CoS in metal-organic framework-derived porous carbon during cycling facilitates Na_2S reactivity in a Na-S rattery. Acs Applied Materials & Interfaces, 2020 (12): 29285-29295.

[79] Du W, Gao W, Yang T, et al. Cobalt nanoparticles embedded into free-standing carbon nanofibers as catalyst for room-temperature sodium-sulfur batteries. Journal of Colloid and Interface Science, 2020 (565): 63-69.

[80] Du W, Wu Y, Yang T, et al. Rational construction of rGO/VO_2 nanoflowers as sulfur multifunctional hosts for room temperature Na-S batteries. Chemical Engineering Journal, 2020 (379).

[81] Zhang B W, Sheng T, Liu Y D, et al. Atomic cobalt as an efficient electrocatalyst in sulfur cathodes for superior room-temperature sodium-sulfur batteries. Nature Communications, 2018 (9).

[82] Kim I, Park J Y, Kim C H, et al. A room temperature Na/S battery using a β''-alumina solid electrolyte separator, tetraethylene glycol dimethyl ether electrolyte, and a S/C composite cathode. Journal of Power Sources, 2016 (301): 332-337.

[83] Yu X, Manthiram A. Sodium-sulfur batteries with a polymer-coated NASICON-type sodium-ion solid electrolyte. Matter, 2019 (1): 439-451.

[84] Zhu T, Dong X, Liu Y, et al. An all-solid-state sodium-sulfur battery using a sulfur/carbonized polyacrylonitrile composite cathode. ACS Applied Energy Materials, 2019 (2): 5263-5271.

[85] Tanibata N, Deguchi M, Hayashi A, et al. All-solid-state Na/S batteries with a Na_3PS_4 electrolyte operating at room temperature. Chemistry of Materials, 2017 (29): 5232-5238.

[86] Fan X, Yue J, Han F, et al. High-performance all-solid-state Na-S battery enabled by casting-annealing technology. ACS Nano, 2018 (12): 3360-3368.

[87] Yue J, Han F, Fan X, et al. High-performance all-inorganic solid-state sodium-sulfur battery. ACS Nano, 2017 (11): 4885-4891.

第 4 章

ZEBRA 电池

4.1 引言 146
4.2 ZEBRA 电池的工作原理 146
4.3 ZEBRA 电池的结构与组成 148
4.4 ZEBRA 电池的性能影响因素 170
4.5 ZEBRA 电池的电池模型与模拟技术 176
4.6 ZEBRA 电池低温化的研究进展 185

4.1 引言

由于硫易挥发且导电性差，多硫化钠熔点较高，腐蚀性强，钠硫电池存在强腐蚀和 300℃以上高温运行等技术难点。为此，Werth 首次开发了一种腐蚀性较弱、工作温度更低的钠-三氯化锑电池，该电池仍使用 β''-Al_2O_3 作为固体电解质，金属钠作为电池负极，不同的是采用溶解于四氯铝酸钠（$NaAlCl_4$）电解液中的 $SbCl_3$ 作为电池正极。这种电池工作温度为 210℃。然而，这种电池在循环过程中由于 β''-Al_2O_3 和路易斯酸性的 $NaAlCl_4$ 熔体发生副反应导致其内阻上升较快。为克服这一问题，1978 年南非的 Coetzer 提出用过渡金属氯化物作为正极材料，用路易斯碱性的 $NaAlCl_4$ 作为正极液体电解质的电池体系，并将这类钠-过渡金属氯化物电池统称为 ZEBRA 电池。“ZEBRA”最初是研发资助项目“Zeolite Battery Research Africa Project”的缩写，后也成为“Zero Emission Battery Research Activities”的缩写被沿用下来。与钠硫电池类似，ZEBRA 电池同样具有长寿命、库仑效率高、环境适应性好、无污染运行等特点。ZEBRA 电池的实际比能量偏低，为 110～140Wh·kg^{-1}，但仍是铅酸电池的 3 倍左右，而且还具有其他一些值得关注的优良特性：

① 高安全性。电池具有短路温和放热和过充过放可逆等特点，确保电池在电气和机械滥用时的高安全性。

② 无钠组装。电池以放电态组装，仅在正极腔室装填金属粉体、氯化钠和辅助电解液，制造过程安全性高。

③ 高电压。开路电压为 2.58V，较钠硫电池提高 20%以上。

④ 维护成本低。电池内部短路时特有的低电阻损坏模式大大降低了系统的维护成本。

本章将从工作原理、电池结构与组成、电池制造工艺和电池性能及其影响因素等几个方面详细解析 ZEBRA 电池，最后介绍 ZEBRA 电池低温化研究的进展，希望带给读者对 ZEBRA 电池较为完整的理解。

4.2 ZEBRA电池的工作原理

ZEBRA 电池的典型电化学形式为：(−)Na | β''-Al_2O_3 | MCl_2(+)（M＝Ni、Fe、Cu、Zn 等）。以钠-氯化镍电池为例，电池的电化学反应如下[1]：

负极：
$$2Na \rightleftharpoons 2Na^+ + 2e^- \tag{4-1}$$

正极：　　　　$NiCl_2 + 2Na^+ + 2e^- \rightleftharpoons Ni + 2NaCl$　　　　(4-2)

全反应：$NiCl_2 + 2Na$(充电态)$\rightleftharpoons 2NaCl + Ni$(放电态)　$E_{300℃} = 2.58V$　(4-3)

为了避免处理易吸水的无水氯化镍与钠金属，电池通常在放电态组装，正极为镍与氯化钠形成的多孔结构，在孔中灌注熔融的辅助电解液四氯铝酸钠 $NaAlCl_4$。图 4-1 显示了 ZEBRA 电池的工作原理。正常充电时，正极中氯化钠在电解液辅助下离解成钠离子和氯离子，钠离子通过 β''-Al_2O_3 陶瓷电解质到达负极与来自外电路的电子结合形成钠负极，同时氯离子与镍反应生成氯化镍并释放电子到外电路。正常放电时，钠离子通过陶瓷电解质返回进行其逆过程。与钠硫电池类似，由于使用 β''-Al_2O_3 陶瓷电解质，ZEBRA 电池需要一定的工作温度，通常为 270～330℃，而且正极中的活性物质 $NiCl_2$、Ni 以及 NaCl 均为固体，因此，一定的工作温度可以保证电极中离子和物质的扩散系数达到较高的水平，有利于电池反应的进行。

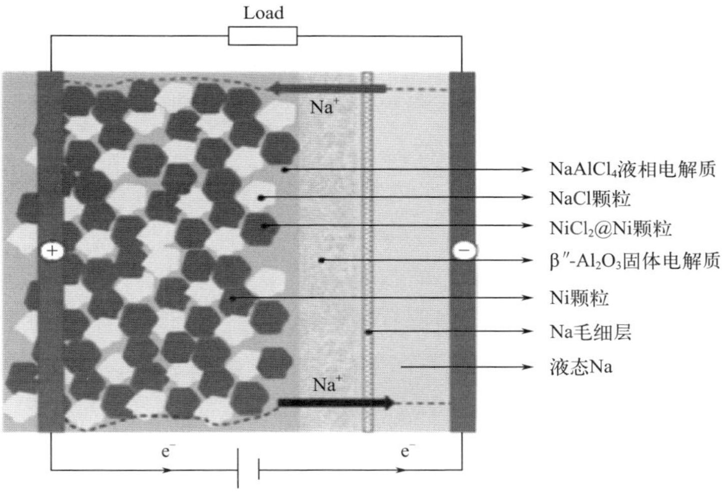

图 4-1　ZEBRA 电池的工作原理示意图

图 4-2 显示了 ZEBRA 电池不同工作状态下的电化学过程[2]。正常充放电的电池电压为 2.58V，当电压在完全充电后继续升高，即处于过充过程时，$NaAlCl_4$ 电解质将通过以下反应在更高的电位提供更多可逆的钠。

$$2NaAlCl_4 + Ni \rightleftharpoons 2Na + 2AlCl_3 + NiCl_2 \quad E_{300℃} = 3.05V \qquad (4\text{-}4)$$

虽然这一过程增加了释放钠的风险，但是对电池组整体的寿命是有利的。例如，当一个平行的电池组中有损坏的电池时，这一损失的电压可通过过充电池组中其他电池来平衡。

当电池过放时，所有的 $NiCl_2$ 已经反应生成 Ni，进一步的电化学反应如

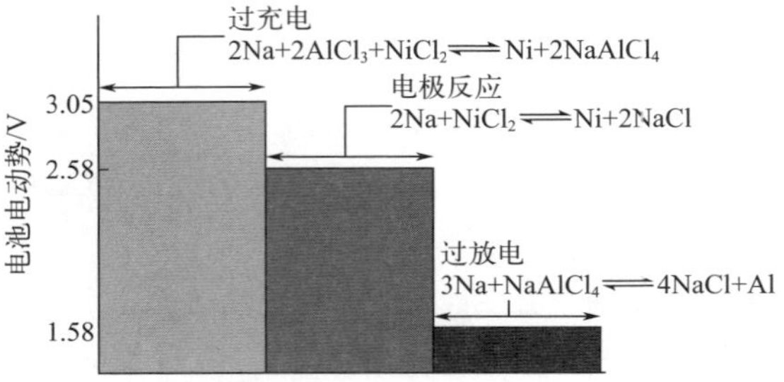

图 4-2　ZEBRA 电池不同工作状态下的电化学过程

下进行：

$$NaAlCl_4 + 3Na \rightleftharpoons Al + 4NaCl \quad E_{300℃} = 1.58V \qquad (4-5)$$

如果继续放电，β″-Al_2O_3 电解质可能被损坏，原因是负极钠被反应完全后，固体电解质中的钠脱出导致电导率下降。ZEBRA 电池特有的过充过放可逆性使电池可以承受至少 1000 次以上 100%DoD 的深度充电和放电。

从式（4-5）的反向反应可以知道，当电池正极中添加少量金属 Al，电池在首次充电过程中就可以在电池负极生成金属钠得到预制的钠负极，使 ZEBRA 电池可以实现无钠组装。

如果 β″-Al_2O_3 陶瓷破损，$NaAlCl_4$ 将与 Na 发生化学反应产生氯化钠与铝：

$$NaAlCl_4 + 3Na \longrightarrow 4NaCl + Al \qquad (4-6)$$

反应式（4-6）所释放的能量为反应式（4-3）的 2/3，并且产生的产物是固体，蒸气压低，不具备危险性、腐蚀性和持续反应活性。产生的 Al 造成正负极短路，内部阻抗变得可忽略不计，使 ZEBRA 电池具有低电阻损坏模式。在由多个电池组成的电池组中，若其中一个电池的陶瓷管破裂，电池组仍然可以工作，只是电压相比正常情况有所降低。这使 ZEBRA 电池的多个单元直接串联成电池组而无需采用并联-串联的方式成为可能，这一特性在静态储能中起到关键作用，因为单电池故障率对整个电池模块可用性的影响非常小。

基于电池过充过放可逆性和低电阻损坏模式，ZEBRA 电池具有二次电池中独特的高安全特性和免维护特性。

4.3　ZEBRA 电池的结构与组成

与钠硫电池类似，实用化的 ZEBRA 电池也主要采用管形设计。不同的是，ZEBRA 电池通常是正极芯管式结构。相比钠硫电池，ZEBRA 电池可在放电态组装而无需使用金属钠，将正极置于 β″-Al_2O_3 陶瓷管中，电池内部腐蚀性大大降低，因此具有更长的寿命与更高的可靠性。如图 4-3 所示，第一代 ZEBRA 电池使用圆柱形 β″-Al_2O_3 陶瓷管，它在放电过程中，随着有效电极厚度增加，正极阻抗显著增加。目前已经应用的第二代 ZEBRA 电池采用中心正极的方管形设计，方形电池具备最大的填充率，使用花瓣状 β″-Al_2O_3 陶瓷管，使其表面积增加了 40%。由于正极中的活性物质为固相并参与电化学反应，相关的电极反应基本在固体电解质的表面进行，不论放电还是充电，正极材料的电阻随充、放电深度增加而不断增大，离子需要克服向电解质表面扩散的阻力并到达电解质表面才能实现电池的持续工作。活性横截面积相同的前提下，方形电池中离子向陶瓷电解质隔膜扩散的路径与圆形管相比可以大大缩短，进而导致电池的内阻降低了接近 1/3，从而可以有效地提高电池的工作电流和功率密度。当电池的容量和长度相同时，使用花瓣状陶瓷管组装的方形结构电池的功率密度比圆形管状结构可以提高 43%以上。花瓣状电解质基电池相比于圆柱形电池具有更高的功率性能，足以抵消前者陶瓷管质量更高与制备难度加大的缺点。

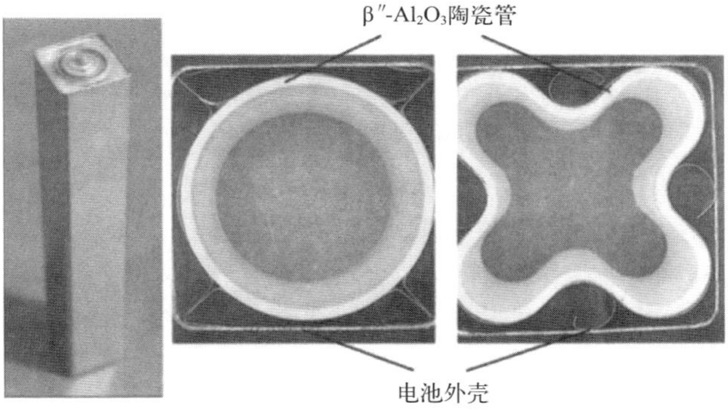

图 4-3　实用化的 ZEBRA 电池及其电解质陶瓷管的迭代

除了传统的基于电解质陶瓷管的管式电池结构，目前，基于片式电解质的平板式结构 ZEBRA 电池也受到关注。图 4-4 显示了美国太平洋西北国家实验室（PNNL）设计的平板式 ZEBRA 电池的结构示意图。用 β″-Al_2O_3 陶瓷薄片通过玻璃封接到绝缘 α-Al_2O_3 环上，正负极集流体通过铝箔或银箔热压密封到 α-Al_2O_3 环。这一设计有效提高了电池的堆积密度和功率密度。然而，一旦放大电池容量或组装电池组，大面积高质量电解质片的制备、电解质片与 α-Al_2O_3 环以及电极与 α-Al_2O_3 环之间封装的长循环可靠性都成为平板式 ZEBRA 电池待解决的重要问题。

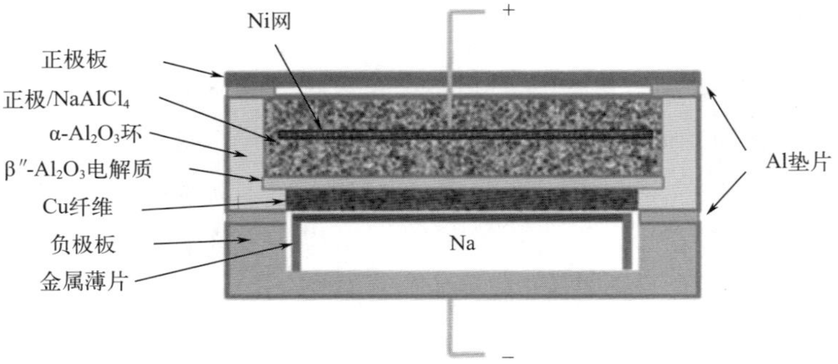

图 4-4　平板式 ZEBRA 电池的结构示意图

ZEBRA 电池作为一种从钠硫电池发展而来的基于 β″-Al_2O_3 陶瓷电解质的二次电池，其负极和固体电解质与钠硫电池类似，钠负极相关内容可以查阅第 3 章 3.3.1 部分。不同的是，钠硫电池的正极活性材料为硫，而钠-金属氯化物电池的正极活性物质为固态过渡金属氯化物。ZEBRA 电池为放电态组装，组装的正极含有 NaCl、过量的活性过渡金属和辅助电解质 $NaAlCl_4$。过量的过渡金属加入后，可以保证正极具有良好的电子导电性，并使电池的电性能稳定。正极还包含有辅助电解质 $NaAlCl_4$，在工作温度下呈液态，保证了电池的活性。下面将重点阐述 ZEBRA 电池正极的金属氯化物活性材料、$NaAlCl_4$ 电解液、界面电化学、添加剂以及结构设计等几方面内容。

4.3.1　金属氯化物活性材料

为了保证电池电化学性能高效稳定，ZEBRA 电池的正极活性材料需要具有高的化学活性、良好的电池电化学反应可逆性、重量轻、热稳定性好、与电解质陶瓷化学匹配性好，同时与电解质陶瓷的界面极化小、润湿性好等特性。ZEBRA 电池的正极主要包含金属氯化物和过量的金属。因为生成的金属氯化物充电产物导电性差，且包覆在活性金属表面，所以 ZEBRA 电池组装时通常在正极中加入适当过量的金属，保证充放电过程中构筑良好的电子导电通路，赋予电池稳定的循环性能。为了提高正极的钠离子迁移速度，正极还包含有第二相熔盐电解质 $NaAlCl_4$。

首先需要考虑的是各种金属氯化物的电化学性质。图 4-5 给出了 $CuCl_2$、$NiCl_2$、$CoCl_2$、$FeCl_2$、$CrCl_2$ 作为 ZEBRA 电池正极材料的开路电压[3]。$CuCl_2$ 正极的开路电压较高，但是 Cu^{2+} 容易与 β″-Al_2O_3 电解质中的 Na^+ 发生交换，导致 β″-Al_2O_3 固体电解质的晶格常数发生变化，其电导率快速下降[4]。

$Na-CuCl_2$ 电池的循环性能难以提高。钠-氯化亚铁（$Na-FeCl_2$）电池成本较低，300℃的开路电压为 2.35V，理论比容量为 310mAh·g^{-1}，略高于 $Na-NiCl_2$ 电池，理论能量密度为 729Wh·kg^{-1}，略低于 $Na-NiCl_2$ 电池。$Na-FeCl_2$ 电池在放电过程中，NaCl 与 $FeCl_2$ 在 374℃时形成低共熔物，Fe^{2+} 会溶解在熔盐中，并与电解质陶瓷发生表面离子交换，导致电解质陶瓷电阻增加，因此 $Na-FeCl_2$ 电池的运行温度通常限定在 300℃以下。$Na-FeCl_2$ 电池通常需要在正极中添加少量的金属镍，以防止在过充电（>2.75V）时形成 $FeCl_3$ 相。$FeCl_3$ 可溶于液态电解质，因此，Fe^{3+} 同样会毒化陶瓷电解质的表面，增加电池的内阻。由于镍的存在，在过充时，金属镍被氧化，可防止 Fe^{2+} 进一步氧化为 Fe^{3+}。此外，Ni 金属的存在还有另一个优势，即在几次循环后，它会改变金属基体的形貌，形成包含非常细小颗粒的 Ni-Fe 合金团聚体，这有利于电池循环性能的稳定[5]。

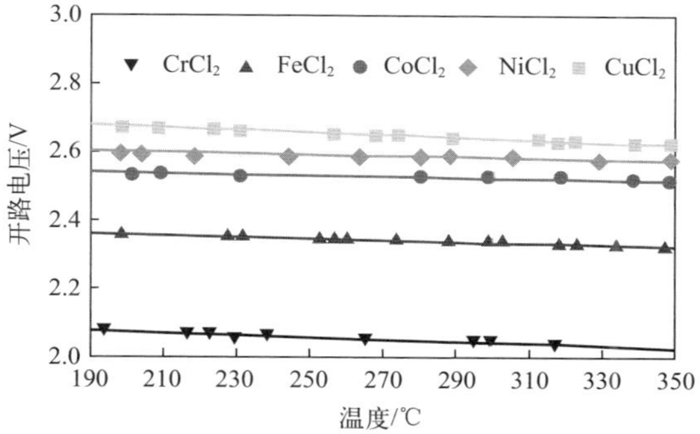

图 4-5 多种金属氯化物材料作为 ZEBRA 电池正极材料的开路电压

对于钠-氯化镍电池体系，300℃时的开路电压为 2.58V，理论能量密度为 790Wh·kg^{-1}，氯化镍在熔盐电解质中几乎不溶，因此钠-氯化镍电池电极更加稳定，可以允许更宽的工作温度范围。考虑到电极电位高低及其稳定性和原材料成本等几个因素，实用化的 ZEBRA 电池正极主要选用 $NiCl_2$。Fe 也可作为提高功率密度的重要添加剂加入电池正极。

如前所述，ZEBRA 电池通常以放电态组装，正极由金属镍粉、氯化钠、四氯铝酸钠及少量添加剂的混合物组成。电池在首圈充电过程中实现完全的充电，正极内氯化钠几乎被完全消耗，正极中主要成分变为镍、氯化镍和四氯铝酸钠。过量的金属镍作为正极必要的导电剂。电池正极的 Ni/NaCl 比例影响 $Ni/NiCl_2$ 比例，从而影响电池的电化学性能。镍过量越多，正极充放电过程中电子的传导越通畅，电池极化越低，但是电池容量和能量密度也越低。研究发现，Ni/NaCl 比例在一定程度上影响电池循环后 NaCl 的颗粒尺寸[6]。Ni/NaCl＝1.82 时，经过 60 个循环的 NaCl 粒径为 50～70μm，Ni/NaCl＝1.7 时为 70～100μm，Ni/NaCl＝1.5 则大于 150μm。NaCl 尺寸的增大将降低 NaCl 的利用率，导致电池容量衰减。然而，Chang 等也报道了低 Ni 含量的正极（Ni/NaCl＜1.5）在低电流密度下具有更高的可逆容量和能量密度[7]。另外，ZEBRA 电池正极必须具有连通的孔结构，这些孔是通过液体电解质输运钠离子所必需的。因此，电池正极活性材料的组成比例、孔隙率和 $NaAlCl_4$ 与电极材料的界面润湿性能之间的关系都需要被关注。这部分内容将在 4.3.3 节详细介绍。

4.3.2 正极电解液

正极电解液对于加快 ZEBRA 电池正极固相活性物质的动力学过程至关重要。$NaAlCl_4$ 熔盐是提高正极钠离子迁移率的最佳候选材料之一。一般来说，熔盐体系与水溶液相比，物理化学稳定性更好，具有较高的沸点和分解电位，使其成为化学过程中的理想溶剂。另外，熔盐体系一般具有高的离子电导率，因此采用熔盐电解液体系的电池可能具有较小过电位和欧姆损失。具体地，$NaAlCl_4$ 具有低的熔化温度（156℃），允许电池在更低的温度下运行；相同温度下，$NaAlCl_4$ 的 Na^+ 电导率是 β″-Al_2O_3 的 5 倍以上（0.56S・cm^{-1}，250℃）[8-10]。

4.3.2.1 $NaAlCl_4$ 的晶体结构

图 4-6 示出了 $NaAlCl_4$ 的晶体结构。$NaAlCl_4$ 的晶型是由 Na^+ 阳离子和 $AlCl_4^-$ 阴离子组成的斜方晶系。氯原子以四面体的形式围绕铝原子排列，所有的 $AlCl_4^-$ 四面体通过位于它们质心的钠离子以三维形式连接在一起，$AlCl_4^-$ 的排列平行于（001）面，钠离子位于（001）面的层间。

不同学者针对 $NaAlCl_4$ 制作出了多个 XRD 标准卡片，包括 JCPDS ＃84-0121、＃23-0649、＃75-1164、＃70-2265、＃80-2344、＃70-1154 等。这些标准谱图均标定 $NaAlCl_4$ 属于正交晶系，但可能是由于 $NaAlCl_4$ 易受测试环境影响的原因，晶胞大小略有不同，峰位也有细微差异。一般地，由于 $NaAlCl_4$ 在空气中易潮解，因此需要在无定形胶带密封下通过 XRD 测定其晶体结构。图 4-7 显示了典型的 $NaAlCl_4$ 的 XRD 图谱，对应标准卡片 JCPDS ＃84-0121。$NaAlCl_4$ 典型的晶胞尺寸为 10.322Å×9.886Å×6.167Å，具体晶胞大小还与 $NaAlCl_4$ 的结晶过程有关，理论密度为 1.88～2.02g・cm^{-3}。最强衍射峰的峰位受结晶体中晶核、杂质等影响，通常对应（311）、（221）或（122）晶面。

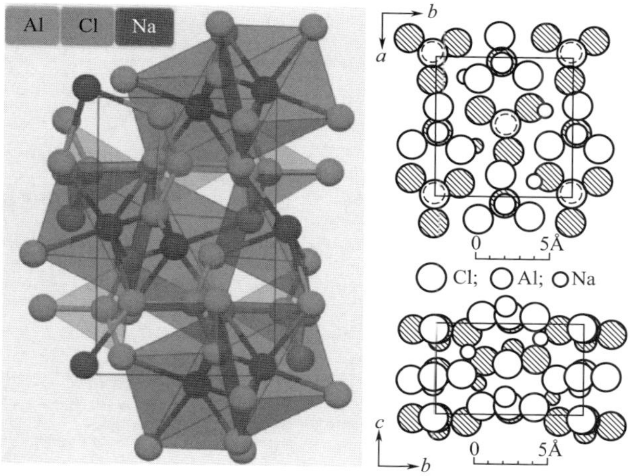

图 4-6　$NaAlCl_4$ 的晶体结构

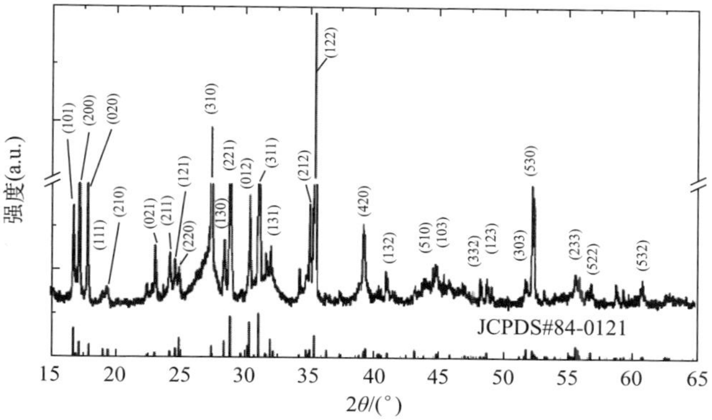

图 4-7　典型的 $NaAlCl_4$ 晶体的 XRD 标准衍射峰和标准衍射卡片

4.3.2.2　$NaAlCl_4$ 的热力学特性

图 4-8 显示的 NaCl-$AlCl_3$ 体系的相图综合了热分析、差热分析、电动势测量、低温测量、密度测量等多种技术获得的实验数据（图中数据点）与计算数据（图中实线）[11]。$NaAlCl_4$ 是 NaCl-$AlCl_3$ 体系目前唯一报道的中间化合物。在 $AlCl_3$ 的摩尔分数<0.5 的区域，液相线数据通常吻合较好。在 $AlCl_3$ >0.5 的区域，液相线数据比较分散。Berg 等认为这种分散可以归因于以下几个实验问题：存在杂质（如氯氧化物 AlOCl）、过冷液体和 $AlCl_3$ 的挥发问题，这些原因可能会改变化合物的组成[12]。表 4-1 是 Robelin 等优化的 $NaAlCl_4$ 的基础热力学数据，包括热焓、绝对熵、比热容和不同组分比例的相变温度。

NaCl+$NaAlCl_4$ 液态共晶的固液相变点为 150～154.6℃，$AlCl_3$+$NaAlCl_4$ 液态共晶的固液相变点为 107.2～113.3℃。

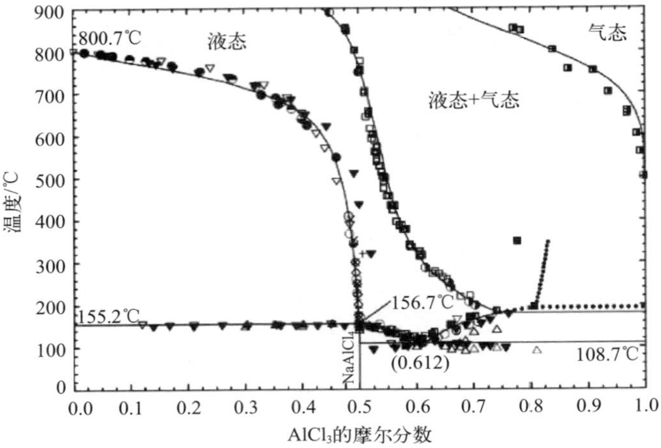

图 4-8　NaCl-$AlCl_3$ 体系的相图

表 4-1　$NaAlCl_4$ 的基础热力学数据

成分	温度范围/K	热焓 $H^{\ominus}_{298.15K}$/(J·mol^{-1})	绝对熵 $S^{\ominus}_{298.15K}$/(J·mol^{-1}·K^{-1})	比热容 C_p/(J·mol^{-1}·K^{-1})	相变点/℃
$NaAlCl_4$	298.15～1500	−961802.4	429.2882	$131.5308+0.0011421T-1108607T^{-2}$	151～156.8（实验），156.7（计算）

4.3.2.3　$NaAlCl_4$ 的酸碱度和溶解性

$NaAlCl_4$ 根据其中 $AlCl_3$ 组分的含量不同，分为路易斯酸性和路易斯碱性。$AlCl_3$>0.5 为路易斯酸性 $NaAlCl_4$，反之为路易斯碱性。$NiCl_2$ 在不同酸碱度的 $NaAlCl_4$ 中的溶解度对电池循环稳定性起着重要的作用。因为 $NiCl_2$ 在酸性熔盐中溶解度较高，大量的 Ni^{2+} 与 Na^+ 在陶瓷电解质中交换，导致 β″-Al_2O_3 的不稳定，电导率下降，而 $NiCl_2$、$FeCl_2$ 在碱性 $NaAlCl_4$ 中溶解度大大降低，从而维持了电池正极和固体电解质的稳定。在 ZEBRA 电池的充放电循环中，保持 $NaAlCl_4$ 液体电解质处于碱性非常重要，即 $AlCl_3$：NaCl 的摩尔比始终保持在 49.75：51.25 以上，这就需要向 Ni 电极中加入过量的 NaCl 来保持碱性熔盐。表 4-2 显示了不同温度下 NaCl 和 $NiCl_2$ 在（NaCl 饱和）$NaAlCl_4$ 中的溶解度[13,14]。在 $NaAlCl_4$ 中，$NiCl_2$ 的溶解度比 NaCl 低两个数量级。$NiCl_2$ 在碱性 $NaAlCl_4$ 中的溶解度随溶剂碱度下降而减小。当 NaCl∶$AlCl_3$ 为 1∶1 时，$NiCl_2$ 在其中的溶解度最小。Ni^{2+} 极性较大，在溶剂中通常以配合物的形式存在。在 NaCl 饱和的 $NaAlCl_4$ 熔体中至少存在两种不同的镍配合物，其中一种已知为 $NiCl_4^-$。

作为另一种常见的 ZEBRA 电池正极材料，$FeCl_2$ 在 $NaAlCl_4$ 中的溶解伴随着下面的反应：

$$FeCl_2 + 2Al_2Cl_7^- \longrightarrow Fe(AlCl_4)_4^{2-} \tag{4-7}$$

$FeCl_2$ 的溶解度可能与 $Al_2Cl_7^-$ 的浓度成正比。研究发现，$FeCl_2$ 在 $NaAlCl_4$ 中的溶解度高于 $NiCl_2$，Na_6FeCl_8 是 Na-$FeCl_2$ 电池一个确定的中间产物，然而并没有 Na_xNiCl_y 中间产物的任何报道[15,16]。

表 4-2　不同温度下 NaCl 和 $NiCl_2$ 在（NaCl 饱和）$NaAlCl_4$ 中的溶解度

温度/℃	NaCl 在 $NaAlCl_4$ 中的溶解度/g	$NiCl_2$ 在 NaCl 饱和的 $NaAlCl_4$ 中的溶解度/g
175	0.217	—
200	0.292	0.003～0.0038
250	0.527	0.0082～0.0096
300	0.878	0.0155～0.0196
350	1.287	0.0277～0.0356
400	1.872	0.0541～0.0687

4.3.2.4　$NaAlCl_4$ 的电导率

熔盐系统在不同温度范围内的电导率测量表明，在许多系统中都观察到电导率最大值，即在某一温度熔盐电导率达到最大值，而高于或低于这一温度电导率都会有所降低[17]。一般认为这种行为是由于同时发生的两种相反的作用。一方面，温度升高使熔盐黏度降低，离子流动性更好，电导率升高；另一方面，温度的升高使溶液体积扩大，密度降低，导致离子缔合度增加，电导率降低[18]。熔盐的离子键越多，其电导率随温度的降低程度越低。一些研究人员已经报道了 NaCl-$AlCl_3$ 熔盐体系的电导率。Howie 和 Macmillan 测定了 NaCl-$AlCl_3$ 二元熔盐在 15%～30% NaCl 组成范围、155～195℃温度范围的电导率[19]。该范围的电导率可以通过下式计算：

$$\sigma = (-0.1594 + 0.207\times10^{-2}T) - (-0.1475\times10^{-3}T)w + (-0.4022\times10^{-3} + 0.548\times10^{-5}T)w^2 \tag{4-8}$$

式中，σ 单位是 $S\cdot cm^{-1}$，T 为摄氏温度，w 为 NaCl 的质量分数。

$NaAlCl_4$ 熔体（50%摩尔分数 NaCl）在 187～267℃温度范围内的电导率由下式定义[20]：

$$\sigma = -0.0508 + 0.0027T^{-3} \times 10^{-8} T^2 \tag{4-9}$$

Mohandas 等测量了 $NaAlCl_4$、$LiAlCl_4$ 和 $KAlCl_4$ 在较高温度范围内的电导率。$NaAlCl_4$ 在 160～520℃温度范围的电导率数据满足以下方程[21]：

$$\sigma = -1.7262 + (6.36 \times 10^{-3})T - (3.471 \times 10^{-6})T^2 \tag{4-10}$$

式中，T 是热力学温度。

图 4-9 显示了 $NaAlCl_4$ 在 200～400℃温度范围的电导率随温度变化的曲线以及 300℃时的直流 I-V 曲线。这一温度范围 $NaAlCl_4$ 的电导率数据满足以下方程：

$$\sigma = -0.266 + (4.1 \times 10^{-3})T - (2.66 \times 10^{-6})T^2 \tag{4-11}$$

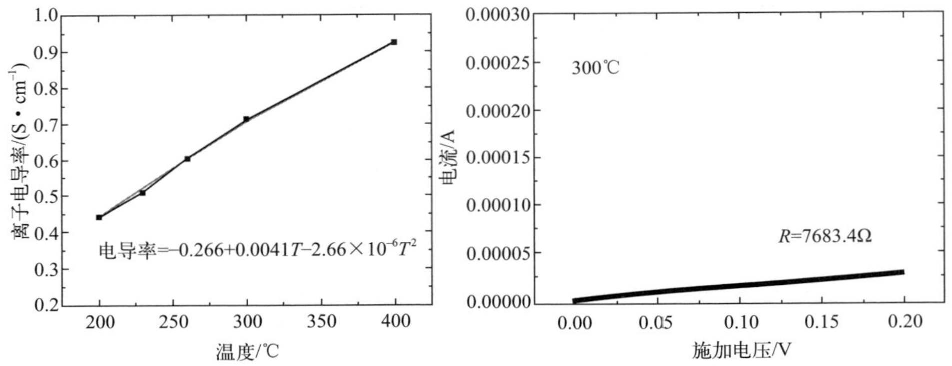

图 4-9　$NaAlCl_4$ 在 200～400℃温度范围的电导率随温度变化的曲线以及 300℃时的直流 I-V 曲线

式中 T 为摄氏温度。300℃下，纯 $NaAlCl_4$ 的离子电导率约为 0.72S·cm^{-1}。直流 I-V 曲线显示纯的 $NaAlCl_4$ 的电子电导率约为 0.01mS·cm^{-1}，近乎电子绝缘。可以认为，$NaAlCl_4$ 熔体是纯的离子导体。NaCl 饱和 $NaAlCl_4$ 的电导率略高于纯 $NaAlCl_4$，活化能分别为（6.9±0.6)kJ·mol^{-1}（前者）和（10.7±0.8)kJ·mol^{-1}[10]。

关于 $NaAlCl_4$ 离子电导率提升和混合导体化的研究在最近几年也有发展。Li 等用 NaBr、LiCl、LiBr 等其他碱金属盐部分替代 $NaAlCl_4$ 中的 NaCl 形成三元熔盐电解质，其熔点低于二元 $NaAlCl_4$ 的熔点，电导率也有所提高，并且具有足够的电化学窗口[22]。如图 4-10 所示，添加 NaBr、LiCl、LiBr 使 $NaAlCl_4$ 的熔点下降。在低于 75%（摩尔分数）的添加范围内，随添加剂含量的提高，熔点持续下降，然而混合电解液的熔点与电导率之间不存在对应关系。添加 50%（摩尔分数）LiBr 的电解液熔点最低，添加 50%（摩尔分数）LiCl 的电解液电导率最高。50%（摩尔分数）NaBr 取代 NaCl 的熔盐电解质的熔点降低至 145℃，150℃的低温下电导率接近 0.3S·cm^{-1}。用此电解液组装的 ZEBRA 电池极化下降且循环稳定性提高。

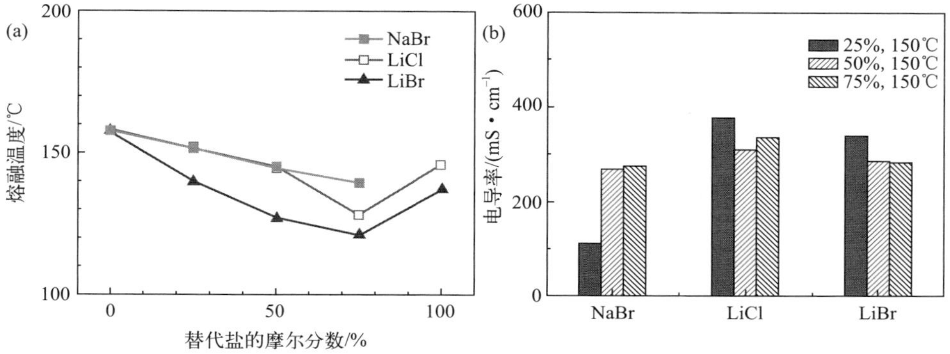

图 4-10　添加不同比例 NaBr、LiCl、LiBr 的 $NaAlCl_4$ 的熔点（a）以及 150℃下的电导率（b）

Tannaz Javadi-Doodran 对 $NaAlCl_4$ 的混合导体化做了一系列探索[23]。氯化铌不与 ZEBRA 电池正极的其他组分发生反应，且具有多种价态，是一种有前景的电解质添加剂。他在 $NaAlCl_4$ 电解质中添加不同浓度的 $NbCl_5$，试图使其成为电子离子混合导体。加入 30%（摩尔分数）$NbCl_5$ 使 $NaAlCl_4$ 电解质的电导率在 250～436℃之间提高了 20%。电导率的增加可以部分归因于熔盐黏度的降低。但是 $NbCl_5$ 中的所有电子都与氯结合，因此电解液不具有电子导电性。他们通过 FactSage 软件计算生成自由能则发现，Ni、Cu、Sn 和 Bi 可作为还原剂加入 $NbCl_5$-$NaAlCl_4$ 体系中实现体系电子导电。实验发现，在 $NbCl_5$-$NaAlCl_4$ 熔盐混合物中加入 0.2%（摩尔分数）的 Bi（Nb∶Na=0.3，Bi∶Nb=0.2），液体电解质的电导率在 190～50C℃之间增加了近一倍。此外，直流 I-V 曲线测量确定了增加的电导率以电子电寻为主。对于 Nb∶Na=0.3，Bi∶Nb=0.5 的体系，电子电导接近 0.6S·cm^{-1}。

4.3.3 正极界面电化学

ZEBRA 电池内阻分为欧姆电阻和极化电阻两部分，其中欧姆电阻主要包括 β″-Al_2O_3 固体电解质的晶粒电阻和正极电极材料的欧姆阻抗，负极和正极电解液欧姆阻抗可忽略，极化电阻包括 β″-Al_2O_3 的晶界电阻、负极钠/固体电解质界面的电阻以及正极中涉及的多个液/固界面电阻。

图 4-11 所示为钠镍电池充放电过程涉及的电极界面反应和电荷转移过程，即充电和放电过程同时涉及的正极电解液/固体电解质界面（界面Ⅱ）和 Ni@$NiCl_2$ 颗粒/电解液界面（界面Ⅲ），以及充电过程涉及的 NaCl 颗粒微溶于电解液并提供 Na^+ 和 Cl^- 的界面过程（界面Ⅳ）[24]。其中，β″-Al_2O_3 的晶界电阻和负极钠/固体电解质界面电阻已在 3.3.1.2 节详细论述。然而，正极中涉及的多个固液界面反应动力学很少有报道。固液界面反应一般分为物质传输的法拉第过程和界面双电层电荷变化的非法拉第过程。若电池的电极过程由扩散所控制，则采用电化学交流阻抗谱（EIS）技术可以得出全部的电池法拉第阻抗和非法拉第容抗特性。

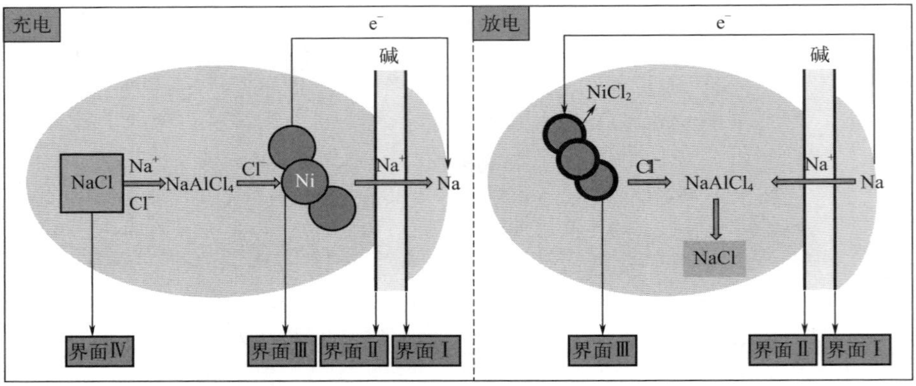

图 4-11 钠-氯化镍电池充放电过程涉及的电极界面反应和电荷转移过程

文献对于钠镍电池正极熔盐和 β″-Al_2O_3 陶瓷界面（界面Ⅱ）的报道比较少，主要原因是认为分子键结合的 $NaAlCl_4$ 熔盐的表面张力在共价键结合的 β″-Al_2O_3 陶瓷上具有可以预见的较好润湿性。如图 4-12 所示，对于熔融 $NaAlCl_4$ 在 β″-Al_2O_3 表面的接触角进行了测试，经过 32s 后，$NaAlCl_4$ 逐渐在陶瓷片表面铺展，经过 4min 的时间，$NaAlCl_4$ 几乎在陶瓷表面完全润湿，形成一个良好的固液界面。

对于 ZEBRA 电池正极界面Ⅲ和界面Ⅳ，著者首先考查了正极粉中的主要成分 NaCl 和金属 Ni 在不同孔隙率下对 $NaAlCl_4$ 的润湿性能，了解正极材料中各组分的独特表现[24]。压强从 2MPa 到 6MPa，孔隙率呈现线性下降趋势。当压强大于 4MPa 时，NaCl 颗粒出现明显的黏结长大。从 6MPa 到 8MPa，孔隙率减小缓慢，说明 NaCl 的孔隙率会趋于一个收敛值。NaCl 片致密度从 36.2%下降到 23.3%，$NaAlCl_4$ 在 NaCl 上的润湿性能变化较小。当致密度进

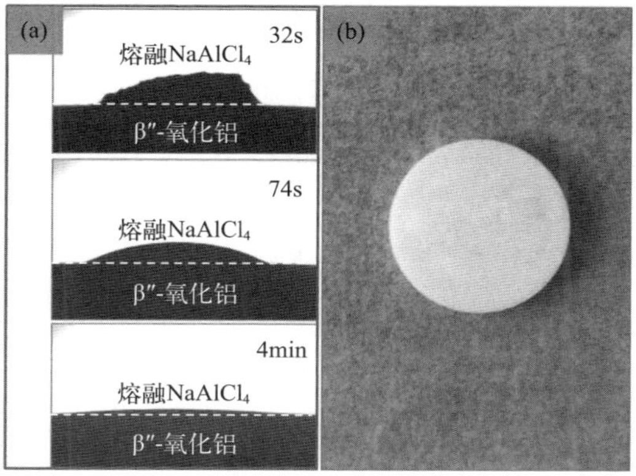

图 4-12　熔融 $NaAlCl_4$ 在 β″-Al_2O_3 表面的润湿过程（a）；$NaAlCl_4$ 铺展在 β″-Al_2O_3 陶瓷上的数码照片（b）

一步下降，润湿性能则明显变差。同样压强下得到的 Ni 片比 NaCl 片致密度低，例如 6MPa 时 NaCl 片致密度是 16.7%，而 Ni 片的致密度接近 49%。而且，在 8MPa 的压强下 Ni 颗粒也没有明显黏结长大。230°下，$NaAlCl_4$ 经过一段时间都能在 Ni 片上完全润湿，但是润湿角达到 0°的时间间隔随着压强增大而线性增大。8MPa 压制的 Ni 片在润湿角测试 12s 后完全润湿。

在此基础上，将 Ni 和 NaCl 按不同比例混合在不同压力下压制正极片，测试了正极片的孔隙率以及 $NaAlCl_4$ 在其上的润湿性能。如图 4-13 所示，总体来看，压强低于 6MPa 的所有配比样品均可在一定时间后达到完全润湿。3MPa 和 6MPa 压强下，1.5∶1 的样品最早完全润湿，润湿性能最佳，而 9MPa 下 2∶1 的样品润湿性能最佳。为了便于定量比较，提取润湿角达到 10°的时间作为统一的评价参数。图 4-13（b）反映了样品润湿角与样品孔隙率和

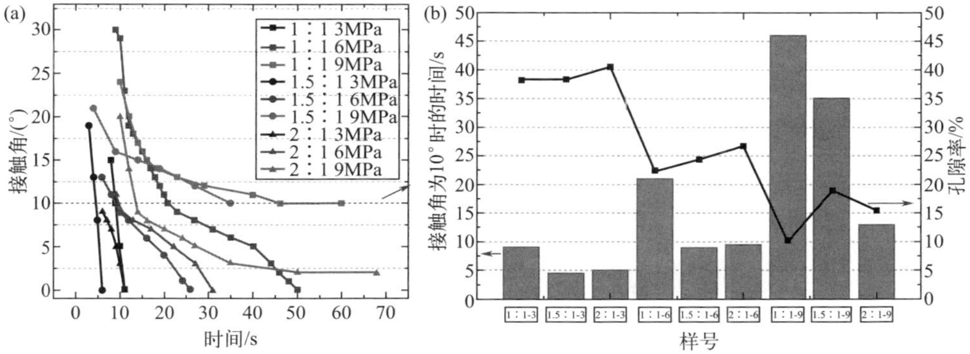

图 4-13　$NaAlCl_4$ 在不同导电成分比例、不同压力下得到的正极片表面的润湿角（a）；图（a）9 个样品的孔隙率和接触角分析（b）

样品中导电成分比例之间的变化关系。高孔隙率的样品整体表现出更好的润湿性，尤其是对于金属材料比例较低的样品（1∶1，1.5∶1），孔隙率的降低会导致润湿性能的急剧恶化。压强低于6MPa时，虽然2∶1样品的孔隙率略高于其他两个比例的样品，可是其润湿性能与1.5∶1的样品相当，甚至略差于1.5∶1的样品，而压强高于9MPa时，孔隙率较低的2∶1样品表现出较其他两个样品优异得多的润湿性能。这表明正极的材料配比和结构参数都会对润湿性能产生影响，金属材料比例低于1.5时，孔隙率对润湿性能影响较大；当金属材料比例高于2时，孔隙率对润湿性能影响较小。因此，为了得到最佳的电解液/电极材料界面，需要协同考虑这两个因素。目前还有待深入探索正极内部界面对电池正极内阻的影响。

Wang等通过EIS技术研究了钠-氯化镍电池在放电过程中的阻抗变化[25]。如图4-14所示，他们采用两电极和直流极化法成功区分出不同放电深度（DoD）下欧姆面电阻和极化面电阻。结果表明，随着放电深度的增加，电池的欧姆面电阻略有下降，而极化面电阻持续增加；当放电深度（DoD）小于40%时，欧姆面电阻占主导地位，当放电深度大于40%时，极化面电阻占主导地位。因此，极化面电阻是造成电池总面电阻随放电深度的增加而增加的主要原因。

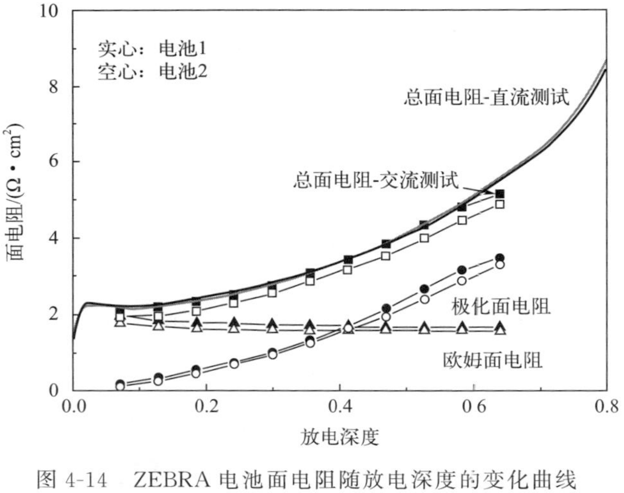

图4-14　ZEBRA电池面电阻随放电深度的变化曲线

著者通过原位宽频率电化学阻抗谱（原位EIS）在线研究充放电过程中电池界面极化阻抗的变化[26]。原位EIS测试是在电池的特定周期内，以固定的时间间隔或电势自动执行的。图4-15显示了粉末电极和碳纤维支撑薄膜电极充放电过程中的原位EIS。谱图的x轴截距对应欧姆阻抗R_{ohm}。半圆对应的

电荷转移阻抗 R_{ct} 可归因于界面处的电荷转移，如 Ni 颗粒与 $NiCl_2$ 层之间的界面。充放电开始前期，电池正极的反应动力学为欧姆阻抗 R_{ohm}、电荷转移阻抗 R_{ct} 和 $NiCl_2$ 绝缘阻挡层阻抗共同控制；充放电后期，正极的反应动力学变为欧姆阻抗 R_{ohm}、电荷转移阻抗 R_{ct} 和扩散阻抗 R_w 共同控制。R_{ohm} 和 R_{ct} 在充放电过程中的变化在两种电极中表现出明显差异。粉末电极的 R_{ohm} 和 R_{ct} 均随着充放电深度的加深而增大，而碳纤维支撑薄膜电极各部分的阻抗没有明显变化。这说明粉末电极在电池循环过程中对应 R_{ohm} 的导电网络经历了破坏和修复的过程。充放电后期，由于电极反应前端远离固体电解质表面，R_{ct} 逐渐增大，而薄膜电极的阻抗在全过程中更加稳定，电池体现出更好的倍率性能。

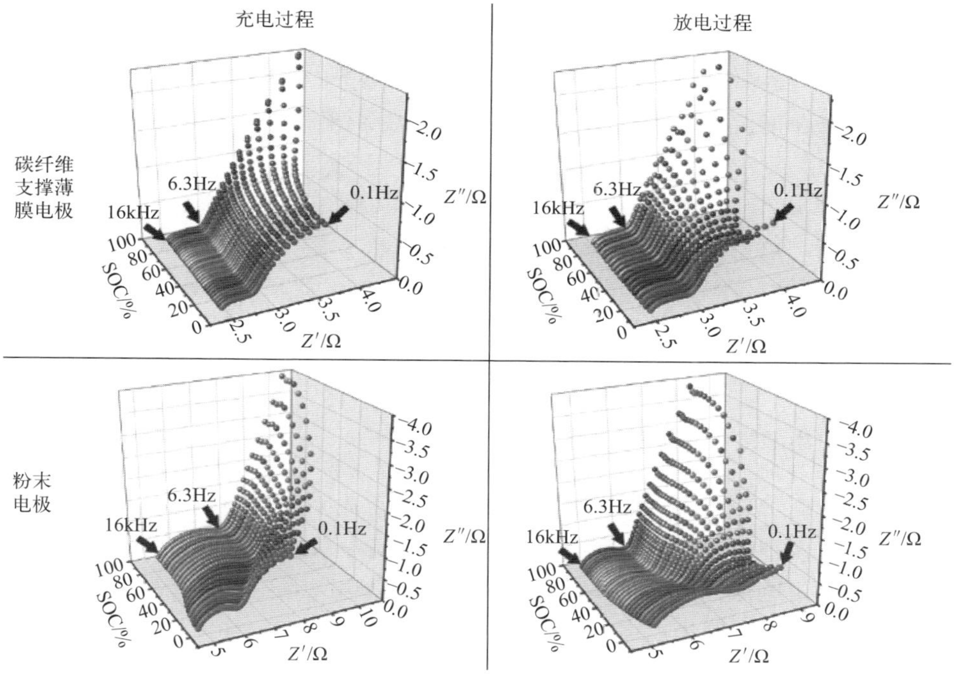

图 4-15　粉末电极和碳纤维支撑薄膜电极充放电过程中的原位电化学阻抗谱

4.3.4　正极添加剂

通过在 ZEBRA 电池正极中添加一些功能性的添加剂可以有效提升电池的能量、功率特性和循环稳定性，因此可以将 ZEBRA 电池正极添加剂分为能量密度提升添加剂、功率密度提升添加剂和稳定性提升添加剂。

4.3.4.1 能量密度提升添加剂

加入少量的铝粉与 NaCl 反应，在第一次充电中进行以下反应：

$$4NaCl + Al \longrightarrow NaAlCl_4 + 3Na \quad E = 1.6V \tag{4-12}$$

式（4-12）反应产生的作用有：①首周在负极侧提供金属钠；②在正极侧提供更多的液体电解质；③反应过的铝粉在正极内部留下了合适的孔隙，并确保电池第一次充电完全。举例来说，实际应用时，正极添加 2g 的铝将生成 5g 钠，产生 8Ah 的充电容量。

正极添加氟化钠（NaF）是一种有效的提高电池容量的方法，因为 1g NaF 产生 0.64Ah 容量，而 1g NaCl 对应的容量为 0.46Ah。添加一定量的 NaF 能明显提高电池过充的耐受性[27]。图 4-16 分别显示了添加 NaF 的电池在 3V 过充条件下循环的内阻变化。添加 5%（摩尔分数）NaF 的电池在过充条件下能保持电池良好的一致性，这对于电池成组十分重要。但是，有文献指出，氟离子在正极中以 $AlCl_xF_{4-x}^-$ 的形式存在，当电池过充时，将发生以下反应：

$$2NaAl(Cl_xF_{1-x})_4 + Ni \longrightarrow 2Na + NiCl_2 + 2Al(Cl_yF_{1-y})_3 \tag{4-13}$$

由于液态电解质中的一部分氯离子用于 $NiCl_2$ 的形成，$Al(Cl_yF_{1-y})_3$ 产物的氟含量增加。AlF_3 可以从这种高氟化合物中沉淀出来沉积在固体电解质管表面[28]。因此，当 NaF 的添加量提高至 9%（摩尔分数）时，电池内阻增大，峰值功率明显降低。

4.3.4.2 功率密度提升添加剂

为了提高 ZEBRA 电池的功率特性，人们首先对固体电解质进行了升级。这部分在 4.2 节已经讲到，将陶瓷电解质管从圆形截面变为花瓣形截面，很大程度上提高了电池的输出功率。但是电池的输出功率对放电深度有较大的依赖性。为了降低电池输出功率对放电深度的依赖性，AEG Anglo 电池公司的研究人员在正极中引入了电势较低的第二正极 Fe[29]。图 4-17 显示了圆形截面的第一代 ZEBRA 电池、添加 Fe 前后花瓣形截面的第二代 ZEBRA 电池内阻随放电深度的变化。相比之下，含 Fe 添加剂的第二代 ZEBRA 电池内阻在全部放电深度几乎恒定在非常低的值。用铁代替部分镍，也在一定程度上降低了电池的成本。

Rijssenbeek 和 Li 等对 Fe 参与的电极反应过程进行了更深入的表征和研究[15,16]。Fe 参与的电极反应可以写为：

$$8NaCl + Fe(\text{放电态}) \rightleftharpoons 2Na + Na_6FeCl_8 \quad 0\sim25\%SoC \tag{4-14}$$

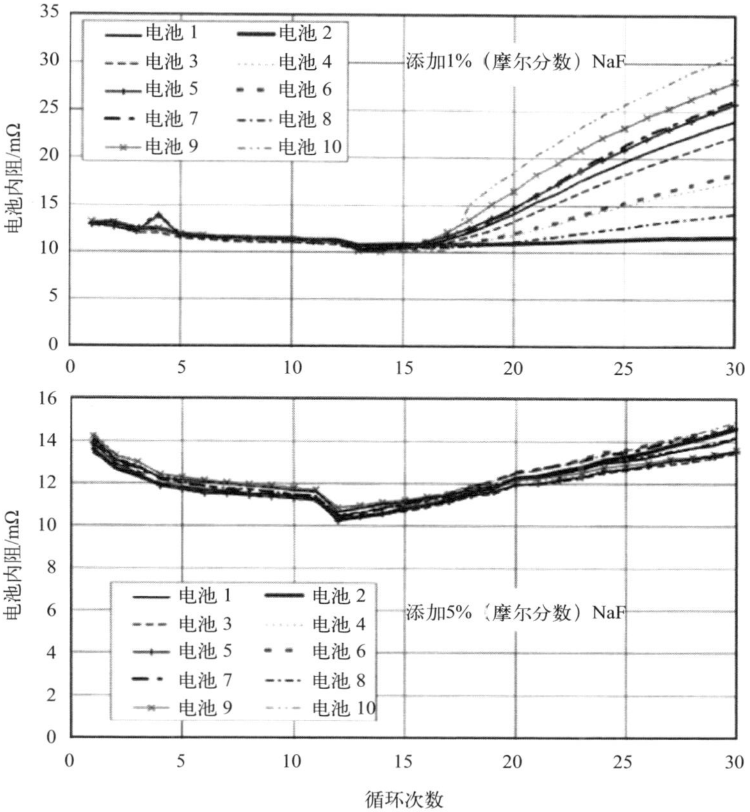

图 4-16 添加不同含量 NaF 的电池在 3V 过充条件下循环的内阻变化

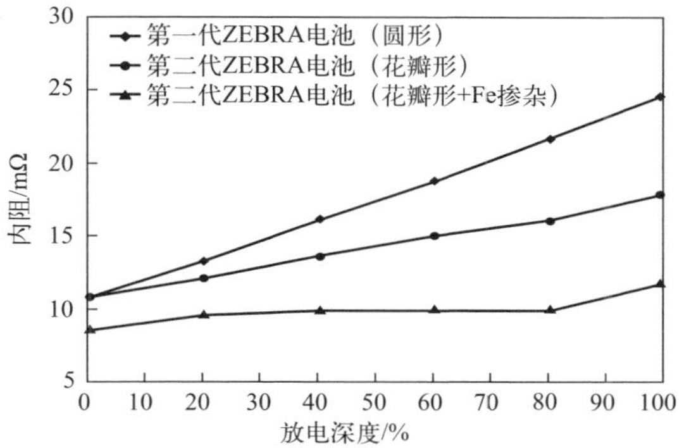

图 4-17 圆形截面的第一代 ZEBRA 电池、添加 Fe 前后花瓣形截面的第二代 ZEBRA 电池内阻随放电深度的变化

$$Na_6FeCl_8+3Fe \rightleftharpoons 6Na+4FeCl_2 \text{（充电态）} \quad 25\%\sim100\%SoC \tag{4-15}$$

总反应： $$2NaCl+Fe \rightleftharpoons 2Na+FeCl_2 \quad E_{300℃}=2.35V \tag{4-16}$$

Fe 在充放电过程中并不直接与 NaCl 发生反应，而是通过 $NaAlCl_4$ 电解液形成 Na_6FeCl_8 中间相实现的。Rijssenbeek 等采用原位能量色散 X 射线衍射（EDXRD）研究电极过程时发现，放电中期的产物主相为 Na_6MCl_8 相而不是 NaCl 相[15]。见图 4-18，Li 等通过测试不同扫速的循环伏安（CV）曲线，并对扫速平方根与峰值电流密度的数值关系作图[16]。根据式（4-17）的 Randle-Sevcik 方程，它们之间遵循方程预测的线性趋势。根据拟合直线的斜率可以计算 Fe/Fe^{2+} 氧化还原对在 $NaAlCl_4$ 中的离子扩散系数 D 为 $1.9\times10^{-6}cm^2\cdot s^{-1}$，约为 Ni/Ni^{2+} 氧化还原对的 28 倍。

$$I_p=0.4463nFAC\left(\frac{nFvD}{RT}\right)^{\frac{1}{2}} \tag{4-17}$$

图 4-18（b）中所示的 Tafel 曲线得到 Fe 电极在 $NaAlCl_4$ 中的交换电流密度高于 Ni 电极，反映 Fe 电极更高的电子转移本征速率。这些实验结果都表明 Fe/Fe^{2+} 氧化还原反应动力学比 Ni/Ni^{2+} 更快[16]。在 ZEBRA 电池的 Ni 电极中添加 Fe 可以在一定程度上提高电池的功率密度。此外，他们还模拟了阳离子通过空位在 FCC 结构的 Na_6FeCl_8 相间快速扩散，认为 Na_6FeCl_8 和 $FeCl_2$ 结构上的相似性促进了高倍率充电过程中主要的相变（$Na_6FeCl_8 \longrightarrow FeCl_2$）。

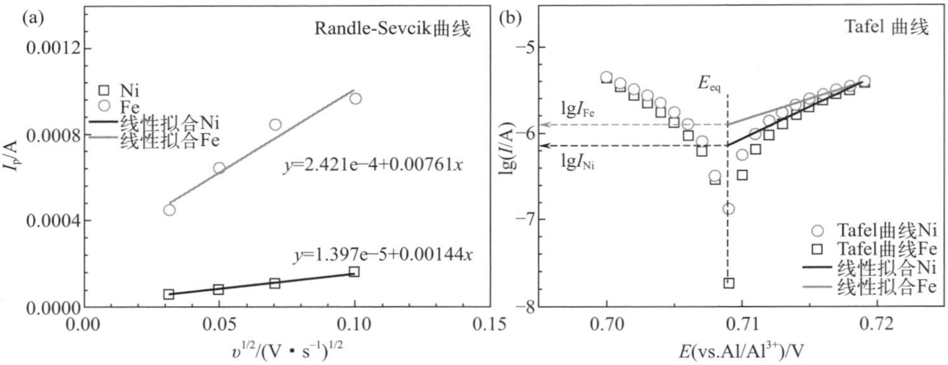

图 4-18 Ni/Ni^{2+} 和 Fe/Fe^{2+} 氧化还原对在 $NaAlCl_4$ 电解液中的 Randle-Sevcik 曲线和 Tafel 曲线（190℃）

NaBr 和 NaI 在 ZEBRA 电池发展的早期也被考虑作为正极添加剂，但是 2000 年以后，研究人员对 NaBr 和 NaI 提升电池正极性能的机理有了更充分的研究，并得到了一些深入的结果。Li 的团队分别组装了 Ni-NaCl、Ni-NaBr 和 Ni-NaI 电池来分析 NaBr 和 NaI 在 ZEBRA 电池体系中的电化学性能。图 4-19

显示了以上三种电池的充放电曲线和倍率性能[30]。与 NaCl 和 NaI 电极不同的是，NaBr 对应两个放电平台。Ni-NaCl 在低倍率下显示最高的容量，而 Ni-NaBr 电池在高倍率下容量保持率更高。为了研究 NaBr 提升电池倍率性能的深层原因，他们测试了 Ni-NaBr 电池不同 SoC 下充放电产物的高分辨 XRD、SEM 和 EDS，结果显示，Br^- 和 $AlCl_4^-$ 容易发生离子交换，电极反应所需的氯离子由以下反应产生：

$$x\,NaBr + NaAlCl_4 \rightleftharpoons x\,NaCl + NaAlBr_x Cl_{4-x} \tag{4-18}$$

离子色谱法测定式中 $x=0.24$。电池的充电产物为 $NiBr_2$，但放电产物为 $NiBr_{2-x}Cl_x$。$NaBr_{0.8}Cl_{0.2}$ 相和 $NaBr_{0.7}Cl_{0.3}$ 相对应两个不同的放电平台，显示 Na^+ 为分步参与反应，且在过电势较高的平台上 $NaBr_{0.6}Cl_{0.4}$ 和 $NaBr_{0.9}Cl_{0.1}$ 中的 Br^- 和 Cl^- 发生重排和相变，生成 $NaBr_{0.7}Cl_{0.3}$。通过电感耦合等离子体质谱（ICP-MS）测定 NaCl、NaBr 和 NaI 在 $NaAlCl_4$ 中的溶解度发现，它们的溶解比例分别为 2.2%（摩尔分数）、6.8%（摩尔分数）和 2.4%（摩尔分数）。升高的溶解度使 NaBr 电极中 Na^+ 传质加速，从而导致更高的倍率性能。

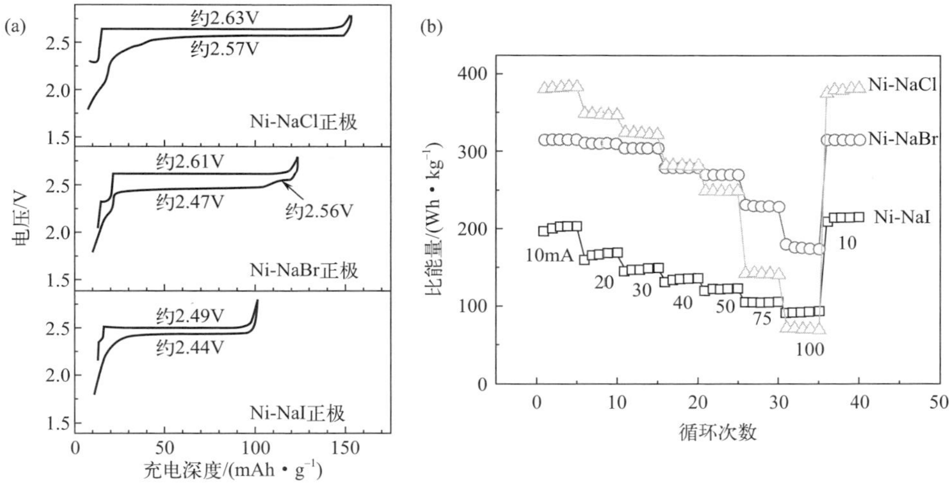

图 4-19 Ni-NaCl、Ni-NaBr 和 Ni-NaI 电池的充放电曲线和倍率性能

另外，Prakash 等研究发现 NaI 添加剂可以增加多孔镍电极的有效容量，并降低电池内阻，如将其与硫添加剂结合使用，对电池性能的提升效果更加显著[31]。在充电电压高于 2.8V 时，单质碘在正极生成。但是气相的碘不会使电池内压增大至 10kPa 以上，这与计算的高压结果不太一致。碘在 $NaAlCl_4$ 中的高溶解度以及碘与金属镍的反应可能是压力降低的原因。

4.3.4.3 稳定性提升添加剂

硫化亚铁（FeS）作为ZEBRA电池常用的正极添加剂，在电池首次充电时发生以下反应[1]：

$$FeS+2NaCl+Ni \longrightarrow FeCl_2+NiS+2Na \quad E=2.37V \tag{4-19}$$

此后 $FeCl_2$ 可以提供额外的容量，并提高功率密度。硫化镍则被报道可以在后续循环中起到控制金属镍颗粒尺寸的作用[32,33]。单质硫也被视为一种提高电池循环稳定性的正极添加剂，其增强电池性能的原理与硫化镍类似，可以有效地控制金属镍的晶粒长大，稳定正极导电网络[34]。通过采用表面硫化的镍粉预制电池正极发现，电池的循环稳定性得到较大提升[35]。见图4-20，研究发现，通过 $NaAlCl_4$ 引入正极的单质S在正极内部还存在自修复镍颗粒表面的作用[36]。S对于 Ni_3S_2 层的自修复功能可以增强镍颗粒尺寸的控制效果，改善电池循环性能。自修复效果取决于正极中硫的含量。图4-21显示了添加

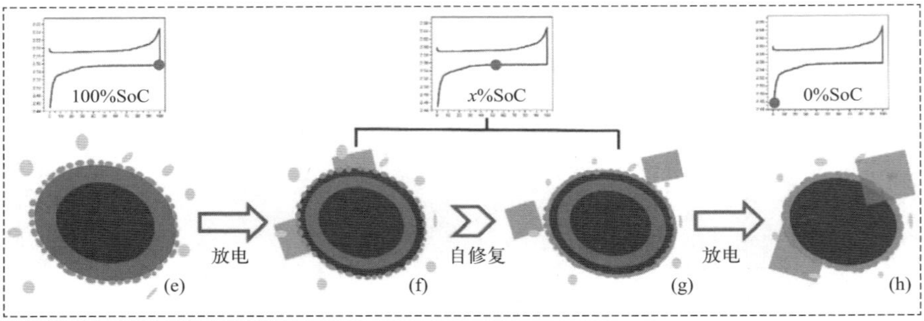

图4-20 硫对 Ni_3S_2 层自修复功能的模型说明

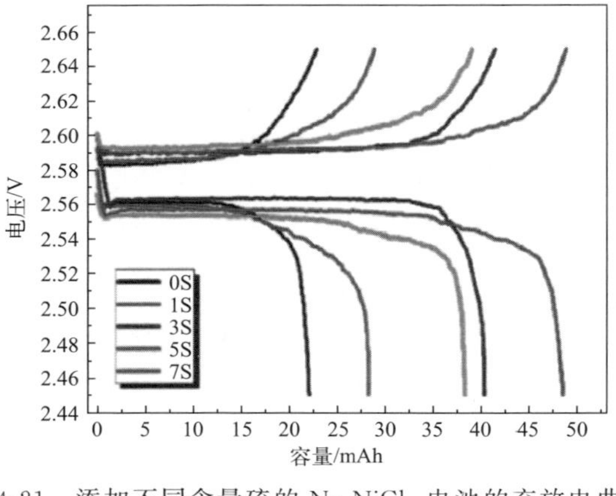

图4-21 添加不同含量硫的 $Na\text{-}NiCl_2$ 电池的充放电曲线
（图中1S对应添加1% S，其他类推）（另见文后彩图）

不同含量硫的 Na-$NiCl_2$ 电池的充放电曲线。从图中可见，硫的添加量存在一个最优值。当硫添加量从 0 到 3%，电池极化逐渐减小，可逆容量增大。当硫添加量超过 3%，过量的硫反而会因为降低电极导电性使电池性能下降。

4.3.5 正极的结构设计

4.3.5.1 正极导电网络的结构设计

为了构建正极良好稳定的导电网络以及降低金属镍的用量，研究人员近几年尝试设计了多种新型的正极材料，并取得了一定的进展。通过添加惰性碳作为导电骨架的补充是正极结构设计的一个方向。著者通过在 15Ah 的 ZEBRA 电池正极添加 3%碳纤维明显降低了电池的极化电压，提高了正极的活性物质利用率[37]。此外，我们还通过将镍和氯化钠负载在碳纤维和多壁碳纳米管复合的三维结构中作为正极，将电池正极中镍与氯化钠的比例降至 1[38]。如图 4-22 所示，我们采用操作便利的悬浊液两级抽滤的方法，首先制备碳质基片，然后在基片上再制备均匀分散的 Ni/NaCl/碳纤维/多壁碳纳米管复合电极。该电极组装的 ZEBRA 电池在 190℃下循环 150 次后比容量接近 $100mAh \cdot g^{-1}$，容量保持率约为 74%，而 Ni/NaCl 质量比为 1 的常规电极 15 次循环后比容量低于 $50mAh \cdot g^{-1}$。

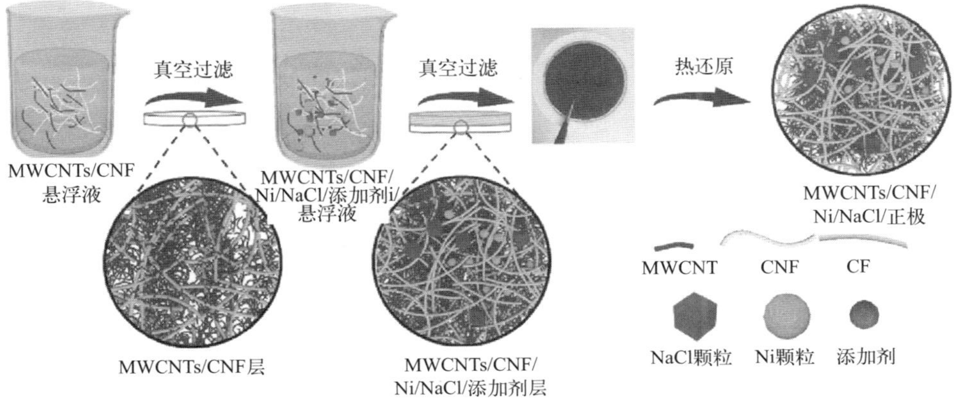

图 4-22 Ni/NaCl/碳纤维/多壁碳纳米管复合电极的制备过程

将丝网状导电材料应用于导电网络是正极结构设计的另一个方向。著者还提出了一种由镍纳米线充当良好电子传导网络的平板 ZEBRA 电池正极结构[39]。镍纳米线材料通过磁力诱导的水热法制备。正极材料通过将一定比例的镍纳米线、氯化钠与正极添加剂在乙醇中超声分散后干燥得到。组装理论容量为 18.3mAh（比容量为 $183mAh \cdot g^{-1}$）的平板 ZEBRA 电池测试电池性能，结果显示镍纳米线正极的比容量达到 130mAh·g^{-1}，在 0.05C 下具有 360Wh·kg^{-1} 的较高能量密度和 100 次以上的稳定循环性能。著者进一步采用多溶液静电纺丝法合成了镍-碳复合纳米纤维网络，构建了一种新型的 Na-$NiCl_2$ 电池三维正极[26]。如图 4-23 所示，该正极的特点在于镍和氯化钠两种活性物质在电池组装时无须混合，而是直接将氯化钠平铺于镍-碳复合纳米纤维网络膜下方，在首周充电时通过电化学过程生成氯化镍正极。此后循环生成的氯化钠被导电纤维网络所限域，与碳基稳定导电网络一起得到高效的电池正极，从而达到电极高倍率充放电的目的。图 4-24 显示了镍-碳复合纳米纤维电极的倍率循环性能曲线[26]。从图中可以看到，该电极在 0.3C 倍率下初始比容量为 155mAh·g^{-1}，为理论比容量的 91.7%。400 次循环后，容量保持率为 81%。值得注意的是，该电极在 2C 的高倍率下仍能稳定工作 350 次循环以上，库仑效率接近 100%，这可以归因于电极稳定高效的导电网络结构。

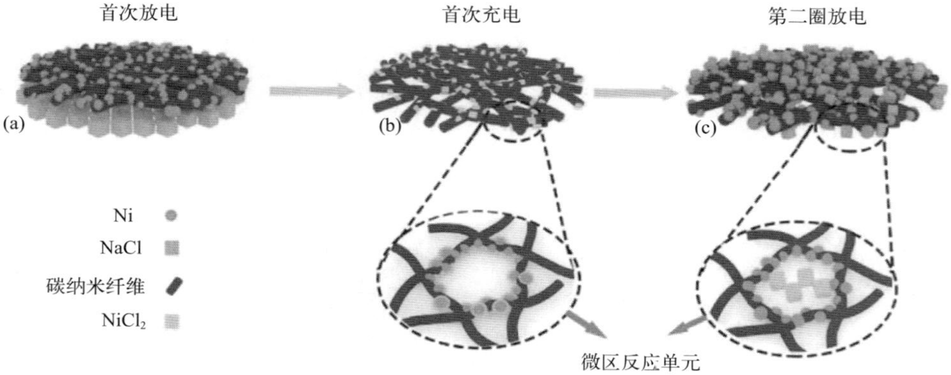

图 4-23　镍-碳复合纳米纤维网络基正极材料的循环机理图

为了稳定正极的金属导电网络，抑制金属的电化学团聚，ZEBRA 电池正极的多平台设计也被认为是提高电池性能的有效手段。Ahn 等采用了一种镍/铁双金属正极结构体系[40]。充电过程中，由于 Fe 的充电平台低于 Ni，Fe 颗粒表面优先生成 $FeCl_2$，Ni 颗粒不参与反应，而 Ni 的颗粒尺寸远小于 Fe 的颗粒尺寸，可以保证导电链连通良好。此外，Fe 的加入还会降低 Ni 在电化学反应过程中在其颗粒表面形成的 $NiCl_2$ 层的厚度。通过这一结构设计，与 Na-$NiCl_2$ 电池相比，Na-(Ni，Fe) Cl_2 电池的循环性能显著提高。100 次循环后，Na-(Ni，Fe) Cl_2 电池的充放电容量相对高 42%。

最近，Li 等探索了直接采用 $NiCl_2$/还原氧化石墨烯（rGO）气凝胶复合材料作为电极组装 ZEBRA 电池的设计思路[41]。这一设计能将 Ni 的用量降至最低用量，即几乎不过量。图 4-25 显示了原始 rGO 气凝胶和负载不同含量

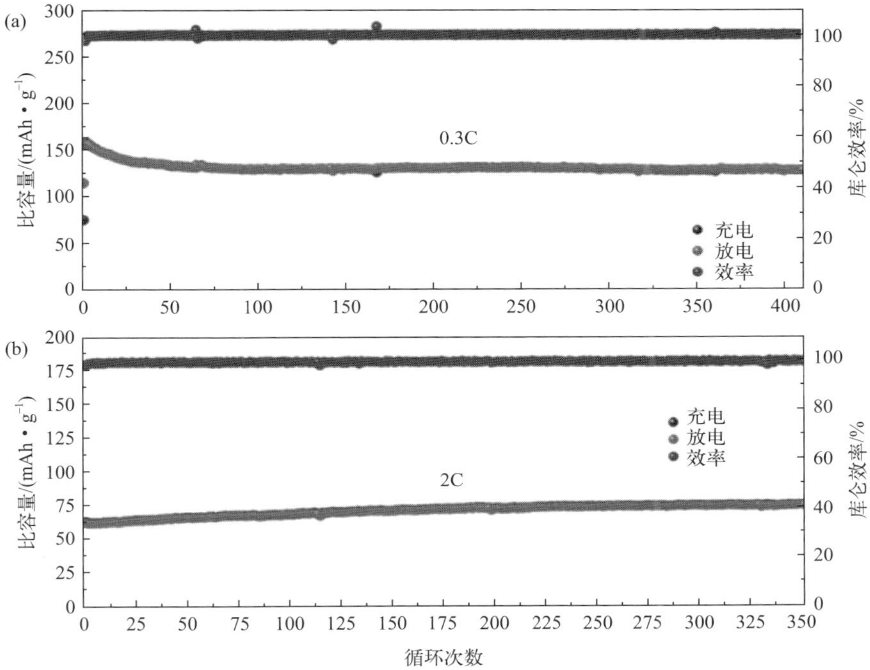

图 4-24　镍-碳复合纳米纤维电极的倍率循环性能曲线

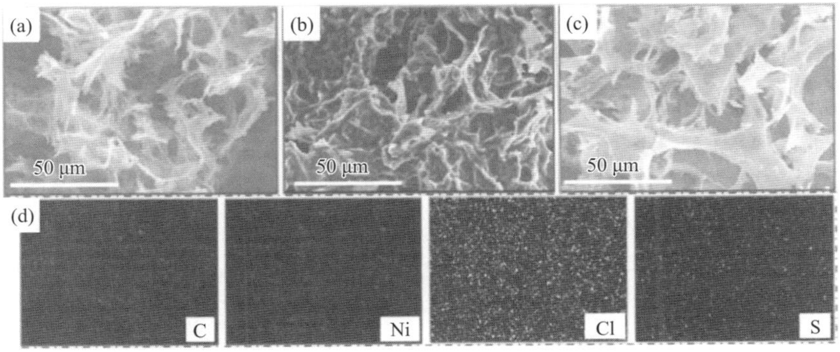

图 4-25　还原氧化石墨烯（rGO）气凝胶（a）、负载 90% $NiCl_2$ 的 rGO 气凝胶（b）和负载 51.3% $NiCl_2$ 的 rGO 气凝胶（c）的 SEM 图片；负载 51.3% $NiCl_2$ 的 rGO 气凝胶（d）的面分布元素图

$NiCl_2$ 的 rGO 的扫描电镜照片，以及负载 51.3% $NiCl_2$ 的 rGO 气凝胶的面分布元素图。从图中可以看到，rGO 气凝胶呈现薄片交联网络状结构。当 rGO 气凝胶负载 90% $NiCl_2$ 时，$NiCl_2$ 几乎覆盖了所有 rGO 片的表面和片层间隙。这一电极由于较差的导电性而无法正常工作。rGO 气凝胶负载 51.3% $NiCl_2$

的电极则显示了 $NiCl_2$ 均匀覆盖在 rGO 片层表面的理想结构。该电极在限容 20%～80%SoC 的充放电制度下，容量可保持 $125mAh \cdot g^{-1}$ 稳定循环至少 50 次。

4.3.5.2 正极集流体的结构设计

正极集流体不仅承担电子去往外电路的通路，还需要在管式电池中保证正极上部电解液 $NaAlCl_4$ 的润湿，并在氯离子腐蚀环境中性质稳定，因此正极集流体的材料选型和结构设计对于正极性能也十分关键。对于花瓣形截面的固体电解质，集流体需要满足“花瓣”的四个分区都能快速集流。图 4-26 是一种簪子形状的 Ni 电流集电极夹多孔碳毡片的集流体设计[2]。Ni 的主链在正极内部提供径向导电性，碳毡吸附 $NaAlCl_4$ 保持正极上部电解液的润湿。通过使用导电性更强的电流集电极，可以进一步降低电池的内阻。铜的电导率是镍的 4 倍，但铜易被 $NaAlCl_4$ 电解液腐蚀。因此，使用镀镍的铜电极可增加电流集电极的电导率和电化学稳定性。这种复合材料将电流集电极电阻降低了高达 80%，它对提高电池功率的贡献是可观的[27]。

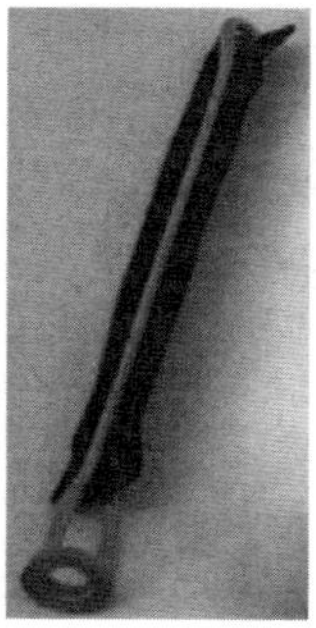

图 4-26 一种 ZEBRA 电池的正极集流体

4.4 ZEBRA 电池的性能影响因素

4.4.1 充放电制度

ZEBRA 电池首圈充电过程实现完全充电是必要的，因为这样可使所有的游离 NaCl 都被除去。否则，正极中任何未溶解的 NaCl 晶体都可以为循环过程中 NaCl 过度生长提供成核位点。如果首圈充电过程完全，则正极中的氯化钠被完全消耗，但是在首圈放电过程中，电池放电并非完全可逆，导致在正极中心的未参与放电的那部分充电产物 $NiCl_2$ 将停留在中心，而 $NiCl_2$ 在 $NaAlCl_4$ 电解液中的溶解度非常低，抑制了重结晶与晶粒生长，几乎不影响电池的长期循环性能。如果首圈充电过程不完全，在正极内部存在未反应的氯化钠颗粒，其溶解度更高，晶粒生长快速，这些大颗粒将破坏电极结构，造成容量损失[1]。然而，首圈完全充电并非稳定电池性能的充分条件，合理的充放电制度也是必要的。恒流恒压充电制度被发现是最有效的，图 4-27 给出了一个 ZEBRA 电池不同倍率下典型的充放电曲线。对于一个容量为 38Ah 的钠-氯化镍电池，以 3A 的电流充电至 2.7V 恒压继续充电的恒流-恒压充电制度是较优的，当电流降低到 0.5A 时，充电截止。使用这一充电制度，电池可在 1000 圈内得到稳定的容量。电池达到完全充电一般需要 5h 以上，将充电恒压平台提高到 2.85V 使快速充电成为可能[2]。图 4-28 显示了 ZEBRA 电池快充的充电深度-时间曲线。当使用 30A、2.85V 恒流恒压充电制度，40min 即可以恢复 50%的电量（20%～70%SoC），恢复接近 80%的电量也只需要 1h。在标称容量（一般为理论容量的 80%）的限制下，电池恒流放电电压范围与电流密度引起的电池极化有关。通常在 0.1C 的放电倍率下，电池电压范围为 2.35～2.53V。随着放电电流密度增大，放电平台有所下降。通常 ZEBRA 电池的放电终止电压约为 2.1V。

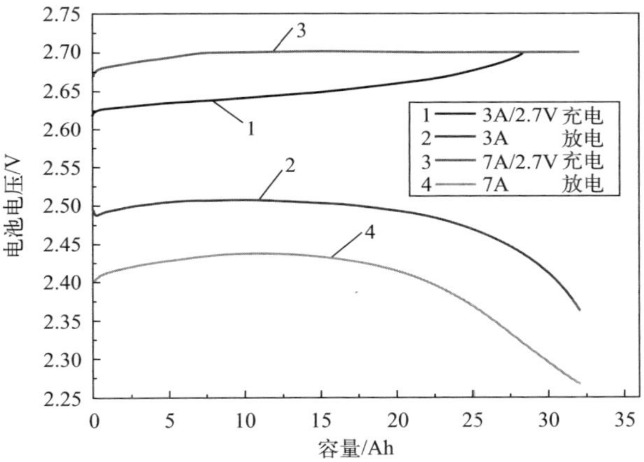

图 4-27 ZEBRA 电池不同倍率下典型的恒流恒压充电和恒流放电曲线

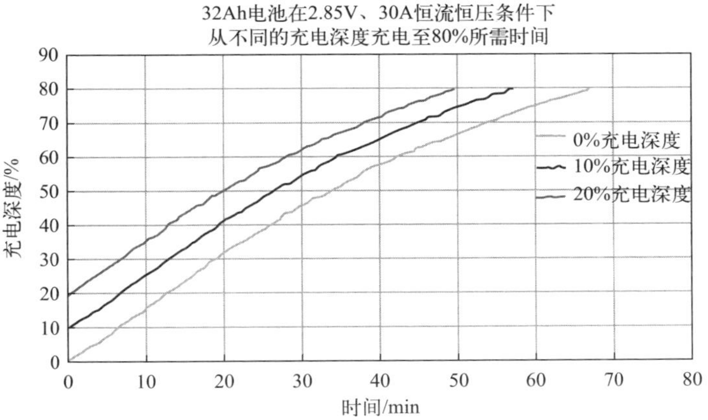

图 4-28 32Ah ZEBRA 电池快充的充电深度-时间曲线

电池不同放电深度下电池各组分对电池内阻的贡献如图 4-29 所示[29]。电池内阻的来源包括负极、固体电解质和正极，前两者是常数，与钠硫电池不同，ZEBRA 电池的正极电阻随着放电深度的增加而显著增加。Rijssenbeek 等利用原位能量色散 X 射线衍射（in situ energy dispersive X-ray diffraction，EDXRD）技术解释了这一现象[15]。他们通过探测到的局部晶体结构或相分布，表征 ZEBRA 电池 SoC 变化过程中内部材料的传质过程。图 4-30 显示了

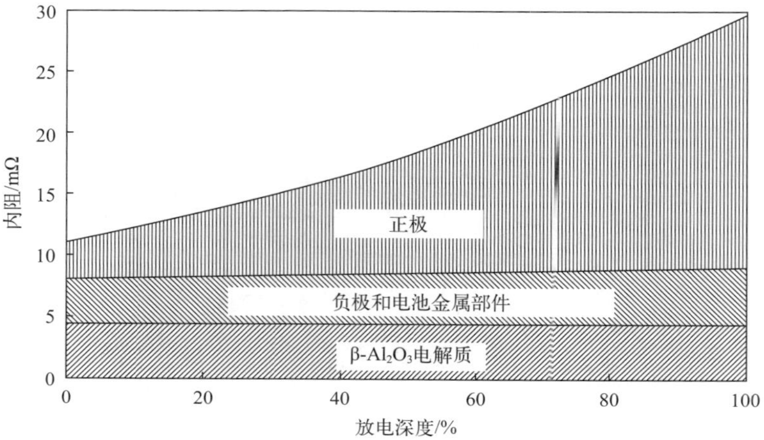

图 4-29 电池不同放电深度下电池各组分对电池内阻的贡献

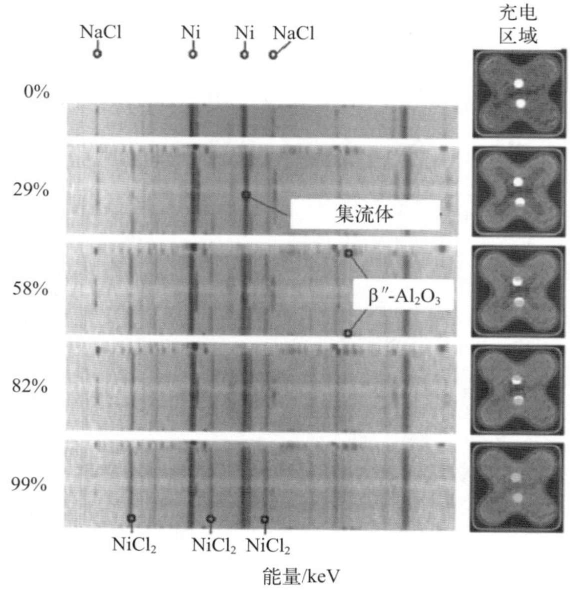

图 4-30 EDXRD 技术探测的 ZEBRA 电池充电过程中材料在空间上的物相演变

电池充电过程中材料在空间上的物相演变。从图中可以看到，随着充电深度增加，正极反应前端不断向电池中心推进，正极离子电子扩散至固体电解质的距离不断延长，导致正极内阻增大。放电过程同样是从固体电解质表面向电池中心推进。可以预见，随着放电深度的增大，反应前端的推进，正极内部传质逐渐缓慢，电池内阻呈上升趋势。如 4.3.3 节所述，Wang 等的研究证实了这一点[25]。为了避免高电阻相的大量生成，通常 ZEBRA 电池的充放电深度控制在 80%以内。据 Beta R&D 公司报道，经过优化的 ZEBRA 电池在 80%DoD 下循环 3600 次以上容量不衰减，内阻仅有限增加，具有 10～15 年的较长寿命[42]。图 4-31 显示了 ZEBRA 电池峰值功率随放电深度的变化曲线。直至 80% DoD，电池峰值功率比较稳定，最大比功率可达 $260W \cdot kg^{-1}$。

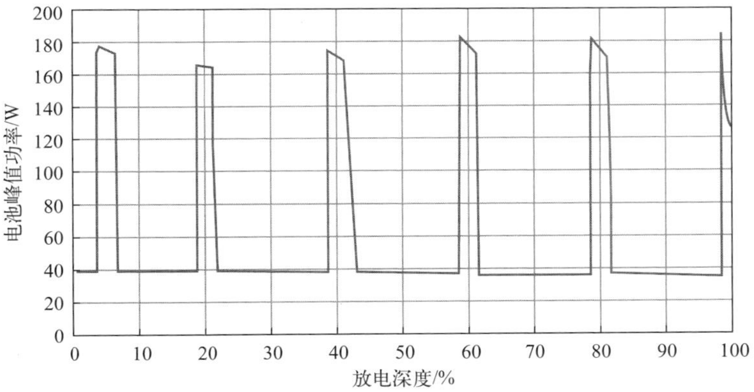

图 4-31　典型的 ZEBRA 电池峰值功率随放电深度的变化曲线

4.4.2　电解质管中毒

ZEBRA 电池的电化学性能退化与多种因素有关，主要包括电解质管退化和正极活性物质晶粒长大导致其利用率下降等，其中电解质管退化主要是电极/电解质界面高的局部电流密度以及电解质管中毒等原因所导致的[43]。电极/电解质界面高的局部电流密度主要发生在负极侧，与金属钠在电解质表面不完全润湿有关。目前，经过对固体电解质进行表面修饰已将此问题解决得较好。电解质管中毒主要是因为 β''-Al_2O_3 高温下易与多种金属杂质离子发生离子交换，尤其是 Ca^{2+}、Si^{4+}、Cu^{2+} 等，它们与 β''-Al_2O_3 中的钠离子发生交换后会降低 β''-Al_2O_3 相含量，还可能在 β''-Al_2O_3 表面沉积高电阻界面层，产生严重的界面极化[44-47]。我们曾经解剖了一组 200 次循环后性能衰减的含镀镍铜集流体的 ZEBRA 电池，通过 EDS 元素分析发现循环后的正极材料内含有大量的 Cu

元素，而且 Cu 元素在电池轴向上分布不均匀。这从一个方面说明铜镀镍集流体存在镀层消耗的可能性，且镀层在电池轴向上消耗的速度不等，容易导致电解质管被局部毒化。因此在 ZEBRA 电池的组装过程中从原材料到工艺过程，需要对可能的杂质离子含量进行严格限制。

4.4.3 正极活性物质晶粒的尺寸

研究表明，正极活性物质晶粒的尺寸对 ZEBRA 电池的循环稳定性产生重要的影响。在电池充电过程中，正极侧首先发生的反应是 NaCl 颗粒溶解到正极电解液 $NaAlCl_4$ 中，进而同时在 Ni 颗粒表面形成 $NiCl_2$ 层。正极中存在的较大的 NaCl 颗粒将导致 NaCl 缓慢溶解，以及活性金属 Ni 或 Fe 颗粒的表面积减小，都将导致充电极化的增加。

正极活性物质晶粒长大主要与电池工作温度、充放电倍率、Ni/NaCl 比例和放电截止电压等因素相关[5]。

首先，典型管状 ZEBRA 电池通常在 250℃以上的较高温度下运行，一方面可降低电池中所用的厚 β''-Al_2O_3 电解质（1～3mm）的欧姆阻抗，提高离子导电性能，另一方面可以增加负极 Na 与 β''-Al_2O_3 的界面润湿。平板 ZEBRA 电池通常在低于 200℃的较低温度下运行，降低工作温度一方面可减弱高温工作时充电产物溶解带来的副反应，另一方面也可限制活性物质颗粒的长大，改善电池的循环稳定性[48]。图 4-32 显示 ZEBRA 电池 280℃循环 200 次后金属 Ni 的平均粒径约为 10μm，明显大于在 190℃下观察到的 1～2μm 的平均粒径[49]。类似地，280℃下 NaCl 的粒径为 50μm，比 190℃时 5～10μm 的平均粒径大得多。考虑到原始镍粉（1～2μm）和氯化钠粉（约 5μm）的粒径，可知在 190℃下的颗粒生长比在 280℃下的更缓慢。

其次，发现充放电倍率、充电截止电压和 Ni/NaCl 比例也与活性金属和 NaCl 的晶粒长大有直接的关系。表 4-3 显示了 Li Guosheng 等通过不同条件下组装和测试的 Na-$NiCl_2$ 电池 60 次循环后 Ni 和 NaCl 晶粒尺寸[6]。从表中编号 1～4 可以发现，高的充放电倍率将导致 Ni 颗粒生长过快。由编号 1、5 和 6 的数据对比可知，低的 Ni/NaCl 比例对 Ni 颗粒长大产生一定影响，但非主要因素。由编号 1、7、8 和 9 的数据对比可知，高的充电截止电压和深的充电深度会导致 Ni 和 NaCl 颗粒同时快速长大，而且这一效应会在较低的 Ni/NaCl 比例条件下被放大。由编号 1、7、10、11 和 12 的数据对比可知，在 Ni/NaCl 比例为 1.8 且 0.3C 左右的小电流充放电条件下，充放电窗口的大小对 Ni 颗粒的长大影响不明显，NaCl 颗粒的尺寸维持在 30～50μm。对于 NaCl 颗粒，由

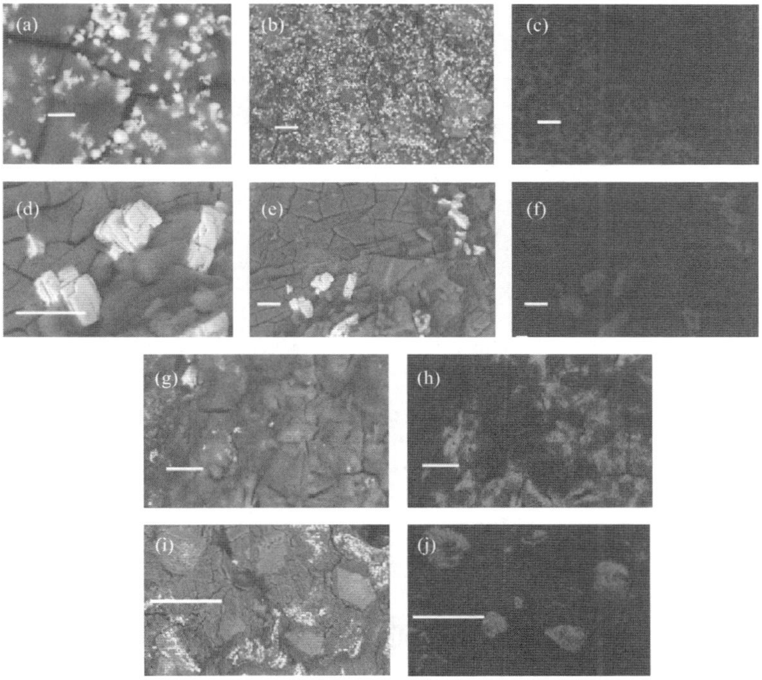

图 4-32　190℃下工作的 ZEBRA 电池循环 200 次后的 SEM 形貌及元素分析：(a) 比例尺 2μm，(b) 比例尺 10μm，(c) Ni 元素面分布（比例尺 10μm），(g) 比例尺 10μm 和 (h) Na 元素面分布（比例尺 10μm）。280℃下工作的 ZEBRA 电池循环 200 次后的 SEM 形貌及元素分析：(d) 比例尺 10μm，(e) 比例尺 10μm，(f) Ni 元素面分布（比例尺 10μm），(i) 比例尺 100μm 和 (j) Na 元素面分布（比例尺 100μm）[48]

于其在正极电解液中的溶解度较高，不断经历重结晶过程，本身的尺寸变化远大于 Ni 颗粒，从而使 NaCl 尺寸变化对电池性能产生显著影响。当电池以一个大的充放电电压窗口循环时，随着 Ni/NaCl 比例的降低，NaCl 颗粒的生长加速。尽管 Ni 和 NaCl 的生长都能影响电池的退化，但 Li 等的实验结果表明 NaCl 长大是影响 ZEBRA 电池退化的主要因素。因此，调控电池电极材料的配比和电池工作窗口对于提高电池循环寿命十分重要。

表 4-3　不同条件下组装和测试的 Na-$NiCl_2$ 电池 60 次循环后 Ni 和 NaCl 晶粒尺寸

编号	充放电电流/mA	Ni/NaCl 质量比	循环容量/mAh	EoC①/V	SoC (EoC)/%	EoD②/V	SoC (EoD)/%	Ni/μm	NaCl/μm
1	30	1.8	90	2.65	77	2.3	20	<2	30～50
2	90	1.8	90	2.78	77	2.3	20	10	30～50
3	90	1.8	90	2.675	82	2.5	25	10	30～50

续表

编号	充放电电流/mA	Ni/NaCl质量比	循环容量/mAh	EoC①/V	SoC(EoC)/%	EoD②/V	SoC(EoD)/%	Ni/μm	NaCl/μm
4	90	1.8	90	2.8	82	2.5	25	10	30～50
5	30	1.7	90	2.66	77	2.3	20	<2	30～50
6	30	1.5	90	2.68	77	2.3	20	<5	30～50
7	30	1.8	121	2.7	97	2.4	24	<7	50～70
8	30	1.7	117	2.7	96	2.4	24	10	70～100
9	30	1.5	116	2.7	96	2.4	24	10	>150
10	30	1.8	80	2.65	84	2.5	33	<2	30～50
11	30	1.8	96	2.7	98	2.5	37	<7	30～50
12	30	1.8	106	2.8	100	2.5	33	10	30～50

① EoC 为充电截止电压。

② EoD 为放电截止电压。

4.5 ZEBRA 电池的电池模型与模拟技术

ZEBRA 电池常用的电池模型可分为电化学模型[50,51]、数学模型[52,53]和电学模型[54-56]三大类。电化学模型通过描述化学反应来模拟电池的电行为。求解电化学模型需要很高的计算能力，完全了解电池的生产过程，以及电池确切的化学成分。电化学模型常用于对单个电芯进行建模，不适合模拟一个完整的电池组[57]。数学模型与电池的物理组成没有直接关系。它们将电池视为一个黑盒子，通常需要大量的数据来识别模型参数[53]。数学模型的参数与电池的内部结构和充放电过程无关。电学模型是使用由电压源、电阻和电容组成的电路来表示终端的电池行为，适合模拟整个电池组甚至电池系统的协同设计和仿真，对 BMS 的开发具有一定的指导意义[57]。

4.5.1 电化学模型

1990 年，Sudoh 和 Newman 结合宏观多孔电极理论和浓溶液理论来模拟 $Na/\beta''-Al_2O_3/NaAlCl_4/FeCl_2$ 电池体系的充放电过程[58]。他们的模拟考虑了 NaCl 在 $NaAlCl_4$ 中的溶解度和 $FeCl_2$ 在电极中的传质，但是不考虑 $FeCl_2$ 在电极中位置的再分配。Nelson 等提出了一个更简单的模型，采用多孔电极理论，但没有考虑 $NiCl_2$ 和 NaCl 在 $NaAlCl_4$ 熔盐中的溶解度。模型的正极具有圆柱形几何形状，反应电流假定为局部过电势和未参加反应的 $NiCl_2$ 比例的函数，且在半径被分割的二十个体积单元中分别计算反应电流[59]。Orchard 等同样采用宏观多孔电极理论建立了 Na-$FeCl_2$ 电池放电行为的电化学模型[51]。由于不考虑 $FeCl_2$ 和 NaCl 的溶解度，正极反应被认为是一个完全的固态过程。根据他们的模型，圆柱形和平板形电池都可以被模拟。然而，如 4.3 节所述，$FeCl_2$ 在正极电解液中的溶解度不能忽略，尤其是 $FeCl_2$ 在 $NaAlCl_4$ 中将溶解生成 Na_6FeCl_8，而且 $FeCl_2$ 在电极中存在物质迁移，因此 Eroglu 等随后建立了等温恒流充放电循环中 Na-$FeCl_2$ 电池正极的一维数学模型[50]。模型结合多孔电极宏观理论和浓溶液理论来描述输运过程。图 4-33 显示了模型中的 Na-$FeCl_2$ 电池示意图。模型中电池由六部分组成：①正极集电极（$r<r_0$）；②多孔 Fe/$FeCl_2$ 正极（$r_0<r<r_L$）；③四氯铝酸钠的储层（$r_L<r<r_S$）；④β''-Al_2O_3 固体电解质（$r_S<r<r_A$）；⑤金属钠负极（$r_A<r<r_C$）；⑥负极集流体。铁络合物在 $FeCl_2$ 和 Fe 表面上的浓度与在体中的可能不相同，这取决于界面反应速率。传质方程采用 Pollard 和 Newman 发展的多孔电极中两种共阳离子二元熔融盐的传质方程[60]。图 4-34 中定义了 Fe/$FeCl_2$ 电极表面可

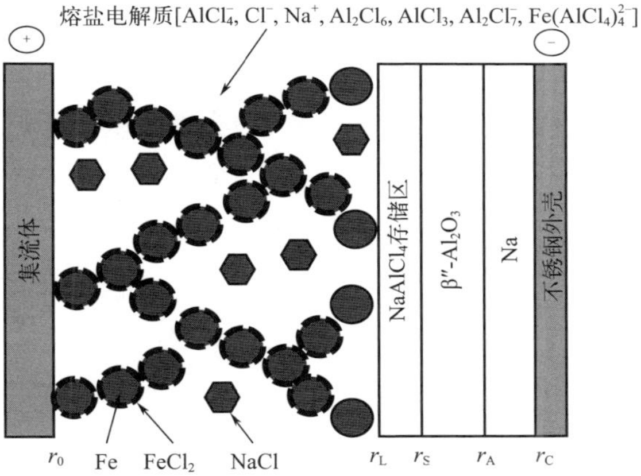

图 4-33　等温恒流充放电循环中 Na-$FeCl_2$ 电池正极的一维数学模型建模示意图

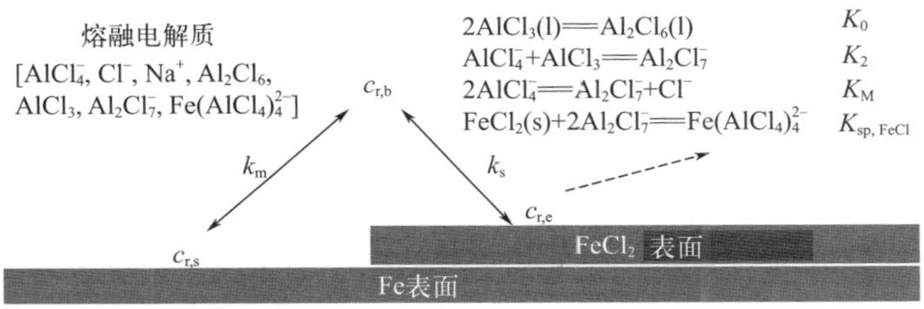

图 4-34　Fe/$FeCl_2$ 电极表面可溶性铁络合物的平衡、体积和表面浓度

溶性铁络合物的平衡、体积和表面浓度。值得注意的是，该模型定义了一个平衡常数 $K_{sp,FeCl}$ 来反映 $FeCl_2$ 的溶解度随电池内位置和时间的变化。$K_{sp,FeCl}$ 是 NaCl 与 $NaAlCl_4$ 摩尔比的函数。用共阳离子的三离子体系浓溶液理论来计算微溶的铁络合物的扩散通量。这一扩散通量特别是对于中等放电深度非常重要。该模型研究了假定的平衡常数 $K_{sp,FeCl}$ 对电池性能的影响。当 $K_{sp,FeCl}$ 大于 10^6 时，其变化对体系的短期行为没有明显的影响。模拟结果表明，在放电过程中，铁在四氯铝酸钠储层附近聚集。当充电时，铁的净迁移量呈负值。模拟预测连续循环后，铁将在这一储层边界被耗尽。例如，在第五个循环结束时，四氯铝酸钠储层附近的铁含量约减小了 1%。在电池设计中应考虑尽量减少铁在正极内部的运输和再分配，以防止由于连续循环而造成的功率损失。Eroglu 等提出的模型可以用于预测电池内的铁再分配。例如，Fe 与 $FeCl_2$ 的初始体积分数比例对电池内铁的再分配有显著的影响。模拟结果表明，增大初始铁与铁氯化物体积分数的比值可以降低铁的贫化量。

4.5.2 数学模型

Gharavian 等曾使用混合神经模型进行了 ZEBRA 电池的 SoC 估算[53]。他们考虑了电池健康状态（state of health，SoH）和放电效率等参数。神经系统中隐藏节点的个数通过粒子群优化算法进行优化。与实验测试数据对比后发现，该方法计算得到的 SoC 值偏差为 1.7%。Bracco 等针对 Na-$NiCl_2$ 电池在智能电网中的应用提出了一个数学模型，用于模拟储能系统中的 Na-$NiCl_2$ 电池放电阶段的电参数[52]。他们建模的主要目的是预测 Na-$NiCl_2$ 电池的输出电压（V_{out}）与放电电流和 SoC 值之间的关系。该模型为稳态、等压、等温的一维模型，假定单元为内正极圆柱形，电化学过程均质反应，$NaAlCl_4$ 为 NaCl 饱和的路易斯碱性，离子迁移和 NaCl 的溶解沉积过程快速无滞后，不考虑 $NiCl_2$ 在 $NaAlCl_4$ 熔盐中的溶解度。模型中 $NaAlCl_4$ 的电导率写为电流、SoC 和温度的函数，正极孔隙率写为 SoC 的函数。应用到的方程包括基尔霍夫第一定律、（电解液中遵循）欧姆定律、扩散物质守恒方程、能斯特方程以及 Butler-Volmer 方程。用于模拟电池的等效电路如图 4-35 所示。图中显示了电池被分割成的 N 个部分中的 $j-1$、j 和 $j+1$ 部分。i_j 和 I_j 分别表示与 $NiCl_2$/Ni 颗粒反应的扩散离子电流（I_{diff}）和沿着电池内第 j 部分液体电解质传导的钠离子电流（I_{Na^+}）；R_j 为溶液相（R_{NaAlCl_4}）的欧姆电阻，V_j 为第 j 部分液体电解质两端的电压。I_{diff} 由扩散物质守恒方程约束；V_{diff} 由能斯特方程约束；I_{diff} 和 V_{diff} 由 Butler-Volmer 方程建立联系进行迭代计算。在不同电流值和 SoC 值的作用下，通过 FORTRAN 语言编写仿真程序计算得到的放电过程中电池的终止电压，这一值与安装在热那亚大学 141kWh FZSoNick 电池储能智能微电网中的一些实验结果进行了比较。图 4-36 显示了 Bracco 等预测的 Na-NiCl$_2$ 电池的输出电压（V_{out}）与放电电流和 SoC 值之间的关系与响应的实验测试结果。尽管他们的数学模型进行了强烈的简化，但是获得的理论结果与电池的实验测试仍显示了理想的一致性。

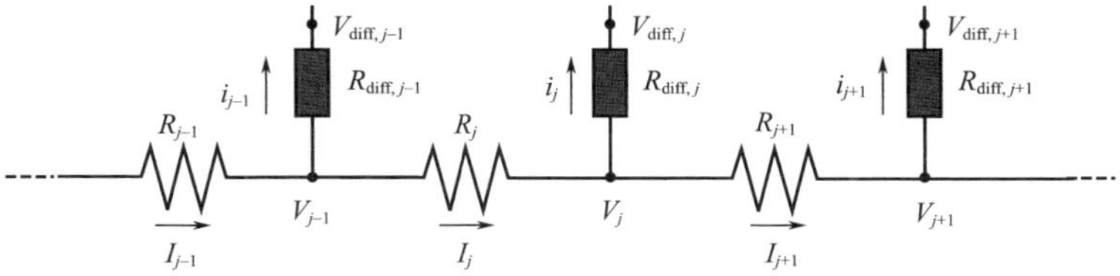

图 4-35　Bracco 等用于模拟 Na-NiCl$_2$ 电池的等效电路图

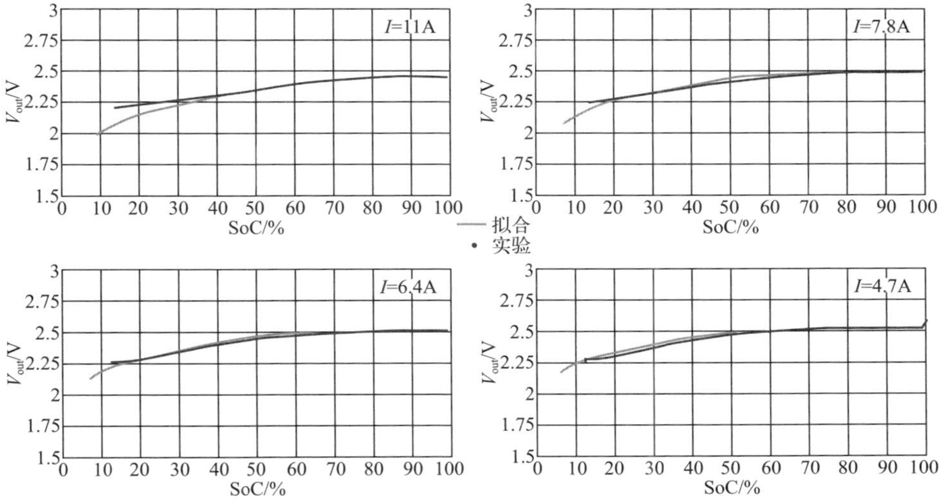

图 4-36　Bracco 等预测的 Na-NiCl$_2$ 电池的输出电压（V_{out}）与放电电流和 SoC 值之间的关系与响应的实验测试结果

4.5.3 电学模型

意大利帕多瓦大学的 Benato 等首先建立了一种 ZEBRA 电池通用的电学模型[55]。在此基础上，他们针对大规模静态储能的 Na-NiCl$_2$ 电池分别建立了稳态和暂态的电池模型。Sessa 等针对稳态机制提出的建模方法既可以适应恒定电流的操作，也可以适应可变充电或放电电流的操作，但它不允许从一种电池模式瞬间过渡到另一种模式[61]。在这一模型中，ZEBRA 电池被看作是一个依赖放电深度和放电电流的具有非线性可变电阻的电压源，只需要了解到电池内阻变化即可很好地预测电池的稳态行为。这一电学模型是基于实验测试数据建立的。稳态模型 ZEBRA 电池稳态建模过程的核心是对实验测试获得的数据进行处理，将数据用矩阵方法表示，并通过一组插值函数进行插值。图 4-37 显示的是 ZEBRA 电池的电压、内阻和温度随 DoD 变化的数据以及这些数据的矩阵表示。图 4-38 给出了对应图 4-37 中矩阵的 ZEBRA 电池稳态放电模式插值建模方案[61]。为了验证上述电池模型，他们将模型结果与 Fiamm SoNick ST523 模块的实测数据进行了比较。表 4-4 显示了 ST523 模块的电学特性参数。ST523 模块配套的 BMS 限制充电电流，避免电池电压超过 640V。模拟结果显示，当电池组恒流放电时，0.075C 的低倍率下计算得到的电池电压与实测值最大相差 1.05%，而 1.187C 的较高倍率下，最大差值为 2.04%；当电池组以 0.156C 的倍率从 0%SoC 充电至 95%SoC 时，最大电压差值为 4.6%，最大电流误差为 5.2%（图 4-39）；当电池组以可变电流放电（5A 至 35A）时，最大电流误差为 4.4%。

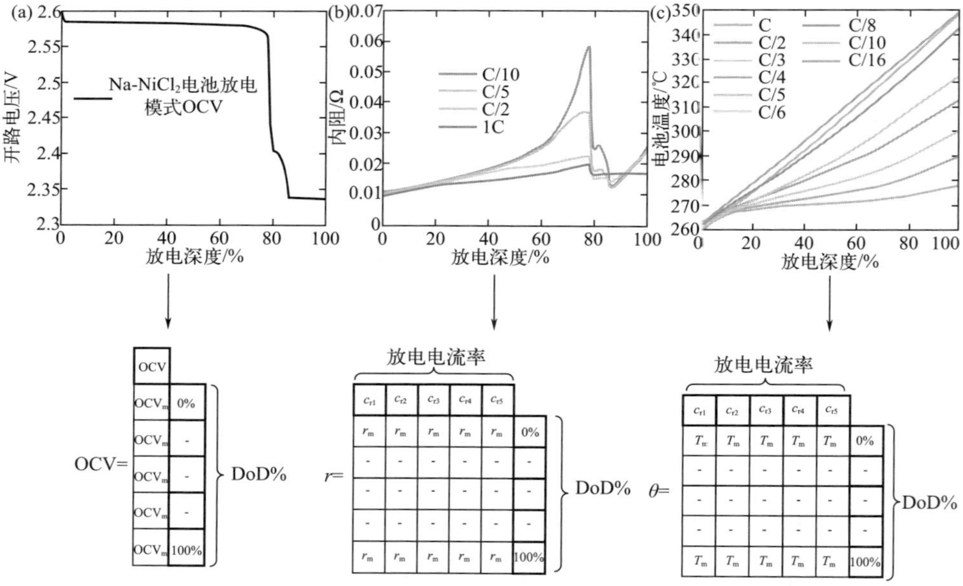

图 4-37 ZEBRA 电池的电压（a）、内阻（b）和温度（c）随 DoD 变化的数据以及这些数据的矩阵表示（另见文后彩图）

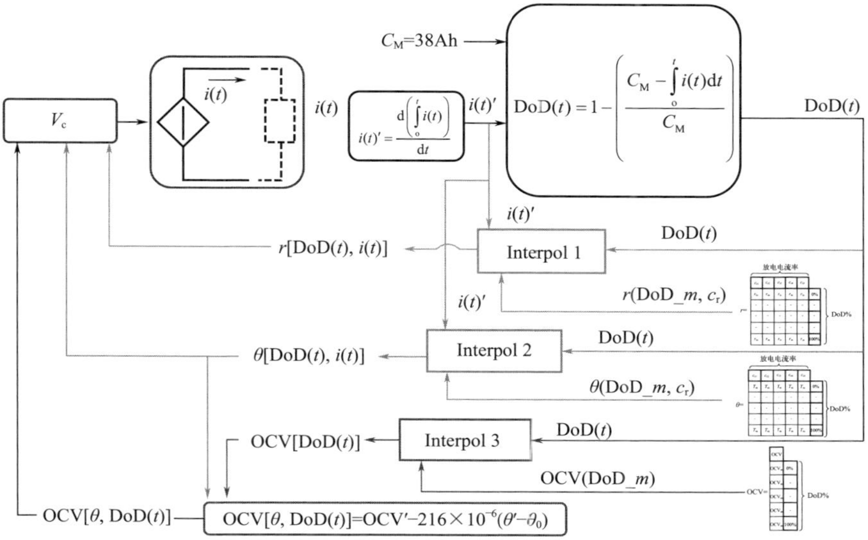

图 4-38　ZEBRA 电池稳态放电模式插值建模方案

表 4-4　Fiamm SoNick ST523 模块的电学特性参数

额定放电功率	7.8kW（3h 放电）	储存电量	23.5kWh
额定电压	620V	初始放电温度	240℃
电芯连接方式	240 个电芯串联	工作温度	260℃
容量	38Ah	寿命	15 年/4500 次循环（80% DoD）
可逆额定功率	6kW		

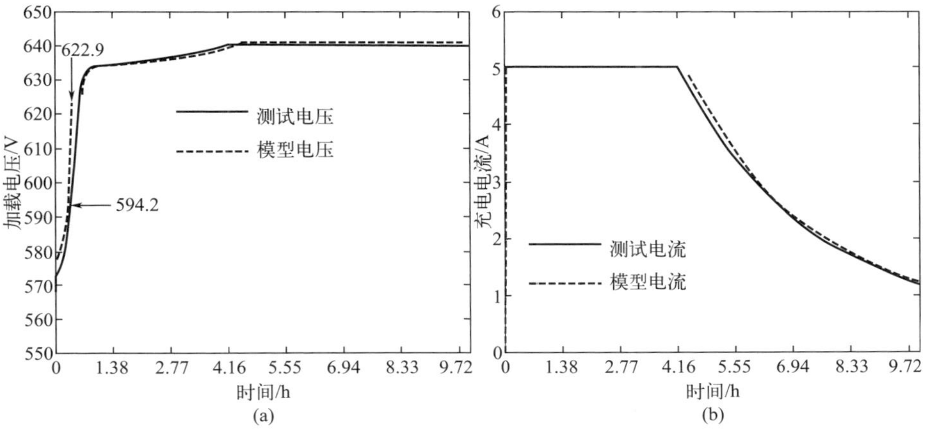

图 4-39　5A 电流恒流恒压充电模式下，模型电池电压与实测电池电压的比较（a）以及模型电池电流与实测电池电流的比较（b）

Sessa 等随后将上述稳态模型推广到电池瞬态操作，分析 ZEBRA 电池技术在“功率密集型”应用时的瞬态行为[62]。他们在稳态插值模型的基础上加入一个 DoD 循环模块，从电池最大累积量开始计算每个放电周期的 DoD。当放电电流 $i(t)$ 改变方向时，DoD 循环模块积分初始条件为零。图 4-40 显示了输入 15A 正弦波电流（0.4 C）下，电池从 0% SoC 至 70%SoC 的计算和实测的伏安曲线。可以看出，模型和实测的伏安曲线没有完全重叠。最大误差区域中，测量值与模型结果的差值为 1.08%。

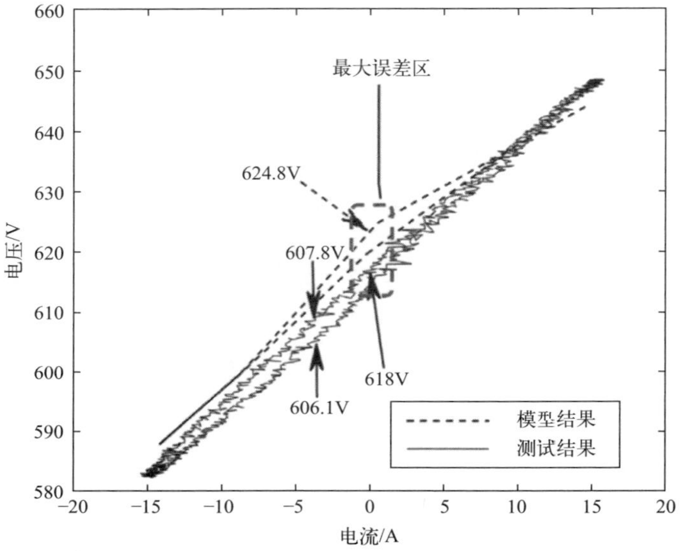

图 4-40　输入 15A 正弦波电流（0.4 C）下，电池从 0% SoC 至 70%SoC 的计算和实测的伏安曲线

另一个电学模型是基于由电压源、电阻和电容组成的 Thévenin 电路来表示终端的电池行为。Musio 等证明，普适的 Thévenin 电路不足以代表 ZEBRA 电池的行为，因为它没有综合考虑该技术中 Ni 和 Fe 参与的两个电极反应的影响[63]。他们对模型进行了修改，提出了图 4-41 所示的电学模型。这个模型可以用式（4-20）所示的方程组来描述：

$$\begin{cases} V_{\mathrm{bat}}(t)=\mathrm{OCV}(t)-R_{\mathrm{Ni}}(t)I_{\mathrm{Ni}}(t)-V_{\mathrm{RC1}}(t)-V_{\mathrm{RC2}}(t) \\ V_{\mathrm{bat}}(t)=V_{\mathrm{Fe}}-R_{\mathrm{Fe}}(t)I_{\mathrm{Fe}}(t) \end{cases} \tag{4-20}$$

式中，$I_{\mathrm{Fe}}(t)=I_{\mathrm{D}}(t)$，$V_{\mathrm{RC1}}$ 和 V_{RC2} 分别是 R_1-C_1 组和 R_2-C_2 组的电压，二极管 D 被认为是理想的。当 $V_{\mathrm{bat}}>V_{\mathrm{Fe}}$ 时，如果开关 SW 闭合，SL 进入 2 号位置，铁分支由电流 I_{R} 充电。只有当 I_{R} 转移的总电荷大于 I_{D} 转移的电荷时，即有一些已经转化的铁材料可以被还原时，SW 才关闭。该模型与经

典的 Thévenin 电路相吻合，当电池 SoC 较高，负载电流较低时，$I_{Ni}(t)=I_{bat}(t)$，模型仅由式（4-21）描述。

$$V_{bat}(t)=OCV(t)-R_{Ni}(t)I_{bat}(t)-V_{RC1}(t)-V_{RC2}(t) \tag{4-21}$$

他们通过对 Fiamm SoNick 48TL200 模块进行脉冲电流测试（PCT）来获得模型所需要的参数值。48TL200 模块的标称电压为 48V，容量为 200Ah，最大连续放电电流为 150A，峰值电流为 200A。模块包含 100 个电池，以 5 并 20 串的方式进行连接。电池组由 BMS 并联，BMS 负责电池监测并避免不安全情况的发生。负载由 7 个 2.2W 的功率电阻组成，功率电阻以 1～7 个的任意并联组合连接，实现 314～2200mW 可变电阻负载。BMS 通过应用经典的恒流恒压充电模式配置文件，在内部管理电池的充电过程。当外部电池电源端子连接到电压高于 54V 的电源时开始充电。首先，电池完全放电，SoC 步长约 5%。从充满电开始，用 23A、43A 和 80A 三种不同的电流对电池进行测试。这些电流值分别由 1 号、2 号和 4 号并联负载电阻获得。

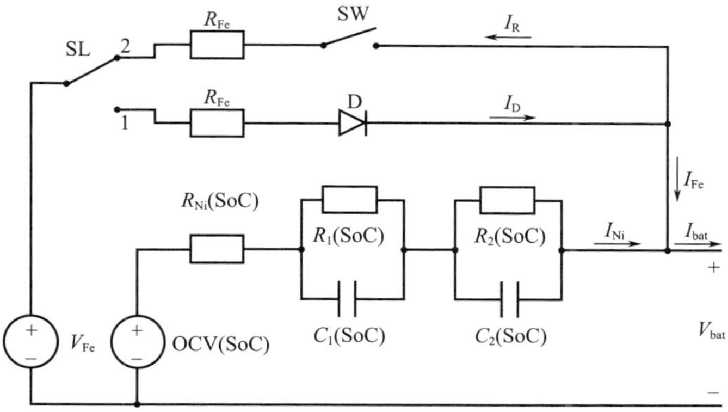

图 4-41　基于 Thévenin 电路的 ZEBRA 电池电学模型

图 4-42 显示了 43A PCT 测试中 1 号串的电压和电流。电池串的电流是 43A 的 1/5，即 8.6A，每个脉冲计数约 5% SoC。当电池 SoC 降至 30%左右时，OCV 几乎是恒定的，内阻逐渐增加，即在相同的电流脉冲下，电压降更大。在低 SoC 时，行为发生显著变化。电池行为分为两个部分：第一部分是由电池电压高于 V_{Fe} 的脉冲组成，这意味着只涉及镍反应。第二部分考虑的是铁的贡献。为了准确提取模型参数，该图还显示了两个脉冲的放大视图。考虑 RC 组的时间常数低于观察时间，利用 Matlab 的非线性拟合函数，对电池弛豫过程进行拟合获得模型参数。根据拟合得到的模型参数模拟 1 号串的脉冲放电曲线，其与实验数据的对比和差值数据显示在图 4-43 中。模型响应在该电流

下的前期放电中是比较准确的，因为相对误差的绝对值低于 1%。然而，我们注意到，当电池电压高于 $V_{Fe}=47V$ 涉及 Fe 的反应时，相对误差增大，表明该模型很好地解释了镍的反应，但当两个反应同时发生时，模型的准确性较差。另外，在 23A 和 80A 电流值下模型误差也会显著增加。误差的最大值发生在 20%～30% SoC 区，此时 Ni 和 Fe 的反应同时发生。大电流下工作时，由于铁的反应提前启动，误差也会增加。在低电流率和高电流率下，在 20%～30% SoC 区域附近的测试中发现较高的误差，表明模型在该区域的准确性降低。

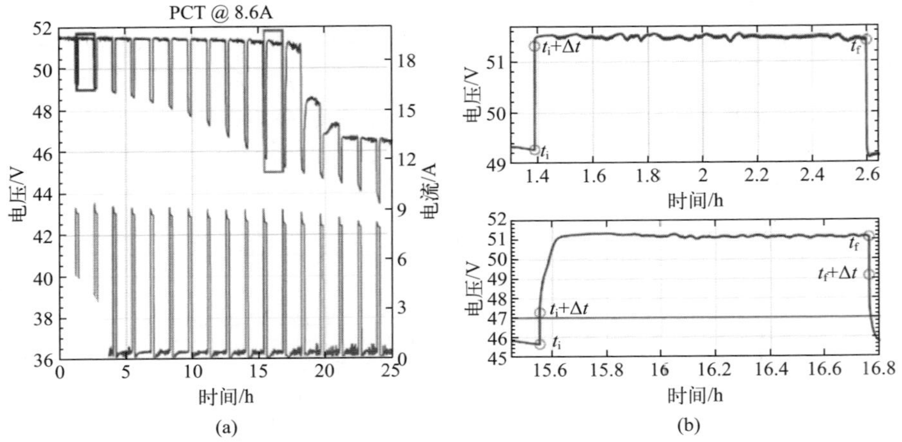

图 4-42　43A PCT 测试中 1 号串的电压和电流

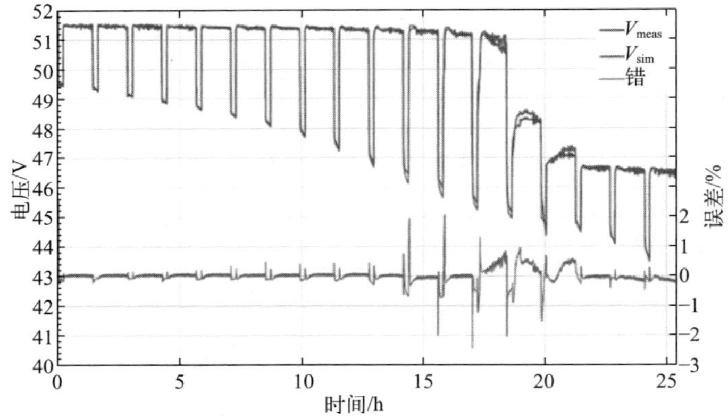

图 4-43　43A 脉冲放电过程中测量到的 1 号串电压和模拟串电压之间的比较（另见文后彩图）

4.6 ZEBRA 电池低温化的研究进展

如 4.4.3 节所述，适当降低 ZEBRA 电池的工作温度有助于提高电池的循环稳定性，因此催生了研究人员对中温 ZEBRA 电池的关注和研究。中温 ZEBRA 电池的工作原理与高温 ZEBRA 电池类似，但是 ZEBRA 电池在低于 200℃的较低温度下运行，可减弱在高温工作时所发生的副反应，同时较低的温度也可限制活性物质颗粒 Ni 和 NaCl 的长大，从而改善电池的循环寿命。此外，降低温度可使用低成本的电池结构和密封材料，并减少高温加热所带来的温度损耗。有研究报道，仅与 275℃下运行相比，240℃下的电池运行可致最多减少 49%的热能损耗[64]。降低运行温度将导致电极过电势增大，但电池循环稳定性增加。

图 4-44 显示了运行温度下降至中温对电池循环过程中充电截止电压和充电内阻的影响。较高运行温度的电池过电势和内阻较低，但随循环进行逐渐升高。降低运行温度导致电极过电势增大和电池循环稳定性增加[64]。低温导致电池过电势增大的原因包括：β''-Al_2O_3 电解质较高的欧姆阻抗，$NaAlCl_4$ 的离子电导率降低，电化学反应动力学降低以及负极侧的钠润湿不足。高温导致电池循环稳定性下降的原因与高温诱导正极活性物质晶粒长大有关。

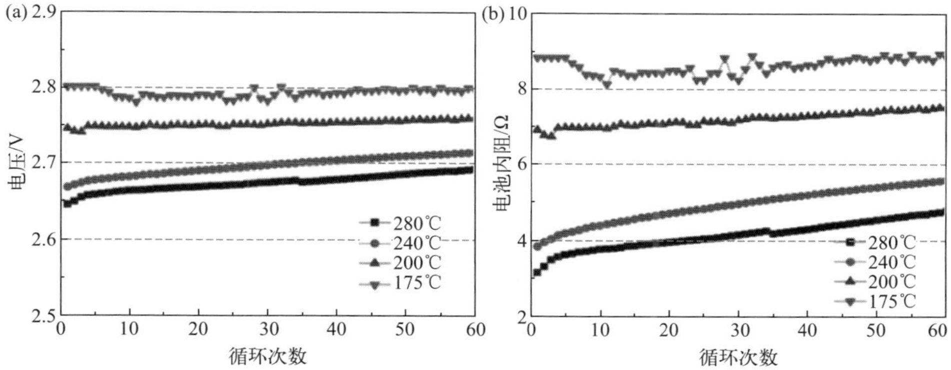

图 4-44　不同运行温度对电池循环过程中充电截止电压和充电内阻的影响

目前，中温 ZEBRA 电池的研究以小型平板电池为主，包括 Na-$NiCl_2$ 体系、Na-$NiCl_2/FeCl_2$ 体系、Na-$ZnCl_2$ 体系、Na-$CuCl_2$ 体系等电池体系。美国西北太平洋国家实验室（PNNL）的 Li Guosheng 团队对中温 Na-$NiCl_2$ 电池

体系进行了深入的研究，在包括开发低熔点高电导率的电解液体系、中温金属钠与固体电解质润湿改善、全电池中温运行循环性能改善等方面取得了系列进展。研究发现，用 NaBr、LiCl、LiBr 等其他碱金属盐部分替代 $NaAlCl_4$ 正极中的 NaCl，可以获得熔点低于 150℃ 且电导率更高的正极电解液，使用添加 50% NaBr 的电解液组装电池在 175℃ 中温工作时的极化更小[22]。如前所述，NaBr/Ni 正极经历了更复杂的 Br^- 和 $AlCl_4^-$ 阴离子交换反应过程，NaBr/Ni 电极的充电产物为 $NiBr_{2-x}Cl_{2x}$，而不是 $NiBr_2$[30]。他们还发现，采用 Pb 和 Bi 金属颗粒修饰的 β″-Al_2O_3 固体电解质可以在 200℃ 及以下的低温下实现金属钠在其上的润湿[65,66]，从而改善了中温钠电池的负极/固体电解质界面。对于中温 ZEBRA 全电池的循环稳定性，当正极中金属镍与 NaCl 的比例从高温电池的 1.8∶1 降低至 1.25∶1 时，在较低倍率下显示出较高温电池更好的循环稳定性（图 4-45）。

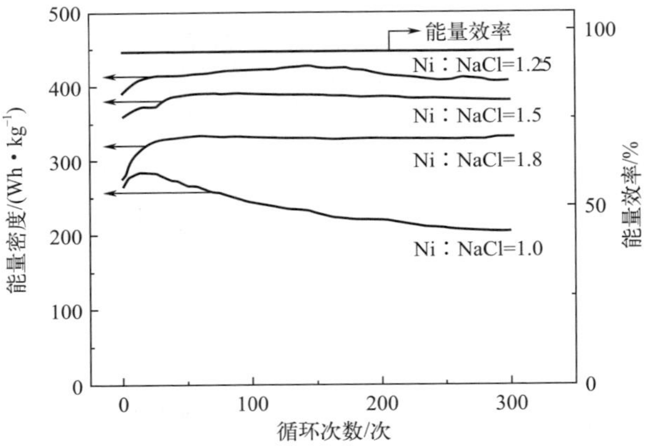

图 4-45　低镍正极的中温 ZEBRA 电池循环稳定性曲线

著者团队在改进正极导电网络来提高中温 ZEBRA 电池的倍率性能方面开展了系列工作。如 4.3.5.1 节所述，我们采用多壁碳纳米管（MWCNTs）和碳纤维（CF）共同构建了电池正极三维导电网络。MWCNTs/CF/Ni/NaCl 电极在 190℃ 工作时循环稳定性得到了优化，这可以归因于三维导电网络一方面能够增强镍颗粒之间的电子传输，另一方面提供足够的空隙来容纳 NaCl 颗粒的生长[67]。另外还通过三种溶液共纺丝后热处理的方法得到镍/碳微米和纳米复合一体化的膜正极。如图 4-46 所示，该正极膜中镍的纳米颗粒较均匀地分布在碳纤维内部，直径 100～200nm 的镍/碳复合纤维交织成网络状。图（a）显示该材料具有良好的柔韧性，可以做到 180°弯折。该电极 190℃、0.3C 倍率下 400 次循环后达到 80% 的容量保持率。进一步地，将 Ni-Fe 合金电镀在碳纤维膜上制得的 CNFs@Ni-Fe 电极能在 5C 的高倍率下运行，在 2C 的倍率下可稳定循环 600 次以上（图 4-47）。该电极具有优良高倍率性能的原因在于 Ni-Fe 合金参与电极反应具有较高的可逆性，且非均相纳米粒子在不同电位的交替生成以及合金形成反应的势垒降低。

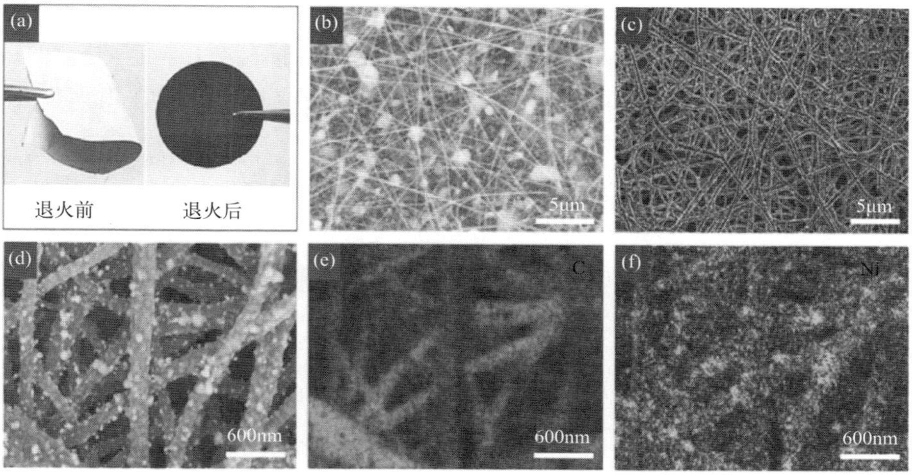

图 4-46　中温 ZEBRA 电池用镍/碳微米和纳米复合一体化的膜正极

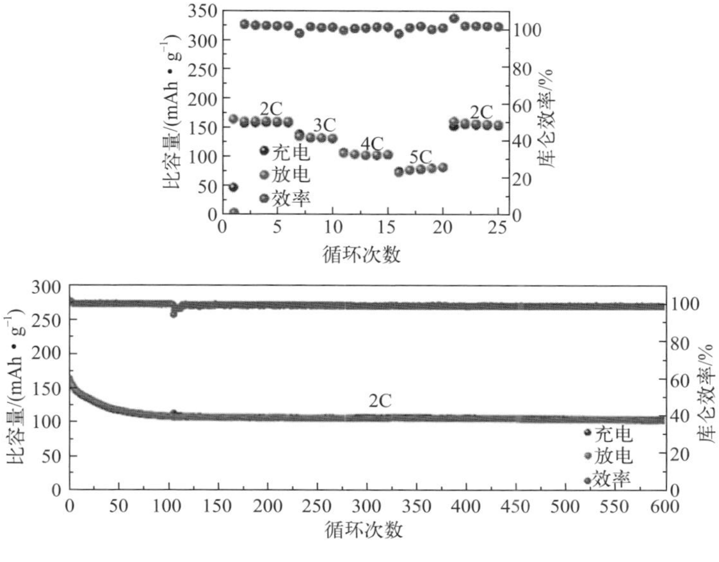

图 4-47　中温 ZEBRA 电池用 CNFs@Ni-Fe 电极的倍率循环特性（另见文后彩图）

另外，南京工业大学的 Yang Hui 等对中温 Na-$CuCl_2$ 电池进行了探索性研究。他们提出了一种采用 NaCl-EMI-$AlCl_3$ 离子液体作为正极电解液和 500mm 厚 β″-Al_2O_3 作为固体电解质的中温 Na-$CuCl_2$ 电池[68]，该电池可在 150℃下工作，但循环稳定性较差，主要原因是 Cu^{2+} 导致 β″-Al_2O_3 电导率下降，以及 $CuCl_2$ 大颗粒的形成。他们还尝试了另一种离子液体 $NaCF_3SO_3$-[EMIm][TFSI] 作为中温 Na-$CuCl_2$ 电池的电解液，在 0.5mA·cm^{-2} 的电流密度下，泡沫铜电极可提供 141.4mAh·g^{-1} 的比容量，并具有更好的循环稳定性[4]。然而，离子液体的高成本以及远远过量的电极铜含量在很大程度上影响该电池体系的发展。

参考文献

[1] Sudworth J L. The sodium-nickel chloride (ZEBRA) battery. Journal of Power Sources, 2001 (100): 149-163.

[2] Dustmann C H. Advances in ZEBRA batteries. Journal of Power Sources, 2004 (127): 85-92.

[3] Ratnakumar B V, Attia A I, Halpert G. Sodium-metal chloride battery research at the Jet Propulsion Laboratory (JPL). Journal of Power Sources, 1991 (36): 385-394.

[4] Niu C, Zhang Y, Ma S, et al. An intermediate temperature sodium copper chloride battery using ionic liquid electrolyte and its degradation mechanism. Ionics, 2019 (25): 4189-4196.

[5] Bones R J, Coetzer J, Galloway R C, et al. A sodium/iron (Ⅱ) chloride cell with a beta alumina electrolyte. Journal of the Electrochemical Society, 1987 (134): 2379-2382.

[6] Li G, Lu X, Kim J Y, et al. Cell degradation of a Na-$NiCl_2$ (ZEBRA) battery. Journal of Materials Chemistry A, 2013 (1).

[7] Chang H J, Lu X, Bonnett J F, et al. "Ni-less" cathodes for high energy density, intermediate temperature Na-$NiCl_2$ batteries. Advanced Materials Interfaces, 2018 (5): 1701592.

[8] Hjuler H A, Berg R W, Zachariassen K, et al. Specific conductivity of sodium chloride-aluminum chloride and sodium chloride-aluminum chloride-aluminum sulfide (NaCl-$AlCl_3$-Al_2S_3) melts. Journal of Chemical & Engineering Data, 1985 (30): 203-208.

[9] Levin E M, Kinney J F, Wells R D, et al. System NaCl-$AlCl_3$, journal of research of the national bureau of standards-a. Physics and Chemistry, 1974 (78A): 505-507.

[10] Macmillan M G. Electrical conductivity of the systems $NaAlCl_4$ and NaCl (s) /$NaAlCl_4$ in the range 100-200℃. Journal of the Chemical Society, Faraday Transactions, 1995 (91): 3157-3161.

[11] Robelin C, Chartrand P, Pelton A D. Thermodynamic evaluation and optimization of the (NaCl+KCl+$AlCl_3$) system. The Journal of Chemical Thermodynamics, 2004 (36): 683-699.

[12] Berg R W, Hjuler H A, Bjerrum N J. Phase diagram of the sodium chloride-aluminum chloride system near equimolar composition, with determination of the cryoscopic constant, the enthalpy of melting, and oxide contaminations. Inorganic Chemistry, 1984 (23): 557-565.

[13] Torsi B G, Mamantov G. Potentiometric study of the dissociation of the tetrachloroaluminate ion in

molten sodium chloroaluminates at 175-400°. Inorganic Chemistry, 1971 (10): 1900-1902.

[14] Macmillan M G, Cleaver B. Solubility of nickel chloride in molten sodium tetrachloroaluminate saturated with sodium chloride over the temperature range 200-400℃. J. Chem. Soc. Faraday Trans., 1993 (89): 3817-3819.

[15] Rijssenbeek J, Gao Y, Zhong Z, et al. In situ X-ray diffraction of prototype sodium metal halide cells: time and space electrochemical profiling. Journal of Power Sources, 2011 (196): 2332-2339.

[16] Zhan X, Bowden M E, Lu X, et al. A low-cost durable Na-$FeCl_2$ battery with ultrahigh rate capability. Advanced Energy Materials, 2020 (10).

[17] Grantham L F, Yosim S J. Negative temperature coefficients of electrical conductance in molten salts. Journal of Chemical Physics, 1966 (45): 1192-1198.

[18] Darnell A J, McCollum W A, Yosim S J. The electrical conductivities of molten bismuth chloride, bismuth bromide, and bismuth iodide at high pressure. Journal of Physical Chemistry, 1969 (73): 4116-4124.

[19] Howie R C, Macmillan D W. The conductivity of the binary molten salt system aluminium chloride/sodium chloride. Journal of Inorganic and Nuclear Chemistry, 1971 (33): 3681-3686.

[20] Bard A J, Faulkner L R. Electrochemical methods: fundamentals and applications. New York: Wiley, 1980.

[21] Mohandas K S, Sanil N, Rodriguez P. Development of a high temperature conductance cell and electrical conductivity measurements of $MAlCl_4$ (M=Li, Na and K) melts. Mineral Processing and Extractive Metallurgy, 2006 (115): 25-30.

[22] Li G, Lu X, Coyle C A, et al. Novel ternary molten salt electrolytes for intermediate-temperature sodium/nickel chloride batteries. Journal of Power Sources, 2012 (220): 193-198.

[23] Javadi-Doodran T. Microstructure and conductivity of the sodium nickel chloride (ZEBRA) battery cathode. Hamilton: McMaster University, 2012: 154.

[24] Hu Y Y, Zha W P, Li Y P, et al. Understanding the influencing factors of porous cathode contributions to the impedance of a sodium-nickel chloride (ZEBRA) battery. Functional Materials Letters, 2021 (14).

[25] Wang S, Pan Z, Zhao J, et al. Study of discharge characteristics of sodium/$NiCl_2$ cell using electrochemical impedance spectroscopy. Journal of the Electrochemical Society, 2013 (160): A458-A463.

[26] Gao X P, Hu Y Y, Li Y P, et al. High-rate and long-life intermediate-temperature Na-$NiCl_2$ battery with dual-functional Ni-carbon composite nanofiber network. Acs Applied Materials & Interfaces, 2020 (12): 24767-24776.

[27] Galloway R C, Haslam S. The ZEBRA electric vehicle battery: power and energy improvements. Journal of Power Sources, 1999 (80): 164-170.

[28] Hosseinifar M, Petric A. High temperature versus low temperature Zebra (Na/$NiCl_2$) cell performance. Journal of Power Sources, 2012 (206): 402-408.

[29] Bohm H, Beyermann G. ZEBRA batteries, enhanced power by doping. Journal of Power Sources, 1999 (84): 270-274.

[30] Zhan X, Sepulveda J P, Lu X, et al. Elucidating the role of anionic chemistry towards high-rate intermediate-temperature Na-metal halide batteries. Energy Storage Materials, 2020 (24): 177-187.

[31] Prakash J, Redey L, Vissers D R, et al. Effect of sodium iodide additive on the electrochemical performance of sodium/nickel chloride cells. Journal of Applied Electrochemistry, 2000 (30): 1229-1233.

[32] Ao X, Wen Z Y, Hu Y Y, et al. Enhanced cycle performance of a $Na/NiCl_2$ battery based on Ni particles encapsulated with Ni_3S_2 layer. Journal of Power Sources, 2017 (340): 415-418.

[33] Li G, Lu X, Kim J Y, et al. The role of FeS in initial activation and performance degradation of $Na\text{-}NiCl_2$ batteries. Journal of Power Sources, 2014 (272): 398-403.

[34] 敖昕，吴相伟，胡瑛瑛，等.单质硫对钠-氯化镍电池循环性能影响的机理分析.储能科学与技术，2016 (5): 349-354.

[35] Ao X, Wen Z Y, Hu Y Y, et al. Enhanced cycle performance of a $Na/NiCl_2$ battery based on Ni particles encapsulated with Ni_3S_2 layer. Journal of Power Sources, 2017 (340): 411-414.

[36] Ao X, Wen Z Y, Wu X W, et al. Self-repairing function of Ni_3S_2 layer on Ni particles in the $Na/NiCl_2$ cells with the addition of sulfur in the catholyte. ACS Appl. Mater. Interfaces, 2017 (9): 21234-21242.

[37] 吴相伟，胡英瑛，敖昕，等. ZEBRA 电池正极性能的优化研究//第 18 届全国固态离子学学术会议暨国际电化学储能技术论坛.桂林，2016: 1.

[38] Li Y P, Wu X W, Wang J Y, et al. Ni-less cathode with 3D free-standing conductive network for planar $Na\text{-}NiCl_2$ batteries. Chemical Engineering Journal, 2020 (387) 124059: pp1-4.

[39] Wu T, Zhang S, Ao X, et al. Enhanced stability performance of nickel nanowire with 3D conducting network for planar sodium-nickel chloride batteries. Journal of Power Sources, 2017 (360): 345-352.

[40] Ahn C W, Kim M, Hahn B D, et al. Microstructure design of metal composite for active material in sodium nickel-iron chloride battery. Journal of Power Sources, 2016 (329): 50-56.

[41] Li Y, Shi L, Gao X, et al. Constructing a charged-state $Na\text{-}NiCl_2$ battery with $NiCl_2$/graphene aerogel composite as cathode. Chemical Engineering Journal, 2021 (421): 127853.

[42] Bull R N, Tilley A R. Development of new types of ZEBRA batteries for various vehicle applications //the 18th international electric fuel cell and hybrid vehicle symposium. Berlin, 2001: 1-9.

[43] Lu Y, Wen Z Y, Rui K, et al. Worm-like mesoporous structured iron-based fluoride: facile preparation and application as cathodes for rechargeable lithium ion batteries. Journal of Power Sources, 2013 (244): 306-311.

[44] Yasui I, Doremus R H. Effects of calcium, potassium, and iron ions on degradation of beta″-alumina. Journal of the Electrochemical Society, 1978 (125): 1007-1010.

[45] Yao Y F Y, Kummer J T. Ion exchange properties of and rates of ionic diffusion in beta-alumina. Journal of Inorganic & Nuclear Chemistry, 1967 (29): 2453.

[46] Lee S T, Lee D H, Kim J S, et al. Influence of Fe and Ti addition on properties of Na^+-beta/beta″-alumina solid electrolytes. Metals and Materials International, 2017 (23): 246-253.

[47] Feldman L A, Dejonghe L C. Initiation of mode-1 degradation in sodium-beta alumina electrolytes. J. Mater. Sci. , 1982 (17): 517-524.

[48] 敖昕，吴相伟，吴田，等.工作温度对钠-氯化镍电池正极结构及电化学性能的影响.无机材料学报，2017 (32): 1243-1249.

[49] Li G, Lu X, Kim J Y, et al. Advanced intermediate temperature sodium-nickel chloride batteries with ultra-high energy density. Nature Communications, 2016 (7).

[50] Eroglu D, West A C. Modeling of reaction kinetics and transport in the positive porous electrode in a sodium-iron chloride battery. Journal of Power Sources, 2012 (203): 211-221.

[51] Orchard S W, Weaving J S. Modelling of the sodium-ferrous chloride electrochemical cell. Journal of Applied Electrochemistry, 1993 (23): 1214-1222.

[52] Bracco S, Delfino F, Trucco A, et al. Electrical storage systems based on sodium/nickel chloride batteries: a mathematical model for the cell electrical parameter evaluation validated on a real smart microgrid application. Journal of Power Sources, 2018 (399): 372-382.

[53] Gharavian D, Pardis R, Sheikhan M. ZEBRA battery SOC estimation using PSO-optimized hybrid neural model considering aging effect. IEICE Electronics Express, 2012 (9): 1115-1121.

[54] Roberto Di Rienzo G S, Biagioni Ian, Baronti Federico, et al. Experimental Investigation of an electrical model for sodium-nickel chloride batteries. Energies, 2020 (13): 2652.

[55] Benato R, Sessa S D, Necci A, et al. A general electric model of sodium-nickel chloride battery// 2016 AEIT International Annual Conference (AEIT). 2016: 1-6.

[56] Boi M, Battaglia D, Salimbeni A, et al. A novel electrical model for iron doped-sodium metal halide batteries. IEEE Transactions on Industry Applications, 2019 (55): 6247-6255.

[57] Min C, Rincon-Mora G A. Accurate electrical battery model capable of predicting runtime and Ⅰ-Ⅴ performance. IEEE Transactions on Energy Conversion, 2006 (21): 504-511.

[58] Sudoh M, Newman J. Mathematical-modeling of the sodium iron chloride battery. Journal of the Electrochemical Society, 1990 (137): 876-883.

[59] Nelson P A. Modeling of sodium/metal chloride batteries//Proc. of the Intersociety Energy Conversion Engineering Conference (IECEC-89). Washington, DC, 1989: 1363-1370

[60] Pollard J N R. Transport equations for a mixture of two binary molten salts in a porous electrode. J. Electrochem. Soc. , 1979 (126): 1713-1717.

[61] Dambone Sessa S, Crugnola G, Todeschini M, et al. Sodium nickel chloride battery steady-state regime model for stationary electrical energy storage. Journal of Energy Storage, 2016 (6): 105-115.

[62] Dambone Sessa S, Palone F, Necci A, et al. Sodium-nickel chloride battery experimental transient modelling for energy stationary storage. Journal of Energy Storage, 2017 (9): 40-46.

[63] Boi M, Battaglia D, Salimbeni A, et al. A non-linear electrical model for iron doped sodium metal halides batteries//Proceedings of the 2018 IEEE Energy Conversion Congress and Exposition (ECCE). IEEE: Hoboken, Portland, OR, USA, 2018: 2039-2046.

[64] Lu X, Li G, Kim J Y, et al. The effects of temperature on the electrochemical performance of sodium-nickel chloride batteries. Journal of Power Sources, 2012 (215): 288-295.

[65] Jin D, Choi S, Jang W, et al. Bismuth islands for low-temperature sodium-beta alumina batteries. ACS Appl Mater Interfaces, 2019 (11): 2917-2924.
[66] Chang H J, Lu X, Bonnett J F, et al. Decorating β″-alumina solid-state electrolytes with micron Pb spherical particles for improving Na wettability at lower temperatures. Journal of Materials Chemistry A, 2018 (6): 19703-19711.
[67] Li Y P, Wu X W, Wang J Y, et al. Ni-less cathode with 3D free-standing conductive network for planar Na-$NiCl_2$ batteries. Chemical Engineering Journal, 2020 (387) 124059: pp4-8.
[68] Yang L P, Liu X M, Zhang Y W, et al. Advanced intermediate temperature sodium copper chloride battery. Journal of Power Sources, 2014 (272): 987-990.

第 5 章

钠离子电池

5.1 引言 194

5.2 钠离子电池的结构组成及其工作原理 195

5.3 钠离子电池的电极活性材料 196

5.4 钠离子电池的液体电解质材料 207

5.5 有机体系钠离子全电池的研究进展 220

5.6 水系钠离子全电池的研究进展 224

5.1 引言

钠离子电池的工作原理与锂离子电池类似，实际是钠离子的浓差电池或“摇椅电池”，通过钠离子在正负电极之间往返嵌入和脱出来完成充放电。尽管2010年以前人们普遍认为钠离子电池比锂离子电池的电化学性能差，但是近十年来，高容量、高功率、高电压钠离子电池体系的发展开始挑战这种观念[1]。钠离子电池根据电解液的溶剂成分不同可以分为有机体系钠离子电池和水系钠离子电池两大类。有机体系钠离子电池体系更接近目前商用的锂离子电池，一方面可兼容大多数锂离子电池的生产设备，另一方面相比锂离子电池还具有以下优势[2]：

① 由于铝和钠在低电位不会发生合金化反应，正极和负极的集流体都可使用廉价的铝箔；

② 相同浓度的钠盐电解液具有比锂盐电解液更高的离子电导率，因此钠离子电池可使用更低浓度的电解液；

③ 钠离子的溶剂化能比锂离子更低，具有更好的界面离子扩散能力；

④ 钠离子电池高低温性能相对更优异；

⑤ 钠离子电池的内阻相比锂离子电池略高，致使在短路等安全性试验中瞬间发热量少、温升较低，安全性较好。

近年来，针对有机体系钠离子电池工程化的尝试陆续被报道。2011年，全球首家专注钠离子电池工程化的英国Faradion公司成立，迄今已成功生产了超过50kWh的钠离子电池[3]。截至目前，全球从事钠离子电池工程化的公司已有20家以上[2]，其中美国Natron公司最近发布了BlueTray® 4000型钠离子电池模组用于数据中心和通信基站储能[4]。在我国，专注钠离子电池的公司中科海钠于2017年成立，目前在技术开发和产品生产上都已初具规模。2021年6月，中科院物理所与中科海钠联合推出的1MWh钠离子电池光储充智能微网系统在山西太原综改区投入运行[5]，并在2024年联合多家单位建成全球首座10MWh钠离子电池电网侧储能电站。2021年7月底，宁德时代新能源科技有限公司（CATL）发布了其第一代钠离子电池，能量密度达到160Wh·kg^{-1}，在低温性能和快充能力上，则都优于磷酸铁锂电池。另外，浙江钠创新能源有限公司也针对钠离子电池用正极材料、电解质材料和电芯进行了工程化开发。众钠能源科技有限公司另辟蹊径，开发的硫酸铁钠正极的钠离子电池顺利通过电动自行车用有关的团体标准的全部测试，有望成为第一个进入批量市场的商品化钠离子电池。

虽然水系钠离子电池具有环保、低成本、制造方便、安全性好、易回收等优点，是电化学储能有潜力的替代技术，但是水的热稳定电压窗口只有1.23V，即使考虑动力学因素，水系电解质的电压窗口仍不超过1.8V，给这一系统带来了许多挑战[6,7]：①大量高电压的电极材料无法被选择；②低电压平台极大地限制了体系的能量密度；③电极材料与水的副反应影响体系的循环稳定性。大部分含钠离子的电极材料在水中会发生自发的脱离子反应，产生不必要的膨胀和质子嵌入，以及寄生的产氢反应，从而在长期运行中导致电极材料的降解[8]。对水系钠离子电池进行早期产业化开发的公司主要有美国Aquion能源公司和澳大利亚BlueSky能源公司。Aquion的“Aspen”水系钠离子电池系统已在全球范围内进行了MW级的示范应用。

5.2 钠离子电池的结构组成及其工作原理

图5-1显示了典型的钠离子电池的结构图。典型的钠离子电池的正极活性材料采用含钠层状化合物，负极活性材料采用硬碳、金属氧化物等，活性材料与导电炭黑、黏结剂等混合成浆料涂覆在集流体上。有机体系钠离子电池通常采用金属Al作为正负极集流体，水系钠离子电池通常采用金属Al和Ti分别作为负极和正极的集流体。电解质为溶解有$NaPF_6$或$NaClO_4$等钠盐的水溶液或有机溶液，正负极之间设置PP、玻璃纤维膜等多孔隔膜。

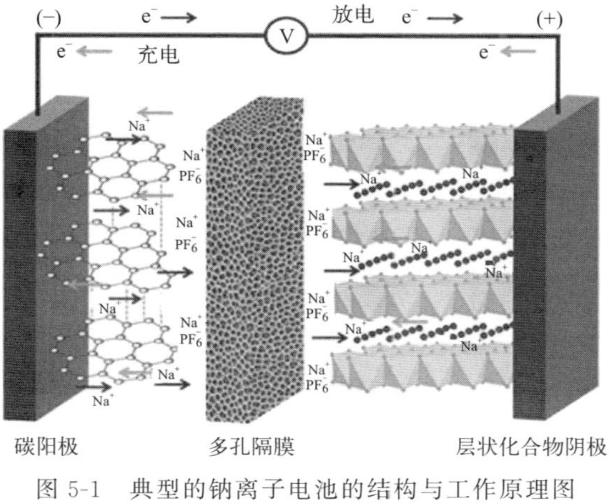

图5-1　典型的钠离子电池的结构与工作原理图

以含钠层状氧化物为正极、硬碳为负极的钠离子电池的电化学表达式为：(−)C|$NaPF_6$/$NaClO_4$(c)|Na_xMO_2(+)。电极反应可以写作：

正极反应：　$Na_xMO_2 \rightleftharpoons Na_{x-y}MO_2 + yNa^+ + ye^-$　(6-1)

负极反应：　$nC + yNa^+ + ye^- \rightleftharpoons Na_yC_n$　(6-2)

总反应：　$Na_xMO_2 + nC \rightleftharpoons Na_{x-y}MO_2 + Na_yC_n$　(6-3)

充电时，正极脱去钠离子，钠离子通过电解液迁移至负极，在负极中与电子复合，放电时正好相反。理想情况下，钠离子在正负极材料中嵌入和脱去是高度可逆的，但实际情况下，正负极材料嵌入和脱出钠离子过程中存在一定程度的体积膨胀和结构畸变，电池的库仑效率通常低于100%。

5.3 钠离子电池的电极活性材料

通过实验室测试用的半电池和有代表性的原型全电池已经建立并评价了多种类型的钠离子电池用正负极材料。主要的钠离子电池正极材料包括层状氧化物类、聚阴离子类材料和普鲁士蓝类材料（Prussian blue analogs，PBAs）。主要的钠离子电池负极材料包括碳质材料、钛基氧化物和合金类材料。隧道结构氧化物和有机类正负极材料因处于发展初期且研究进展有限，因此在本书中不作详解。用于水系钠离子电池的正负极材料将作特殊说明，不作特殊说明的正负极材料指用于有机体系钠离子电池的正负极材料，其电性能也是在有机体系下测试的结果。

5.3.1 正极材料

表5-1列出了层状氧化物类、聚阴离子类、PBAs等几类正极材料典型的化学组成及它们作为钠离子电池正极材料的优缺点。层状氧化物正极材料具有更高的体积和重量能量密度，但制备纯相困难，循环性能较差。提高聚阴离子和PBA类正极能量密度的策略包括组成优化和元素掺杂，如Ni、Co和V以增加可逆容量和标称电压。但是，使用这种元素会无意中削弱钠离子电池的成本优势。此外，PBA的合成过程由于涉及潜在的安全危险，如加热时释放含氰化物烟雾和产生有毒废物，对规模制造提出了很大的挑战。

表5-1　几类钠离子电池正极材料典型的化学组成及它们应用时的优缺点

类别	典型化学式	应用优势	应用劣势
层状氧化物类	$Na[Fe_{1-x}Me_x]O_2$（Me＝Ni，Mn，Co）；$Na_x[Ni_{1/2}Me_{1/2}]O_2$（Me＝Mn，Ti）	好的电子和钠离子导电性，高的体积和重量能量密度	合成化学计量化合物困难，一般含NiO杂相；高电压循环稳定性较差

续表

类别	典型化学式	应用优势	应用劣势
聚阴离子类	磷酸盐 $Na_3Me_2(PO_4)_3$、焦磷酸盐 $Na_2MeP_2O_7$（Me＝Ti，V，Cr，Mn，Fe，Co，Ni，Ca，Mg 等）、氟化磷酸盐 $Na_3V_2(PO_4)_2F_3$、硫酸盐 $NaFe(SO_4)_2$	工作电压高，极化小，循环稳定性好	电子电导率低；质量和体积比容量较低
普鲁士蓝类	$Na_xMe[Fe(CN)_6]$（$0\leqslant x\leqslant 2$，Me＝Fe，Mn）	工作电压较高，循环稳定性好	材料热稳定性较差；体积比容量较低

根据 Delmas 等提出的分类方法，钠基层状金属氧化物 $NaMO_2$（M＝Fe、Ni、Mn、Co、Ti 中的一种或多种）可以分为 O3 和 P2 两种晶型[9]。O 指八面体位置，P 指三棱柱位置，2 或 3 指的是晶格中最小重复单元的堆垛层数。如图 5-2 所示，在 O3-$NaMO_2$ 相中，Na 位于八面体位，堆垛方式为 ABCABC…，而在 P2-$NaMO_2$ 相中 Na 位于三棱柱状位，堆垛方式为 ABBA…[10]。

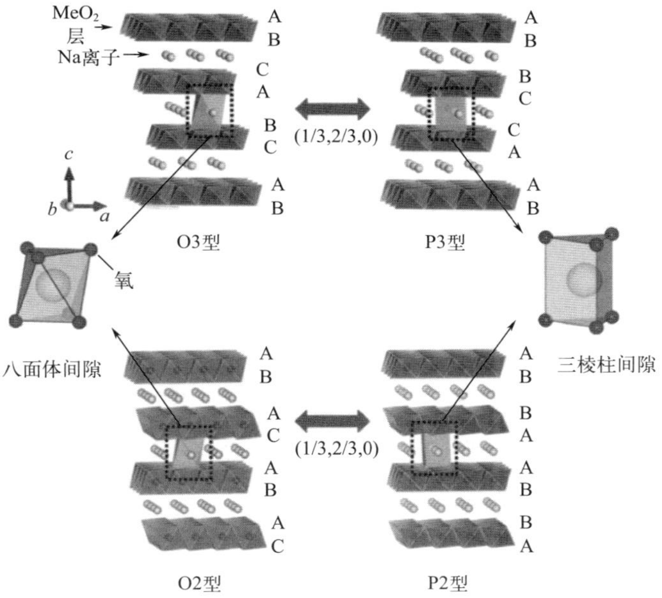

图 5-2 具有共边 MeO_6 八面体的 Na-Me-O 层状材料的分类和钠离子迁移诱导的相变过程

下面以 $NaCoO_2$ 正极为例说明层状氧化物正极的工作机理。$NaCoO_2$ 正极，与传统的锂离子电池正极 $LiCoO_2$ 相同，最初处于含钠离子的放电态，通过充电激活电池，形成充电态的脱钠正极。$Li/Li_{1-x}CoO_2$ 和 $Na/Na_{1-x}CoO_2$

半电池的充放电电压与比容量的关系曲线如图 5-3 所示。具有相同晶体结构的层状氧化物 $NaCoO_2$ 的理论可逆比容量仅比 $LiCoO_2$ 小 14%[10]。假设钴离子发生单电子氧化还原（Co^{3+}/Co^{4+} 氧化还原）时，$LiCoO_2$ 和 $NaCoO_2$ 的理论比容量分别为 274mAh・g^{-1} 和 235mAh・g^{-1}。与 $Li_{1-x}CoO_2$ 的一步反应不同，在充电和放电过程中，Na 从 $NaCoO_2$ 晶体中脱钠形成 $Na_{1-x}CoO_2$ 呈多相变化[10]。$LiCoO_2$ 和 $NaCoO_2$ 具有相同的 O3 晶体结构，由 CoO_2 薄片沿 $A_{1-x}CoO_2$（A＝Li 或 Na）晶体的 c 轴交替容纳 Li^+ 或 Na^+ 组成。钠离子电池中 $NaCoO_2$ 的晶体结构变化始于第一次充电时脱钠。O3 型相中的钠离子最初稳定在 MO_6 八面体中的共边八面体位置。当 Na^+ 从 O3 相中部分脱出时，棱柱状位的 Na^+ 能量稳定，并沿 MO_2 板滑动而不破坏 M-O 键将晶体转变为 P3 相。这种通过滑动 MO_6 薄片在棱柱相和八面体相之间的转换发生在几乎所有用作钠离子电池正极的层状过渡金属氧化物中[11]。

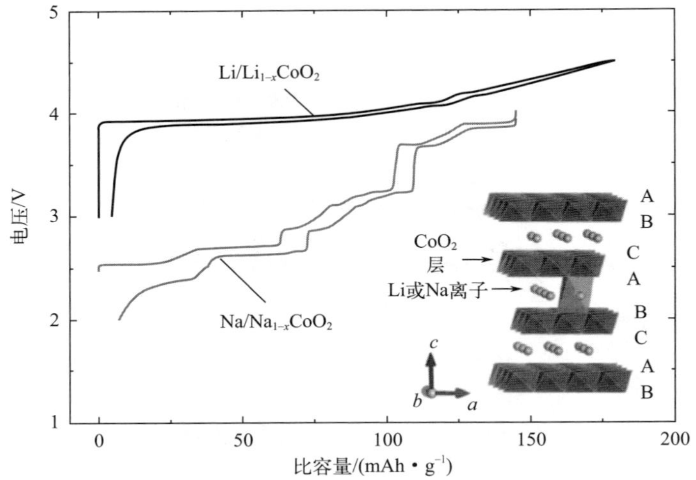

图 5-3　$Li/Li_{1-x}CoO_2$ 和 $Na/Na_{1-x}CoO_2$ 半电池的充放电曲线比较

表 5-2 总结了目前常用的钠离子电池层状氧化物正极的结构式及其工作参数。从表中可以看到，层状氧化物的工作电压范围对材料的循环稳定性影响较大。Nazar 等发现 Cu^{2+} 掺杂 $Na_{0.67}[Mn_{0.66}Fe_{0.20}Cu_{0.14}]O_2$ 可提高材料的比容量和空气稳定性[12]。当电压超过 4.1V 时，$Na_{0.67}[Mn_{0.66}Fe_{0.20}Cu_{0.14}]O_2$ 将经历不可逆相变导致容量严重衰减。低于 4.1V 的工作电压能大大提高材料的循环稳定性。最近，Manthiram 等通过 X 射线衍射、恒电流间歇滴定、电化学阻抗谱、X 射线光电子能谱等检测手段研究了高电压下层状氧化物性能衰减

的原因[13]。高电压下，由于铁离子迁移，电极材料发生 OP2 相的不可逆相变，导致容量快速衰减。之后，电解液分解和电极结构降解继续发生，导致阻抗显著增长，容量衰减持续。Xu 等通过对 $Na_x(Cu\text{-}Fe\text{-}Mn)O_2$ 体系工作机理的探索发现：首先，Mn 的原始价态与可逆容量有很强的相关性，其最高可逆比容量达到 $190mAh \cdot g^{-1}$ 的正极中 Mn 具有最低的原始价态 [即 $Na_{0.75}(Cu_{0.1}Fe_{0.1}Mn_{0.8})O_2$]；其次，$Na_x(Cu\text{-}Fe\text{-}Mn)O_2$ 体系的平均电势随 Fe 组分的增加而降低；最后，添加适量的 Cu 可以促进电极材料的速率性能和循环性能[14]。另外，研究发现，在 P2 型层状氧化物中加入少量牺牲钠盐用于补钠，能在一定程度上提高材料的比容量[15,16]。Bruce 团队发现无碱金属过量的 $Na_{2/3}[Mg_{0.28}Mn_{0.72}]O_2$ 表现出氧离子氧化还原引起的过剩容量，认为 Mg^{2+} 存在于过渡金属层而不是碱金属层中，使得激活氧离子氧化还原并不需要过量的碱金属离子[17]。$NaNi_{0.5}Mn_{0.5}O_2$ 作为典型的 O3 型层状氧化物正极，表现了较差的空气稳定性，比容量低于 P2 型层状氧化物。Sn^{2+} 掺杂能减小材料中 NiO 杂相的含量，提高材料纯度，并能提高循环稳定性[18]。Ti^{2+} 或 Cu^{2+} 的掺杂同样能起到提高循环稳定性的效果[19]。

表 5-2　常用的钠离子电池层状氧化物正极的化学式及其工作参数

编号	晶型	化学式	工作电压范围/V	半电池比容量/$(mAh \cdot g^{-1})$	循环次数/次	说明	参考文献
1	P2	$Na_{2/3}Fe_{0.5}Mn_{0.5}O_2$	1.5～4.3	195	30	空气稳定性差	[20]
2		$Na_{0.67}[Mn_{0.66}Fe_{0.20}Cu_{0.14}]O_2$	1.5～4.3	203	30	Cu^{2+} 掺杂提高容量和空气稳定性	[12]
3		$Na_{0.67}[Mn_{0.66}Fe_{0.20}Cu_{0.14}]O_2$	2.1～4.1	90	100	低电压工作大大提高循环稳定性	[12]
4		$Na_{0.6}Ni_{0.2}Mn_{0.6}Co_{0.2}O_2$	1.5～4.2	140	20	—	[15]
5		$Na_{0.6}Ni_{0.2}Mn_{0.6}Co_{0.2}O_2$ +21% Na_2CO_3	1.5～4.2	130	50	Na_2CO_3 作为牺牲盐，补充正极 Na^+	[15]
6		$Na_{2/3}Mg_{0.3}Mn_{0.7}O_2$	2～4.5	155	—	无过量 Na^+，发生氧离子氧化还原	[17]
7	O3	$NaNi_{0.5}Mn_{0.5}O_2$	2～4	135	100	空气稳定性较差	[21]
8		$NaNi_{0.5}Mn_{0.1}Sn_{0.4}O_2$	2～4	98	200	Sn^{2+} 掺杂提高循环稳定性	[21]
9		$NaNi_{0.5}Mn_{0.2}Ti_{0.3}O_2$	2～4	120	200	Sn^{2+} 掺杂提高循环稳定性	[19]

图 5-4 总结了主要的层状氧化物正极在钠离子半电池和全电池中的放电能量密度[22]。P2 型和 O3 型层状氧化物在全电池中都可以提供 $300Wh \cdot kg^{-1}$ 的能量密度。然而，它们的循环稳定性却不尽如人意，因此离子掺杂和碳包覆成为提高层状氧化物循环性能的比较通用的重要方法[23]。目前经过掺杂或包覆的层状氧化物多数能稳定循环 200 次以上。

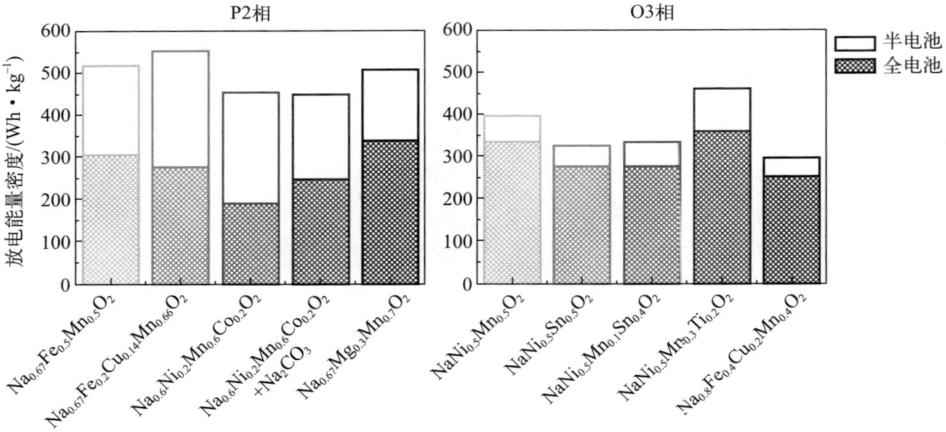

图 5-4　钠离子层状氧化物正极在钠离子半电池和全电池中的放电能量密度[22]

钠离子层状氧化物正极的优点是比容量大，但其倍率性能不如聚阴离子化合物正极，这与其嵌脱钠时较大的结构相变有关。由一系列强共价键键合的 $(XO_4)_n^-$（X＝S、P、Si 等）基聚阴离子正极材料近年来已经得到广泛的研究。与二维层状氧化物体系不同，聚阴离子化合物具有坚固的 3D 框架，在 Na^+ 嵌入/脱出过程中具有最小的结构重排、优越的耐热失控性和高输出电压。安全性和电压的提升归因于聚阴离子单元内的强共价键。一般来说，聚阴离子插入化合物因为存在密度大的聚阴离子基团，其质量比容量相对较低。而且，由于聚阴离子化合物通常堆积密度不高，因此体积比容量也较低。常见的聚阴离子类正极材料包括磷酸盐、焦磷酸盐、氟化磷酸盐、硫酸盐、硅酸盐和硼酸盐等，其中磷酸盐和氟化磷酸盐的相关研究较多且性能更优异。磷酸盐正极材料主要包括橄榄石结构 $NaFePO_4$、NASICON 结构 $Na_3M_2(PO_4)_3$（M＝Al、Ti、V 或 Fe^{3+}）、焦磷酸盐结构 $Na_2MP_2O_7$（M＝Fe、Co、Mn 或 Cu）等。图 5-5 显示了橄榄石结构和磷铁钠矿结构的聚阴离子型 $NaFePO_4$ 材料、焦磷酸盐 $Na_2FeP_2O_7$ 和氟化磷酸盐 Na_2FePO_4F 材料的晶体结构[10]。橄榄石结构的 $NaFePO_4$ 属于正交晶系，空间群为 *Pmnb*，晶胞由 FeO_6 八面体和 PO_4 四面体构成空间骨架，Na^+ 则占据共边的八面体位置，并形成沿 *b* 轴方向的长链[24]。钠离子具有一维传输通道，在充放电过程中钠离子容易从晶格中嵌脱。磷铁钠矿型 $NaFePO_4$ 中，Na^+ 和 Fe^{2+} 的位置与橄榄石型相反，磷酸根的位置保持不变，这样的转变使晶格结构中缺乏钠离子传输通道，因而不具有电化学活性。对于 $NaFePO_4$ 而言，橄榄石相只能在 480℃以下稳定存在，高于 480℃转变为热力学稳定的磷铁钠矿相[25]。磷酸盐高温分解脱氧可以形成焦磷酸盐。图 5-5（c）中所示的 $Na_2FeP_2O_7$ 属于三斜晶系，空间群 $P\overline{1}$。晶胞中两个 FeO_6 八面体共角连接的 Fe_2O_{11} 二聚体与两个 PO_4 四面体共角连接的 P_2O_7 共边或共角桥接，形成三维扭曲的 Zig-Zag 型钠离子传输通道和五种不同的钠离子占位[26]。氟化磷酸盐 Na_2FePO_4F 具有不同于其他聚阴离子型正极材料的二维层状结构，空间群为 *Pbcn*，只能实现单电子的反应，在 3V 附近分布有两个相近的电压平台[27,28]。

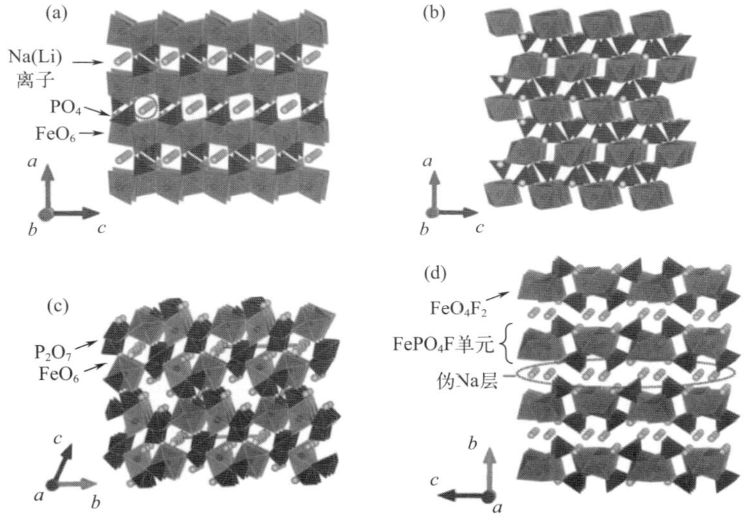

图 5-5　含 Fe 磷酸盐类化合物的晶体结构：(a) $Na(Li)FePO_4$（橄榄石型）；(b) $NaFePO_4$（磷铁钠矿型）；(c) 焦磷酸盐 $Na_2FeP_2O_7$；(d) 氟化磷酸盐 Na_2FePO_4F

$Na_3V_2(PO_4)_3$ 正极材料具有典型的 NASICON 结构，属于六方晶系，空间群为 $R\overline{3}c$。类似 2.3.1 节的 NASICON 型固体电解质，钠离子在 $Na_3V_2(PO_4)_3$ 的晶格占据 Na1 和 Na2 两个位置，在 3.4V 附近发生可逆的 V^{4+}/V^{3+} 氧化还原反应，实现两个钠离子的可逆嵌脱[29]。氟化磷酸钒钠 $Na_3V_2(PO_4)_2F_3$ 表现出比磷酸钒钠更高的对 Na/Na^+ 电压（3.8V），可逆比容量约为 $135mAh \cdot g^{-1}$[30]。图 5-6 对比了典型的 O3、P2 型层状金属氧化物正极与 $Na_3V_2(PO_4)_2F_3$（NVPF）正极的倍率性能。从图中可以看到，NVPF 高倍率下充放电的容量保持率优于层状金属氧化物。

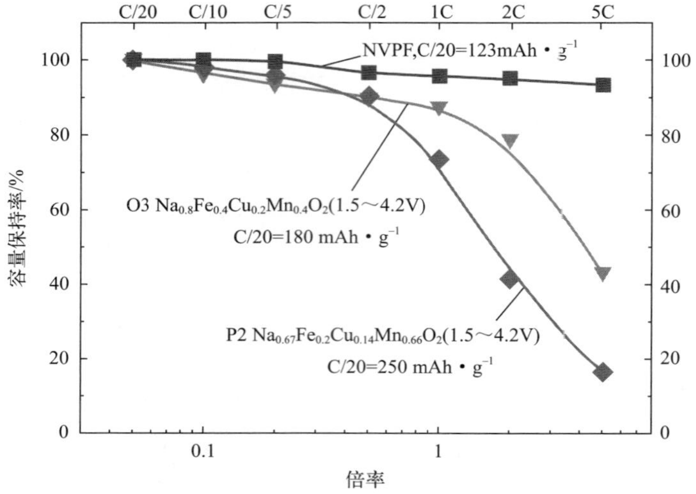

图 5-6　典型的 O3、P2 型层状金属氧化物正极与 $Na_3V_2(PO_4)_2F_3$（NVPF）正极的倍率性能

普鲁士蓝及其类似物主要包括 $KFe_2(CN)_6$、$MnFe(CN)_6$，以及铁（Ⅲ）体系 $Fe_2(CN)_6$ 等无碱金属离子化合物。如图 5-7 所示，典型的普鲁士蓝材料 $Na_2M[Fe(CN)_6]$ 具有面心立方框架结构，晶格中配位金属 M 与铁氰按 Fe-C≡N-M 排列成面心立方框架，铁离子和 M 离子排列于顶点，C≡N 位于立方体棱上，Na^+ 和晶格水分子则处于立方体空隙中[31]。晶格水分子的存在会严重影响其电化学性能，一方面，晶格水分子会脱出进入电解液中，导致首周效率和循环稳定性下降；另一方面，水分子占据部分 Na^+ 嵌脱位点，导致材料的比容量下降。因此，PBAs 正极材料的研究主要集中在降低材料内的缺陷和水含量方面。在 3～3.5V 电压范围内，普鲁士蓝及其类似物正极的钠离子半电池可逆比容量为 80～120mAh・g^{-1}[11]。一种富钠普鲁士蓝类似物 $Na_{1.92}Fe_2(CN)_6$，也称为普鲁士白（晶体结构见图 5-7），在低倍率下具有 160mAh・g^{-1} 的放电比容量和良好的循环稳定性[32]。普鲁士蓝及其类似物的缺点是密度低[11]。例如，普鲁士蓝的密度约为 1.8g・cm^{-3}，与使用相同比容量的过渡金属氧化物正极相比，钠离子电池的体积能量密度更低。

图 5-8 对各种钠离子电池正极材料的工作电压与质量比容量进行了总结[33]。聚阴离子类正极材料工作电压高、比容量较低；层状金属氧化物正极材料具有高的比容量和较低的工作电压；PBAs 介于以上两者之间；有机类正极材料普遍具有低的工作电压。许多研究表明，对钠离子电池正极材料

进行纳米化和碳包覆可以有效地提高材料的利用率和循环稳定性，但同时需要兼顾材料振实密度的提高。

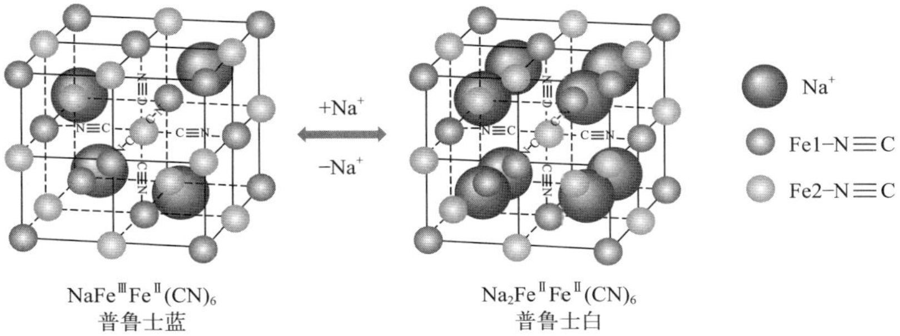

图 5-7 普鲁士蓝材料 $NaFe^{Ⅲ}Fe^{Ⅱ}(CN)_6$ 和普鲁士白材料 $Na_2Fe^{Ⅱ}Fe^{Ⅱ}(CN)_6$ 材料的理想晶体结构

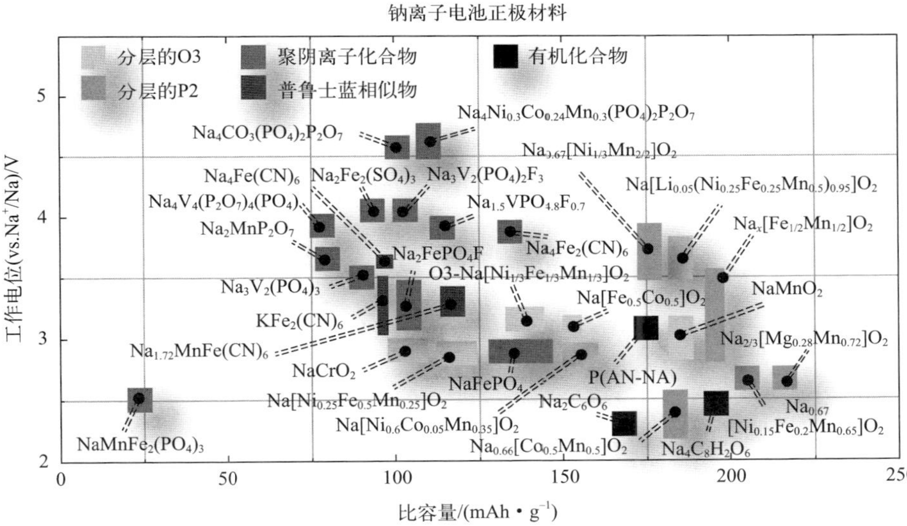

图 5-8 各种钠离子电池正极材料的工作电压与质量比容量（另见文后彩图）

5.3.2 负极材料

用于钠离子电池负极的电极材料应具有较低的 Na^+ 嵌脱电压，相对 Na/Na^+ 电极最好低于 0.5V，比容量应超过 $250mAh \cdot g^{-1}$。钠离子电池负极材料主要包括碳质材料、金属合金、过渡金属氧化物（硫化物）和有机类材料四种。图 5-9 显示了各种钠离子电池负极材料的工作电压和比容量[33]。碳质负极材料中，硬碳具有约 250mAh·g^{-1} 的实际可逆比容量，工作电压为 0.25V 时形成 $Na_{0.67}C_6$，并具有较好的低温性能和快充能力，因此与正极匹配时可以得到高电压、高容量性能的全电池，成为最受关注、应用最广泛的钠离子电池负极材料。其他低电压的钠插层材料如 $Na_2Ti_3O_7$、$Na_4Ti_5O_{12}$ 等也具有低于 0.5V 的工作电压，但可逆容量较低。过渡金属氧化物和硫化物以及金属合金嵌脱 Na^+ 的机理为转化机理，通常伴随大的体积效应和较差的循环稳定性，但是可以达到 400mAh·g^{-1} 以上的比容量。磷和磷合金作为钠离子电池正极材料具有高于 1000mAh·g^{-1} 的超高比容量。

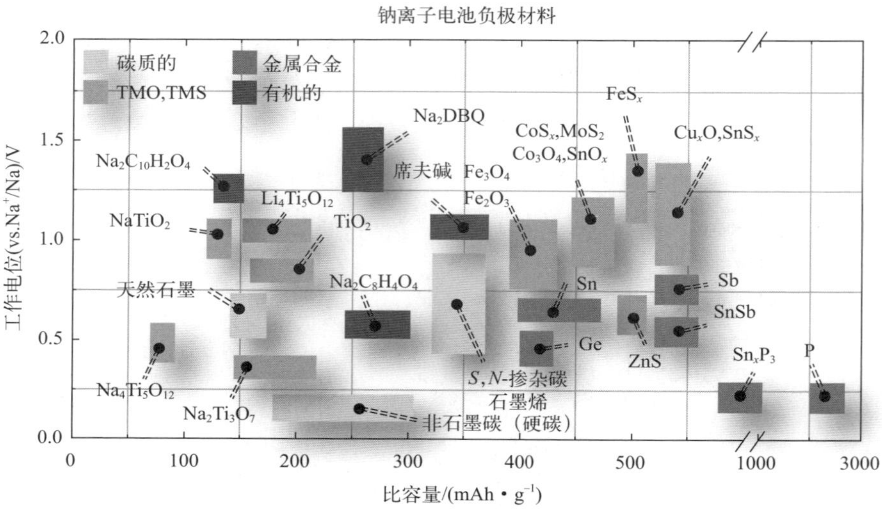

图 5-9　各种钠离子电池负极材料的工作电压和比容量

硬碳是一种非石墨碳，因其机械硬度较高而得名。它的基本单元是弯曲的石墨烯薄片。硬碳中石墨烯薄片相互连接形成高度扭曲的多孔结构。与石墨（层间距 0.335nm）相比，扭曲结构增加了碳纳米片之间的斥力，使得层间距增大（约 0.38nm）[34]。硬碳嵌钠的机理主要可分为三种：①电容吸附；②微孔填充；③碳层嵌插。2000 年，Dahn 和 Stevens 首先研究了硬碳嵌钠机理。他们发现硬碳在钠离子半电池中的充放电曲线类似石墨在锂离子半电池中的表现，因此认为硬碳的嵌钠机理与石墨一样是“吸附-插入”模型。2012 年，Cao 等基于 Li^+ 和 Na^+ 嵌入硬碳中的不同充放电特性提出新的“吸附-插入”模型。之后，大量理论和实验结果验证了这一机理。见图 5-10，电容吸附对应于充放电曲线的斜坡区域，是由碳材料的固有缺陷和杂原子引起的[35,36]。Ji 等使用非原位 XRD 和恒电流间歇滴定（GITT）测量证实了这一机制。他们发现，葡萄糖热解的硬碳在斜坡区域比在平台区域有更高的钠离子扩散率，这可能是由于与层间空间相比，表面位置更易于扩散[37]。与斜坡区不同的是，低电压平台区储钠机制（纳米孔填充或插入）仍然不确定，争论的主要原因是层间距与封闭孔隙尺寸相近，难以明确识别[38]。通过对上述机理的梳理，研究者提出了多种模型，包括“吸附-插入”模型、“吸附-纳米孔填充”“吸附-插入与纳米孔填充”等。图 5-10 显示的是 Cao 等发现的硬碳“吸附-插入”嵌钠模型。该模型认为当碳层间距大于 0.37nm 时，Na^+ 容易从碳片层中嵌脱。多项研究表明，在低于 0.1V 的电压区间，碳片层的层间距大于 0.39nm，从侧面支撑了硬碳在平台区的插入机理。另外，硬碳内部封闭纳米孔的数量和孔容被证实与平台容量有关。Hu 等提出了硬碳的“吸附-纳米孔填充”模型，但是之后的研究表明一味增大孔容并不一定会带来更高的平台容量。Au 等解释这一现象是孔容过度增大会导致钠离子在碳层中的扩散距离变短，使得大量纳米孔来不及填充钠离子。因此，对于高效合成孔容和孔径最优化的多孔硬碳材料仍是一个挑战。

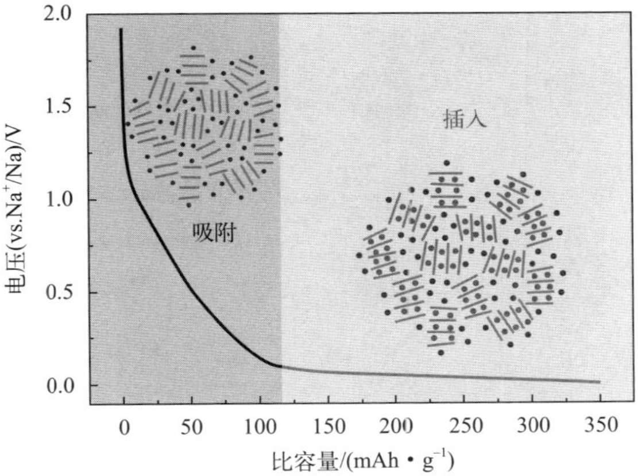

图 5-10　硬碳的“吸附-插入”嵌钠模型

在电学性能方面，硬碳通常会表现出较低的首周库仑效率，这是由于消耗钠形成固体电解质界面（solid state interfaces，SEI），使得首周可逆容量较低。研究发现，硬碳在不同种类的电解液体系中生产的 SEI 膜厚度和成分有较大差异，其中在 $1mol \cdot L^{-1}$ $NaBF_4$ 的 TEGDME 电解液中生成薄而均匀且有序的 SEI 膜[39]。

探索钠离子电池的其他负极材料，如相比硬碳具有更高的存储容量和化学势的金属锡、锑或金属钠合金、磷或磷合金、金属氧化物（硫化物）等，也成为该领域研究人员的努力方向之一。尽管金属负极存在稳定性和体积变化大的问题，但由于其高的质量和体积堆积密度，也有可能大幅提高钠离子电池的能量密度。为了利用这两种类型负极材料的优点，高能量密度的碳基金属（或金属氧化物）复合材料可能成为未来钠离子电池负极电极材料的一个很有前途的选择。值得一提的是，王春生等发现 Sn_4P_3 通过引入 Sn 与 P 之间的可逆转化反应，不仅提高了容量，而且自愈性地修复了循环过程合金反应中锡的连续粉化[40]。如图 5-11 所示，他们对比了 Sn、SnO 和 Sn_4P_3 负极材料在 $1mol \cdot L^{-1}$ $NaClO_4$ FEC/DMC（1∶1，体积比）中循环的电极粉化过程和容量稳定性。Sn_4P_3/多壁碳纳米管（Sn_4P_3/MWCNTs）负极材料显示出更为稳定的循环性能。Ahn 等研究了 Sn 负极在 $1mol \cdot L^{-1}$ $NaPF_6$ DME 电解液中的循环性能，发现 Sn 负极在 10C 速率下循环寿命超过 5000 次，其循环稳定性已接近商业化水平。如图 5-12 所示，Ahn 等发现 Sn 负极只有在碳纳米管作为导电剂、添加特定隔膜以及 DME 基的电解液中具有自修复特性，从而具有良好的循环稳定性[41]。因此电极组成和特定的组装条件对电极电性能将产生重要影响。

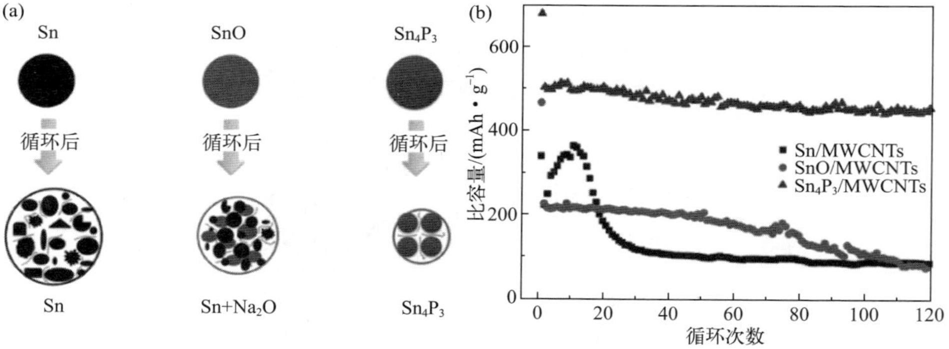

图 5-11　Sn、SnO 和 Sn_4P_3 负极材料在 $1mol \cdot L^{-1}$ $NaClO_4$ FEC/DMC（1∶1，体积比）中循环的粉化过程和容量稳定性

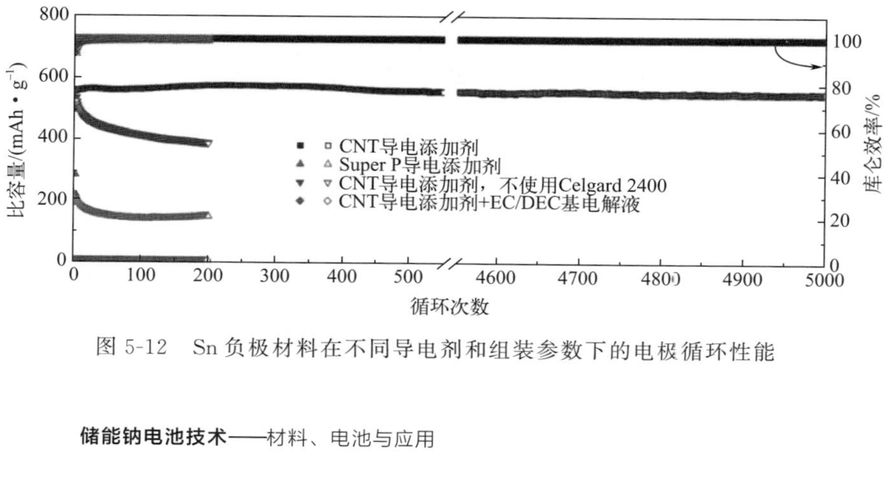

图 5-12　Sn 负极材料在不同导电剂和组装参数下的电极循环性能

5.4 钠离子电池的液体电解质材料

钠离子电池液体电解质材料应满足以下技术要求：

① 化学惰性：电解液在运行过程中对所有非活性和活性电池部件（如隔膜、黏结剂、集流器、包装材料等）应保持惰性。

② 宽的液相线范围和热稳定性：低熔点和高沸点。

③ 宽的电化学稳定窗口。

④ 高的离子导电性，无电子导电性。

⑤ 对环境无毒无害。

⑥ 绿色可持续：原材料丰富，低环境危害，合成简单无污染。

⑦ 界面性质可调：在正负极上形成稳定的、电子绝缘但高离子导电性的界面层。

钠离子电池的液体电解质材料可以分为非水电解液、水基电解液和浓电解液三种，其中非水电解液材料可分为有机酯类、醚类和离子液体电解液三种，水基电解液可分为碱性和中性电解液两种。表 5-3 总结了钠离子电池常用的各种类型液体电解质材料的溶质、溶剂和添加剂。

表 5-3 钠离子电池用各种类型液体电解质材料的溶质、溶剂和添加剂

一级类别	二级类别	溶剂	溶质	添加剂
非水电解液	酯类电解液	碳酸乙烯酯（EC）、碳酸丙烯酯（PC）、碳酸二甲酯（DMC）、碳酸二乙酯（DEC）、乙基甲基碳酸酯（EMC）	$NaPF_6$、$NaClO_4$、$NaCF_3SO_3$	氟代碳酸乙烯酯（FEC）、磷酸三甲酯（TMP）
	醚类电解液	乙二醇二甲醚（DME）、四乙二醇二甲醚（TEGDME）、二乙二醇二甲醚（DEGDME）	$NaPF_6$、$NaClO_4$、$NaCF_3SO_3$	
	离子液体电解液	咪唑型、吡咯型	NaTFSI、NaFSI、$NaClO_4$、$NaBF_4$	酯类溶剂（EC、PC）
浓电解液		DME、TEGDME、二甲基亚砜（DMSO）、丁二腈（SN）、TMP	NaTFSI、NaFSI	—
水基电解液		水	Na_2SO_4、$NaClO_4$、CH_3COONa	—

5.4.1 酯类电解液体系

碳酸酯类有机物由于其较高的电化学稳定性和溶解碱金属的能力，成为钠离子电池有机电解液的主要溶剂。常见的碳酸酯类溶剂有碳酸乙烯酯（EC）、碳酸丙烯酯（PC）、碳酸二甲酯（DMC）、碳酸二乙酯（DEC）、乙基甲基碳酸酯（EMC）。大多数钠离子电解质使用一种或多种钠盐在两种或多种溶剂的混合物中溶解，而除了少数使用 PC，单一溶剂配方比较罕见。使用多种盐或溶剂源于电池对电解质的多种要求，很难由单一的化合物/分子得到满足。Bommier 和 Ji 最近综述报告了钠离子电池电解液组成的统计分析[42]，显示 EC：DEC 是使用最多的体系，其次是 EC：PC 和其他基于 PC 的混合物，然后是 EC：DMC 混合物。盐类中 $NaClO_4$ 用量最多，$NaPF_6$ 次之，$NaCF_3SO_3$、NaTFSI 和其他盐的报道较少。图 5-13 显示了他们统计的各种电解液体系的电池库仑效率（coulombic efficiency，CE）的分布比例。在他们所有被调查的文献中，CE@1st 低于 0.25 的论文不成比例地由 PC 和 EC：DEC 代表。PC 和 EC：DEC 似乎是最差的溶剂之一。然而，PC 和 EC：DEC 溶剂在碳负极和合金负极中有较好的表现。EC：DMC 和醚似乎是更好的溶剂选择。它们超过 0.75 和 0.50 的 CE@1st 比例最高。但是，EC：DMC 和醚被使用得并不广泛，因此以上结论是否具有参考价值还有待结合理论和更多的实验数据来证实。

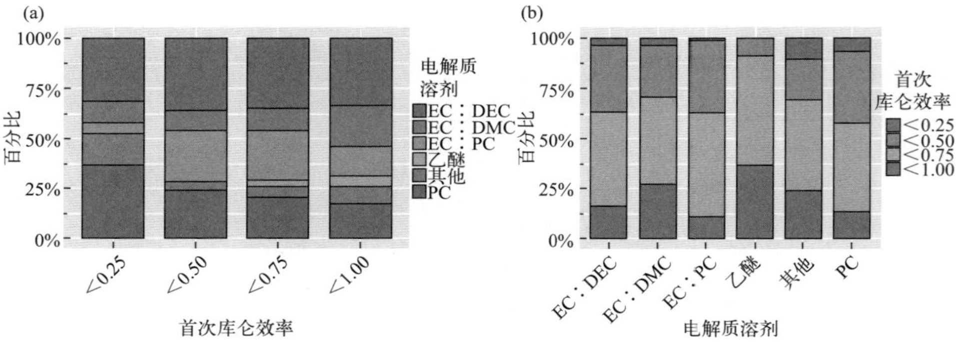

图 5-13 各种电解液体系的电池库仑效率的分布比例统计（另见文后彩图）

表 5-4 给出了各种碳酸酯类溶剂的物理化学参数[43]。通常具有高熔点、高介电常数和大偶极矩的 EC 或 PC 与具有低熔点、低介电常数和小偶极矩的 DMC、DEC 或 EMC 共溶得到的溶剂具有较理想的物理化学参数。Na^+ 与碳酸酯溶剂的相互作用得到了广泛的研究。Jónsson 团队和 Nakai 团队先后通过密度泛函理论计算证明了在类似的电解质中，由于钠盐 Lewis 酸性较弱，Na^+ 的脱溶剂能力通常小于 Li^+[44,45]。随后一些研究人员通过第一性原理计算和实验手段分别证实了这一结论。Kamath 等采用了一种基于分子动力学模拟的计算表明，在平衡条件下，EC：PC 为首选的电解质溶剂配方，而在动态条件

下，EC∶DMC 和 EC∶EMC 为最佳配方[46]。然而，Shenoy 等根据量子化学模拟的结果则认为，EC 的高还原电位和低开环势垒是钠离子电池中 SEI 持续增长的主要原因[47]。

表 5-4　碳酸酯类溶剂的物理化学参数

溶剂类型	熔点/℃	沸点/℃	25℃黏度/cP	25℃介电常数	偶极矩/D	最低未占分子轨道能级/eV
EC	36.4	248	约 1.9	89.78	4.61	1.175
DMC	4.6	91	约 0.59	3.1	0.76	1.054
DEC	−74.3	126	0.75	2.8	0.96	1.288
PC	48.8	242	2.53	64.92	4.81	1.235
EMC	−53	110	0.65	2.96	0.89	1.248

Ponrouch 等针对不同钠盐（$NaClO_4$、$NaPF_6$ 和 NaTFSI）在各种碳酸酯类溶剂中的电解液配方进行了详细研究[48]。据他们报道，不同钠盐阴离子对电导率的影响不显著，三种钠盐的电导率介于 $6.2mS \cdot cm^{-1}$ 与 $8mS \cdot cm^{-1}$ 之间，而相同浓度的钠盐溶解在不同溶剂中的电导率有显著变化。电导率从大到小对应的溶剂为：EC∶DMC＞EC∶PC＞EC∶三乙二醇二甲醚（TGDE）＞EC∶DEC＞PC＞TGDE。一般地，溶剂可以通过增加盐的离解（高介电常数）和/或降低黏度来提高离子迁移率，从而提高电解液的电导率。电化学稳定窗口的研究表明，除 $TFSI^-$ 阴离子外，阴离子的选择对稳定性没有影响，而 $TFSI^-$ 阴离子对铝的负极溶解没有保护作用，因此为避免铝集流体被腐蚀，NaTFSI 为溶质的电解液电压限制在 3.4V，添加 5% $NaPF_6$，两端电压可提高至 5V[49]。

在组装半电池优化电极材料和电解液匹配性的过程中，研究人员针对电解液对金属钠的稳定性也积累了一些实验数据。Jang 等评价了 $Na_4Fe_3(PO_4)_2P_2O_7$ 正极在 $1mol \cdot L^{-1}$ $NaClO_4$ 的 EC∶DEC（1∶1，体积比）和 EC∶PC（1∶1，体积比）中的半电池电化学性能。利用^{13}C 核磁共振（NMR）谱分析证明含 DEC 的电解液与 Na 金属接触时不稳定[50]。Lee 等和 Bhide 等发现 $NaPF_6$ 的 EC∶DMC 电解液对于普鲁士蓝型正极和层状氧化物正极相比 $NaClO_4$ 和 $NaCF_3SO_3$ 有更好的性能，证明了基于 $NaPF_6$ 的电解液有助于形成电化学稳定的 SEI 层，从而改善了电极动力学[51,52]。Balaya 等采用 $1mol \cdot L^{-1}$ $NaClO_4$/EC∶PC（1∶1，体积比）和 $1mol \cdot L^{-1}$ $NaClO_4$/PC 作为电解液，测试了 $NaTi_2(PO_4)_3$(NTP) 正极材料的电化学性能[53]。见图 5-14，他们观察到 NTP 正极在 EC∶PC 电解液中高倍率工作时出现不寻常的两级电压平台。他们进而通过充放电不同阶段的三电极电化学阻抗谱研究发现，电压阶跃是由于钠电极上形成的钝化层，导致极化增加引起的，受正极侧影响较小（图 5-15）。然而，钠与 EC 之间的具体反应过程以及钠表面钝化层的成本并没有明确分析和表征。由于钠负极表面在含 EC 电解液中可能出现钝化层，在评估钠离子电池电极材料的循环性能时，对称电池或全电池的数据会比半电池的数据更加有意义。目前几乎没有钠离子电池电极材料对 EC、PC 电解液不稳定的报道。

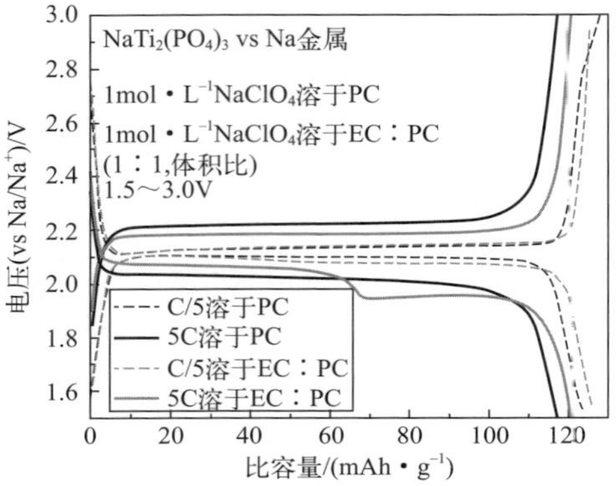

图 5-14　NTP 正极在 1mol・L^{-1} $NaClO_4$/EC∶PC（1∶1，体积比）和 1mol・L^{-1} $NaClO_4$/PC 电解液中 0.2C 和 5C 倍率下的充放电曲线

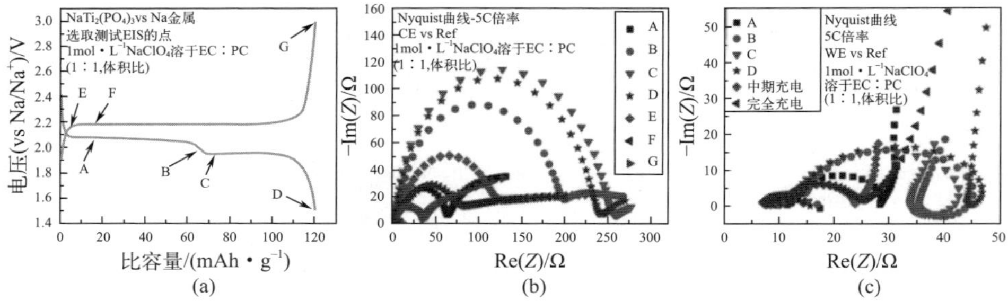

图 5-15　NTP/Na 三电极体系在 1mol・L^{-1} $NaClO_4$/EC∶PC（1∶1，体积比）中充放电不同阶段的交流阻抗谱图

碳酸酯类电解液还可以通过添加剂在电极材料表面构建更加稳定的 SEI 膜。Komaba 等筛选了多种钠离子电池电解液添加剂，如氟代碳酸乙烯酯（FEC）、亚硫酸乙二醇酯（ES）和碳酸亚乙烯酯（VC），发现只有 FEC 提高了硬碳或 $NaNi_{1/2}Mn_{1/2}O_2$ 半电池的电化学性能[54]。图 5-16 显示了硬碳在添加 FEC 前后的 1mol・L^{-1} $NaClO_4$/PC 电解液中的充放电曲线。添加 FEC 后，

电池在初次放电过程的 0.7V 附近出现了一个对应 FEC 分解的电压平台。加入约 2%（体积分数）的 FEC 可显著提高电池的容量保持率。他们还证实，FEC 可明显提高钠的沉积速率和钠电极的可逆性。之后，FEC 作为酯类电解液添加剂被大量研究小组证明对于提高合金类负极材料的循环稳定性十分有效。这与 FEC 在合金电极表面的开环聚合形成保护膜有关。这种保护膜防止了电解液的进一步分解，降低了电极/电解质间层的电阻，促进了 Na^{+} 的输运，从而提高了容量保持率[55]。然而，FEC 添加剂对于硬碳和氧化物负极的有效性得到了多个研究小组的质疑[56,57]。Komaba 等的研究表明，FEC 对以 PVDF 为黏结剂的硬碳电极性能有正向影响，而对以 CMC 为黏结剂的硬碳电极性能有反向影响。

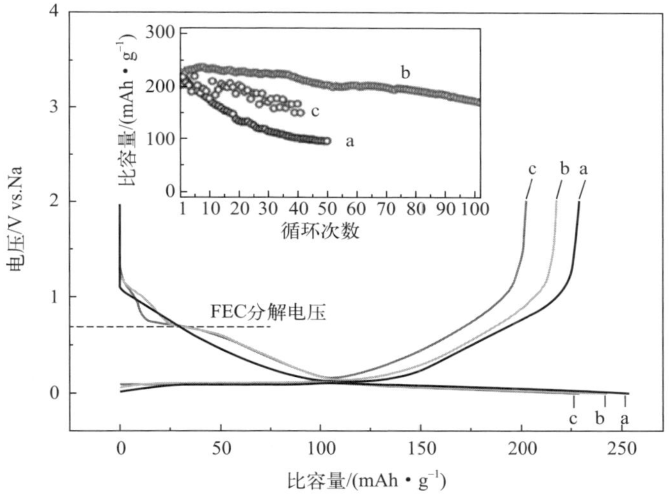

图 5-16　硬碳在 1mol • L^{-1} $NaClO_4$/PC 电解液中的充放电曲线

a—电解液未添加 FEC；b—添加 2%（体积分数）FEC；c—添加 10%（体积分数）FEC

5.4.2　醚类电解液体系

常见的醚类电解液体系用溶剂有乙二醇二甲醚（DME）、四乙二醇二甲醚（TEGDME）、二乙二醇二甲醚（DEGDME）。乙二醇二甲醚基的电解液体系由于能与 Na^{+} 共嵌入石墨形成稳定的 SEI 而受到关注。石墨是锂离子电池最广泛使用的负极材料，但由于 Na^{+} 无法嵌入石墨层间，石墨很难直接用于钠离子电池。2014 年，Adelhelm 等发现 Na^{+} 和 DEGDME 在石墨层间的共嵌作用[58]。图 5-17 显示了锂/石墨和钠/石墨电池在 1mol • L^{-1} $NaCF_3SO_3$ 醚类电解液中不同速率下的比容量（1C＝372mA・g^{-1}）。钠/石墨电池表现出更好的倍率性能，其1C倍率下的容量与0.1C的非常接近，表明电极具有良好的动力学性能和机械稳定性。而且，该电极在1000次循环中的库仑效率大于99.87%，600次循环后容量几乎没有衰减。为了理解醚类溶剂中石墨的嵌钠特性，他们结合Matsui和Takeyama对DEGDME溶剂化锂离子的理论研究[59]，合理地假设每个碱离子有两个二甘醇二甲醚分子共插层，并进一步从实验上证明了这一假设。基于这一假设，他们计算得到大约有200μL二乙二醇二甲醚溶剂进入每克石墨的共插层。

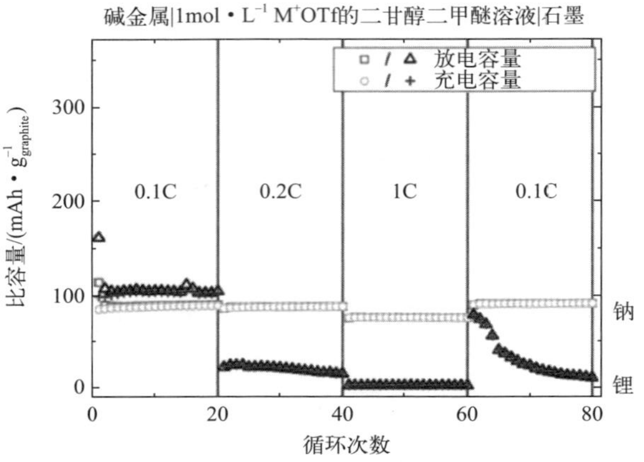

图5-17　锂/石墨和钠/石墨电池在醚类电解液中不同速率下的比容量（1C＝372mA・g^{-1}）

Kang等报道了天然石墨在含不同溶质和溶剂的醚类电解液中的脱嵌钠行为[60]。被测试的溶质有$NaPF_6$、$NaClO_4$和$NaCF_3SO_3$；溶剂有DME、TEGDME和DEGDME。图5-18中的结果表明，溶质对性能的影响可以忽略不计，但溶剂对插层势和层插速率起着关键作用。随着乙二醇二甲醚分子量的增加，插层电位提高，但层插速率降低。这一结果得到了Jache等的验证[61]。该团队通过X射线衍射分析、电化学滴定、实时光学观察和密度泛函理论（DFT）计算进一步研究了Na^+溶剂化插层机制[62]。研究结果表明，Na^+的插层作用通过多个阶段反应发生，［Na-醚］$^+$以络合物的形式平行分布在石墨层间。Yu等采用第一性原理计算了［Na-乙二醇二甲醚］^+C_n插层石墨的原子结构和电化学性能，发现当$n\approx21$时，石墨层间化合物的能量最低，此时［Na-乙二醇二甲醚］$^+$络合物在层间扩散速度较快[63]。与初始石墨相比，共插层间化合物的电子导电性得到提高。

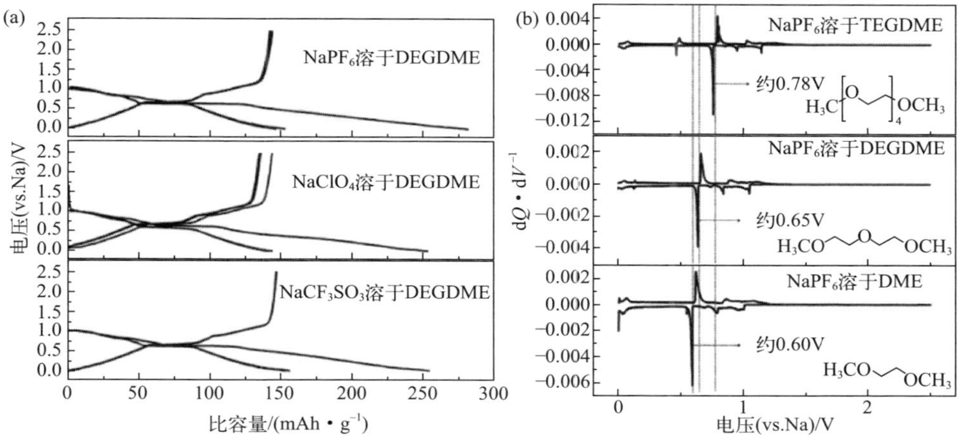

图 5-18 天然石墨在不同溶质的 DEGDME 电解液中的充放电曲线（a）；天然石墨在 $NaPF_6$ 的不同醚类电解液中的容量-电压微分曲线（b）

基于醚类电解液中的 Na^+ 溶剂化共嵌机理，石墨也被作为钠离子负极材料的备选材料。陈军等报道了石墨在 $1mol \cdot L^{-1}$ $NaCF_3SO_3$/TGM 电解液中 6000 次循环后可逆比容量接近 $110mAh \cdot g^{-1}$，且在 $10A \cdot g^{-1}$ 的高倍率下仍有 $100mAh \cdot g^{-1}$ 的稳定比容量[64]。然而，一方面，石墨电极的嵌钠电位约 0.7V，比硬碳高出接近 0.45V，使得匹配正极材料后电池的输出电压较低；另一方面，电池中需加入额外的电解液作为电池的活性材料，大大降低了该电池体系的能量密度。另外，醚类电解液除引发离子溶剂化共嵌效应外，崔毅等还报道金属钠在醚类电解液中的溶解-沉积效率明显高于酯类电解液，使得醚类电解液有可能作为金属钠电池的高效电解液体系[65]。

5.4.3 离子液体电解液

离子液体（ionic liquid，IL）是由咪唑、吡咯等大型有机阳离子与双三氟甲磺酰亚胺（$TFSI^-$）等高电荷离域阴离子结合而成的室温熔盐。这类电解质具有高离子导电性、对环境友好和高热稳定性等特性，通常可在 300℃甚至更高温度下稳定。

图 5-19 显示了 1-丁基-1-甲基吡咯烷铵阳离子 $[Pyr_{14}]^+$、1-乙基-3-甲基咪唑阳离子 $[EMIM]^+$ 和双三氟甲基磺酰亚胺阴离子 $[TFSI]^-$ 的化学结构式[43]。Monti 等系统研究了含不同浓度 $NaBF_4$ 的 1-乙基-3-甲基咪唑和 1-丁基-3-甲基咪唑离子液体电解液，发现随着钠盐浓度的增加，电解液黏度增加，离子电导率降低，这与因引入高电荷密度的碱金属离子导致离子聚集性增强有

关[66]。Wu 等测得 $EMIMBF_4$-$NaBF_4$ 离子液体 20℃下的电导率为 9.8mS · cm^{-1}[67]。然而，NaTFSI 的咪唑型离子液体的电化学稳定窗口较小，从而在锂/钠离子电池的工作电位发生不可逆分解，导致电池容量衰减。Hosokawa 等报道用 FSI^- 替换 $TFSI^-$ 可以提高咪唑型离子液体对金属钠的电化学稳定性[68]。

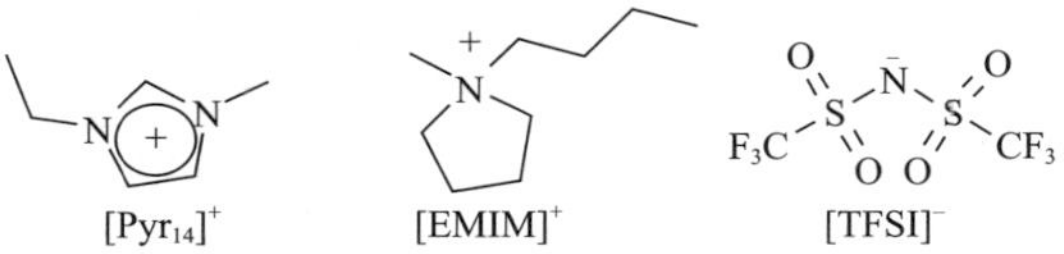

图 5-19 1-丁基-1-甲基吡咯烷铵阳离子 $[Pyr_{14}]^+$、1-乙基-3-甲基咪唑阳离子 $[EMIM]^+$ 和双三氟甲基磺酰亚胺阴离子 $[TFSI]^-$ 的化学结构式

吡咯基离子液体因具有比咪唑基更好的电化学稳定性而受到重视。Hagiwara 团队测试了不同摩尔比 Pyr_{13}FSI-NaFSI 离子液体的物理化学性质以及 IL 匹配不同正极材料的电化学性能[69-71]。与咪唑基离子液体类似，随着钠盐浓度增加，离子液体电导率降低。当 IL 与钠盐比例为 8∶2 时，Pyr_{13}FSI-NaFSI 在 25℃时离子液体的电导率为 3.2mS · cm^{-1}，80℃时为 15.6mS · cm^{-1}，对金属钠的电化学稳定窗口达到 5.2V。他们对组装的 Na/NaFSA-Pyr_{13}FSA/$NaCrO_2$ 电池测试发现，该电池在 25℃和 80℃下以 20mA · g^{-1} 的倍率充放电的可逆比容量分别为 92mAh · g^{-1} 和 106mAh · g^{-1}。虽然 IL 的电导率随钠盐浓度增加而下降，但是 Forsyth 团队证实高的钠盐浓度下，阳离子迁移数更高，电极/电解液界面电荷转移速率加快[72]。如图 5-20 所示，随着钠盐浓度的提高，电解液的欧姆阻抗增大，但是界面阻抗快速减小。高钠含量的 IL 电解液因此可以支持较高电流密度（1mA · cm^{-2}）下的长期循环稳定性。同一团队还在 3.2mol · kg^{-1} Pyr_{14}FSI-NaFSI 中加入 30%的 EC，发现电解液的电导率明显提高[73]。离子液体与酯类电解液混合可能是一个克服离子液体低温较低电导率的有效途径。Passerini 等比较研究了 $Na_{0.45}Ni_{0.22}Co_{0.11}Mn_{0.66}O_2$ 正极材料在 10%（摩尔分数）NaTFSI(0.45mol · L^{-1})-Pyr_{14}FSI 电解液和 0.5mol · L^{-1} $NaPF_6$-PC 电解液中的电化学性能[74]。由于锰在离子液体中的溶解度较低，该正极材料在离子液体基电解液中的稳定性比 PC 基电解液更好。

Chang 等探讨了不同钠盐和钠盐浓度对离子液体基电解液的影响[75,76]。$NaBF_4$-Pyr_{14}TFSI 电解液在 Na/$NaFePO_4$ 电池中，50℃下表现出的离子电导率和可逆容量最高，倍率容量和循环稳定性最好。采用 0.5～1mol · L^{-1} 的钠

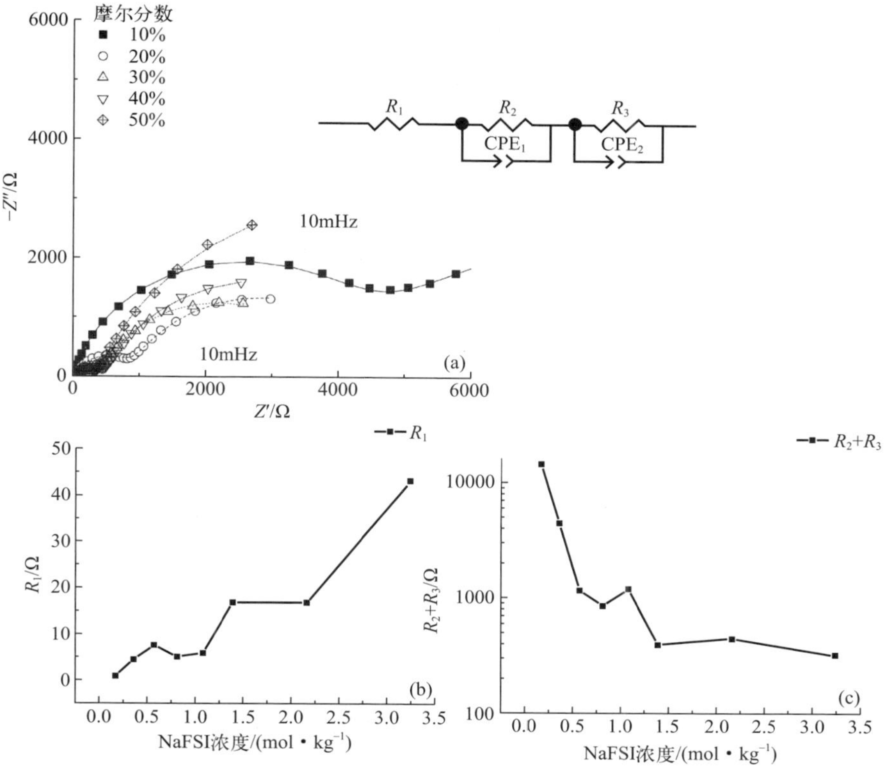

图 5-20 25℃下采用不同 NaFSI 浓度的（C_3mpyr）FSI 离子液体组装的 Na｜Na 对称电池的交流阻抗谱（a）及拟合的欧姆阻抗和界面阻抗的变化［（b），（c）］

盐浓度的电池显示出最高的容量保持率和最佳的倍率性能。而使用 $Na_{0.44}MnO_2$ 作为正极材料时，$NaClO_4$ 盐的离子液体电解液性能最好，$NaPF_6$ 盐的性能最差[77]。不同电极材料在离子液体中的行为还有待深入研究。IL 基钠离子电池中间相的研究工作较少，也很少有理论指导，因此这些基于 IL 的电解液还有很大的改进空间。另外，目前 IL 的应用还面临价格昂贵等成本问题。

5.4.4 浓电解液

胡勇胜等率先提出超高锂盐浓度的浓电解液（solvent-in-salt electrolyte）用于锂金属电池，指出当钠盐浓度大于 4mol·L^{-1}，电解液体现出与稀电解液差异很大的物理化学性质。锂盐浓度达到 7mol·L^{-1} 的浓电解液中锂离子迁移率可达 0.73，可抑制金属锂负极中的锂枝晶生长和形状变化问题，并能有效降低锂硫电池中多硫化锂在电解液中的溶解度[78]。表 5-5 显示了传统稀电解液与浓电解液的物理化学性质对比[43]。与稀电解液相比，浓电解液具有热稳定性好、可燃性低、电化学性质稳定、电导率较低、电极润湿性较低、电极反应动力学较快和成本较高的特点。

表 5-5　稀电解液与浓电解液的物理化学性质对比

物理化学性质	Na^+电解液体系	
	稀电解液	浓电解液
典型的主要组分	溶剂分离的离子对和自由溶剂分子	相互接触的离子对和阳离子-阴离子聚集
典型的 SEI 组分	溶剂或阴离子还原的有机或无机物	以盐-阴离子分解产物为主
热稳定性	差	好
可燃性	高	低
抗氧化性	差	好
抗还原性	差	好
黏度	低	高
离子电导率	高	相对较低
电极润湿性	好	相对较差
电极反应动力学	慢	快
功率密度	高	高
能量密度	高	高
成本	低	高

Terada 团队对于浓电解液应用于钠离子电池的领域开展了多年研究[79,80]。他们研究了四甘醇二甲醚（TEGDME）和 NaTFSI 混合物的理化性质，揭示了等摩尔比的 NaTFSI：TEGDME 形成了［钠（TEGDME)］$^+$ 阳离子载流子的“溶剂态离子液体”，该电解液 30℃下的离子电导率为 0.61mS·cm^{-1}，对 Na/Na^+ 的负极电化学窗口稳定性为 4V。Cao 等采用 4mol·L^{-1} NaFSI-DME 电解液在室温下进行金属钠溶解-沉积测试，表明该电解液中钠表面能形成稳定的 SEI 膜，其溶解-沉积过程具有大于 99% 的库仑效率和高的可逆性[81]。图 5-21 显示了 Cu/4mol·L^{-1} NaFSI-DME/Na 电池在钠溶解-沉积不同阶段的 Cu 片和 Na 片的光学照片。在初始循环过程中，铜电极表面形成灰色的 SEI 膜；第 25 次循环时，灰色 SEI 膜逐渐变成深灰色，覆盖在钠表面，促进钠的均匀沉积。Schafzahl 和 Lee 等的实验结果也证实了浓电解液对于金

属钠均匀沉积的促进作用[82]。

除了浓醚类电解液以外，Lau 和 Wu 等将 3mol·kg^{-1} NaTFSI-DMSO 浓电解液应用于钠-氧气电池，发现了 Na(DMSO)$_3$(TFSI) 类溶剂化结构的形成，认为这一结构的出现减轻了 Na 与电解液之间的副反应[83]。Yamada 等研究了 5.86mol·L^{-1} NaFSI-丁二腈（SN）电解液，并报道了采用该电解液以硬碳为电池负极的钠电池基于稳定的 SEI 的优异性能[84]。他们发现 50%（摩尔分数）NaFSA-SN 电解液出现特异的钝化行为，即在循环后的硬碳电极表面发现了一种含 NaF 和硫化物的 SEI，且 SEI 在电解液中溶解度降低，这成为有效保护硬碳电极的关键。结合密度泛函理论-分子动力学模拟和拉曼光谱，他们详细讨论了 SEI 的形成机理。在超浓电解液中，由于溶剂分子数量不足，一个 FSA$^-$ 阴离子与多个 Na$^+$ 阳离子配位形成团聚体。大量的离子对降低了 FSA$^-$ 阴离子的最低未占分子轨道（LUMO）能级，使 FSA$^-$ 更倾向于被还原，并形成阴离子衍生的 SEI 膜来保护电极。同一团队报道使用 3.3mol·L^{-1} NaFSI-磷酸三甲酯（TMP）浓电解液，无需任何添加剂或软黏合剂，就可以使硬碳和石墨负极稳定充放电循环超过 1000 次［图 5-22（a）］，且 TMP 作为一种阻燃溶剂，大大提高了电池的安全特性[85]。采用 3.3mol·L^{-1} NaFSI-TMP 浓电解液的硬碳电极表面形成的 SEI 相比普通电解液更薄，黏附力更强，其成分包含 $Na_2S_2O_5$、$Na_2S_2O_3$、Na_2S 等，在电解液中更加稳定［图 5-22（c）］。

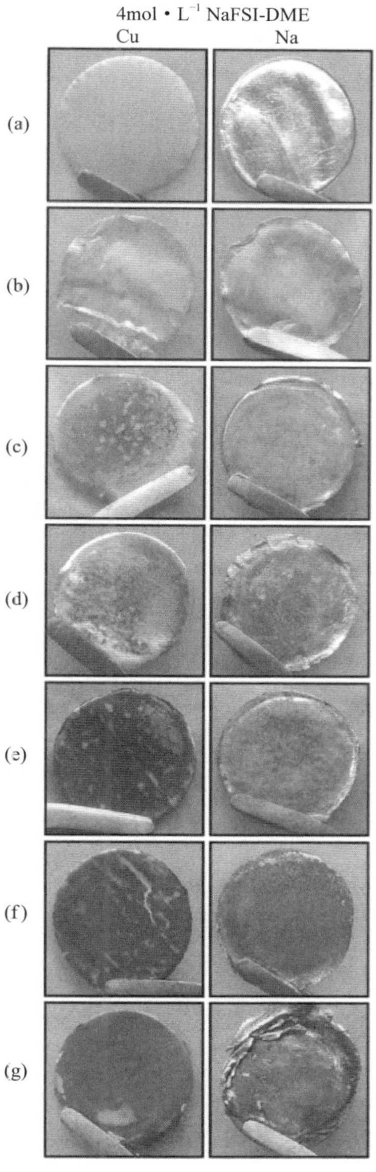

图 5-21 Cu/4mol·L^{-1} NaFSI-DME/Na 电池在钠溶解-沉积的不同阶段下 Cu 片和 Na 片的光学照片：
（a）原始形貌；（b）第 1 次沉积；（c）第 1 次溶解剥离；（d）第 5 次沉积；（e）第 5 次溶解剥离；（f）第 25 次沉积；（g）第 25 次溶解剥离

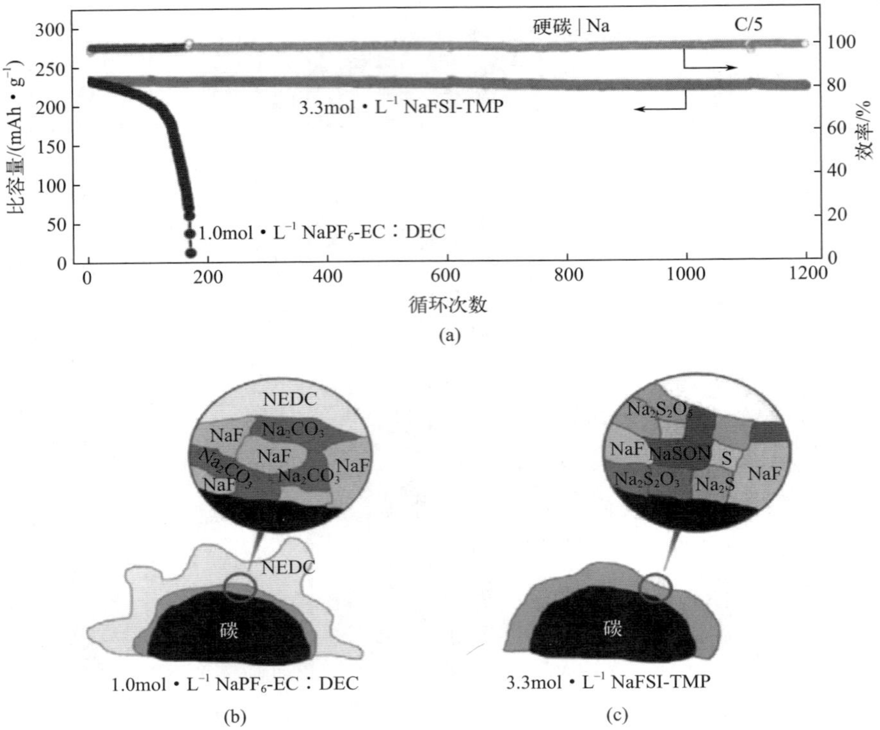

图 5-22 使用浓缩 3.3mol • L^{-1} NaFSI-TMP 电解液和常规 1.0mol • L^{-1} $NaPF_6$-EC : DEC (1 : 1，体积比）电解液的硬碳半电池的循环性能和库仑效率（a）；1.0mol • L^{-1} $NaPF_6$-EC : DEC 和 3.3mol • L^{-1} NaFSI-TMP 电解液中 SEI 的组成［(b)，(c)］

5.4.5 水基电解液

与有机溶剂（如 EC、PC）相比，水由于其高介电常数、低黏度、高离子电导率和低蒸气压，特别是其固有的安全性，成为一种极具吸引力的水溶性电解液的优良溶剂。但是，水自动解离为 OH^- 和 H_3O^+，加速氧位刘易斯碱度和氢位酸性的形成，使水基电解液比有机电解液具有更强的腐蚀性，热力学窗口更窄。水基电解液的稳定电化学窗口取决于电解液的 pH 值。1mol • L^{-1} Na_2SO_4 中性溶液是应用最广泛的水基电解液，它可以与多种正负极材料搭配组装成水系钠离子全电池。实际上，水分解发生在电极-电解质的界面，这将受到电极表面过电位和水分子吸附/解吸引起的局部 pH 变化的影响。因此，调节电解质成分和参数可以有效地扩大电压窗口，抑制副反应。

一方面，调节电解液的 pH 值至合适范围至关重要。Whitacre 等研究了 $Na_3Ti_2(PO_4)_3$（简称 NTP）电极的容量损失与水基电解液 pH 值变化之间的关系[86]。由于 NTP 电极在水中会发生自放电，生成 NaOH，使电解液的 pH 值持续增大。他们发现 NTP 会加速溶解在 pH＞11 的电解液中，且随着 pH 值的增大溶解加剧。钱逸泰等采用钠水锰矿 $Na_{0.58}MnO_2 \cdot 0.48H_2O$ 作为正极，NTP 作为负极，在 pH＝7 的 $1mol \cdot L^{-1}$ Na_2SO_4 中组装水系钠离子全电池。电池在 1C 倍率下显示 1.4V 的平均电压和 $50mAh \cdot g^{-1}$ 的可逆比容量，在 10C 倍率下循环 1000 次后，容量保持率达到 94%[87]。其他多种以 $1mol \cdot L^{-1}$ Na_2SO_4 水溶液为电解质的电极体系也被开发出来，如 NASICON 结构型的 $Na_3V_2(PO_4)_3$、$Na_2FeP_2O_7$、$NaFePO_4$、$Na_3MnTi(PO_4)_3$、$Na_2VTi(PO_4)_3$ 等[43]。除了 Na_2SO_4 水溶液以外，$NaClO_4$、CH_3COONa（NaAc）、NaCl 溶液也被用于水基电解液，但需要根据不同的电极材料进行匹配。Nakamoto 等研究了不同钠盐种类（Na_2SO_4、$NaClO_4$ 和 $NaNO_3$）和浓度的电解液对 $Na_2FeP_2O_7//NaTi_2(PO_4)_3$ 电池性能的影响[88]。见图 5-23，$NaNO_3$ 基电解液由于氢气的释放和腐蚀性副反应表现出很高的不可逆容量，而 Na_2SO_4 和 $NaClO_4$ 基电解液的性能相对稳定，其中 $4mol \cdot L^{-1}$ $NaClO_4$ 的性能更好。然而，由于 $NaClO_4$ 的爆炸性和氧化性，$2mol \cdot L^{-1}$ Na_2SO_4 电解液被认为是该

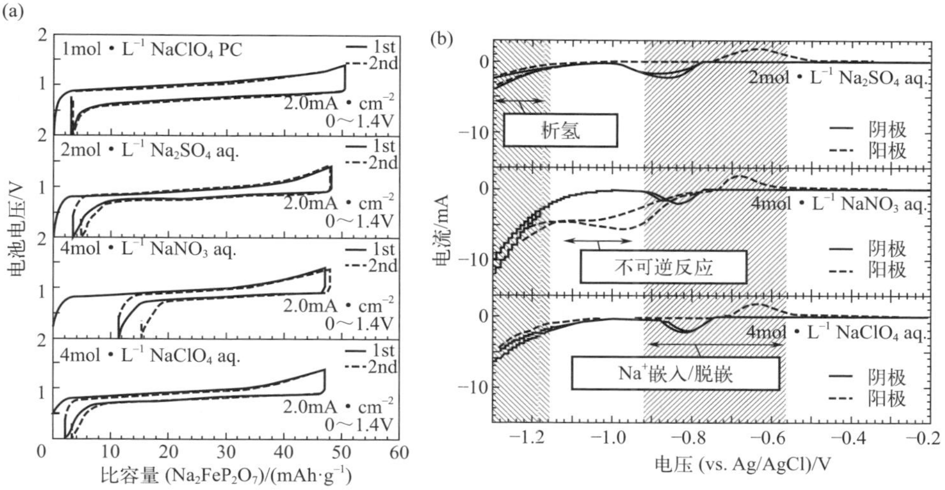

图 5-23 $Na_2FeP_2O_7//NaTi_2(PO_4)_3$ 全电池在不同电解液中的初始和第二次充放电曲线（a）；$NaTi_2(PO_4)_3$ 负极材料在 $2mol \cdot L^{-1}$ Na_2SO_4、$4mol \cdot L^{-1}$ $NaNO_3$ 和 $4mol \cdot L^{-1}$ $NaClO_4$ 碱性电解液中的循环伏安曲线（b）

体系钠离子电池的最佳电解液。

另一方面，由于水溶液中存在溶解氧，电极材料的化学稳定性降低。许多研究工作报道，在电化学测试之前，通过鼓入 N_2 或 Ar 气来排除溶解氧，该措施使水基稀电解液实现了良好的循环稳定性。值得一提的是，与有机电解液体系类似，提高水基电解液的浓度也成为抑制电极与电解液副反应的一个重要途径。这部分内容将在 5.6.1 节中继续介绍。

5.5 有机体系钠离子全电池的研究进展

有机体系钠离子电池的研究重点在于提高钠离子全电池的能量密度、循环稳定性以及倍率性能，以期得到具有实用价值且性能稳定的钠离子电池体系。提高钠离子全电池的能量密度通常从三个角度考虑，一是提高全电池的平台电压，二是提高电极材料的比容量，三是提高电极材料的面载量和利用率。正负极材料从工作电压到容量的匹配问题是需要重点考虑的。提高电池的循环稳定性通常需要采用便于形成稳定 SEI 膜的电极材料和电解液体系。由此可见，钠离子全电池性能的提升是一个系统工程，涉及电池各个组分的匹配和提升。

1988 年，Shacklette 等提出了基于钠铅合金复合负极和 P2-Na_xCoO_2 正极的钠离子全电池，并在 $1mA \cdot cm^{-2}$ 的低电流密度下能量密度达到 $300Wh \cdot kg^{-1}$，有 300 次以上的循环寿命[89]。1993 年，Ma 等报道了 P2-$Na_{0.6}CoO_2$ 作为正极，石油焦作为负极，P $(EO)_8NaCF_3SO_3$ 作为固体聚合物电解质的全电池并在 100℃的较高温度下工作[90]。但是这一体系相对于锂离子电池体系，由于其工作电压较低（<2.3V）且活性物质利用率低（约 50%）等问题未受到广泛关注。随着 Dahn 开发了硬碳负极，钠离子电池的性能有了显著的改善。如 5.3.2 节所述，硬碳负极通常表现出较高的比容量（$300mAh \cdot g^{-1}$）和极低的工作电势（接近 0V），有利于提高钠离子全电池的平均放电电势和能量密度。表 5-6 总结了近年来有机体系钠离子全电池探索的材料体系以及主要性能参数。2003 年，Barker 等报道了基于硬碳/$NaVPO_4F$ 的钠离子全电池，其平均放电电压约为 3.7V，可与商用锂离子电池相比拟，但是电池的放电比容量较低，仅为 $82mAh \cdot g^{-1}$[91]。之后，为了提高电池工作电压和能量密度，研究人员从钠离子电池电极活性材料的匹配、补钠工艺以及改性、导电剂、黏结剂到电解液等一些方面不断进行了优化工作。

表 5-6　有机体系钠离子全电池探索的材料体系以及主要性能参数

年份	正极材料体系	负极材料体系	电解液体系	平台电压/V	报道的循环次数/次	循环后比容量/比能量
2003	$NaVPO_4F$	硬碳	EC∶DMC（2∶1，质量比）	3.7	30	82mAh·g^{-1}（0.2mA·cm^{-2}）
2011	O3-$NaNi_{0.5}Mn_{0.5}O_2$	硬碳	PC	约 3	80	150mAh·g^{-1}（300mA·g^{-1}）
2013	$Na_3V_2(PO_4)_2F_3$	硬碳	EC∶PC∶DMC（45∶45∶10，体积比）	3.65	120	110mAh·g^{-1}（0.2C）
2015	P2-$Na_{2/3}Ni_{1/3}Mn_{2/3}O_2$	单分散硬碳微球	EC∶DEC（1∶1，体积比）	约 3.5	150	140Wh·kg^{-1}（0.2C）
2015	$NaNi_{0.5}Ti_{0.5}O_2$	硬碳	PC	约 3.0	100	60mAh·g^{-1}（10mA·g^{-1}）
2015	$Na_3V_2(PO_4)_3$	石墨	TGM	约 2	400	约 65mAh·g^{-1}（200mA·g^{-1}）
2016	$Na_3V_2(PO_4)_2F_3$	硬碳	EC∶DMC（1∶1，质量比）+1% FEC	3.5/4.1	55	235Wh·kg^{-1}
2016	P2-$Na_x(Fe_{1/2}Mn_{1/2})O_2$	硬碳	EC∶DMC（1∶1，质量比）+1% FEC	约 3.5	55	200Wh·kg^{-1}
2016	$VOPO_4$ 纳米片	$Na_2Ti_3O_7$ 纳米管	PC+2%（体积分数）FEC	2.9	100	约 68mAh·g^{-1}（2C）
2016	$Na_{0.7}CoO_2$	石墨	$NaClO_4$-TEGDME	2.2	1250	约 35mAh·g^{-1}（1.75A·g^{-1}）
2016	$Na_{0.6}Ni_{0.22}Fe_{0.11}Mn_{0.66}O_2$	Sb-C	0.2mol·L^{-1} NaTFSI-Pyr_{14}TFSI	2.7	4	100mAh·g^{-1}（10mA·g^{-1}）
2017	$Na_3V_2(PO_4)_2O_2F$	Sb-CNT	EC∶PC（1∶1，体积比）+5%（体积分数）FEC	3.25/2.75	50	约 70mAh·g^{-1}（5C）
2019	$Na[Cu_{1/9}Ni_{2/9}Fe_{1/3}Mn_{1/3}]O_2$	硬碳	EC∶DMC（1∶1，体积比）	3	1200	151Wh·kg^{-1}（1C）
2020	$Na_3V_2(PO_4)_2F_3$	SnP_x@C/rGO	EC∶DEC（1∶1，体积比）+5%FEC	3.2	200	160Wh·kg^{-1}（100mA·g^{-1}）

注：电流密度（单位：mA·cm^{-2}）和倍率（单位：C）是测量电极材料比容量的两种条件，因涉及其他条件，表中不需要进行统一。

2013 年，Palacín 等采用 $Na_3V_2(PO_4)_2F_3$ 正极和硬碳负极组装钠离子全电池。见图 5-24，该全电池在优化的 EC∶PC∶DMC（45∶45∶10，体积比）电解质溶液中具有 110mAh·g^{-1} 的高比容量（0.2C），工作电压为 3.65V，并在循环使用时具有大于 98.5%的库仑效率，以及 120 次以上的循环寿命[92]。

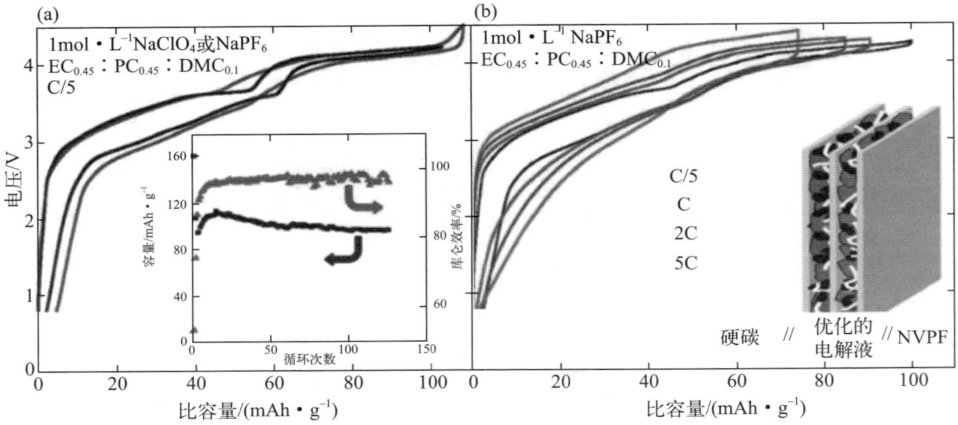

图 5-24 $Na_3V_2(PO_4)_2F_3$//EC∶PC∶DMC（45∶45∶10，体积比）//硬碳的钠离子电池的电性能

2015 年，胡勇胜等采用生物质原料合成的单分散硬碳微球作为负极、P2-$Na_{2/3}Ni_{1/3}Mn_{2/3}O_2$ 作为正极制备了钠离子电池全电池，该电池在 0.2C 的倍率下 150 次循环后仍能保持 $140Wh \cdot kg^{-1}$ 的能量密度[93]。2016 年，Tarascon 等对比了 P2-$Na_x(Fe_{1/2}Mn_{1/2})O_2$ 正极与 $Na_3V_2(PO_4)_2F_3$ 正极匹配硬碳的全电池的电化学性能，并得到了较高的能量密度[94]。对于补钠的 $Na_x(Fe_{1/2}Mn_{1/2})O_2$ 和 $Na_3V_2(PO_4)_2F_3$ 正极，两种体系的能量密度相似，均为 $235Wh \cdot kg^{-1}$。但是基于聚阴离子化合物正极的电池在能量保持率、平均电压和倍率性能方面超过了层状正极。硬碳负极经过补钠后与 $Na_{3+x}V_2(PO_4)_2F_3$ 匹配的电池体系的能量密度最高可达 $265Wh \cdot kg^{-1}$。以往的研究结果表明 P2 型层状正极材料比聚阴离子型正极具有更高的可逆容量，但由于其晶体结构中初始钠含量较低，导致首周表现出大于 100%的异常库仑效率，对于组装全电池十分不利。O3 型层状正极材料则不存在这一问题。Komaba 等制备了以硬碳为负极和 O3-$Na[Ni_{1/2}Mn_{1/2}]O_2$ 为正极的全电池，其工作电压约为 3V，可逆比容量超过 $120mAh \cdot g^{-1}$，50 次循环后电池比容量仍接近 $90mAh \cdot g^{-1}$[95]。

近年来研究人员开始使用硬碳以外的负极材料组装钠离子全电池进行测试分析[96,97]。Zhang 和 Yu 等采用 $Na_2Ti_3O_7$ 纳米管作为负极材料，$VOPO_4$ 纳米片作为正极材料组装了全电池[97]。该电池平台电压接近 2.9V，在 0.1C（$10mA \cdot g^{-1}$）倍率下，可逆比容量为 $114mAh \cdot g^{-1}$，能量密度约为 $220W \cdot h \cdot kg^{-1}$。2C 倍率下，可逆比容量约为 $74mAh \cdot g^{-1}$。该电池在 1C 倍率下能稳定循环 100 次，但是更长时间的循环没有报道。Eom 等采用 SnP_x 作为负极材料，NVPF 作为正极材料组装全电池[98]。为了使全电池的比能量和能源效率最大化，使正极和负极的面积比容量（接近 1∶1）相匹配非常重要。当正极和负极活性材料以 1∶1 匹配容量可以实现最大能量密度。然而，以如图 5-25（a）所示的半电池中测量的容量值为基础，全电池的容量匹配会导致 NVPF 的面载量比 SnP_x 负极高 6.0～8.5 倍，因而导致厚正极和正极缓慢的反应动力学。另外，SnP_x 的合金化转化反应也会导致容量衰减。他们通过纳米化 NVPF 和 SnP_x 复合碳的方法同时提高正极和负极的动力学，得到平台电压 3.2V，$0.1A \cdot g^{-1}$ 电流密度下 $280Wh \cdot kg^{-1}$（以正负极材料计算）的高能量密度［图 5-25（b)］。然而，该全电池能量效率约为 80%，在经历 200 次循环后，能量密度降至 $160Wh \cdot kg^{-1}$。

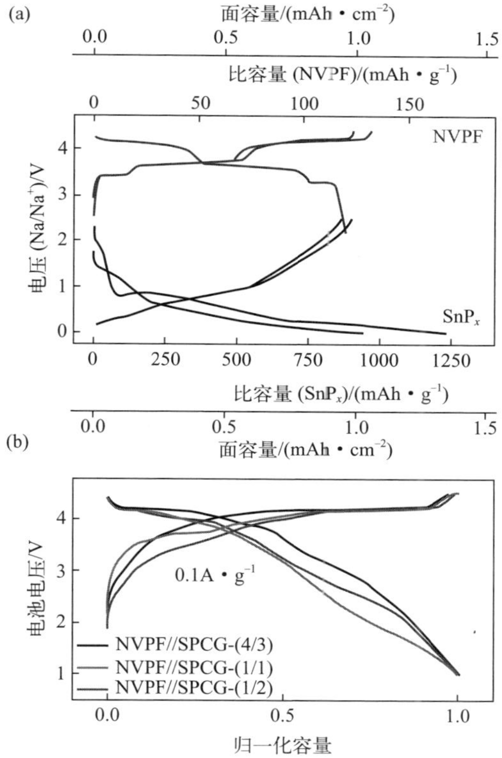

图 5-25　纳米化 NVPF//Na 和 SnP_x-C//Na 半电池的前两次充放电曲线（a）；不同电极材料质量比的 NVPF//SnP_x-C 全电池的充放电曲线（b）

2019 年，胡勇胜团队将白杨木炭化得到的硬碳与 $Na[Cu_{1/9}Ni_{2/9}Fe_{1/3}Mn_{1/3}]O_2$ 匹配得到循环稳定性大大提升的钠离子全电池[99]。如图 5-26 所示，该电池工作电压平台约 3V，当倍率从 0.1C 提高至 2C 时，电压没有明显下降。在

20.5mg·cm^{-2} 高正极面载量的情况下，2C 下循环 600 次后的容量衰减仅为 6%，循环 1400 次后将倍率设置为 0.1C 时，容量几乎可以完全恢复，表明活性电极材料几乎没有降解。该电池体系具有较高的实用价值。

虽然醚类电解液中石墨作为负极材料的钠离子全电池也显示出较好的循环性能，但是由于全电池较低的工作电压和比容量，该体系的钠离子电池表现出较低的能量密度。虽然合金类负极与层状金属氧化物正极匹配在离子液体基电解液中的全电池具有较好的高温特性，但是其循环稳定性还有待提高。

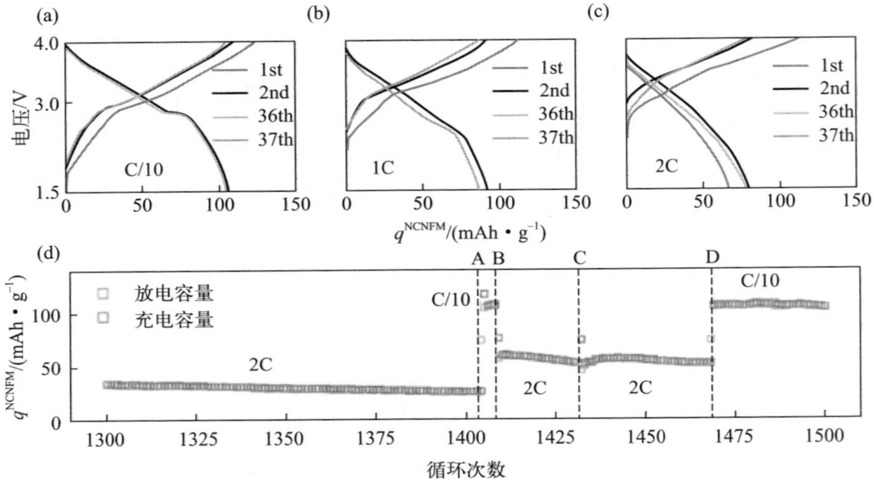

图 5-26 $Na[Cu_{1/9}Ni_{2/9}Fe_{1/3}Mn_{1/3}]O_2$//EC：DMC（1：1，体积比）//硬碳（生物质原料合成）的钠离子电池的充放电曲线［(a)、(b)、(c)］和倍率循环曲线（d）（另见文后彩图）

5.6 水系钠离子全电池的研究进展

在 5.1 节中，我们提到水系钠离子电池面临的两大技术难点。一是电池的电化学窗口受限于水分解窗口。图 5-27 显示了常见的水系钠离子电池正负极材料的储钠电位及其比容量[100]。可见由于水分解窗口的限制，水系钠离子电池可选的正负极材料并不多。二是电极材料在水系电解液中难以形成稳定的界面层，导致电极材料持续被副反应消耗。以下介绍的是针对这两个问题的研究进展。

5.6.1 拓宽电化学窗口的研究进展

目前拓宽水系钠离子电池电化学窗口的方案主要包括以下两类。一类是通过采用高浓度（或“水-盐”）电解质实现水基电解质电化学稳定性窗口的拓

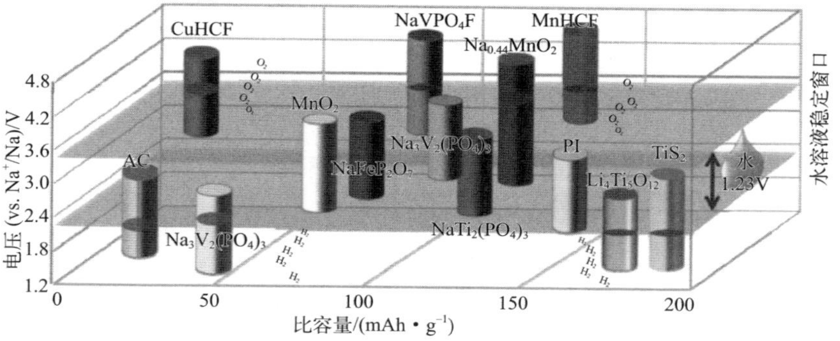

图 5-27 常见的水系钠离子电池正负极材料的储钠电位及其比容量

宽[101-103]。在水系锂离子电池中，Bruce Dunn 等发现当电解液的浓度达到 $21mol \cdot L^{-1}$ 时，游离水团簇的丰度明显降低，从而抑制了水的电化学活性[102]。以 $LiMn_2O_4$ 为正极和以 Mo_6S_8 为负极，在工作电压为 2.3V 时，电池表现出高能量密度（$100Wh \cdot kg^{-1}$）、长周期稳定性和高库仑效率。采用浓度为 $27mol \cdot L^{-1}$ 的室温水合物-熔体电解质，可使 $Li_4Ti_5O_{12}$ 负极在极低的反应电位下发生可逆反应，加上 $LiCoO_2$ 对电极，整个电池的能量密度达到 $130Wh \cdot kg^{-1}$，工作电压为 2.3～3.1V[104]。类似地，将高浓度电解液应用于钠离子电池，$17mol \cdot L^{-1}$ 高浓度的 $NaClO_4$ 水溶液电解质电化学窗口扩大到 2.8V，结合 $Na_2MnFe(CN)_6$ 正极和 $NaTi_2(PO_4)_3$ 负极的电池可以在 2.0V 工作[105]。胡勇胜团队将四乙胺（tetraethylammonium，TEA^+）惰性阳离子添加到“水-盐”电解液中，使钠盐浓度达到 $31mol \cdot kg^{-1}$，电池电化学窗口拓展至 3.3V[106]。

另一方面，因为水在充放电循环中的电解（析氢或析氧）主要发生在集流体表面[107]。常用的集流体金属钛在析氢反应中表现出高活性且容易产生氢致裂纹[108]。近年来，在“水-盐”锂离子电池中，因析氢过电位高，能自发形成氧化膜的铝常被用作负极集流体，但集流体表面的氧化膜会造成集流体电导率的降低，因此在钝化效果和电导率之间找到一个平衡点是很重要的[109]。钱逸泰团队提出对水系电池集流体进行主动钝化处理，可以有效地拓宽电池的电化学窗口[100]。图 5-28 显示了 Al 正极和 Ti 负极集流器上沉积不同厚度的氧化膜（Al_2O_3 或 TiO_2）后电解质表现出较宽的稳定电位。当 Al 上的 Al_2O_3 薄膜厚度约为 3 nm，Ti 上的 TiO_2 薄膜厚度约为 5 nm 时，水系电解质的电化学稳定窗口最大可扩展到 3.5V。这样，具有较低工作电压的 TiS_2（1.5V vs. Na^+/Na）可以第一次作为钠离子电池的负极材料。他们以 $15mol \cdot L^{-1}$

$NaClO_4$ 水溶液作为电解质，TiS_2 作为负极，搭配普鲁士蓝正极组装全电池。全电池工作电压为 2.6V，循环寿命可达 1000 次，具有较高的能量密度（$100Wh \cdot kg^{-1}$）和 30C 的高倍率充放电能力。

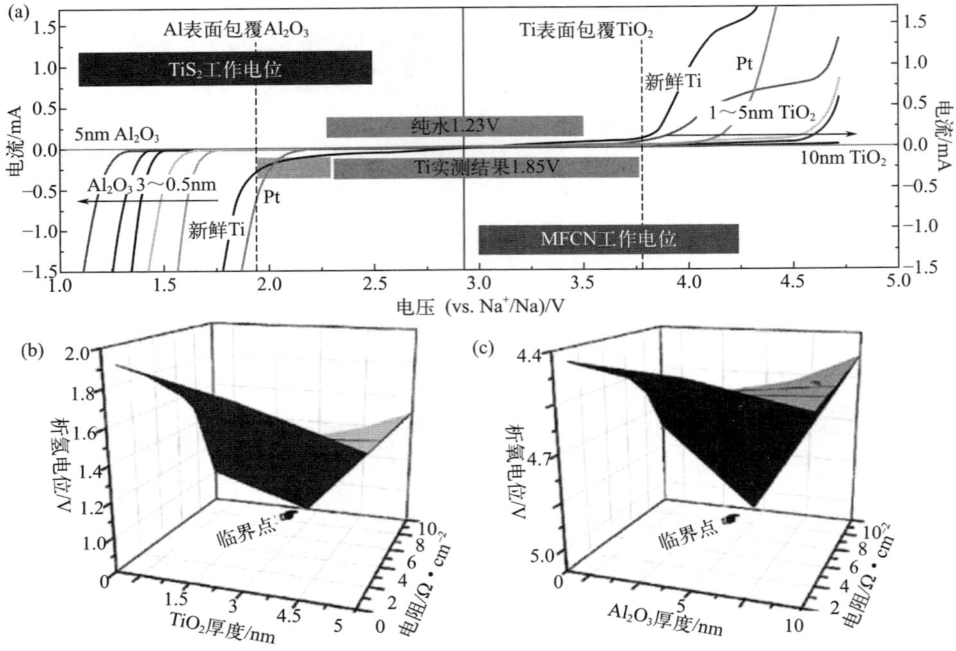

图 5-28 Al 正极和 Ti 负极集流器上沉积不同厚度的氧化膜后电解质的稳定电位曲线（a）；沉积不同厚度氧化膜的集流体的单位电阻以及所对应的析氢电位/析氧电位［(b)、(c)］

5.6.2 构建稳定的电极材料/水系电解液界面

一方面，通过在电极表面涂覆或掺杂，设计新的电极材料结构以及构建界面保护层或人工 SEI 可以提高电极材料的循环稳定性。在给定的电解质中，电池的电压由正极和负极的氧化还原电位决定。在保证良好循环稳定性的前提下，具有高析氢反应（hydrogen evolution reaction，HER）过电位的负极和高析氧反应（oxygen evolution reaction，OER）过电位的正极是组装成一个高压电池体系的首选材料。Han 等提出了一种氧化还原电位调控策略，通过整合 Ti^{4+}/Ti^{3+} 和 Fe^{3+}/Fe^{2+} 的氧化还原电对，来克服 $NaTi_2(PO_4)_3$（NTP）的氧化还原电位接近析氢电位的技术问题，从而有效地提高了水系电解液的稳定性[110]。如图 5-29 所示，他们组装了 $Na_{0.66}Mn_{0.66}Ti_{0.34}O_2$-$NaTi_2(PO_4)_3$/

C(NMTO-NTP/C) 和 $Na_{0.66}Mn_{0.66}Ti_{0.34}O_2$-$Na_{1.5}Ti_{1.5}Fe_{0.5}(PO_4)_3$/C(NMTO-NTFP/C) 两种全电池进行性能对比，发现掺杂 Fe 元素且表面包覆碳的 NTP 正极显示出更优的倍率性能和循环稳定性。

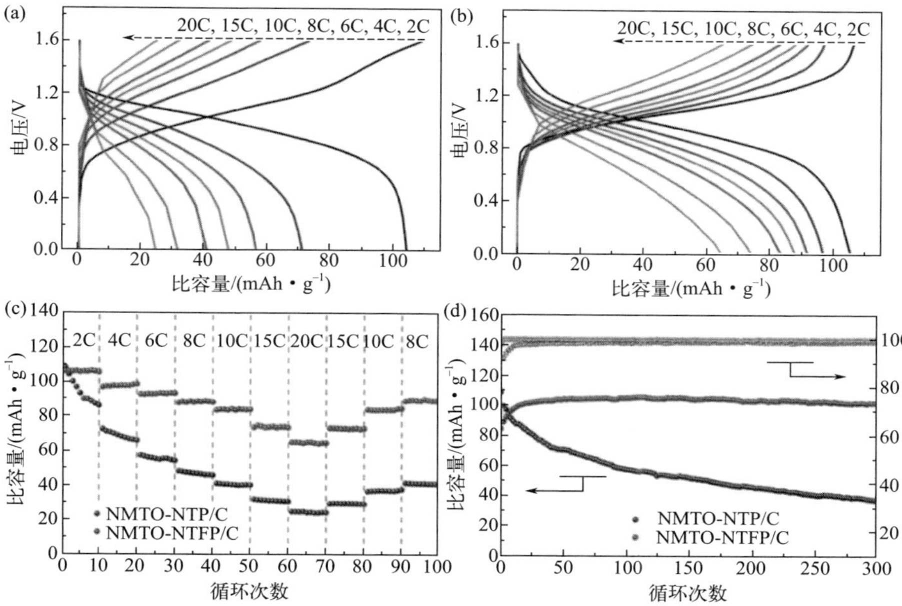

图 5-29　$Na_{0.66}Mn_{0.66}Ti_{0.34}O_2$-$NaTi_2(PO_4)_3$/C(NMTO-NTP/C)(a) 和 $Na_{0.66}Mn_{0.66}Ti_{0.34}O_2$-$Na_{1.5}Ti_{1.5}Fe_{0.5}(PO_4)_3$/C(NMTO-NTFP/C)(b) 两种全电池的充放电曲线、倍率性能 (c) 和循环性能曲线 (d)(另见文后彩图)

Whitacre 等发现 NTP 正极中的 Ti 在电解液中的溶解度与电解液的 pH 值密切相关[86]，尤其是当电解液 pH 值高于 11 时，Ti 在电解液中的溶解度指数上升，电极材料结构遭到破坏[111]。NTP 通过与水自发发生以下反应：

$$Na_3Ti_2(PO_4)_3+2H_2O \longrightarrow NaTi_2(PO_4)_3+2NaOH+H_2 \qquad (6\text{-}4)$$

值得一提的是，胡勇胜等通过 Ti 掺杂 $Na_{0.44}MnO_2$ 调节隧道型负极材料的晶体结构，可以在 pH＝13.5 的硫酸钠水溶液中稳定充放电。如图 5-30 所示，钛的掺杂可以减小电荷有序度，使充放电曲线变得明显平滑，工作电压有所降低，从而显著提高了负极的可逆储钠容量。

在电极材料结构设计方面，可通过调节铋系正极中的结构水调控正极材料的无序结构，从而提高了电极的循环稳定性和比容量。Teng 等利用层状 Mn_5O_8 赝电容电极材料构建了对称全电池，该电极材料具有有序的羟基化界面，在水系电解质中具有 3.0V 的稳定电位窗口[112]。然而，这些电池的应用

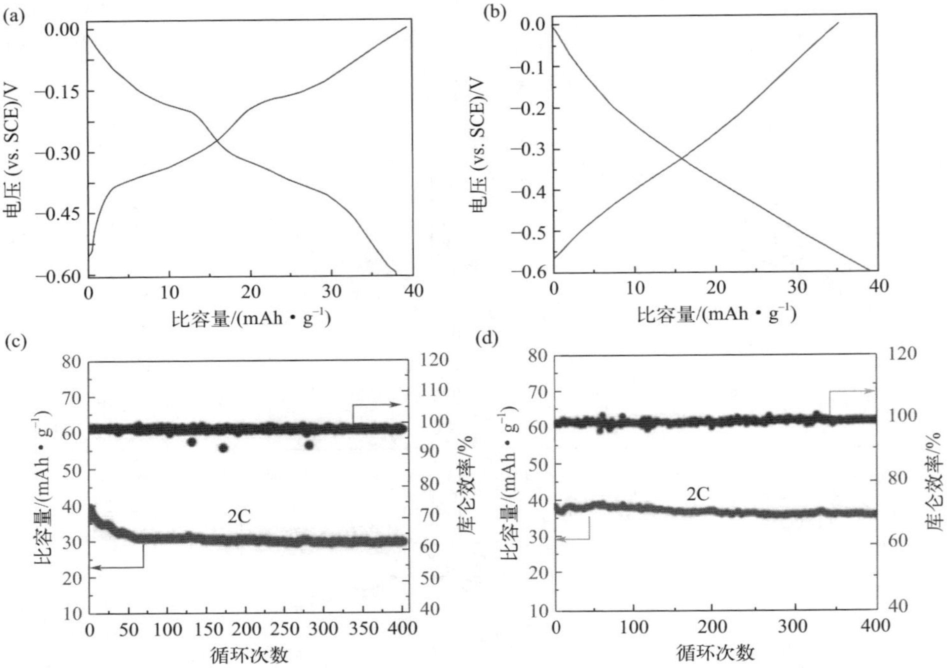

图 5-30　$Na_{0.44}MnO_2$ 负极材料［(a)、(c)］和 $Na_{0.44}[Mn_{0.44}Ti_{0.56}]O_2$ 负极材料［(b)、(d)］的充放电曲线和循环性能曲线

价值没有得到体现。在构建界面保护层或人工 SEI 方面，界面保护层或人工 SEI 应满足以下要求：①具有离子导电性；②呈现电子绝缘特性，无钠储存的能力；③能有效阻挡水分子；④可精确控制界面保护层或人工 SEI 的厚度和均匀性[7]。目前相关的研究还没有取得实质性的进展。

另一方面，与电极材料开发不同的是，通过在电解液中加入少量添加剂调整电解液的成分和参数，添加剂在循环过程中通过聚合、物理吸收或电化学分解等方式，在电极与电解液之间原位形成一层界面钝化层，可以一定程度上扩大电压窗口，抑制界面副反应。降低水的反应活性是选择电解液添加剂需要考虑的重要因素。中国科学院宁波材料研究所刘兆平团队将聚乙二醇加入 $NaClO_4$ 水溶液作为水系三元电解液，匹配斜方晶系的锌铁氰化物 $Zn_3[Fe(CN)_6]_2$ 正极材料和碳包覆 $NaTi_2(PO_4)_3$ 负极材料组装得到高性能的水系钠离子电池[113]。电池提供 1.6V 的高输出电压和 59Wh·kg^{-1} 的较高能量密度。此外，因其超级电容器特性，它还具有优良的速率性能（2.7kW·kg^{-1}）。他们还证实，电解液中添加的聚乙二醇有助于在钒铁氰化物正极表面生成较稳定的固体电解质界面相（SEI），提高了其倍率能力和循环寿命[114]。另外，Li 等通过在 Na_2SO_4 电解液中加入1% $CoSO_4$ 作为添加剂，使普鲁士蓝型 $Na_2CoFe(CN)_6$ 电极材料在100次循环后仍具有稳定的骨架结构，循环稳定性得到显著提高[115]。Kumar等探讨了电解液中添加不同比例的碳酸亚乙烯酯（vinylene carbonate，VC）、羧甲基纤维素（carboxymethyl cellulose，CMC）或琼脂糖（agarose，Ag）对 $NaTi_2(PO_4)_3$-C//$Na_3V_2O_{2x}(PO_4)_2F_{3-2x}$-MWCNT全电池性能的影响[116]。CMC或Ag的添加降低了电解液的质子比例，提高了电解液的黏度和酸度。电解液黏度的增加很大程度上限制了电解液中的离子迁移，因此添加CMC或Ag的电池没有体现出好的性能。图5-31显示了基于添加不同添加剂前后的 $NaClO_4$ 电解液的水系钠离子电池的充放电曲线和循环性能[116]。可以看到，添加2%VC对电池性能的改善起到了显著的效果。电性能改善后的电池10C（650mA·g^{-1}）倍率下循环200周仍保持35mAh·g^{-1}的比容量。

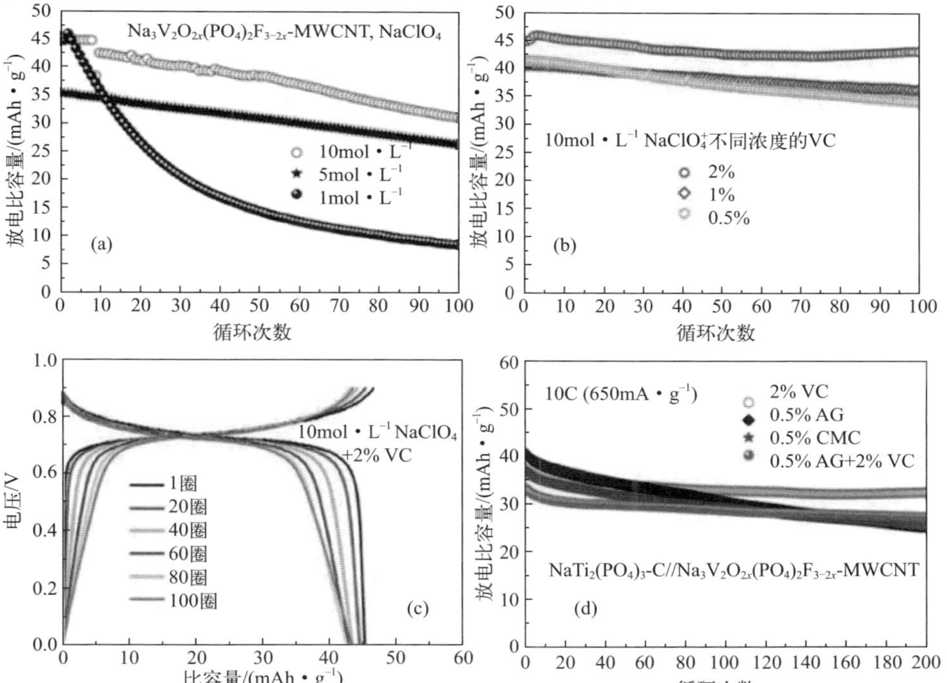

图5-31 $Na_3V_2O_{2x}(PO_4)_2F_{3-2x}$-MWCNT正极在不同浓度的 $NaClO_4$ 电解液中的循环性能(a)；$Na_3V_2O_{2x}(PO_4)_2F_{3-2x}$-MWCNT正极在添加不同比例VC的10mol·$L^{-1}$ $NaClO_4$ 电解液中的循环性能和充放电曲线[(b)、(c)]；$NaTi_2(PO_4)_3$-C//$Na_3V_2O_{2x}(PO_4)_2F_{3-2x}$-MWCNT全电池在含有不同添加剂的10mol·$L^{-1}$ $NaClO_4$ 电解液中的循环性能

（另见文后彩图）

参考文献

[1] Hirsh H S, Li Y, Tan D H S, et al. Sodium-ion batteries paving the way for grid energy storage. Advanced Energy Materials, 2020 (10).

[2] 容晓晖，陆雅翔，戚兴国，等. 钠离子电池：从基础研究到工程化探索. 储能科学与技术，2020 (9)：515-522.

[3] Erik D Spoerke, Martha M Gross, Leo J Small, et al. Sodium-based battery technologies//2020 U. S. DOE Energy Storage Handbook, 2020.

[4] N. Energy, Introducing BlueTray® 4000, 2021.

[5] 中国科学院物理研究所清洁能源实验室，全球首套 1MWh 钠离子电池光储充智能微网系统正式投入运行，http://www.iop.cas.cn/xwzx/snxw/202106/t20210628_6118350.html，2021.

[6] Suo L, Borodin O, Wang Y, et al. "Water-in-Salt" electrolyte makes aqueous sodium-ion battery safe, green, and long-lasting. Advanced Energy Materials, 2017 (7): 1701189.

[7] Liu M, Ao H, Jin Y, et al. Aqueous rechargeable sodium ion batteries: developments and prospects. Materials Today Energy, 2020 (17): 100432.

[8] Wu X Y, Sun M Y, Shen Y F, et al. Energetic aqueous rechargeable sodium-ion battery based on $Na_2CuFe(CN)_6$-$NaTi_2(PO_4)_3$ intercalation chemistry. Chem Sus Chem, 2014 (7): 407-411.

[9] Delmas C, Fouassier C, Hagenmuller P. Structural classification and properties of the layered oxides. Physica B+C, 1980 (99): 81.

[10] Yabuuchi N, Kubota K, Dahbi M, et al. Research development on sodium-ion batteries. Chemical Reviews, 2014 (114): 11636-11682.

[11] Abraham K M. How comparable are sodium-ion batteries to lithium-ion counterparts?. ACS Energy Letters, 2020 (5): 3544-3547.

[12] Talaie E, Kim S Y, Chen N, et al. Structural evolution and redox processes involved in the electrochemical cycling of P2-$Na_{0.67}[Mn_{0.66}Fe_{0.20}Cu_{0.14}]O_2$. Chemistry of Materials, 2017 (29): 6684-6697.

[13] Lamb J, Stokes L, Manthiram A. Delineating the capacity fading mechanisms of $Na(Ni_{0.3}Fe_{0.4}Mn_{0.3})O_2$ at higher operating voltages in sodium-ion cells. Chemistry of Materials, 2020 (32): 7389-7396.

[14] Xu J, Chen J, Zhang K, et al. $Na_x(Cu\text{-}Fe\text{-}Mn)O_2$ system as cathode materials for Na-ion batteries. Nano Energy, 2020 (78).

[15] Sathiya M, Thomas J, Batuk D, et al. Dual stabilization and sacrificial effect of Na_2CO_3 for increasing capacities of Na-ion cells based on P2-Na_xMO_2 electrodes. Chemistry of Materials, 2017.

[16] Marelli E, Marino C, Bolli C, et al. How to overcome Na deficiency in full cell using P2-phase sodium cathode-a proof of concept study of Na-rhodizonate used as sodium reservoir. Journal of Power Sources, 2020 (450): 227617.

[17] Maitra U, House R A, Somerville J W, et al. Oxygen redox chemistry without excess alkali-metal ions in $Na_{2/3}[Mg_{0.28}Mn_{0.72}]O_2$. Nature Chemistry, 2018 (10): 288-295.

[18] Li X, Wang Y, Wu D, et al. Jahn-Teller assisted Na diffusion for high performance Na ion batter-

ies. Chemistry of Materials, 2016 (28): 6575-6583.

[19] Wang P F, Yao H R, Liu X Y, et al. Ti-substituted $NaNi_{0.5}Mn_{0.5-x}Ti_xO_2$ cathodes with reversible O3-P3 phase transition for high-performance sodium-ion batteries. Advanced Materials, 2017 (29): 1700210.

[20] Yabuuchi N, Kajiyama M, Iwatate J, et al. P2-type $Na_x[Fe_{1/2}Mn_{1/2}]O_2$ made from earth-abundant elements for rechargeable Na batteries. Nature Materials, 2012 (11): 512-517.

[21] Sathiya M, Jacquet Q, Doublet M L, et al. A chemical approach to raise cell voltage and suppress phase ttransition in O3 sodium layered oxide electrodes. Advanced Energy Materials, 2018 (8): 1702599.

[22] Mariyappan S, Wang Q, Tarascon J M. Will sodium layered oxides ever be competitive for sodium ion battery applications?. Journal of The Electrochemical Society, 2018 (165): A3714-A3722.

[23] Song J, Wang K, Zheng J, et al. Controlling surface phase transition and chemical reactivity of O3-layered metal oxide cathodes for high-performance Na-ion batteries. ACS Energy Letters, 2020 (5): 1718-1725.

[24] Padhi A K, Nanjundaswamy K S, Masquelier C, et al. Effect of structure on the Fe^{3+}/Fe^{2+} redox couple in iron phosphates. Journal of The Electrochemical Society, 1997 (144): 1609-1613.

[25] Avdeev M, Mohamed Z, Ling C D, et al. Magnetic structures of $NaFePO_4$ maricite and triphylite polymorphs for sodium-ion batteries. Inorganic chemistry, 2013 (52): 8685-8693.

[26] Clark J M, Barpanda P, Yamada A, et al. Sodium-ion battery cathodes $Na_2FeP_2O_7$ and $Na_2MnP_2O_7$: diffusion behaviour for high rate performance. Journal of Materials Chemistry A, 2014 (2): 11807-11812.

[27] Recham N, Chotard J N, Dupont L, et al. Ionothermal synthesis of sodium-based fluorophosphate cathode materials. Journal of the Electrochemical Society, 2009 (156): A993.

[28] Kawabe Y, Yabuuchi N, Kajiyama M, et al. Synthesis and electrode performance of carbon coated Na_2FePO_4F for rechargeable Na batteries. Electrochemistry Communications, 2011 (13): 1225-1228.

[29] Jian Z, Yuan C, Han W, et al. Atomic structure and kinetics of NASICON $Na_xV_2(PO_4)_3$ cathode for sodium-ion batteries. Advanced Functional Materials, 2014 (24): 4265-4272.

[30] Yang Z, Li G, Sun J, et al. High performance cathode material based on $Na_3V_2(PO_4)_2F_3$ and $Na_3V_2(PO_4)_3$ for sodium-ion batteries. Energy Storage Materials, 2020 (25): 724-730.

[31] Qian J, Wu C, Cao Y, et al. Prussian blue cathode materials for sodium-ion batteries and other ion batteries. Advanced Energy Materials, 2018 (8): 1702619.

[32] Wang L, Song J, Qiao R, et al. Rhombohedral Prussian white as cathode for rechargeable sodium-ion batteries. Journal of the American Chemical Society, 2015 (137): 2548-2554.

[33] Hwang J Y, Myung S T, Sun Y K. Sodium-ion batteries: present and future. Chemical Society Reviews, 2017 (46): 3529-3614.

[34] Wang K, Xu Y, Li Y, et al. Sodium storage in hard carbon with curved graphene platelets as the basic structural units. Journal of Materials Chemistry A, 2019 (7): 3327-3335.

[35] Guo R, Lv C, Xu W, et al. Effect of intrinsic defects of carbon materials on the sodium storage performance. Advanced Energy Materials, 2020 (10): 1903652.

[36] Qiu S, Xiao L, Sushko M L, et al. Manipulating adsorption-insertion mechanisms in nanostructured carbon materials for high-efficiency sodium ion storage. Advanced Energy Materials, 2017 (7): 1700403.

[37] Bommier C, Surta T W, Dolgos M, et al. New mechanistic insights on Na-ion storage in nongraphitizable carbon. Nano Letters, 2015 (15): 5888.

[38] Mehmood A, Ali G, Koyutürk B, et al. Nanoporous nitrogen doped carbons with enhanced capacity for sodium ion battery anodes. Energy Storage Materials, 2020 (28): 101-111.

[39] Hirsh H S, Sayahpour B, Shen A, et al. Role of electrolyte in stabilizing hard carbon as an anode for rechargeable sodium-ion batteries with long cycle life. Energy Storage Materials, 2021.

[40] Mao J, Fan X, Luo C, et al. Building self-healing alloy architecture for stable sodium-ion battery anodes: a case study of tin anode materials. ACS Applied Materials & Interfaces, 2016 (8): 7147-7155.

[41] Kim C, Kim I, Kim H, et al. A self-healing Sn anode with an ultra-long cycle life for sodium-ion batteries. Journal of Materials Chemistry A, 2018 (6): 22809-22818.

[42] Bommier C, Ji X. Electrolytes, SEI formation, and binders: a review of nonelectrode factors for sodium-ion battery anodes. Small, 2018 (14): 1703576.

[43] Eshetu G G, Elia G A, Armand M, et al. Electrolytes and interphases in sodium-based rechargeable batteries: recent advances and perspectives. Adv. Energy Mater, 2020 (10): 2000093-2000133.

[44] Okoshi M, Yamada Y, Yamada A, et al. Theoretical analysis on de-solvation of lithium, sodium, and magnesium cations to organic electrolyte solvents. Journal of The Electrochemical Society, 2013 (160): A2160-A2165.

[45] Jónsson E, Johansson P. Modern battery electrolytes: ion-ion interactions in Li^+/Na^+ conductors from DFT calculations. Physical Chemistry Chemical Physics, 2012 (14): 10774-10779.

[46] Kamath G, Cutler R W, Deshmukh S A, et al. In silico based rank-order determination and experiments on nonaqueous electrolytes for sodium ion battery applications. The Journal of Physical Chemistry C, 2014 (118): 13406-13416.

[47] Kumar H, Detsi E, Abraham D P, et al. Fundamental mechanisms of solvent decomposition involved in solid-electrolyte interphase formation in sodium ion batteries. Chemistry of Materials, 2016 (28): 8930-8941.

[48] Ponrouch A, Marchante E, Courty M, et al. In search of an optimized electrolyte for Na-ion batteries. Energy & Environmental Science, 2012 (5): 8572-8583.

[49] Eshetu G G, Grugeon S, Kim H, et al. Comprehensive insights into the reactivity of electrolytes based on sodium ions. Chem Sus Chem, 2016 (9): 462-471.

[50] Jang J Y, Kim H, Lee Y, et al. Cyclic carbonate based-electrolytes enhancing the electrochemical performance of $Na_4Fe_3(PO_4)_2(P_2O_7)$ cathodes for sodium-ion batteries. Electrochemistry Communications, 2014 (44): 74-77.

[51] Lee H, Kim Y I, Park J K, et al. Sodium zinc hexacyanoferrate with a well-defined open framework as a positive electrode for sodium ion batteries. Chemical Communications, 2012 (48): 8416-8418.

[52] Bhide A, Hofmann J, Katharina Dürr A, et al. Electrochemical stability of non-aqueous electrolytes for sodium-ion batteries and their compatibility with $Na_{0.7}CoO_2$. Physical Chemistry Chemical Physics, 2014 (16): 1987-1998.

[53] Rudola A, Aurbach D, Balaya P. A new phenomenon in sodium batteries: voltage step due to solvent interaction. Electrochemistry Communications, 2014 (46): 56-59.

[54] Komaba S, Ishikawa T, Yabuuchi N, et al. Fluorinated ethylene carbonate as electrolyte additive for rechargeable Na batteries. ACS Applied Materials & Interfaces, 2011 (3): 4165-4168.

[55] Ji L, Gu M, Shao Y, et al. Controlling SEI formation on SnSb-porous carbon nanofibers for improved Na ion storage. Advanced Materials, 2014 (26): 2901-2908.

[56] Wu L, Buchholz D, Bresser D, et al. Anatase TiO_2 nanoparticles for high power sodium-ion anodes. Journal of Power Sources, 2014 (251): 379-385.

[57] Dahbi M, Nakano T, Yabuuchi N, et al. Sodium carboxymethyl cellulose as a potential binder for hard-carbon negative electrodes in sodium-ion batteries. Electrochemistry Communications, 2014 (44): 66-69.

[58] Jache B, Adelhelm P. Use of graphite as a highly reversible electrode with superior cycle life for sodium-ion batteries by making use of Co-intercalation phenomena. Angewandte Chemie International Edition, 2014 (53): 10169-10173.

[59] Matsui T, Takeyama K. Li^+ adsorption on a metal electrode from glymes. Electrochimica Acta, 1998 (43): 1355-1360.

[60] Kim J H H, Park Y U, Kim J, et al. Sodium storage behavior in natural graphite using ether. Adv. Funct. Mater. , 2015 (25): 534.

[61] Jache B, Binder J O, Abe T, et al. A comparative study on the impact of different glymes and their derivatives as electrolyte solvents for graphite co-intercalation electrodes in lithium-ion and sodium-ion batteries. Physical Chemistry Chemical Physics, 2016 (18): 14299-14316.

[62] Kim H, Hong J, Yoon G, et al. Sodium intercalation chemistry in graphite. Energy & Environmental Science, 2015 (8): 2963-2969.

[63] Yu C J, Ri S B, Choe S H, et al. Ab initio study of sodium cointercalation with diglyme molecule into graphite. Electrochimica Acta, 2017 (253): 589-598.

[64] Zhu Z, Cheng F, Hu Z, et al. Highly stable and ultrafast electrode reaction of graphite for sodium ion batteries. Journal of Power Sources, 2015 (293): 626-634.

[65] Seh Z W, Sun J, Sun Y, et al. A highly reversible room-temperature sodium metal anode. ACS Central Science, 2015 (1): 449-455.

[66] Monti D, Jónsson E, Palacín M R, et al. Ionic liquid based electrolytes for sodium-ion batteries: Na^+ solvation and ionic conductivity. Journal of Power Sources, 2014 (245): 630-636.

[67] Wu F, Zhu N, Bai Y, et al. Highly safe ionic liquid electrolytes for sodium-ion battery: wide electrochemical window and good thermal stability. ACS Applied Materials & Interfaces, 2016 (8): 21381-21386.

[68] Hosokawa T, Matsumoto K, Nohira T, et al. Stability of ionic liquids against sodium metal: a comparative study of 1-ethyl-3-methylimidazolium ionic liquids with bis (fluorosulfonyl) amide and bis (trifluoromethylsulfonyl) amide. The Journal of Physical Chemistry C, 2016 (120):

9628-9636.

[69] Ding C, Nohira T, Kuroda K, et al. NaFSA-C_1C_3pyrFSA ionic liquids for sodium secondary battery operating over a wide temperature range. Journal of Power Sources, 2013 (238): 296-300.

[70] Chen C Y, Kiko T, Hosokawa T, et al. Ionic liquid electrolytes with high sodium ion fraction for high-rate and long-life sodium secondary batteries. Journal of Power Sources, 2016 (332): 51-59.

[71] Ding C, Nohira T, Hagiwara R. Charge-discharge performance of $Na_{2/3}Fe_{1/3}Mn_{2/3}O_2$ positive electrode in an ionic liquid electrolyte at 90℃ for sodium secondary batteries. Electrochimica Acta, 2017 (231): 412-416.

[72] Forsyth M, Yoon H, Chen F, et al. Novel Na^+ ion diffusion mechanism in mixed organic-inorganic ionic liquid electrolyte leading to high Na^+ transference number and stable, high rate electrochemical cycling of sodium cells. The Journal of Physical Chemistry C, 2016 (120): 4276-4286.

[73] Noor S A M, Su N C, Khoon L T, et al. Properties of high Na-ion content N-propyl-N-methylpyrrolidinium bis (fluorosulfonyl) imide-ethylene carbonate electrolytes. Electrochimica Acta, 2017 (247): 983-993.

[74] Chagas L G, Buchholz D, Wu L, et al. Unexpected performance of layered sodium-ion cathode material in ionic liquid-based electrolyte. Journal of Power Sources, 2014 (247): 377-383.

[75] Wongittharom N, Lee T C, Wang C H, et al. Electrochemical performance of Na/$NaFePO_4$ sodium-ion batteries with ionic liquid electrolytes. Journal of Materials Chemistry A, 2014 (2): 5655-5661.

[76] Wongittharom N, Wang C H, Wang Y C, et al. Ionic liquid electrolytes with various sodium solutes for rechargeable Na/$NaFePO_4$ batteries operated at elevated temperatures. ACS Applied Materials & Interfaces, 2014 (6): 17564-17570.

[77] Wang C H, Yeh Y W, Wongittharom N, et al. Rechargeable Na/$Na_{0.44}MnO_2$ cells with ionic liquid electrolytes containing various sodium solutes. Journal of Power Sources, 2015 (274): 1016-1023.

[78] Suo L, Hu Y S, Li H, et al. A new class of solvent-in-salt electrolyte for high-energy rechargeable metallic lithium batteries. Nature communications, 2013 (4): 1481.

[79] Terada S, Mandai T, Nozawa R, et al. Physicochemical properties of pentaglyme-sodium bis (trifluoromethanesulfonyl) amide solvate ionic liquid. Physical chemistry chemical physics: PCCP, 2014 (16): 11737-11746.

[80] Terada S, Susa H, Tsuzuki S, et al. Dissociation and diffusion of glyme-sodium bis (trifluoromethanesulfonyl) amide complexes in hydrofluoroether-based electrolytes for sodium batteries. The Journal of Physical Chemistry C, 2016 (120): 23339-23350.

[81] Cao R, Mishra K, Li X, et al. Enabling room temperature sodium metal batteries. Nano Energy, 2016 (30): 825-830.

[82] Schafzahl L, Hanzu I, Wilkening M, et al. An electrolyte for reversible cycling of sodium metal and intercalation compounds. Chem Sus Chem, 2017 (10): 401-408.

[83] He M, Lau K C, Ren X, et al. Concentrated electrolyte for the sodium-oxygen battery: solvation structure and improved cycle life. Angewandte Chemie International Edition, 2016 (55): 15310-15314.

[84] Takada K, Yamada Y, Watanabe E, et al. Unusual passivation ability of superconcentrated electrolytes toward hard carbon negative electrodes in sodium-ion batteries. ACS Applied Materials & Interfaces, 2017 (9): 33802-33809.

[85] Wang J, Yamada Y, Sodeyama K, et al. Fire-extinguishing organic electrolytes for safe batteries. Nature Energy, 2018 (3): 22-29.

[86] Mohamed A I, Whitacre J F. Capacity fade of $NaTi_2(PO_4)_3$ in aqueous electrolyte solutions: relating pH increases to long term stability. Electrochimica Acta, 2017 (235): 730-739.

[87] Zhang X, Hou Z, Li X, et al. Na-birnessite with high capacity and long cycle life for rechargeable aqueous sodium-ion battery cathode electrodes. Journal of Materials Chemistry A, 2016 (4): 856-860.

[88] Nakamoto K, Kano Y, Kitajou A, et al. Electrolyte dependence of the performance of a $Na_2FeP_2O_7$// $NaTi_2(PO_4)_3$ rechargeable aqueous sodium-ion battery. Journal of Power Sources, 2016 (327): 327-332.

[89] Shacklette L W, Jow T R, Townsend L. Rechargeable electrodes from sodium cobalt bronzes. Journal of The Electrochemical Society, 1988 (135): 2669-2674.

[90] Ma Y, Doeff M M, Visco S J, et al. Rechargeable Na/Na_xCoO_2 and $Na_{15}Pb_4/Na_xCoO_2$ polymer electrolyte cells. Journal of The Electrochemical Society, 1993 (140): 2726-2733.

[91] Barker J, Saidi M Y, Swoyer J L. A sodium-ion cell based on the fluorophosphate compound $NaVPO_4F$. Electrochemical and Solid-State Letters, 2003 (6): A1.

[92] Ponrouch A, Dedryvère R, Monti D, et al. Towards high energy density sodium ion batteries through electrolyte optimization. Energy & Environmental Science, 2013 (6): 2361-2369.

[93] Li Y, Xu S, Wu X, et al. Amorphous monodispersed hard carbon micro-spherules derived from biomass as a high performance negative electrode material for sodium-ion batteries. Journal of Materials Chemistry A, 2015 (3): 71-77.

[94] Dugas R, Zhang B, Rozier P, et al. Optimization of Na-ion battery systems based on polyanionic or layered positive electrodes and carbon anodes. Journal of The Electrochemical Society, 2016 (163): A867-A874.

[95] Komaba S, Murata W, Ishikawa T, et al. Electrochemical Na insertion and solid electrolyte interphase for hard-carbon electrodes and application to Na-ion batteries. Advanced Functional Materials, 2011 (21): 3859-3867.

[96] Guo J Z, Wang P F, Wu X L, et al. High-energy/power and low-temperature cathode for sodium-ion batteries: in situ XRD study and superior full-cell performance. Advanced Materials, 2017 (29): 1701968.

[97] Li H, Peng L, Zhu Y, et al. An advanced high-energy sodium ion full battery based on nanostructured $Na_2Ti_3O_7/VOPO_4$ layered materials. Energy & Environmental Science, 2016 (9): 3399-3405.

[98] Song H, Eom K. Overcoming the unfavorable kinetics of $Na_3V_2(PO_4)_2F_3$//SnP_x full-cell sodium-ion batteries for high specific energy and energy efficiency. Advanced Functional Materials, 2020 (30): 2003086.

[99] Zheng Y, Lu Y, Qi X, et al. Superior electrochemical performance of sodium-ion full-cell using

poplar wood derived hard carbon anode. Energy Storage Materials, 2019 (18): 269-279.

[100] Hou Z, Zhang X, Ao H, et al. Passivation effect for current collectors enables high-voltage aqueous sodium ion batteries. Materials Today Energy, 2019 (14): 100337.

[101] Xu K, Wang C. Batteries: widening voltage windows. Nature Energy, 2016 (1): 16161.

[102] Smith L, Dunn B. Opening the window for aqueous electrolytes. Science, 2015 (350): 918-918.

[103] Wang F, Lin Y, Suo L, et al. Stabilizing high voltage $LiCoO_2$ cathode in aqueous electrolyte with interphase-forming additive. Energy & Environmental Science, 2016 (9): 3666-3673.

[104] Yamada Y, Usui K, Sodeyama K, et al. Hydrate-melt electrolytes for high-energy-density aqueous batteries. Nature Energy, 2016 (1): 16129.

[105] Nakamoto K, Sakamoto R, Ito M, et al. Effect of concentrated electrolyte on aqueous sodium-ion battery with sodium manganese hexacyanoferrate cathode. Electrochemistry, 2017 (85): 179-185.

[106] Jiang L, Liu L, Yue J, et al. High-voltage aqueous Na-ion battery enabled by inert-cation-assisted water-in-salt electrolyte. Advanced Materials, 2020 (32): 1904427.

[107] Luo J Y, Xia Y Y. Aqueous lithium-ion battery $LiTi_2(PO_4)_3/LiMn_2O_4$ with high power and energy densities as well as superior cycling stability. Advanced Functional Materials, 2007 (17): 3877-3884.

[108] Clarke C F, Hardie D, Ikeda B M. Hydrogen-induced cracking of commercial purity titanium. Corrosion Science, 1997 (39): 1545-1559.

[109] Carney T J, Castle J E, Tsakiropoulos P, et al. Surface studies of rapidly solidified aluminium alloy powder. Key Engineering Materials, 1991 (29-31): 291-302.

[110] Qiu Y, Yu Y, Xu J, et al. Redox potential regulation toward suppressing hydrogen evolution in aqueous sodium-ion batteries: $Na_{1.5}Ti_{1.5}Fe_{0.5}(PO_4)_3$. Journal of Materials Chemistry A, 2019 (7): 24953-24963.

[111] Whitacre J F, Wiley T, Shanbhag S, et al. An aqueous electrolyte, sodium ion functional, large format energy storage device for stationary applications. Journal of Power Sources, 2012 (213): 255-264.

[112] Shan X, Guo F, Charles D S, et al. Structural water and disordered structure promote aqueous sodium-ion energy storage in sodium-birnessite. Nature Communications, 2019 (10): 4975.

[113] Niu L, Chen L, Zhang J, et al. Revisiting the open-framework zinc hexacyanoferrate: the role of ternary electrolyte and sodium-ion intercalation mechanism. Journal of Power Sources, 2018 (380): 135-141.

[114] Jiang P, Lei Z, Chen L, et al. Polyethylene glycol-Na^+ interface of vanadium hexacyanoferrate cathode for highly stable rechargeable aqueous sodium-ion battery. ACS Applied Materials & Interfaces, 2019 (11): 28762-28768.

[115] Shao T, Li C, Liu C, et al. Electrolyte regulation enhances the stability of Prussian blue analogues in aqueous Na-ion storage. Journal of Materials Chemistry A, 2019 (7): 1749-1755.

[116] Kumar P R, Jung Y H, Moorthy B, et al. Effect of electrolyte additives on $NaTi_2(PO_4)_3$-C// $Na_3V_2O_{2X}(PO_4)_2F_{3-2X}$-MWCNT aqueous rechargeable sodium ion battery performance. Journal of The Electrochemical Society, 2016 (163): A1484-A1492.

第 6 章

储能钠电池的制造技术

6.1 引言 238
6.2 钠硫电池的制造技术 238
6.3 ZEBRA 电池的制造技术 246
6.4 高温钠电池的封接技术 251
6.5 钠离子电池的制造技术 269

6.1 引言

钠硫电池电芯制造的核心技术包括 β''-Al_2O_3 精细陶瓷的烧结、电池封接、正负极装填和负极润湿保护管装配等。首先，β''-Al_2O_3 精细陶瓷的质量和一致性直接影响电池的电化学性能和安全特性，是最为关键的一环。其次，任何一个密封部件的损坏都会导致正负极材料的蒸气直接接触而发生反应，因此电池封接技术成为钠硫电池的核心技术之一。最后，电池正负极的有效装填及其与固体电解质之间界面的润湿层设计是电池高性能运行的必备要素。相对于钠硫电池，钠-氯化镍电池电芯处于放电态，采用无钠组装，工艺相对简单，正极电解液的制备和真空注入技术成为核心制造技术之一。

高温钠电池模组制造的核心技术包括绝热保温箱技术、模组热管理技术、模组内/间阻燃技术以及电池管理系统与保护电路设计等。电池的高温运行环境对电池保温箱提出了较高的要求。绝热保温箱技术一方面需要保证电池在待机时的低电耗，另一方面还要保证保温箱轻量化，以提升电池整体的能量密度。由于电池放电模式下的化学反应为放热反应，此时模块内部将出现 22～35℃的温升，而充电过程中温度会下降到待机水平。长时间的升降温循环不仅考验电池密封材料的热机械性能，还对模块的热管理提出了快速响应的要求，否则可能造成温度无法及时复原。另外，模组内/间防火技术以及电池管理系统与保护电路设计对电池的长期安全运行也具有重要意义。

钠离子电池与锂离子电池的电芯装配技术类似，核心技术主要包括正负极材料的制造和极片制造。钠离子电池规模化生产常用的正负极材料为层状氧化物正极材料、普鲁士蓝类正极材料和硬碳负极材料。本章将分别介绍钠硫电池和 ZEBRA 电池电芯和模组的设计与制造技术、钠离子电池上述三种正负极材料的制造技术以及钠离子电池极片和电芯的制造技术。

6.2 钠硫电池的制造技术

6.2.1 钠硫电池单体的设计与电极制造

图 6-1 显示了日本碍子株式会社（NGK）和中国科学院上海硅酸盐研究所（SICCAS）生产的多种型号钠硫电池单体及其内外部材料与结构。通常根据大规模储能的应用场景的需求，钠硫电池单体的设计偏向大容量、高功率输出的

结构设计，例如 NGK 目前储能用钠硫电池单体的设计容量就达到 870A · h[1]。根据 3.3.1.3 和 3.3.2.5 节的电极结构设计可知，大长径比设计的钠硫电池单体具有大的能量密度和高的能量效率。

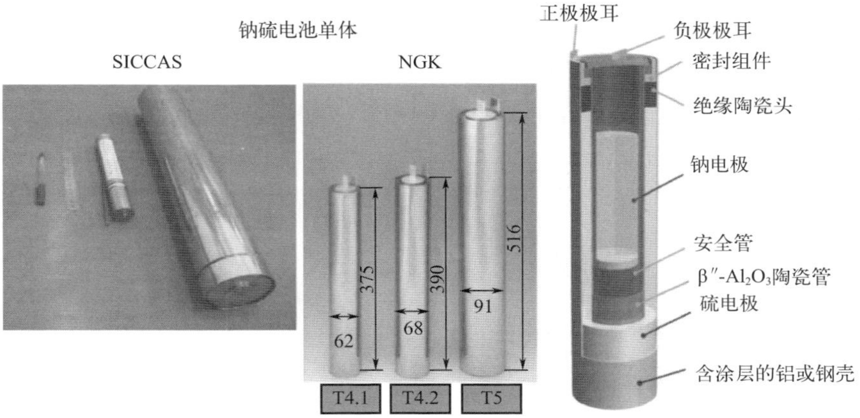

图 6-1　多种型号的钠硫电池单体及其具体构造

单体钠硫电池采用全密封的结构设计，制备流程如图 6-2 所示。由于钠和硫都是很活泼的材料，不仅分隔正负极的电解质陶瓷需要完全致密，单电池相关的各种材料封接和密封的要求也很高，必须保证电池正负极室之间以及与外界完全隔离[2]。因此制造高温钠电池难点之一是大规模生产 β″-Al_2O_3 陶瓷隔膜的质量，需要确保其完整性和一致性，以及在电池工作条件下有足够的寿命。β″-Al_2O_3 陶瓷隔膜的制备工艺在 2.2.6 节已经进行了详细介绍。封接和密封部分将单独地在 6.3 节具体介绍，而本章主要介绍钠电极和硫电极的制造工艺。

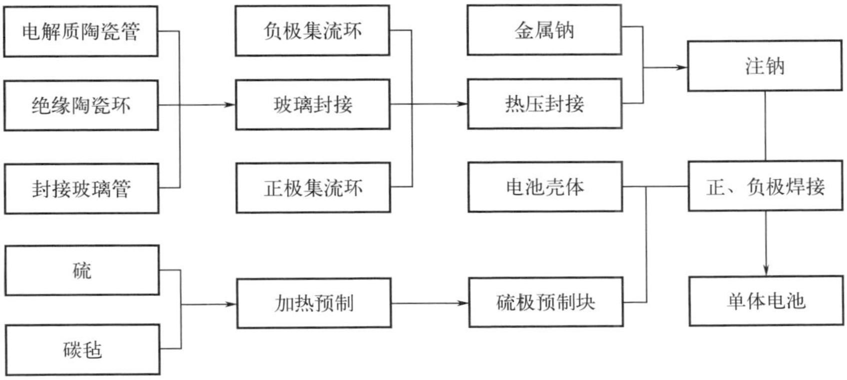

图 6-2　制备单体钠硫电池的基本工艺流程

钠电极的制造工艺包括向电解质管内载入安全管、毛细层和金属钠三个环节。硬质安全管的载入比较简单，下面我们主要讨论毛细层的载入方式以及注钠的工艺。首先，毛细层结合使用多层金属片和金属网卷绕的方式。如图 6-3 所示，比较典型的是将弹性金属薄片、粗孔金属网和细孔金属网自下而上依次堆叠后点焊固定边线，然后将该三层薄片用模具卷成管状载入电解质管内壁[3]。

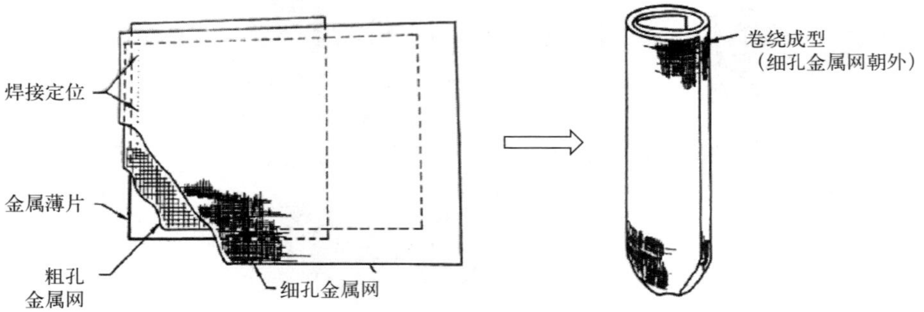

图 6-3　一种典型的钠电极毛细层制造工艺

其次，装载钠的工艺主要分为两种，一种是通常采用的高温注钠，另一种是常温装载预装钠容器。高温注钠技术通常是指在 130～150℃的温度下，结合电池抽真空，将钠通过体积或质量定量后压入电池内的技术。整套注液系统应可以实现大批量自动化操作，以满足大规模生产的需求。高温真空注钠工艺能有效避免氧化物杂质的引入，保证钠充分填充至电极毛细层内部，但是如果电池不经过预热即注钠，存在陶瓷管经过热震失效的风险。第二种装载钠的工艺是先将钠预装在储钠罐中（如 NAVAC® 储钠罐），然后将储钠罐常温下直接载入电解质管内。这套工艺在装载钠时不需要高温，比较简单易行，但是存在钠毛细层润湿不足的问题，因此早期被探索用于钠极充高压氮气的电极结构中。目前主流的装载钠技术仍是高温真空注钠技术。

传统硫电极的制造工艺是先将碳毡置入电解质管和电池外壳之间，然后把液态硫在高温下直接注入石墨毡中。这一工艺装配电池存在成本高和电解质管经历多次热震而降低可靠性的问题。改进的硫电极制造工艺是将长方形石墨毡在模具中压成槽形，注入熔融硫，冷却后成型取出获得硫预制电极，再将两个槽形预制电极插入电解质管和电池壳体间构成硫电极[4,5]。但是，这种工艺可能存在的问题是用刚性的预制电极填充正极区域，对长陶瓷管施加过多的弯曲力矩可能造成陶瓷管破损。在槽形硫极预制块和电解质管之间有衬入一层玻璃纤维毡或氧化铝纤维毡的制造工艺，也有外包裹、微观复合、针织内嵌等多种工艺形式。作为一个示例，图 6-4 给出了一种碳毡针织内嵌玻璃纤维毡的制造工艺[6]。

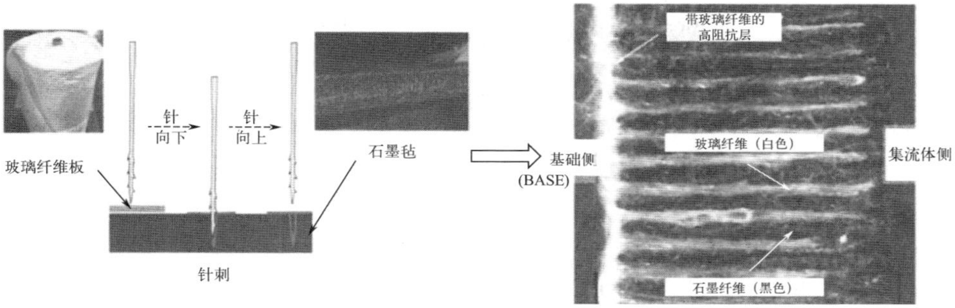

图 6-4　一种碳毡针织内嵌玻璃纤维毡的制造工艺

2009 年中国科学院上海硅酸盐研究所建成了具有年产 2MW 单体电池生产能力的中试线，可以连续制备容量为 650Ah 的单体电池。中试线涉及各种工艺和检测设备百余台套，其中有近 2/3 为自主研发，包括大型气体烧结炉、连续热压封接机、高温真空焊接机、氦质谱检漏仪、内水压爆破试验机、三点弯曲力学测试仪等制造和检测设备，形成了具有自己特色的钠硫电池关键制造设备和制造评价技术。图 6-5 显示了中试线中陶瓷制造相关的全自动等静压成型与烧结炉等设备。

图 6-5　中试线中陶瓷制造相关的部分设备

近年，韩国工业科学技术研究所（Research Institute of Industrial Science and Technology，RIST）开发了小型平板式钠硫电池（图 6-6）。平面设计相对于管状设计的明显优势包括：易于堆叠，电池直接串联连接，制造成本更低，消除取向和重力效应，电池单位重量的活性面积更大，可应用更薄、离子导电性更高的固体电解质，易于对电池成分进行拆解分析等。开发实用平面钠硫电池的关键问题之一是电池连接处或 BASE 区域的热机械断裂，这可能导致电池在组装、操作或维护时发生灾难性故障，因此他们和美国威斯康星大学合作并对平板钠硫电池的不同外壳选材与其连接材料之间的机械应力进行了有限元模拟[7]。图 6-7 显示了热应力的分析对象，包括绝缘头（insulating header，IH）外表面高正应力 σ_{33}、热压密封界面 IH 表面的高正应力 σ_{33} 和径向剪应力 σ_{13}、热压密封界面密封金属（Insert metals，IM）表面的高正应力 σ_{33} 和径向剪应力 σ_{13}、陶瓷片（BASE）径向正应力 σ_{11}。图 6-8 显示了图 6-7 中各部位局部应力的最大值。STS304 电池外壳的应力集中值最高，其次是 Al3003，因此认为这两种材料不适合作为电池外壳。使用 STS430 作为外壳材料对于直径 90mm 的平板钠硫电池是最低限度可行的，而相对最优的外壳材料是 KOVAR 合金材料。

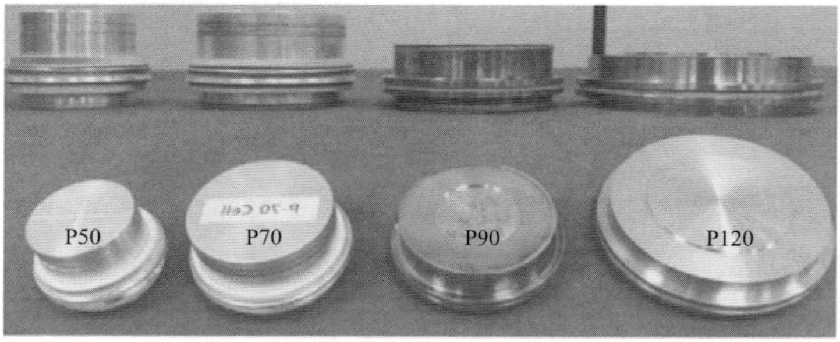

图 6-6　韩国工业科学技术研究所开发的平板式钠硫电池

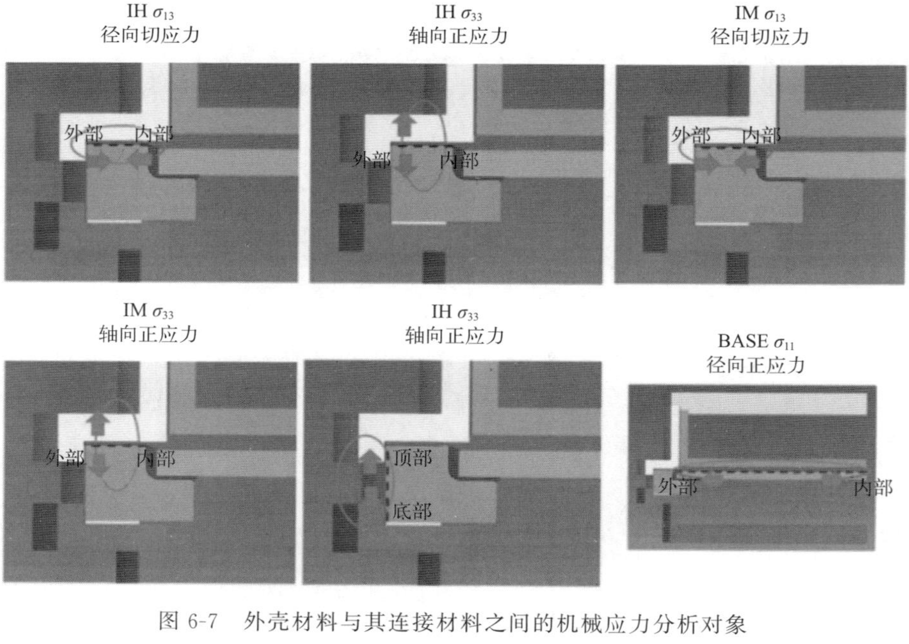

图 6-7　外壳材料与其连接材料之间的机械应力分析对象

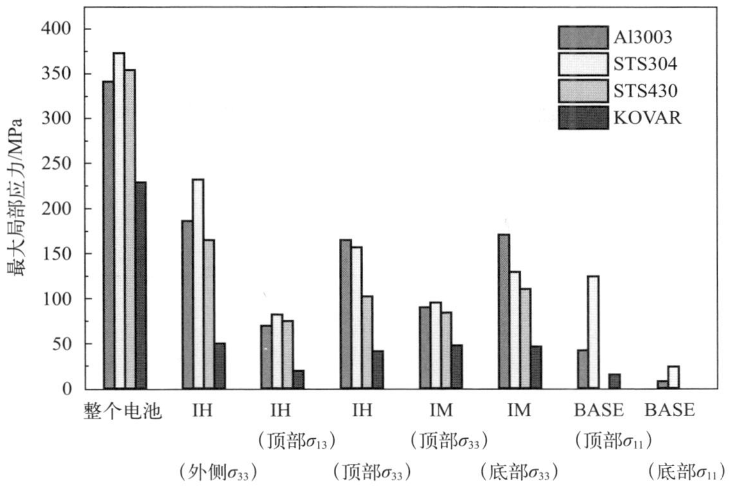

图 6-8　有限元模拟预测的不同外壳材料各部位局部应力的最大值

6.2.2　钠硫电池模组的设计与制造

高温钠硫电池模组一般是将电芯按一定规则排布在一个加热保温箱内进行串并联，通过电池管理系统（BMS）实现模组的管理与互联。钠硫电池的保温箱技术由于涉及电池能耗和安全性相关的热管理，属于钠硫电池的核心技术之一[8]。Schaefer 等结合第一性原理建立了钠硫电池的全耦合热电化学动力学模型[9]。模型考虑了欧姆损耗、Peltier 热和熵变引起的热。他们对具有一定空间分布的电池系统的电位分布和单体电阻建立了非等温的暂态模型。模型计算结果与实验数据能较好地吻合。值得一提的是，该模型建立了单体内部材料的物理化学性质与温度的相关关系。图 6-9 显示了模型拟合的单体结构以及充放电过程中不同电流密度下工作的电池内部温度变化的研究结果。从图中可以看出，放电过程中发生放热电化学反应，导致充电和放电产生的热量速率不匹配，放电过程中电池温度升高。在高电流密度运行的条件下，钠电极处电池的最高温度比环境温度高 28℃。由于电池充电或放电过程热特性对电流密度变化的差异，放电时产生的高温会增加火灾风险，因此需要适当的热管理策略去除可变的热量，并将电池温度保持在安全的范围内。该研究提出了两种可能的热管理策略：降低环境温度或根据环境温度限制电流密度的上限。

对于模组升温过程中温场的变化，张建平等通过基于三维瞬态导热方程和 Weibull 函数建立了钠硫电池加热模块的理论模型，并通过有限元建模仿真了加热模块的温升过程与瞬态温度分布。钠硫电池加热模块内部任一点温升率随

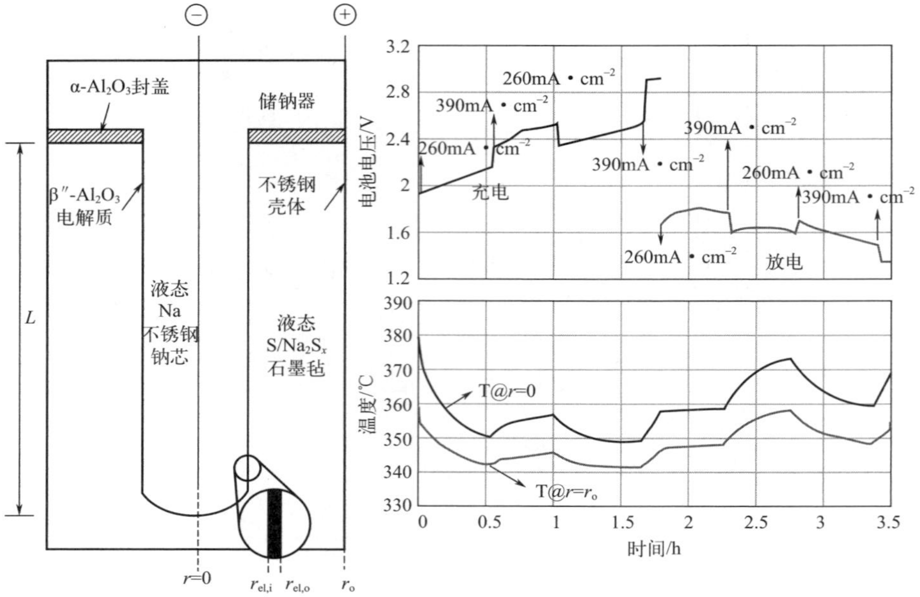

图 6-9 钠硫电池的全耦合热电化学动力学模型拟合的单体结构以及充放电过程中不同电流密度下工作的电池内部温度变化结果

时间呈非线性下降趋势，且距离中心位置越远，同一时刻的温升率越低[10]。模组充放电过程中温场的变化，如图 6-10 所示，Min 等模拟了充放电过程中保温箱内部温度场的变化与分布[11]。在电池放电过程中，由于焦耳热和放热反应导致温度升高约 30℃，如果不加干预，容易造成模组超温。

图 6-11 所示为 NGK 钠硫电池模组的设计图和实物照片[12]。它采用真空绝热保温技术，通过底部和侧部的加热板对电池进行加热。添加备用沙子和冷却风道的设计，可根据模组温度自动启动冷却风扇，电池上方的气流充分地将热量排出。

为了进一步提高钠硫电池模组的安全性，NGK 采用电芯间隔热防火板和保温箱防火板相结合的方式实现进一步阻断火势蔓延的目的，并在此设计基础上改进了模组结构，如图 6-12 所示[1]。每个电芯单元都用隔热防火板卷绕，在物理上与相邻电芯隔离［图 6-12（a）］。保温箱上层和下层均加入透气防火板，实现了保温箱之间的隔离。通过这种措施，几乎完全消除了热外逸的可能性［图 6-12（b）］。

另外，钠硫电池模组的电路设计中通常是每 4 个电芯配置 1 个熔断器，通过熔断器实现短路下的过流切断，通过 BMS 控制并避免模组出现过充/过放情况以及在出现紧急情况时切断电路和预警。

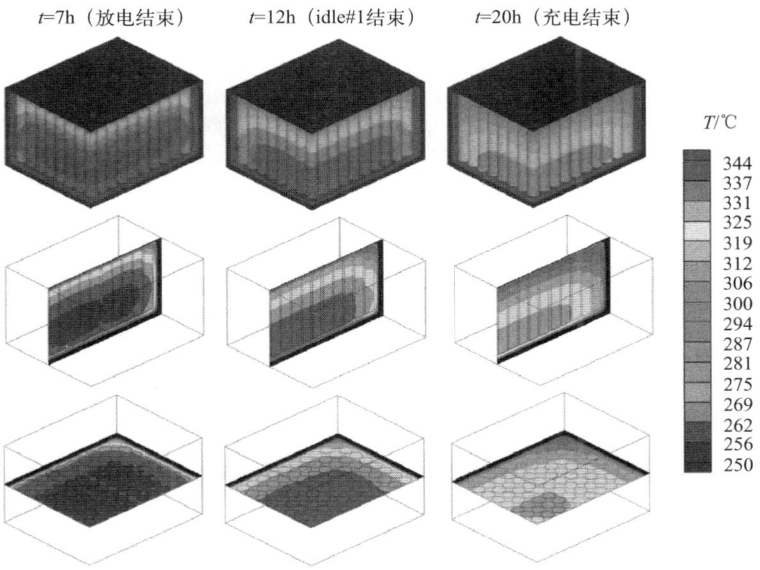

图 6-10 充放电过程中电池保温箱内部温度场分布的模拟结果

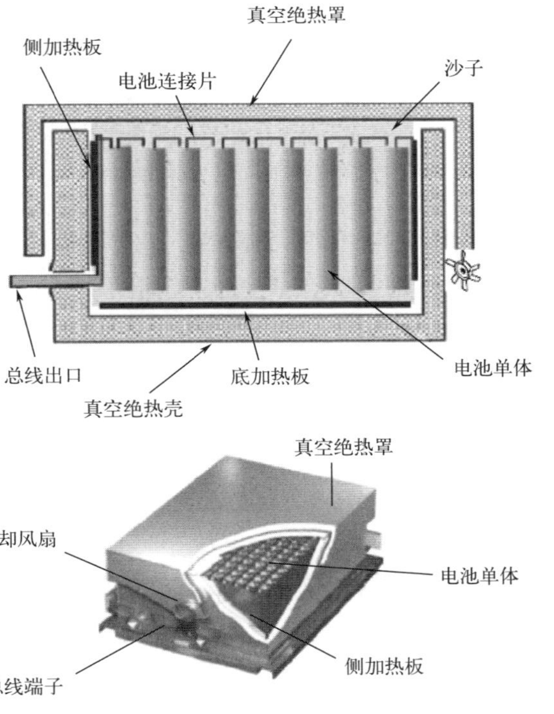

图 6-11 NGK 钠硫电池模组的设计图和实物照片

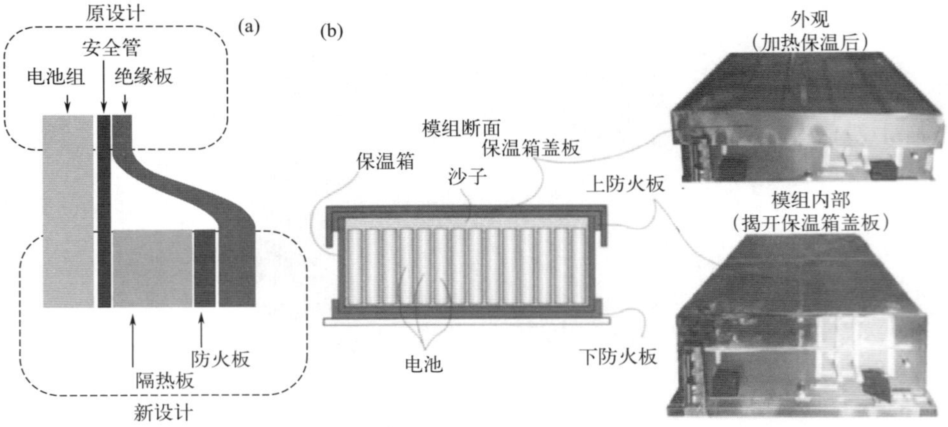

图 6-12 钠硫电池模组内电芯间(a)和保温箱内壁(b)防火板布置

2012 年 1 月由中国科学院上海硅酸盐研究所、上海市电力公司和上海电气集团联合成立了钠硫电池储能技术有限公司，实现储能钠硫电池的批量化生产与应用，设计产能为 50MW，成为世界上第二大钠硫电池生产企业。图 6-13 显示了该公司生产的 5kW 和 25kW 两种钠硫电池模组。

图 6-13 我国钠硫电池储能技术有限公司开发的 5kW 和 25kW 钠硫电池模组

6.3 ZEBRA 电池的制造技术

6.3.1 ZEBRA 电池单体的设计与电极制造

Heinz 等将管式和平板式 ZEBRA 电池电极材料的热和化学机械膨胀与施加在固体电解质上的应力联系起来，计算了电池温度从室温升至 300℃ 在不同 SoC 下正负极材料的体积变化在固体电解质两侧产生的压力差 Δp[13]。由于

β''-Al_2O_3 陶瓷的最大断裂强度 σ_{max} 为 100～300MPa，因此如图 6-14 所示，管式电池所能承受的正负极最大压差 Δp =8.3～25MPa，平板式电池所能承受的正负极最大压差 Δp =0.045～0.14MPa。同时，他们还根据 ZEBRA 电池室温与工作温度下不同 SoC 时正负极材料的体积计算得到了最佳的正负极腔室体积。当电池总体积为 230cm^3，负极腔室体积为 66.9cm^3 时，所对应的 Δp 波动范围较小，数值在 −0.11～0.45MPa 之间。对于管式电池而言，这一压差是安全的，但对于平板式电池，当电池 SoC 大于 50%时，除非放大电池总体积，否则 β''-Al_2O_3 陶瓷可能会处于断裂边缘。

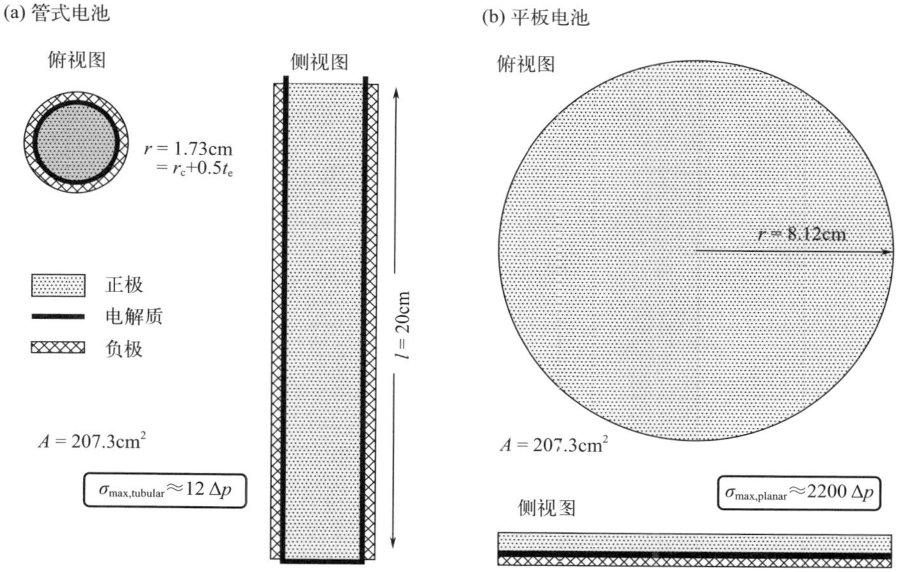

图 6-14　管式和平板式设计的 ZEBRA 电池中 β''-Al_2O_3 的最大断裂强度 σ_{max} 与固体电解质两侧压力差 Δp 之间的关系

图 6-15 显示了 MES-DEA 公司（后为 FIAMM SoNick 公司）和 SICCAS 生产的常规 ZEBRA 电池单体。GE 生产的 ZEBRA 电池与 FIAMM 来自同一技术源头，同样为方壳设计。MES-DEA 公司方壳单体电池外形尺寸为 35mm×35mm×230mm，SICCAS 采用了方壳和圆柱两种设计，圆柱电池外形尺寸为 ϕ35mm×395mm，方壳电池的外形尺寸为 38mm×38mm×270mm。方壳单体电池采用花瓣状 β''-Al_2O_3 陶瓷管，圆柱电池则采用类似钠硫电池所用的一端封闭的圆管。方壳单体电池的设计容量为 38Ah，而圆柱电池的设计容量为 40～50Ah。

ZEBRA 电池单体的封接与钠硫电池类似，不同在于，ZEBRA 电池的钠负极在陶瓷管外，多孔粉末正极在陶瓷管内。ZEBRA 电池的制造工艺与钠硫

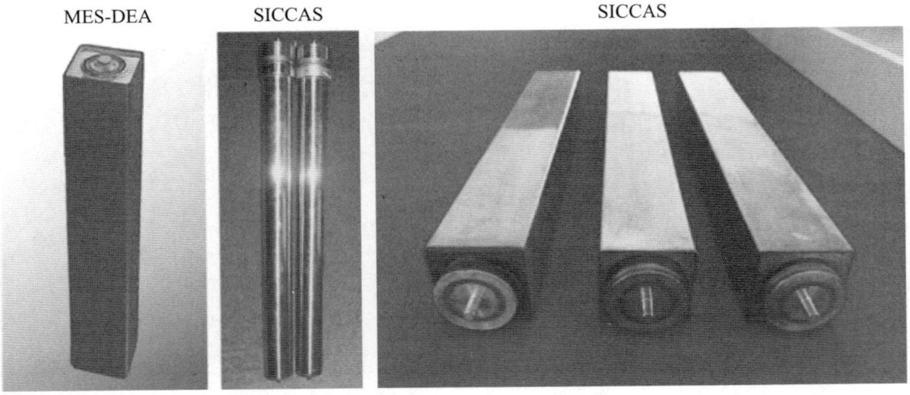

图 6-15　MES-DEA 公司（后为 FIAMM SoNick 公司）和
SICCAS 生产的常规 ZEBRA 电池单体

电池的区别之处显示在图 6-16 中黑粗框中。ZEBRA 电池为负极无钠组装，因此负极制造的重点在于毛细导电层的制造工艺。正极的制造工艺主要包括粉体造粒、电解液制备、正极注粉和注液三部分。

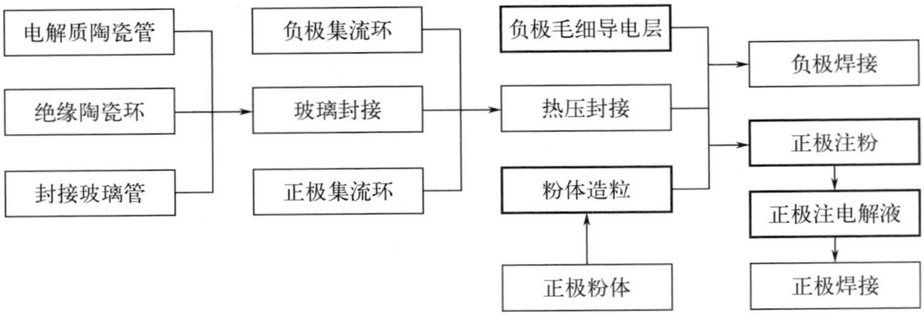

图 6-16　制备单体 ZEBRA 电池的基本工艺流程

图 6-17 显示了 GE Durathon 电池的材料和部件。负极毛细导电层一般使用金属网与金属弹片结合的方式布置在陶瓷管和金属外壳之间。金属网的规格参数参见 3.3.1.3 和 6.1.1 节。几片具有半圆形截面带飞边的不锈钢薄弹片相互交叉组装在一起。金属弹片与外壳的接触面均匀分布在外壳内表面。正极粉体是镍粉、铁粉、细化的氯化钠以及添加剂按一定比例搅拌混合均匀得到。摩尔比为 0.53∶0.47 的干燥 NaCl 和纯化的 $AlCl_3$ 在 180℃ 的密闭容器中反应得到四氯铝酸钠（$NaAlCl_4$）电解液。

为了提高正极的填充率，正极粉体在注入陶瓷管内之前还需要进行造粒，以提高粉体的堆积密度。造粒压力的大小和造粒颗粒的粒度是这一工序控制的关键。造粒压力决定了颗粒内部的孔隙率，孔隙率太大会导致堆积密度下降，

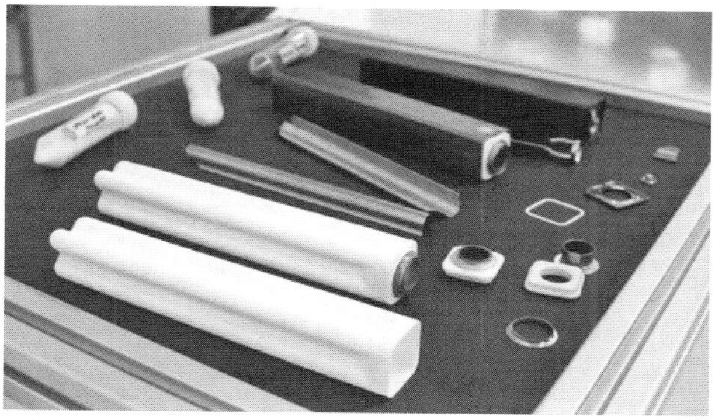

图 6-17　GE Durathon 电池的材料和部件

孔隙率太小，电解液难以润湿活性物质内部，导致电极利用率下降[14]。造粒颗粒的粒度为 1～2mm，需要保证注入陶瓷管内的颗粒质量误差在±0.5%内[15]。然后镍碳复合的集流体被插入电解质管中。随后的正极 $NaAlCl_4$ 电解液的灌注成为 ZEBRA 电池制造过程中的技术难点之一。由于 $NaAlCl_4$ 熔点较高（156.8℃），具有吸湿性，且其氯离子浓度高达 73.9%，因此注液温度一般在 180℃以上，而且注液系统需要耐高浓度氯离子腐蚀。传统注液装置的压力泵或定量泵以及灌注机构控制元件等难以实现接近 200℃的高温强腐蚀电解液注液。目前国内尚无高温强腐蚀液体定量注液的成熟技术产品，仅中国科学院上海硅酸盐研究所于 2019 年开发成功一套完整的Ⅰ型自动注液系统，并已用于小批量生产，随后 2023 年改进成功Ⅱ型系统。图 6-18 显示的为 SICCAS 开发的自动高温定量真空注液系统实景图。这套系统主体安置在水氧控制的手套箱内，采用高精度质量流量计定量液体，接液部件均处于加热态，保证整个

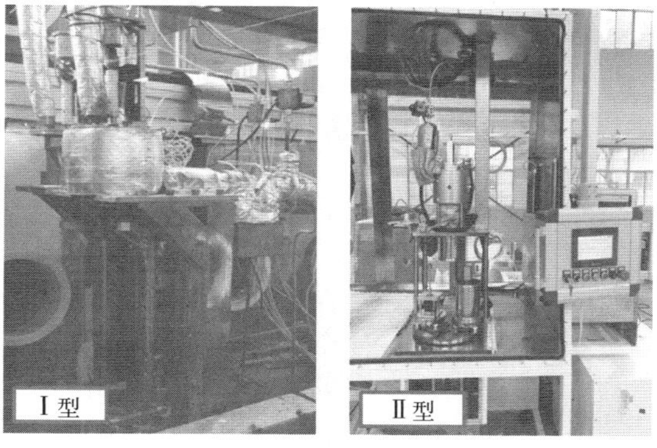

图 6-18　中国科学院上海硅酸盐研究所开发的Ⅰ型和Ⅱ型自动高温定量真空注液系统实景图

注液过程中液体的流动性。高真空系统提供 10Pa 以下的注液真空度。注液完成后，自动转入下一正极焊接工序。负极焊接通常采用真空激光焊接。完成正负极焊接后，单体电池组装完成。

6.3.2 ZEBRA 电池模组的设计与制造

图 6-19 显示了 ZEBRA 电池模组的设计图与实物图。为了提高模组的能量密度，钠-氯化镍电池模组的保温箱与钠硫电池一样采用高真空保温技术。典型的制作方法是双层不锈钢壳之间设置 2～3cm 厚度的绝缘板。将双层不锈钢壳抽真空以达到高效保温。实验证实该真空可以保持几年之久[16]。与钠硫电池模组保温箱不同的是，钠-氯化镍电池模组由于具有本征的高安全性，它不需要设置储沙层、防火板等额外的防火机构。ZEBRA 电池的工作温度低于钠硫电池，其加热机构也有所不同，通常采用每两排电芯层加一块加热散热片（或冷却片）的形式加热模组，这样可以有利于更快地启动电池。虽然与钠硫电池箱体类似，ZEBRA 电池模组内也设计了冷却空气通路，但其气流通路并未采用上下回风，而是设置为左右回风，这与电池单体的尺寸设计不同有关。

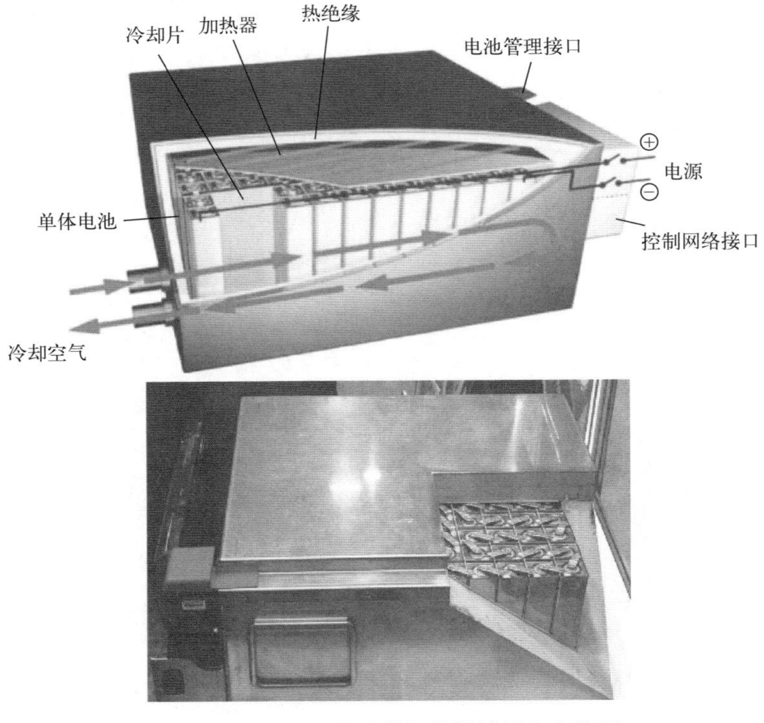

图 6-19　ZEBRA 电池模组的设计图与实物图

由于 ZEBRA 电池特有的低电阻损坏模式，ZEBRA 电池的模组内通常采用全部串联，通过并联多个模组提供储能系统，因此 ZEBRA 电池的模组容量配置、机架设计和系统组装更为便捷。图 6-20 显示了一个 64 个模组组成的 0.5MW ZEBRA 电池集装箱单元。

图 6-20　一个 64 个模组组成的 0.5MW ZEBRA 电池集装箱单元

6.4　高温钠电池的封接技术

高温工作的钠电池以金属钠作为负极，单质硫或金属氯化物作为正极，组成钠硫电池或 ZEBRA 电池，β''-Al_2O_3 陶瓷同时作为电解质和隔膜。如 6.2.1 节和 6.3.1 节所介绍的，高温钠电池制造过程中的一个重要部分是多个不同材质的部件通过多种密封技术组合构成全密封结构。密封结构对电池的设计和性能有重要影响，会影响电池安全性、部件的定位，限制电池所能承受的最高温度和压力，以及影响电池的比能量等。如果密封不好，将造成正、负极活性物质泄漏，不仅影响电池的充放电容量、循环寿命，对钠硫电池而言，若正、负极两个腔室连通后，还将引发燃烧甚至爆炸等安全风险。密封技术的选用不仅需要考量其密封可靠性，还要考虑其经济性。本章将重点阐述高温钠电池的密封技术。

在工作温度下，金属钠、钠硫电池的硫正极、ZEBRA 电池正极中的熔盐 $NaAlCl_4$ 等均为液态，正极与负极液态物质分隔于 β''-Al_2O_3 陶瓷的两侧，故两者必须与 β''-Al_2O_3 密封，且在工作过程中两者也必须是电绝缘的。通常是采用绝缘的 α-Al_2O_3 陶瓷封接件，将钠电池的密封分为数段。见图 6-21，首先，α-Al_2O_3 陶瓷头与 β''-Al_2O_3 陶瓷之间涉及陶瓷-陶瓷封接；其次，电池正负极金属集流体与 α-Al_2O_3 陶瓷头之间涉及陶瓷-金属封接；最后，正负极极耳与集流体之间进行金属-金属焊接以形成全密封结构的钠电池。

选择合适的密封技术需要考虑的有以下几点：①封接部位完全气密，氦质

谱漏率低于 10^{-10} Pa·m^3·s^{-1}；②密封件对正负极熔融材料（Na、S、多硫化钠或 $NaAlCl_4$）化学性质稳定；③密封部件与密封工艺成本低；④密封部件对电池能量密度影响最小化。那么，被选用的密封技术应该是技术成熟度高、稳定性好，封接材料轻量、价格低廉且易于加工成型。

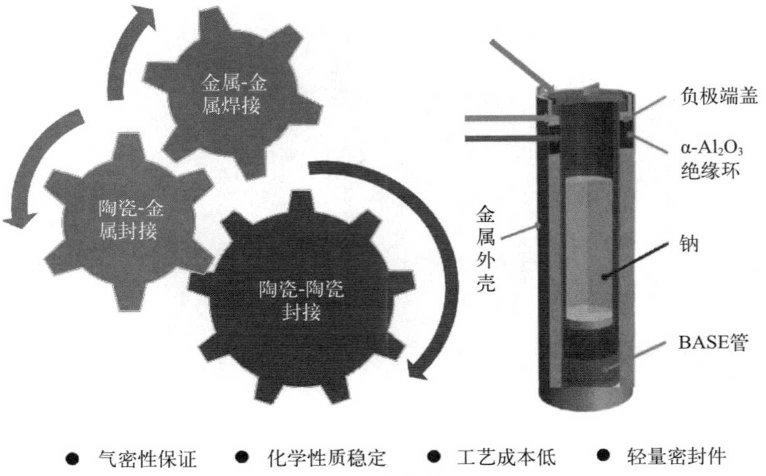

图 6-21 高温钠电池涉及的封接界面与密封要求

6.4.1 陶瓷-陶瓷封接

6.4.1.1 陶瓷-陶瓷封接技术简介

在管式钠电池中，陶瓷与陶瓷之间的封接主要是指 α-Al_2O_3 绝缘环与 β″-Al_2O_3 电解质陶瓷管之间的封接。由于陶瓷具有高熔点、低扩散、化学惰性等特点，因此，两者之间的封接难度较大。目前，陶瓷间的封接方法有钎焊、扩散连接、反应烧结连接、微波连接、玻璃封接等。

虽然钎焊在金属的封接上很成熟，但由于钎料难以润湿陶瓷，陶瓷钎焊涉及陶瓷金属化的多步预处理操作，因而提高了焊接成本，同时陶瓷钎焊还存在高温下连接强度下降的问题[17]，不合适于钠电池中的陶瓷-陶瓷封接。

陶瓷在高温高压下具有塑性，可进行扩散封接[18]。固相扩散连接一般在真空或惰性气氛中进行，工作温度高、工作压力大、工作时间长，且连接件的耐高温性能较差。瞬间液相连接工艺使用纳米晶带浇铸夹层、陶瓷浆料、氧化铝溶胶或铝填料来连接氧化铝陶瓷[19-22]，虽然能在一定程度上降低工作温度和工作压力，但仍存在一些挑战，例如界面上存在空隙、对高温和高压的耐受性差以及成本问题[23]。

反应烧结连接氧化铝的方法因其制备低至零收缩陶瓷而受到关注。它的反应机制是铝粉被氧化，导致体积膨胀时质量增加，可以抵消烧结时的收缩，使氧化铝的连接几乎无热应力[24]。反应烧结连接陶瓷的方法具有与基材机械强度接近的连接强度和低的热应力，甚至可以无压力连接。Lee 等采用铝粉和氧化铝粉作为连接介质连接两侧氧化铝陶瓷[25]。铝颗粒通过氧化转化为氧化铝，并在烧结时与待连接部件的氧化铝颗粒结合。连接是在 1650℃空气中烧结 2h，没有施加任何外部压力。与母材氧化铝陶瓷相比，其接头强度几乎达到 100%。然而，由于界面处生成基材的同质材料，因此该方法更适合同质陶瓷之间的连接。

微波连接是借助陶瓷材料在高频电场中的介电损耗而被快速加热至高温，并在界面处发生一定的扩散与反应而进行连接的。微波连接技术具有耗时短、节能、低成本、对基材热损伤小等特点，已用于封接 Al_2O_3/Al_2O_3、MgO/MgO、SiC/SiC、Si_3N_4/Si_3N_4 等同质陶瓷材料以及 Al_2O_3/MgO、Al_2O_3/羟基磷灰石等异质陶瓷材料[26-28]。多个研究结果表明，不同纯度的 Al_2O_3 陶瓷之间的微波连接有不同的效率，纯度低于 96%的陶瓷比纯度高于 99%的陶瓷更容易连接，一是由于低纯度的 Al_2O_3 陶瓷中含有较多的玻璃相，增加了基材的介电损耗，更容易被微波加热，二是陶瓷间的连接机制是晶界处玻璃相的黏性流动，并在连接处形成均匀的晶界结构[27,29]。可见，微波连接受基材的影响较大，因此封接一致性不佳，而且仅限于形状简单的陶瓷材料。目前实现微波连接的陶瓷材料还很有限，尚没有微波连接 α-Al_2O_3 与 β''-Al_2O_3 陶瓷的成功例子。

高温钠电池中 α-Al_2O_3 与 β''-Al_2O_3 陶瓷的封接主要采用玻璃封接技术。以下将着重介绍 α-Al_2O_3 与 β''-Al_2O_3 陶瓷间的玻璃封接。

6.4.1.2 α-Al_2O_3/β''-Al_2O_3 的玻璃封接

（1）玻璃封接要点

玻璃封接是 α-Al_2O_3 绝缘环与 β''-Al_2O_3 电解质陶瓷管之间最常用的封接技术，具有低成本、操作便利、可封接异形陶瓷且可放大生产等特点。针对钠电池 α-Al_2O_3 绝缘环与 β''-Al_2O_3 电解质陶瓷管之间的玻璃封接，通常 α-Al_2O_3 制成环状，将密封玻璃环嵌入 β''-Al_2O_3 管与 α-Al_2O_3 制成的环状之间。根据钠电池实际应用的要求，玻璃封接界面至少在 350℃下保持气密性 10 年以上，且能耐受 350℃至室温的热循环。用于 α-Al_2O_3 绝缘环与 β''-Al_2O_3 电解质陶瓷管之间的玻璃封接材料要考虑以下方面[30]：

① 热膨胀系数（coefficient of thermal expansion，CTE）：理想的情况是

玻璃封接体在室温下受到压应力，在电池的工作温度下没有内应力。这可以通过所选择的 α-Al_2O_3 的热膨胀系数略高于 β''-Al_2O_3 而解决。在室温至 600℃ 的范围内，纯的 α-Al_2O_3 的热膨胀系数为 $8.0\times10^{-6}K^{-1}$，β''-Al_2O_3 的热膨胀系数大约为 $7.1\times10^{-6}K^{-1}$。纯的 α-Al_2O_3 的热膨胀系数太高而不适合作为绝缘环。有很多低纯的商业 α-Al_2O_3 如 95% Al_2O_3 瓷、99% Al_2O_3 瓷等可以满足热膨胀系数的要求。封接基体材料与封接玻璃之间的热膨胀系数不匹配，将会导致封接玻璃与基体在封接与使用过程中，因温度变化而出现明显膨胀与收缩不同步的现象，使封接界面产生内应力，造成封接界面气密性下降甚至损坏失效。因此，通常高温钠电池玻璃封接材料的热膨胀系数在 $7\times10^{-6}K^{-1}$ 附近比较合适。另外还有一种思路是在 α-Al_2O_3 上烧结一层 β''-Al_2O_3 含量梯度变化的薄膜以减小封接热应力[31,32]。

② 封接部位的几何参数：在实际封接过程中，除了选择具有与基体材料热膨胀系数匹配的封接玻璃外，还应考虑封接部位的受力情况以及形状等因素对封接性能的影响，尽可能减少内应力的产生，以保证封接界面的气密性和封接强度。Jung 等通过有限元模拟技术结合相关材料特性、模拟条件和局部坐标系的计算方法研究了玻璃密封剂的 CTE 及其尖端形状对玻璃接头应力积累的影响[33]。图 6-22 示出了他们计算得到的凸形、平形和凹形的玻璃密封尖端形状及其 CTE 对封接面的拉应力和临界缺陷尺寸之间的关系。对于凸形玻璃尖端，当玻璃的 CTE 为 $7.8\times10^{-6}K^{-1}$ 时，封接面承受约 90MPa 的最小拉应力。对于凹凸两种尖端，当玻璃的 CTE 为 $6.8\times10^{-6}K^{-1}$ 和 $7.9\times10^{-6}K^{-1}$ 时，一般必须控制密封尖端表面缺陷尺寸小于 20～50μm 和 40～85μm。

③ 封接玻璃的玻璃化转变温度（T_g）与软化温度（T_s）：对于钠硫电池这一特定应用，如果所开发的封接玻璃的转变温度低于 350℃，软化温度高于 450℃，低于封接基体（α-Al_2O_3 的熔点为 2050℃，β''-Al_2O_3 的熔点为 1960℃）的熔点，而电池的工作温度处于玻璃化转变温度和软化温度之间时，由于玻璃在这一温度段是黏弹性体，其内部的应力可以忽略，玻璃封接体的安全性会大大提高。需要指出的是，软化点过低，无法保证钠电池在高温环境、长时间工作条件下界面的稳定性；软化点过高，不仅提高了封接温度，增加了能耗，而且不利于玻璃封接材料在 α-Al_2O_3 绝缘环及 β''-Al_2O_3 电解质陶瓷管表面的流动和铺展，进而导致封接界面的气密性变差，封接强度下降。从玻璃网络结构的角度而言，层状或链状的结构有助于降低玻璃化转变温度，但同时也会增加玻璃的热膨胀系数，因此，玻璃化转变温度和热膨胀系数是一对矛盾的性能，需要进行综合考虑和平衡。

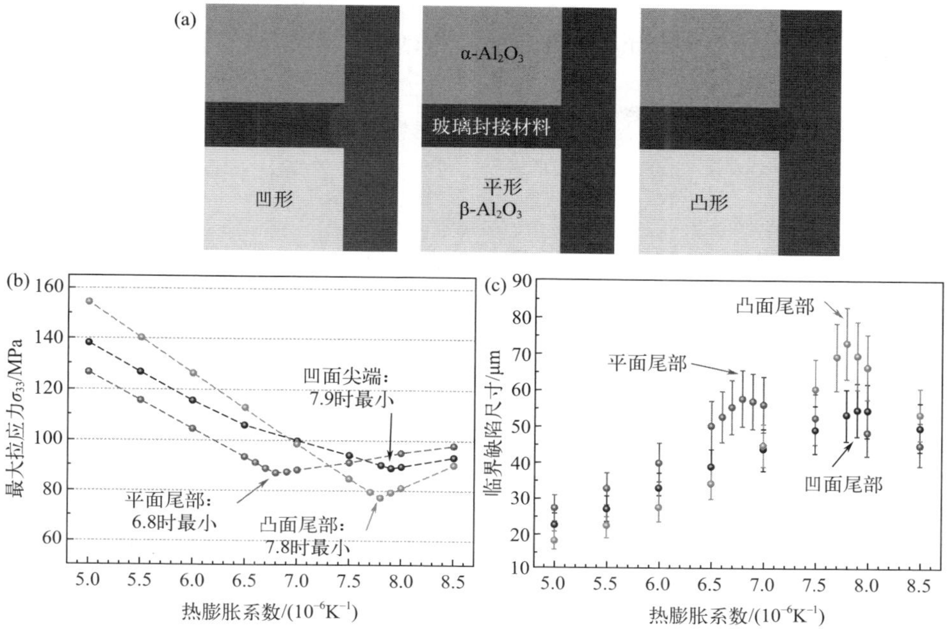

图 6-22 不同的玻璃密封尖端形状（a）；不同尖端形状的玻璃的热膨胀系数与最大拉应力和临界缺陷尺寸之间的关系［(b)、(c)］

④ 封接玻璃的电绝缘性：钠电池中玻璃封接材料的主要作用是隔离正、负极两个腔室，因此，必须具有高绝缘和耐高电压的特性。

⑤ 封接界面的气密性：封接界面能够有效阻止空气中的水蒸气、O_2、熔融电极材料及其蒸气等的泄漏或渗透。

⑥ 封接界面的化学稳定性：除了与氧化铝的热机械相容性，玻璃密封材料成分的选择还基于氧化物相对钠还原的热力学稳定性，即埃林汉姆图(Ellingham diagrams)。封接玻璃材料在封接及使用过程中，不会与基体（α-Al_2O_3 及 β''-Al_2O_3）产生强烈的化学反应，不会释放气体，玻璃成分中所含元素或离子不能对封接基体性能造成影响；在使用过程中，玻璃的元素或离子与电极活性物质、添加剂、充放电产物等不发生任何化学及电化学反应。据文献报道，玻璃中含有的 Ca、K 等成分容易溶解到液态钠中，进而进入 β''-Al_2O_3 晶格，加速陶瓷电解质的退化，因此应减少玻璃中可溶性成分的含量。

⑦ 封接玻璃与基体的润湿性能：在封接温度下，玻璃熔体与两侧封接基体之间具有较好的润湿性。通常情况下，封接温度下玻璃熔体在基体表面润湿角为 30°～90°，有利于匹配封接。

⑧ 封接界面的机械强度和抗热冲击性能：玻璃封接材料作为一种结构材

料，还需要具备良好的机械强度与热循环稳定性，确保钠电池在使用过程中能够有效抵御外界的机械冲击、热冲击以及电池本身的冻融循环等。降低封接温度能有效提高封接界面的抗热冲击性能。高的封接温度会促进玻璃的过度脱氮和致密化，容易产生微应力、孔隙和裂纹等热机械失效的源头[34]。此外，钠电池的正、负极腔室具有一定的压力差，封接界面还需具有良好的机械强度以应对电池内部的压力差。

根据玻璃的析晶行为可将封接玻璃分为非晶型玻璃封接材料、结晶型玻璃封接材料和微晶玻璃封接材料。通常结晶型封接玻璃在封接时存在一些不足[35]：一方面，封接过程与析晶过程同时发生，若析晶速度过快，玻璃的黏度会突然增大，流动性降低，影响了封接玻璃与被封接体的润湿性，造成封接界面的气密性和封接强度下降；另一方面，为保证析晶的种类、大小和数量等能够满足封接要求，必须在规定的封接温度下保持足够的时间才能使封接玻璃充分晶化，不利于快速封接。因此，玻璃封接一般采用非晶型或微晶玻璃封接材料。

我们知道，通常玻璃的原子排列是无规则的，没有固定熔点，属于典型的非晶材料。根据无规则网络学说的观点，玻璃中的氧化物按照元素与氧结合的键能强弱以及能否玻璃化可以分为网络形成体、网络修饰体和中间体。网络形成体能单独形成玻璃的氧化物，如 SiO_2、B_2O_3、P_2O_5、GeO_2 等，其键能一般大于 80kcal（1cal＝4.1840J），阳离子配位数为 3 或 4，配位多面体以顶角相连。网络修饰体氧化物的离子性强，能提供游离氧，在玻璃网络结构中起到断网或积聚的作用。典型的网络修饰体有碱金属、碱土金属氧化物。介于网络形成体和修饰体之间的一些氧化物键能介于 60～80kcal，具有一定的离子性和共价性，配位数为 4 时参加网络构建，配位数大于 6 时则起断网的作用。

微晶玻璃又称为玻璃陶瓷，它是指基础玻璃中加入有形核剂（个别可不加）的特定组成，在某一温度下经过热处理后，变成具有微晶体和玻璃相均匀分布的一种复合材料。对析出微晶后的封接玻璃进行再次加热，加热温度为原来封接的温度，也不会损坏封接器件，不会使其产生形变。这是由于在封接焊料中均匀分布着晶体，即使玻璃相中出现裂纹或者缺陷，当其蔓延到结晶相界面时则会被纯化，从而抑制了微裂纹的扩展和延伸，大大提高了封接界面的封接强度、化学稳定性及抗热冲击性能[36]。

高温钠电池玻璃密封材料的典型成分是铝硼硅酸盐玻璃和铝硼酸盐非晶或微晶玻璃。铝硼硅酸盐玻璃是以 R_2O（R＝Li、K、Na 或 Mg）、Al_2O_3、B_2O_3、SiO_2 为基本成分的一类玻璃[37]。铝硼硅酸盐玻璃中 R_2O 提供游离氧，使硼氧三角体［BO_3］转变为硼氧四面体［BO_4］，硼的结构由层状转变为架状，为 B_2O_3 与 SiO_2 形成均匀一致的玻璃创造条件；B_2O_3 以［BO_3］或

$[BO_4]$ 进入玻璃结构，尤其是当其以 $[BO_4]$ 与 $[SiO_2]$ 共同组成结构网络时，使网络完整性和紧密程度增加，因此铝硼硅酸盐玻璃具有许多优良的性能，如良好的热稳定性、化学稳定性、力学性能、工艺性能和光学性能等。通过改变玻璃成分，可有效调节铝硼硅酸盐玻璃的热膨胀系数、玻璃化转变温度和软化温度等。这类玻璃有优点也有缺点。由于氧化硅易被钠还原，铝硼硅酸盐玻璃在熔融钠及其蒸气中易被破坏，但该玻璃能抗硫腐蚀。而铝硼酸盐玻璃几乎不含氧化硅，因此抗熔融钠及其蒸气腐蚀，但表现出高的硫溶解度。因此，钠硫电池的研发人员致力于降低铝硼硅酸盐玻璃的抗钠腐蚀性，而认为铝硼酸盐玻璃更适用于 ZEBRA 电池的封接。下面详细介绍这两类封接玻璃材料的研究现状。

6.4.1.3 铝硼硅酸盐玻璃封接材料

由于大多数铝硼硅酸盐玻璃中含有较多的 B_2O_3，因此都有分相的倾向，即容易分解出化学稳定性好的富硅相和稳定性较差的富硼相。分相有利于晶相的成核和玻璃析晶。由于硼硅酸盐玻璃的类方石英结构，且方石英的析晶焓仅 $8.2kJ \cdot mol^{-1}$，使得硼硅酸盐玻璃容易析出方石英相[38]。方石英本身 CTE 很大，且在 200℃附近产生相向相的转变，引起大的体积变化，因此析出方石英晶相的现象不利于硼硅酸盐玻璃的密封。著者团队在玻璃体系中添加大半径高场强离子氧化物，如 CeO_2、ZrO_2、La_2O_3、Y_2O_3 等可显著加强玻璃的网络结构，影响其析晶行为[39]。在铝硼硅酸盐玻璃（69.8% SiO_2-18% B_2O_3-3.2% Al_2O_3-9% R_2O）中添加这些大半径高场强离子氧化物，抑制了方石英的析出，促进了石英的晶形发育，降低了玻璃的热膨胀系数（图 6-23）[40]。此外，热处理制度对析晶种类和析晶总量也有较大影响。掺杂 ZrO_2 或 La_2O_3 的玻璃陶瓷，室温至 400℃的热膨胀系数为 $5.5\times10^{-6}K^{-1}$ 左右，对于钠电池密封来讲，这一值是偏低的[39]。另外，由于 SiO_2 含量过高导致这类玻璃的黏度

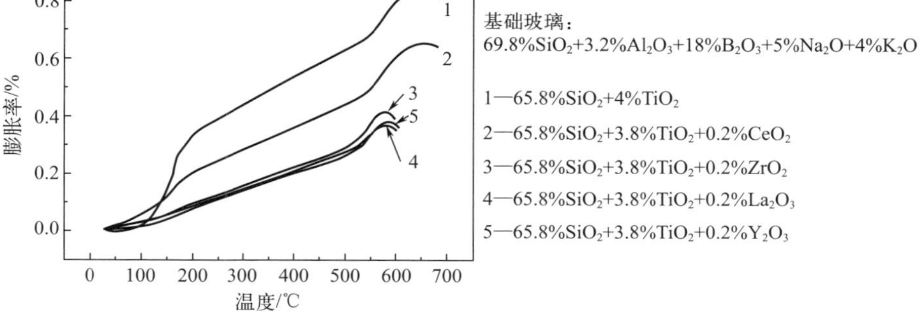

图 6-23 添加大半径高场强离子氧化物的铝硼硅酸盐玻璃的热膨胀曲线

过高，玻璃软化时内部气体难以排出导致封接玻璃内出现大量气孔，通过加入氟化钙等助溶剂有助于减小气孔量，但是无法根除气孔[41]。降低玻璃软化温度可能是提高封接玻璃致密度的一个途径。

在硼硅酸盐玻璃中，利用 Bi_2O_3 部分替代 SiO_2 可以提高热膨胀系数，降低玻璃化转变温度，改善玻璃与氧化铝之间的附着力，提高抗热震性以及抗硫腐蚀[42,43]。宋树丰等发现在高硅的铝硼硅酸盐玻璃（65.8%Si）中，采用1.5%～7.5%的 Bi_2O_3 替代 R_2O 作为网络修饰体，使得玻璃结构更加松散，玻璃的 T_g 和 CTE 均明显降低，而由于 Bi_2O_3 的高电负性，玻璃的 T_s 增大。当 Bi_2O_3 含量高于 7.5%时，Bi_2O_3 充当了部分网络形成体，T_g 开始增大[40]。为了进一步调节铝硼硅酸盐玻璃的 CTE 和 T_g 以适合高温钠电池中的陶瓷-陶瓷封接，他们开发出一种 Bi_2O_3 作为网络修饰体的低硅铝硼硅酸盐玻璃体系[44,45]。图 6-24 示出了不同比例的 Bi_2O_3 部分取代 SiO_2 的铝硼硅酸盐玻璃的热膨胀曲线和玻璃体黏度曲线。10%～50%的 Bi_2O_3 取代 SiO_2，热膨胀系数逐渐增加，室温至 300℃热膨胀系数为（6～8）$\times10^{-6}K^{-1}$，玻璃软化温度和转变温度明显降低。800～1000℃的范围内，玻璃黏度在 $10^5Pa\cdot s$ 附近，适合 α-Al_2O_3 和 β-Al_2O_3 陶瓷封接。封接温度相比基础铝硼硅酸盐玻璃约低 200℃[45]。图 6-25（a）显示了 GA3 玻璃封接体的界面形貌[46]。可以看到，封接体界面结合良好，没有观察到微裂纹存在。GA3 号玻璃 950℃封接的封接强度为 18MPa。添加的 Bi_2O_3 可以起到提高玻璃的黏着力，减小其与 α-Al_2O_3 或 β-Al_2O_3 的接触角的作用，还有利于提高封接体的抗热冲击性能和抗硫腐蚀性能[42]。图 6-25（b）和（c）分别显示了 GA3 号玻璃封接件在 350℃热震 200 次后和硫熔体中刻蚀 100h 后的界面形貌，表明了 GA3 号玻璃封接件良好的耐热震性能和耐硫腐蚀特性。同时，他们将陶瓷-玻璃-陶瓷封接件在 350℃保温 200h 后对封接界面进行元素线扫描分析。结果显示，GA2/α-Al_2O_3 界面和 GA3/α-Al_2O_3 界面几乎没有扩散，GA2/β-Al_2O_3 界面约有 7μm 的元素扩散，主要是 Na、Bi 元素的扩散，GA3/β-Al_2O_3 界面主要是 β-Al_2O_3 中的 Al 元素向玻璃中发生了扩散，玻璃中的 Si、Bi 元素没有明显扩散。这一结果表明 Bi_2O_3 部分取代 SiO_2 的铝硼硅酸盐玻璃对于 α-Al_2O_3 和 β-Al_2O_3 陶瓷有较好的化学稳定性。

为了进一步提高玻璃的封接强度和化学稳定性，著者团队以 TiO_2 作为晶核剂，开发了一种铋硼硅酸盐玻璃陶瓷作为 α-Al_2O_3 与 β''-Al_2O_3 的封接剂[44]。该玻璃陶瓷中析出的晶相为 $Bi_2Ti_2O_7$ 相，析晶后的玻璃陶瓷的热膨胀系数与基础玻璃相近，满足封接要求。同时，玻璃的析晶使得封接件具有好的抗热震性能和化学稳定性，然而大尺寸的 $Bi_2Ti_2O_7$ 晶粒抗硫腐蚀性能较差。

玻璃名称	玻璃组分/%						
	SiO_2	Al_2O_3	B_2O_3	Na_2O	K_2O	Li_2O	Bi_2O_3
GA0	72	3	18	3	3	1	0
GA1	60	3	18	3	3	1	12
GA2	50	3	18	3	3	1	22
GA3	40	3	18	3	3	1	32
GA4	30	3	18	3	3	1	42
GA5	20	3	18	3	3	1	52
GA6	10	3	18	3	3	1	62

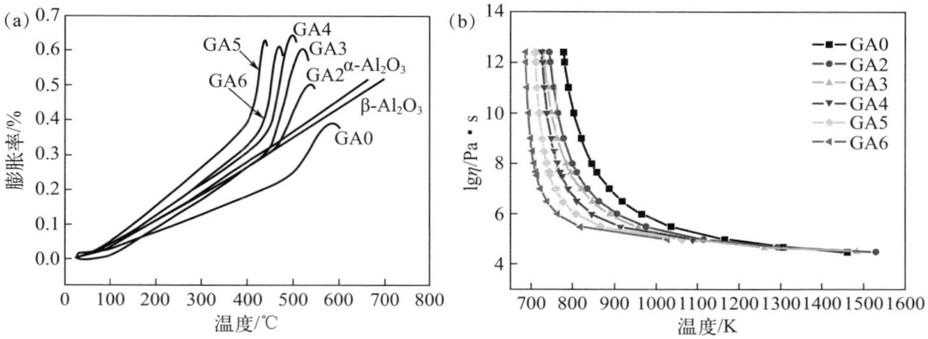

图 6-24　Bi_2O_3 部分取代 SiO_2 的铝硼硅酸盐玻璃的热膨胀曲线和玻璃体黏度曲线

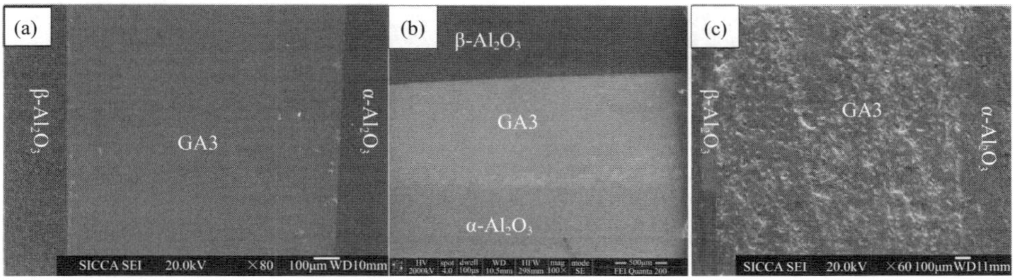

图 6-25　α-Al_2O_3/GA3 玻璃/β-Al_2O_3 封接体的界面形貌（a）；图（a）封接体 350℃下热震 200 次后的界面形貌（b）；图（a）封接体 350℃下硫熔体中刻蚀 100h 后的界面形貌（c）

美国巴特尔学院的 K. D. Meinhardt 等研究了 MAO-MBOY-SiO_2 微晶玻璃体系以及使用该体系封接材料进行封接的方法[47,48]。MAO 可以是 BaO、SrO、CaO、MgO 中的一种或几种，MBOY 可以是 B_2O_3、Al_2O_3、P_2O_5、GaO、PbO 中的一种或几种，其中有一个专利公开 Al_2O_3 组分的比例为 2%～15%（摩尔分数）。MAO 组分改善了玻璃的润湿性、玻璃化转变温度、玻璃软化温度、热膨胀系数等。结果表明，该玻璃体系转变温度和软化温度范围在 650～800℃，热膨胀系数范围是（6～13）$\times 10^{-6}K^{-1}$，适合用作中温钠电池中 α-Al_2O_3 与 β''-Al_2O_3 之间的封接。然而，该铝硼硅酸盐微晶玻璃对金属钠的稳定性并没有明确。

2017 年，Smeacetto 等将铝硼硅酸盐玻璃微晶化，并在 1100℃封接得到在 Na 和 $NaAlCl_4$ 蒸气中稳定的玻璃封接界面[49]。该玻璃组分为：51% SiO_2、12% B_2O_3、22% Al_2O_3、2% Li_2O、7% Na_2O 和 6% CaO，计算理论密度为 $2.44g \cdot cm^{-3}$。该微晶玻璃的热膨胀系数为 $6.9\times10^{-6}K^{-1}$，封接温度为 1100℃。含有该铝硼硅酸盐微晶玻璃封接件的 ZEBRA 电池在 300℃工作 250h 后，拆卸电池，观察含有铝硼硅酸盐微晶玻璃封接件中的封接界面处腐蚀情况。图 6-26 显示了该铝硼硅酸盐微晶玻璃封接件工作 250h 后的整体和局部显微照片。在玻璃密封材料和密封材料-氧化铝界面上没有检测到腐蚀现象。这种行为是由于氧化铝和玻璃陶瓷密封材料之间的强结合。

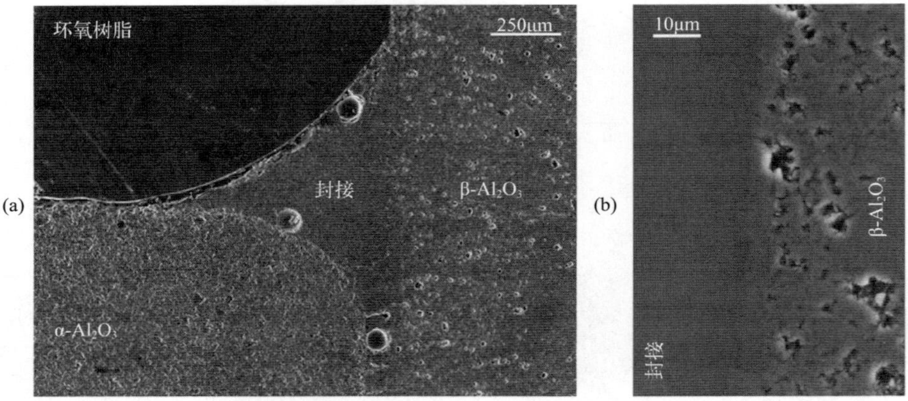

图 6-26　300℃钠熔体中测试 250h 后，铝硼硅酸盐微晶玻璃封接件（a）和 β-Al_2O_3/密封材料界面（b）的 SEM 图

6.4.1.4　铝硼酸盐玻璃封接材料

早期开发的铝硼硅酸盐封接玻璃的替代组分为碱土铝硼玻璃，其抗钠腐蚀性好，但是这类玻璃从室温至 350℃范围的 CTE 是非线性的，这在封接界面产生了很大的拉应力。研究人员在对 α-Al_2O_3/玻璃/β″-Al_2O_3 封接体中玻璃组分进行光弹性应力研究中发现向铝硼玻璃中掺杂少量的 SiO_2 或混合碱土金属氧化物可以使玻璃在热循环过程中产生压应力。

玻璃/β″-Al_2O_3 界面处的脱玻璃化晶体生长是铝硼酸盐玻璃封接普遍存在的问题[34]。Manthina 等对于不含硅的 CaO-Bi_2O_3-Al_2O_3-B_2O_3 玻璃体系作为 α-Al_2O_3、β″-Al_2O_3 的封接玻璃进行了较为系统的研究[30]。如图 6-27 所示，他们发现不含 Bi_2O_3 的玻璃在 400℃下老化 100h 后，CaO-Al_2O_3-B_2O_3 封接玻璃（Glass Ⅳ）出现明显的脱玻璃化现象，产生 $CaAl_2O_4$ 和 CaB_2O_4 的脱晶相。由于

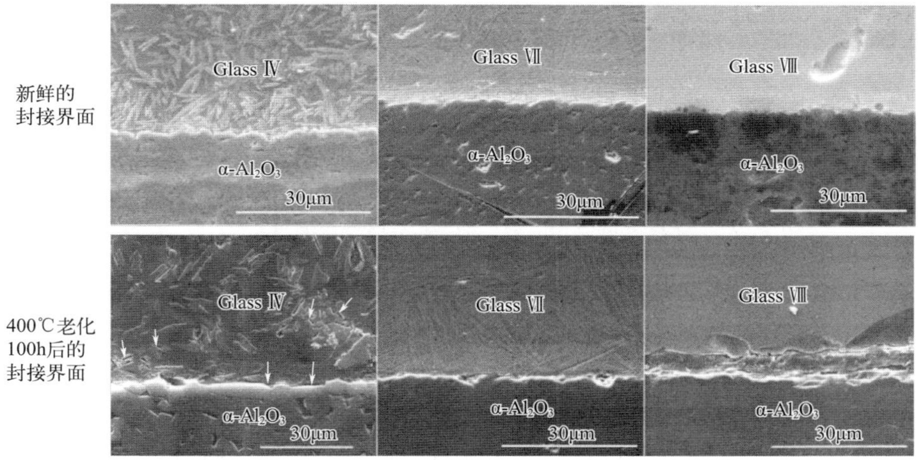

图 6-27　$CaO-Al_2O_3-B_2O_3$ 玻璃（Glass Ⅳ）、10%（摩尔分数）Bi_2O_3 的 $CaO-Bi_2O_3-Al_2O_3-B_2O_3$ 玻璃（Glass Ⅶ）和 20%（摩尔分数）Bi_2O_3 的 $CaO-Bi_2O_3-Al_2O_3-B_2O_3$ 玻璃（Glass Ⅷ）与 α-Al_2O_3 的封接界面

脱晶而产生的体积收缩以及玻璃相和脱晶相之间的热膨胀不匹配而产生的热应力，玻璃/α-Al_2O_3 封接界面出现微裂纹，但是该玻璃体系对钠蒸气不敏感，且具有良好的抗热震性。含 10%（摩尔分数）Bi_2O_3 的 $CaO-Bi_2O_3-Al_2O_3-B_2O_3$ 封接玻璃（Glass Ⅶ）老化后虽然产生 $Al_{18}B_4O_{33}$、$Ca_3Bi_8O_{15}$ 和 $CaBi_2O_4$ 的脱晶相，但是并未观察到明显的微裂纹，但是含铋的 $CaO-Al_2O_3-B_2O_3$ 玻璃比不含铋的玻璃更容易发生钠蒸气腐蚀（350℃钠蒸气中腐蚀 200h 后腐蚀层约 100μm）。含 20%（摩尔分数）Bi_2O_3 的 $CaO-Bi_2O_3-Al_2O_3-B_2O_3$ 封接玻璃（Glass Ⅷ）老化后未观察到晶相产生。产生这一现象的原因可能是较高的 Bi_2O_3 含量提高了 $Bi_2O_3-B_2O_3$ 和 $CaO-Bi_2O_3$ 玻璃体系中的不混溶极限，也可能是界面处产生了大于 XRD 探测极限厚度（约 25μm）的界面中间层，然而电镜照片未发现如此厚的界面层，因此可以认为该玻璃体系基本克服了脱玻璃化现象。然而，Ⅷ号玻璃封接界面在高温老化后出现了明显的裂缝，表明其长期稳定性不佳。

图 6-28 显示了 Glass Ⅳ 和 Glass Ⅶ 玻璃在 α-Al_2O_3 和 β''-Al_2O_3 上的高温润湿角测试结果。玻璃的初始和最终收缩温度以及软化温度与基材无关。半球润湿温度点和流动温度点取决于基材类型。玻璃与基材在流动温度点能很好地润湿，此时有良好的附着力，密封温度应接近流动温度点。对比两种玻璃在基底上的不同表现，玻璃中的 Bi 元素改善了玻璃在基底上的流动性和润湿性。选择 Glass Ⅶ 玻璃在 720℃封接 α-Al_2O_3 和 β''-Al_2O_3，扫描电镜观察结果发现玻璃与两种基材的界面均出现枝状结晶（图 6-29），且发现 Bi 向 β''-Al_2O_3 的渗透。封接氦漏率为 $4.8\times10^{-10}\sim1.6\times10^{-8}$ mbar·L/s。

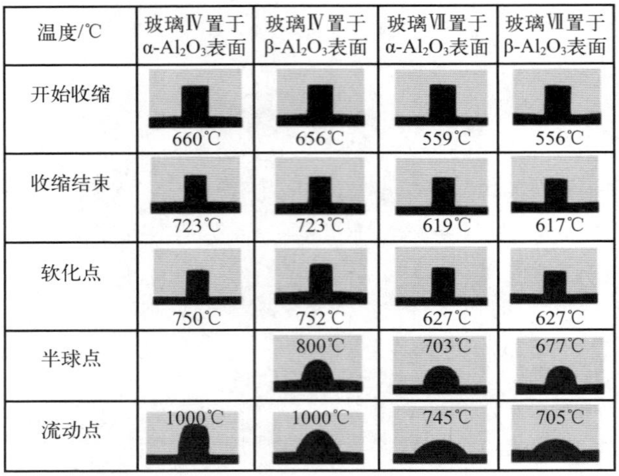
温度/℃
玻璃Ⅳ置于α-Al₂O₃表面
玻璃Ⅳ置于β-Al₂O₃表面
玻璃Ⅶ置于α-Al₂O₃表面
玻璃Ⅶ置于β-Al₂O₃表面
开始收缩
660℃
656℃
559℃
556℃
收缩结束
723℃
723℃
619℃
617℃
软化点
750℃
752℃
627℃
627℃
半球点
800℃
703℃
677℃
流动点
1000℃
1000℃
745℃
705℃

图 6-28 Glass Ⅳ和 Glass Ⅶ玻璃在 α-Al_2O_3 和 β″-Al_2O_3 上的高温润湿角

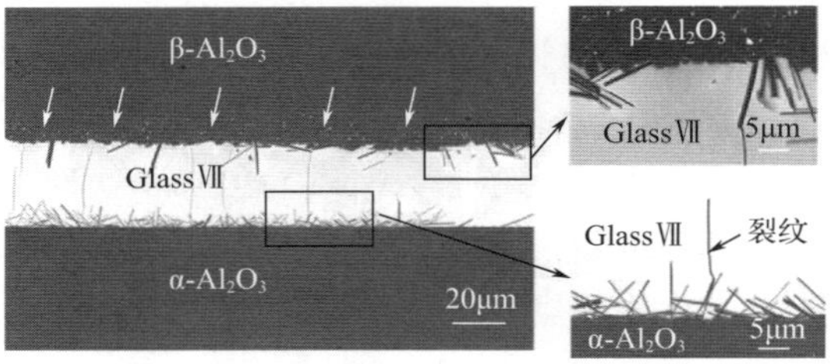

图 6-29 α-Al_2O_3/Glass Ⅶ/β-Al_2O_3 在 720℃的空气中密封 30min 的微观结构

Chatterji 等认为枝晶的生成是由于玻璃中 Ba、Si 等组分与 β″-Al_2O_3 之间发生反应所致。为了克服枝晶问题，可采取减少氧化钡、氧化硅等网络修饰体的含量，同时优化其他玻璃组分来实现。2001 年，GE 公司公布了组分为 10%～30%（摩尔分数）BaO、15%～30%（摩尔分数）Al_2O_3、40%～60%（摩尔分数）B_2O_3、1%～20%（摩尔分数）Y_2O_3 的硼硅酸盐玻璃[50]，玻璃的熔制温度为 1200～1500℃，玻璃化转变温度为 600～700℃，封接温度介于熔制温度与玻璃化转变温度之间，室温至 350℃的 CTE 为 $6\times10^{-6}\sim8\times10^{-6}K^{-1}$，与 α-$Al_2O_3$、β″-$Al_2O_3$ 具有较高的匹配性。

6.4.2 陶瓷-金属封接

6.4.2.1 陶瓷-金属封接技术简介

由于陶瓷和金属的热膨胀系数与化学键差异大，因此陶瓷-金属封接需要解决的两个问题是陶瓷与金属之间的润湿问题以及热应力的缓解问题。对于前一个问题，可以通过陶瓷金属化或利用高活性金属来解决。对于后一个问题，通常是采用添加中间层的办法来解决。中间层选择塑性大或 CTE 与陶瓷相匹配的材质。高温钠电池中的陶瓷-金属封接，实际上是 α-Al_2O_3 绝缘环与正负极金属接头之间的密封。它们之间的封接技术从 20 世纪 60 年代以来得到了广泛的研究，目前已发展出机械密封、玻璃焊接、热压扩散封接、钎焊、激光焊接等多种封接方法。

最初，高温钠电池的陶瓷-金属密封采用密封圈加螺栓的法兰式机械密封。这种密封方法组装和拆卸电池较为便利。图 6-30 显示了 GE 公司早期采用的焊接法兰密封结构和英国铁路集团公司采用的更为紧凑的盘形弹簧机械密封结构。机械密封的气密性靠施加在固定垫圈上的压力实现。垫圈材料需要具备一些特性：①能耐受 350℃ 甚至更高的温度；②能承受钠、硫等电极材料的腐蚀；③具有弹性形变特性；④易加工，低成本。能满足这些条件的垫圈材料最优选的是金属铝。铝垫圈中通常含有微量硅（<0.01%），长期在 400℃ 下工作时会生成金属间化合物导致封接失效，但一般认为其在高温钠电池的工作温度下的化学性质稳定。虽然机械密封具有室温密封、装卸便利等优点，但是其密封机构繁重，对电池能量密度影响较大。

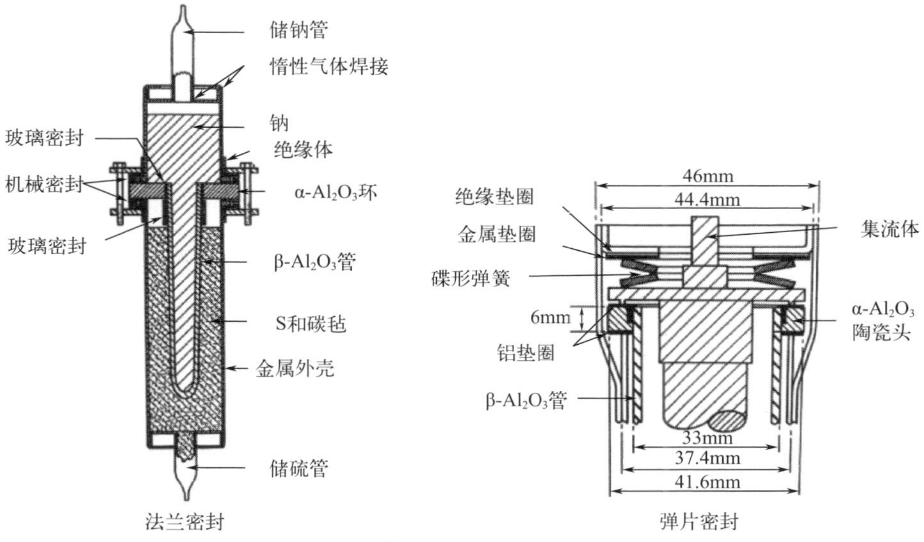

图 6-30 两种高温钠电池的陶瓷-金属机械密封结构

钎焊封接法是常用的陶瓷与金属封接方法之一，具有被焊接金属与陶瓷均不需要加压、在较低的温度下一次加热即可形成高强的气密封接以及工艺简单等优点[51]。但是，陶瓷材料主要含有离子键或共价键，表现出非常稳定的电子配位，因此较难被金属键的金属钎料润湿，用金属钎料钎焊陶瓷材料时，要么对陶瓷表面进行预金属化而使被焊陶瓷表面的性质改变，要么在钎料中加入活性元素，使钎料与陶瓷之间有化学反应产生，通过反应使陶瓷表面分解形成新相，产生化学吸附机制。预金属化的方法很多，主要是将纯金属粉末与金属氧化物粉末组成的膏状混合物涂于陶瓷表面，再高温加热形成金属层。GE研究了不锈钢和 α-Al_2O_3 封接的钎焊技术[52]。他们发现银、金、铜等贵金属不耐钠蒸气腐蚀，含 Fe、Ni、Cr 的焊料耐钠腐蚀，不耐多硫化钠腐蚀。将含有较少玻璃相的 α-Al_2O_3 预金属化后，使用活性钛的钎焊更为合适。

近年来，激光焊接技术在陶瓷-金属封接领域受到了很大关注。激光焊接技术可以直接将能量辐照到焊接部位，具有焊接效率高、焊接精度高等优点。传统的激光焊接采用连续激光或长脉冲激光作为光源，会在作用区域产生较大的热影响区，引发焊接热损伤、裂纹等缺陷。双束高能激光焊接和超短脉冲激光焊接被探索用于陶瓷、玻璃等非金属材料的焊接，但是目前新型激光焊接技术仍存在成本较高、技术参数精细调节困难等难点，未被成功用于高温钠电池中。

高温钠电池中陶瓷-金属封接较成熟的方法是热压扩散封接和玻璃焊接。下面详细介绍这两部分内容。

6.4.2.2 α-Al_2O_3 与金属的热压扩散封接

扩散封（连）接主要是利用母材的塑性变形，使两表面紧密接触，便于原子的吸附和扩散，促使陶瓷材料接合在一起。高温钠电池中使用的扩散连接通常指热压扩散连接。20 世纪 50 年代已提出热压扩散连接方法，即将一种薄的金属作为中间层放置在焊接面之间，施加一定压力，并在真空或保护气氛条件下加热到中间层熔化，液态的中间层润湿母材，在焊接面间形成均匀的液态薄膜，经过一定的保温时间，中间层合金与母材之间发生扩散，合金元素趋向于平衡，形成牢固的连接。

热压扩散连接所用的中间层材质是关系到焊接成败的重要因素。Dawihl、Nicholas 等发现通过金属铝作为中间层可以很好地进行 α-Al_2O_3 与正负极金属接头（通常是不锈钢或低碳钢）的扩散封接。软金属连接层能够缓解金属和陶瓷热膨胀不同所引起的问题。图 6-31 显示了高温钠电池中陶瓷-金属热压扩散密封的结构。热压扩散封接 α-Al_2O_3 与正负极金属接头的封接方法很容易实现气密性密封，而且对比图 6-30 和图 6-31 可以发现，其密封机构比机械密封更为简单，能同时密封正负极，密封件的额外质量和体积都大大减小。通常 α-Al_2O_3 与正负极金属接头热压封接的封接温度约为 630℃，压力约为 $200kgf \cdot cm^{-2}$

(1kgf＝9.8N)，保温数十分钟，环境气氛为真空或惰性气氛。Kagawa 等进一步对钠电池中的热压工艺进行了详细探索[53]。这项专利中提到如果压力大于 150kgf · cm^{-2}，则铝连接层会在热压过程前发生形变，影响封接效果。如果金属太薄，则封接强度低；金属太厚，冷却时内部热应力增大，因此最佳的金属厚度为 0.2～0.6mm。铝的纯度最好超过 99.99%，否则难以保证气密性。为了抑制金属氧化，固定热压夹具之间的垂直距离为（$a+2b+2c$）mm，其中 a 为铝片厚度，b 为上下金属厚度，c 为氧化铝厚度。在热压过程中，先升温至热压温度，然后施加较小的压力，矫正连接层形变，再施加至热压压力，并开始保温。当温度下降至 530℃以下撤掉压力，完成封接。

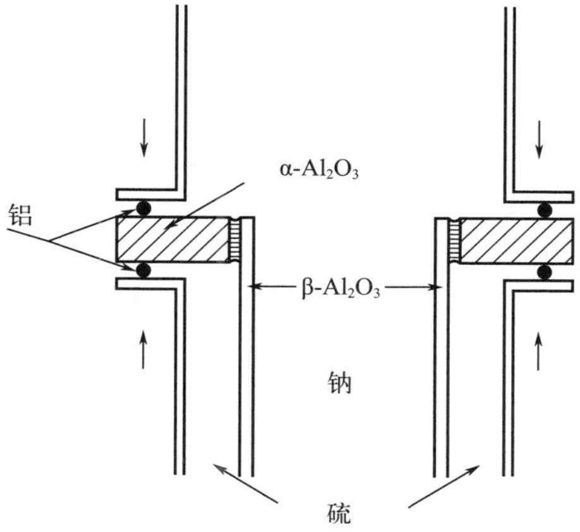

图 6-31 高温钠电池中陶瓷-金属热压扩散密封的结构

真空热压封接技术可以保证高温钠电池的性能，并有稳定的长寿命，已被用于规模化制备。连续化陶瓷-金属的热压封接有很大的技术难度。日本东京电力公司曾与 NGK、日立合作斥巨资（约 1.5 亿日元）自行研制出 3.5h 间隔可以进行连续热压封接的六工位真空连续热压设备，并成功批量制备出合格的热压封接件，为其钠硫电池的最终实际应用奠定了基础。图 6-32 是由中科院上海硅酸盐研究所与上海市电力公司合作，研制的全自动方阵式多轴真空连续热压系统。整个装备涉及真空、气动、加热、推拉、冷却、液压、程控及降

图 6-32 国内合作研制的全自动方阵式多轴真空连续热压系统

温、传动九大系统，填补了国内的空白，制备的封接件具有很好的一致性和可靠性，被用于钠硫电池的批量化制备中。

6.4.2.3 α-Al_2O_3与金属的玻璃焊接

玻璃/金属的焊接技术最早发源于20世纪30年代，并被广泛用于照明和电子行业。利用玻璃实现陶瓷和金属的密封主要有以下几个基本要求：①对金属进行预处理；②金属表面的氧化物层要能被玻璃焊料润湿；③封接体要经过退火处理。

更为具体地，当金属与玻璃材料进行封接时，封接质量主要受以下四个因素影响：

① 金属的烧氢以及金属表面氧化层的厚度与致密度：金属-玻璃封接面经常会产生相互连接的气泡群，对封接件的稳定性和力学性能产生危害，容易造成力学性能降低和缓慢漏气现象。生成气泡的主要原因是金属材料内部存在的气体在加热过程中被释放以及金属表面同步的氧化反应。为了消除气泡缺陷，最好对金属进行烧氢处理或在真空的气氛条件下加热封接。由于金属与玻璃之间热膨胀系数差异较大，因此通常需要在金属表面预生成一层致密氧化层作为封接过渡层。通过调节氧化的温度、气氛和时间等工艺参数可以对氧化层的厚度和致密度进行控制。

② 金属与玻璃之间的热膨胀系数匹配与润湿性：金属封接面与玻璃之间的热膨胀系数应保持大致接近，这对于提高封接玻璃的力学性能是非常必要的，特别是对封接件的抗外力冲击性能，尤其是抗拉能力有特别显著的提高。通常玻璃的抗压能力非常高，可达700～1600MPa，然而其抗拉能力非常低，只有抗压能力的9%。微晶玻璃由于玻璃体中生成了大量的晶体，对于玻璃体的抗拉能力的提升非常显著，其抗拉能力可达初始封接玻璃的4倍左右。封接过程中，在较高的温度下封接玻璃拥有较好的流动性能，并润湿金属，沿界面填充于封接间隙，同时随着金属材料的热胀冷缩而形变。当处于退温阶段时，封接玻璃的流动性逐渐减小，此时如果金属材料与玻璃材料之间热胀冷缩不一致，可能导致封接玻璃从封接器件上封接不牢固甚至脱落。

③ 封接器件中的残余封接应力对其实际使用非常不利，因此常采用退火的方法来消除在封接玻璃内部存在的内应力，优化退火制度对于封接性能的好坏具有十分重要的作用。由于金属与封接玻璃材料之间收缩变化的曲线不一致，因而在退火的过程中，退火速度需要进行控制，以防止内应力的残留。

④ 封接器件的形貌、大小以及封接面的粗糙程度：烧结后的封接器件内残余应力的大小与封接器件的形貌、尺寸有非常紧密的关系，当在封接面处产

生的应力大于封接玻璃所承受的强度极限时，封接器件将被损坏。因为金属材料一般具有一定的弹性，受到应力时可以产生一定的形变，来减缓应力的强度，因此在实际的生产过程中，常常采用通过减薄金属材料边缘的厚度，实现对应力的消除。另外，封接界面的粗糙程度越大，封接件越牢固，封接的稳定性也更高。

高温钠电池中的玻璃封接可能实现 α-Al_2O_3/玻璃/β-Al_2O_3 封接和 α-Al_2O_3/玻璃/金属封接一步完成。Thornton 等曾提出用玻璃同时封接钠硫电池的外部金属部分以及外部金属与 β-Al_2O_3 陶瓷[54]。这一设计中，密封玻璃环做成轮缘形状，在 1250℃ 下同时封接正极不锈钢管、顶部不锈钢帽和 β-Al_2O_3 陶瓷，实现硫极的密封。该专利中钠极的密封采用一个开口向上的不锈钢帽焊接在顶部不锈钢帽的内侧进行。通过这样的结构设计，轮缘状密封玻璃在封接硫极的同时也封接了钠极。这种设计虽然省去了 α-Al_2O_3 绝缘头，但存在的问题是玻璃环形状复杂，加工困难，且玻璃环承受更为复杂的内应力，增大了封接失效的风险，所以这一方法通常不被采用。著者也提出利用陶瓷玻璃化和/或金属玻璃化的方法实现陶瓷-金属之间封接的方法[55,56]，为实现更为可靠的一体化封接打下了基础。英国铁路公司早期公开了使用玻璃封接陶瓷-金属的各类材料在 250～600℃ 范围内的热膨胀系数[37]：α-Al_2O_3 为 $7.07\times10^{-6}K^{-1}$；β-Al_2O_3 为 $7.1\times10^{-6}K^{-1}$；玻璃为 $5.91\times10^{-6}K^{-1}$；镍铁合金环为 $8.0\times10^{-6}K^{-1}$。同时，他们也指出玻璃/金属之间的氧化物封接容易老化。通过加入 8～15μm 厚的铌片或铌涂层可以提高封接可靠性。

6.4.3 金属-金属焊接

高温钠电池金属与金属之间的焊接密封主要指电池金属外壳与连接 α-Al_2O_3 陶瓷绝缘环的金属连接件之间的焊接，其中前者的选材一般是低碳钢、不锈钢或铝合金，若采用热压封接，后者的选材为低碳钢或不锈钢；若采用玻璃封接，则后者需根据封接玻璃材质进行选材，一个比较成功的例子是镍铁合金与 DM305、DM308 或 BH-G/K 高硅硼玻璃熔封。因此，我们比较关心低碳钢同质焊接、不锈钢同质焊接、低碳钢或不锈钢与镍铁合金异质焊接以及铝合金与低碳钢或不锈钢的异质焊接。

由于低碳钢的含碳量低，含其他合金元素较少，它适用于电弧焊、激光焊等各种常见方法焊接，一般无需采用预热或后加热或其他特殊工艺措施。为了避免焊接区的晶粒过于粗大影响韧性，通常需要对焊接能量进行控制，预热与层间温度不应过高。

不锈钢属于高合金钢，其中的Cr、Al、Ti等合金元素在焊接过程中容易被烧蚀，需要使用惰性气体保护。由于不锈钢的热导率约为低碳钢的1/3～1/2，电阻率约为低碳钢的4～5倍，因此不锈钢焊接接头容易出现过热现象，需要选用能量比较集中的焊接方法。另外选择焊接方法时还需要考虑不锈钢的晶型（马氏体、铁素体还是奥氏体）。厚度小于1mm的不锈钢可以选用激光焊；厚度小于3mm的不锈钢可以选用钨极氩弧焊；厚度3～6mm的不锈钢可选用熔化极氩弧焊。

钢与镍铁合金的异质焊接较为困难，常见的缺陷是气孔和裂纹。镍合金焊接时容易生成NiO，NiO与液体金属中的氧和碳反应生成水蒸气和CO气孔。这时碳主要来自于钢，随着钢的熔合比提高，气孔率随之增大，而氧主要来自镍合金。当合金中含有起脱氧作用的Mn、Ti、Al等元素时可能降低焊接的气孔含量。焊接时的热裂纹问题与镍合金的类型有关。使用固溶强化型Ni-Cr-Mo系焊丝具有优良的抗结晶裂纹性能。

轻质铝合金外壳的选用有利于进一步提高电池的能量密度。李郝林等对钠硫电池可选用的氩弧焊、等离子焊、电阻焊、钎焊、电子束焊和激光焊等焊接技术进行了较为全面的对比分析，并选择通过500W连续激光焊接技术进行3003铝合金的同质焊接，得到了较好的焊接效果[57]。然而，钢和铝合金的焊接十分困难，主要原因是Fe与Al的冶金相容性差，还能形成一系列的硬脆金属间化合物，使焊接头脆化。即使使用冷压焊接获得了高强度的焊接头，也会在后续加热使用过程中因界面扩散形成金属间化合物，大大降低焊接头的强度。另外，钢和铝的热膨胀系数相差很大，易使焊接头形成很大的内应力。摩擦焊接作为一种固相焊接技术，具有热输入量小、焊接时间短等优点。据报道，增加Ni中间镀层后采用摩擦焊接技术焊接钢和铝合金可获得较高质量的焊接接头[58,59]。

各种焊接方法的焊接工艺参数可以参见更加专业的焊接参考书，例如《先进材料焊接技术》、《中国材料工程大典》第23卷，本书将不再做详细介绍。

6.4.4 小结

对于高温钠电池的上述多个密封部件，封接件的气密性（氦漏率）、气孔率、绝缘电阻、封接结合强度、封接界面的耐腐蚀性等评价指标对电池的性能都很重要。封接件的这些评价指标应满足封接件10年以上的使用寿命。通常要求封接的氦漏率低于$10^{-10}Pa \cdot m^3 \cdot s^{-1}$，气孔率低于7%，绝缘电阻大于$10^{10}\Omega$，结合强度大于50N，封接界面在腐蚀环境中腐蚀速率小于$50\mu m \cdot a^{-1}$。表6-1总结了目前高温钠电池中陶瓷-陶瓷封接、陶瓷-金属封接和金属-金属封接常用的封接技术及对应的主要封接工艺参数。这些封接技术虽然已在高温钠电池中使用，可靠性较好，但还普遍存在着封接工艺步骤多、温度高、批量封接困难等增加电池成本的问题，同时多步封接之间可能存在的相互影响也限制了电池结构的精简，因此今后高温钠电池封接技术将向着简化封接步骤、低温化封接、连续性封接、封接部件轻质化等方向发展。

表 6-1 高温钠电池中各封接步骤涉及封接件常用的封接技术及对应的封接工艺参数

封接步骤	封接母体	封接方法	封接介质	封接温度/℃	封接气氛	封接压力/MPa	封接时间
1	α-Al_2O_3 与 β''-Al_2O_3	玻璃封接	铝硼硅酸盐或铝硼酸盐玻璃/玻璃陶瓷	900～1100	惰性气氛	无	1～2h
2	α-Al_2O_3 与不锈钢	热压扩散封接	0.2～0.6mm 厚纯铝箔	约 630	真空或惰性气氛	约 20	约 25min
2	α-Al_2O_3 与镍铁合金	玻璃封接	硅硼玻璃/玻璃陶瓷	900～1100	惰性气氛	无	1～2h
3	同质钢外壳	氩弧焊/激光焊	同质焊丝或无	—	惰性保护气氛	无	即时
3	钢外壳与镍铁合金	氩弧焊/激光焊	Ni-Cr-Mo 系焊丝或无	—	惰性保护气氛	无	即时
3	铝合金外壳与不锈钢或低碳钢	摩擦焊	Ni 镀层或无	约 600℃	空气	无	即时

6.5 钠离子电池的制造技术

图 6-33 显示了钠离子电池的制造工艺流程，分为正负极活性材料制造、极片制造、电芯制造和模组制造四个步骤，其中后三个步骤可以实现与锂离子电池生产设备、工艺的兼容。对于正极材料，借鉴锂离子电池市场上常用的三元层状氧化物和磷酸铁锂正极的特性，有潜力规模化生产的钠离子电池正极材料主要是层状氧化物和普鲁士蓝以及其他聚阴离子正极材料。钠离子电池最具前景的负极材料是硬碳（无定形碳）材料。钠离子电池模组的制造包括从电芯分组配对到电池包组装检测完成的全过程，其成组技术可以借鉴锂离子电池单独成组，也可以与锂离子电池混合成组，目前尚处于探索阶段，在本书中将不详细介绍。

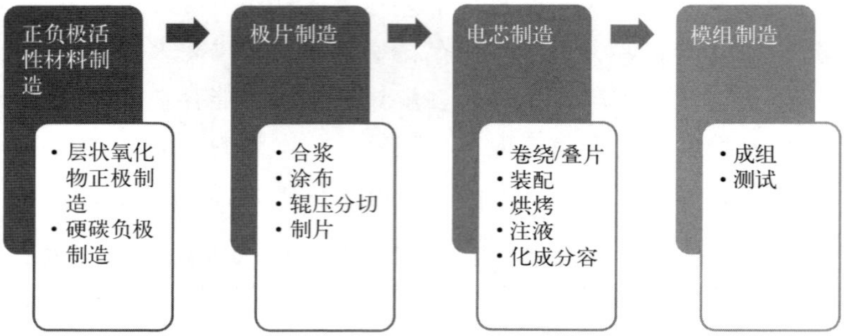

图 6-33 钠离子电池的制造工艺流程

6.5.1 层状氧化物正极材料的制造

层状氧化物正极材料的规模化制造方法主要有简单混合煅烧法、喷雾干燥煅烧法、机械合成法、溶胶-凝胶法和共沉淀法[60]。煅烧法和机械合成法属于固相法，溶胶-凝胶法和共沉淀法属于液相法，每种方法都存在应用上的优缺点。简单混合煅烧法是一种简单高效的制备方法，具有反应时间短的优点，但也存在孔隙率高、颗粒团聚和粒径不均的缺点。采用溶液或悬浮液喷雾干燥后再进行煅烧的方法可以有效提高材料组分的均匀性，控制二次颗粒的粒径[61]。机械合成法又称为球磨法，具有批量化或连续操作、成本效益高、可重复性强等优点，但相对长的球磨时间和清洗时间以及不规则的材料形貌限制了其应用[62,63]。溶胶-凝胶法适用于合成均质的高比表面积材料，能够很好地控制材料元素计量比与掺杂浓度，其缺点在于产率低且对工艺参数的敏感性强。共沉淀法适用于合成微米、纳米级电极材料，操作简便，无固体废料，能获得致密的低表面能的球状材料，但同样存在对工艺参数敏感性较强的问题[64]。综合考虑制造成本和材料性能，喷雾干燥煅烧法、机械合成法和共沉淀法适合大规模制造钠离子电池的层状氧化物正极材料。

溶液/悬浮液喷雾干燥最常见的溶剂或液体介质是水，其次是乙醇或乙醇-水混合溶剂。当使用有机溶剂时，喷雾设备一般需要配套溶剂回收和防爆装置。可以通过在水中添加可溶性盐或溶解度低但廉价的前驱物得到水溶液前驱体。对于溶液喷雾干燥而言，硝酸盐和醋酸盐或铵盐是常见的选择，因为它们的分解温度较低。因为硬酸（如 HNO_3）通常会导致溶液的 pH 值非常低，这可能会损坏喷雾干燥设备，基于更温和的酸（如柠檬酸、醋酸或聚丙烯酸）的盐通常是首选[65]。马紫峰等将 $NaCH_3COO\cdot 2H_2O$，$Ni(CH_3COO)_2\cdot 4H_2O$ 和 $Mn(CH_3COO)_2\cdot 4H_2O$ 按化学计量比溶解在水中作为水溶液前驱体进行喷雾干燥，前驱粉经过500℃预烧3h后研磨，再经过800℃烧结12h得到P2-$Na_{2/3}[Ni_{1/3}Mn_{2/3}]O_2$正极材料[66]。该正极材料在2～4V的电压区间0.1～1C倍率下前100次循环容量几乎不衰减。溶液的浓度影响干燥颗粒的形貌。在其他参数相同的情况下（特别是入口温度和液滴大小），浓度越高意味着在溶剂蒸发过程中，成球发生得越快，球体的机械强度会降低，造成后期球体坍塌或开裂。对于悬浮液喷雾干燥而言，氧化物、碳酸盐、草酸盐或氢氧化物是常见的选择，因为它们在热处理过程中不会留下残留物[61]。为了保持悬浮液一定的稳定性，悬浮颗粒的粒径小于1μm是更优的选择。悬浮液的配制可能涉及到分散剂的添加，分散剂可以是阳离子型、中性或阴离子型的，并通过静电和/或空间位阻效应起作用。

机械合成法制备流程和参数控制简单易行，在锂离子电池层状氧化物正极材料的合成中应用广泛。Mukherjee和Rhodes等详细研究了球磨次数、球磨速度和球磨成分对锂离子电池NMC正极材料的结构和性能的影响[63]。X射线衍射分析与扫描电子显微镜表明，三元正极材料的一次颗粒尺寸与球磨时间和球磨速度有关。图6-34显示了三种不同颗粒尺寸的NMC正极材料的SEM照片。CM01、CM02和CM08样品的晶粒尺寸分别为（94.8±0.2）nm、（86±2）nm和（69±6）nm。从可逆容量、容量保持率和倍率特性几个方面来看，三个样品中CM08的电化学性能最差，说明高速球磨和延长球磨时间不仅使三元材料的尺寸变小，而且还降低了其电化学性能。图6-35（a）和（c）给出了CM01和CM02样品制备的不同厚度电极在相同倍率下的放电曲线。对于14μm厚的薄电极片，晶粒尺寸较小的CM02具有更高的放电容量和容量保持率（未图示），然而对于25μm厚的电极片，CM01具有更好的电化学性能。通过测试交流阻抗谱可知，球磨造成的晶粒尺寸减小会影响离子在电极内的扩散率，增加界面电荷转移电阻，降低电极的电导率［图6-35（b）］。由此可见，控制球磨的晶粒尺寸和电极厚度对电极性能有重要影响。

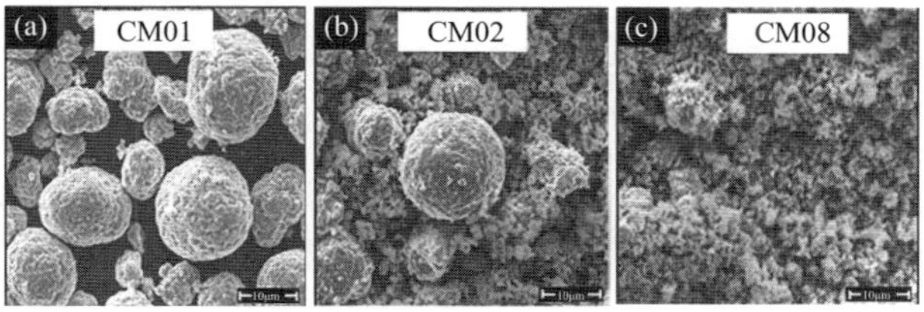

图6-34　三种不同颗粒尺寸的NMC正极材料的SEM照片

氢氧根共沉淀法是合成锂基层状氧化物正极材料的标准方法之一，因为它具有可扩展性，可以生产出具有颗粒形貌高度可调和高纯度的材料。正极活性

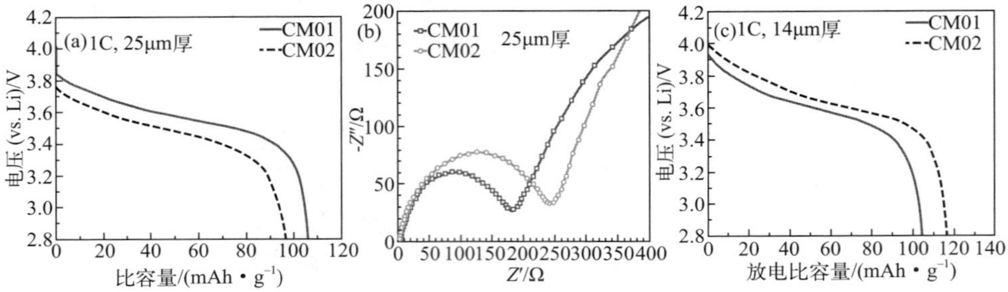

图 6-35　CM01 和 CM02 制备的 25μm 和 14μm 厚度电极的 1C 倍率放电曲线以及 25μm 厚电极的 EIS 曲线

颗粒形貌的调整可能提高电极的能量密度和降低材料表面的反应程度，从而在空气和电解液中获得更好的稳定性。共沉淀法也被成功地应用于钠基层状氧化物的制备，但并非所有采用共沉淀法得到的材料都呈现良好的类球形[67,68]。近年来，多个研究小组利用共沉淀法得到了钠基层状氧化物的类球形颗粒[69-71]。共沉淀法合成粒径约 8μm 的 Na（$Ni_{0.3}Fe_{0.4}Mn_{0.3}$）O_2 球形颗粒的典型工艺流程如下[69]：将 $NiSO_4 \cdot 6H_2O$、$FeSO_4 \cdot 7H_2O$ 和 $MnSO_4 \cdot H_2O$ 以 3∶4∶3(Ni/Fe/Mn) 的摩尔比溶于蒸馏水中，形成水溶液。该水溶液与少量螯合剂（草酸）一起置于惰性气氛中。用夹套保持溶液温度恒定，并滴入 KOH 以保持恒定的 pH，得到沉淀，然后用蒸馏水清洗产生的颗粒，过滤并干燥。在干燥的沉淀中加入化学计量比的 $10mol \cdot L^{-1}$ NaOH 水溶液，在 500℃下煅烧 3h，然后在 900℃下煅烧 20 h 得到最终产物。此外，还有使用氨水作为共沉淀法中的螯合剂或 Na_2CO_3 作为钠源的成功案例[71,72]。

6.5.2　普鲁士蓝类正极材料的制造

目前，普鲁士蓝类（PBA）正极材料通常是通过水热法或可控的缓慢化学沉淀法在水溶液中合成的，因此往往会导致它们的晶格中含有一定数量（大多在 15%以上）的配位水或间隙水，对电池的长循环造成不利的影响[73]。为了解决这个问题，Goodenough 等报告了一种通过在空气/真空 100℃下干燥 30h 的简单方法来消除 Na_2MnFe-PBA[$Na_2MnFe(CN)_6$] 中的间隙水[74]。图 6-36 显示了在空气和真空中干燥的 Na_2MnFe-PBA 的热失重曲线和红外光谱。从图 6-36（a）中可以看到，真空干燥的样品在对应间隙水脱出的 120～190℃温度区间几乎没有热失重，红外光谱中 OH^- 对应的振动峰强明显减弱，说明真空干燥可以有效消除 PBA 晶格内的间隙水。不同于含水样品的两个放电平台，真空干燥后的 Na_2MnFe-PBA 只在 3.5V 附近有一个放电平台，且具有更小的极化电压。该样品的制备流程如下：将 3mmol $Na_4Fe(CN)_6$ 和 14.0 g NaCl 溶于 75 mL 蒸馏水和 25 mL 乙醇中得到均匀溶液。在强烈搅拌下将 100mL 6mmol $MnCl_2 \cdot 4H_2O$ 溶液缓慢滴入 $Na_4Fe(CN)_6$ 溶液中。将白色沉淀在水中清洗两次后在 15mTorr (1Torr＝133.322Pa) 的真空中 100℃干燥 30h 得到最终产物。

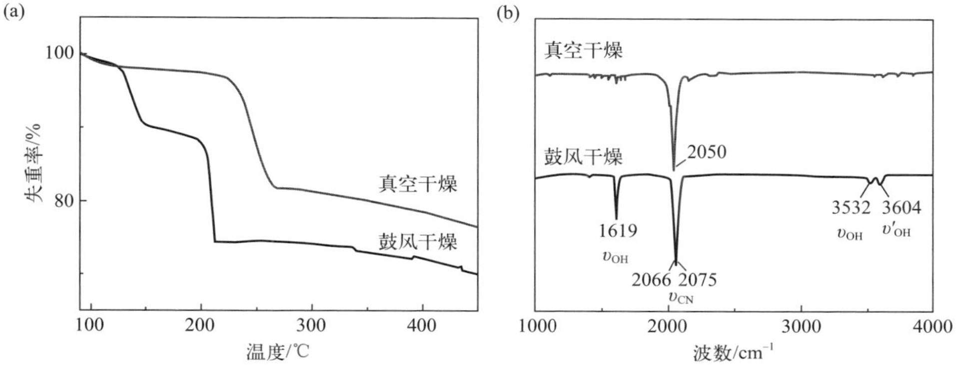

图 6-36 空气和真空中干燥的 Na_2MnFe-PBA 的热失重曲线 (a) 和红外光谱 (b)

马紫峰等发现通过氧化石墨烯与普鲁士蓝 (PB) 之间的电子交换，在 220℃的高温下反应可制备出还原氧化石墨烯 (rGO) 和无配位水 PB 复合的正极材料[75]。该复合材料表现出完全的铁位氧化还原反应，具有超高的电化学性能和作为钠离子电池正极的循环稳定性。该正极材料的制备流程如下：将 $1mol \cdot L^{-1}$ $Na_4Fe(CN)_6$ 室温下溶于 $0.1mol \cdot L^{-1}$ H_2SO_4 水溶液中，在 80℃下水热 3h 获得沉淀，用水离心清洗 6 次得到微立方 PB 颗粒。将氧化石墨烯 (GO) 和 PB 在水溶液中一起搅拌，形成含有不同比例的氧化石墨烯和 PB 的浆料。浆料超声分散 10 min 后，喷雾干燥得到 GO-PB 复合颗粒。将干燥的 GO-PB 颗粒在 220℃空气气氛下加热 3h，得到 rGO-PB 复合材料。

此外，共沉淀法也被用于制备 $Na_2MFe(CN)_6$ 正极材料 (M＝Mn 或 Co)[76,77]。如图 6-37 所示，杨汉西等开发了一种柠檬酸辅助共沉淀法制备低缺陷 $Na_2CoFe(CN)_6$(Na_2CoFe-PBA)[77]。他们通过原位紫外-可见光谱实验证明，在柠檬酸离子作为缓释螯合剂的情况下，PBA 的结晶动力学显著降低，易于获得结晶度更高、缺陷更少的 PBA 材料。

6.5.3 硬碳负极材料的制造

与采用沥青生产石墨不同，硬碳一般是通过氩气等惰性气氛下 1000～1600℃的温度热解树脂、生物质或煤等富氧物质来合成的[78-80]。与软碳在炭

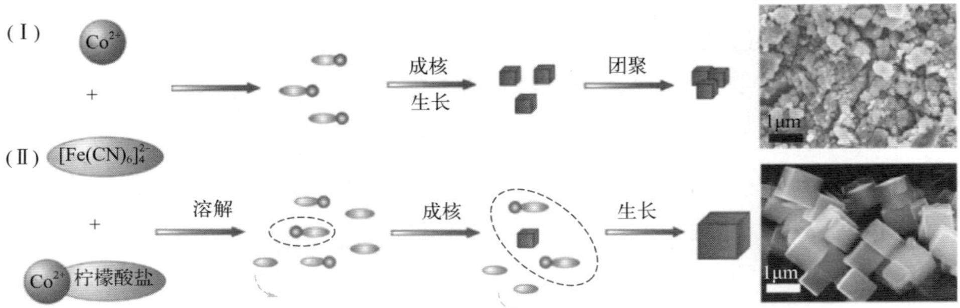

图 6-37 柠檬酸辅助共沉淀法制备低缺陷 $Na_2CoFe(CN)_6$ 正极材料

化过程中容易熔化和大量碳重排不同，大部分合成的硬碳从宏观结构上基本保持了其前驱体的形态[81]。硬碳的微观结构与热解过程密切相关，对其储钠性能有很大影响。图 6-38 显示了硬碳的微观结构及其随温度升高的结构演变[82]。温度升高至 500℃以上时，硬碳从三维非晶相演化为二维规则碳层，即短程有序的石墨微晶。这些有序区域由扭曲的石墨烯相连接，其丰富的氧和缺陷抑制了硬碳的石墨化过程。随着炭化温度的升高，碳材料中的缺陷和杂原子逐渐消失，促使其形成更有序的结构。在低温热解制备硬碳的探索中，胡勇胜团队发现在 800℃下直接炭化沥青具有很高的经济价值，成为进一步降低硬碳制备温度的成功案例[83]。

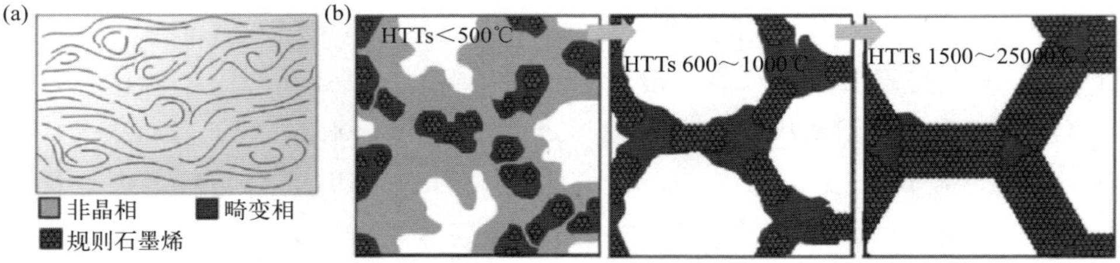

图 6-38 硬碳的微观结构及其随温度升高的结构演变

探索合适的碳源前驱体是获得低成本、高质量的硬碳负极材料的关键因素之一。胡勇胜团队采用无烟煤作为硬碳的原材料，1200℃炭化的碳收率达到 90%以上[84]。该硬碳材料与 $Na_{0.9}[Cu_{0.22}Fe_{0.30}Mn_{0.48}]O_2$ 正极匹配组装的全电池在 0.1C 倍率下可产生 222mAh・g^{-1} 的可逆比容量，放电平台为 3.2V；0.2C 倍率下能稳定循环 600 次以上。生物质原料如木质素、纤维素、棉花、玉米芯等也被探索作为制备硬碳的原材料[85-87]。Zhang 等发现木质素在空气中 200℃预氧化后再经过 1350℃炭化会产生富含闭气孔的硬碳材料[88]。图 6-39 显示了直接 1350℃炭化（LK-1350）和 200℃预氧化后 1350℃炭化

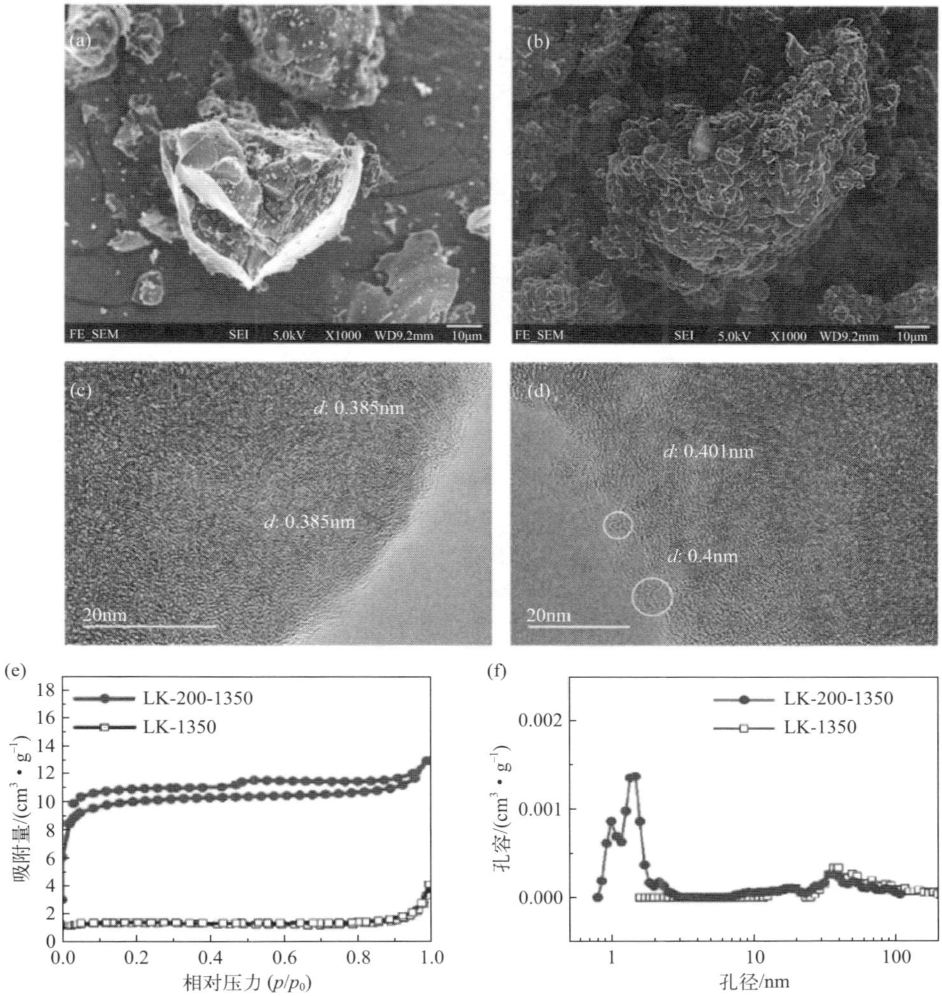

图 6-39　木质素在 1350℃直接炭化得到的硬碳的 SEM 图片（a）、HRTEM 图片（c）；木质素在空气中 200℃预氧化后 1350℃炭化得到的硬碳的 SEM 图片（b）、HRTEM 图片（d）；它们的 BET 曲线和孔径-孔容曲线［(e)，(f)］

（LK-200-1350）所得硬碳的扫描电镜图、高分辨投射电镜图、等温氮气吸脱附曲线和孔径-孔容曲线。LK-1350 和 LK-200-1350 都没有明显的长程有序结构。HRTEM 和 BET 分析都证实 LK-200-1350 材料内包含一定量被弯曲石墨片层包围的封闭纳米孔隙。这些纳米孔洞被认为引入了额外的钠存储位置，使该材料的储钠比容量接近 400mAh·g^{-1}，更重要的是，该材料的首周库仑效率提高至 80%以上。Ghimbeu 等研究了商用硫酸盐木质素的纯度对其制备的硬碳性能的影响[87]。三种硫酸盐木质素试样分别为不溶性的硫酸盐木质素、低硫酸盐含量的水溶性硫酸盐木质素以及水洗的低硫酸盐含量的硫酸盐木质素，其中低硫酸盐含量的水溶性硫酸盐木质素在前30次循环中可逆容量高于不溶性的硫酸盐木质素，而水洗的低硫酸盐含量的硫酸盐木质素的可逆容量和循环寿命均高于其他两种试样。

由于硬碳是一种非晶态结构，它包含许多固有缺陷，包括杂原子掺杂、空位、拓扑缺陷、纳米孔等。缺陷的引入可以丰富钠离子吸附的活性位点，但也会造成一定的不可逆吸附，更重要的是，缺陷可能催化电解液分解，形成较厚的SEI，降低首周库仑效率。因此，优化炭化气氛被认为是减少硬碳制备缺陷的有效途径之一。添加还原性气氛（如 H_2）是一种合理的选择。在高温条件下，含氧官能团（C—O，C═O）和悬空键可通过氢还原转化为挥发性的水和有机烷烃而去除这些缺陷。另外，通过采用无缺陷或缺陷少的物质包覆硬碳也可能是一种可行的方法。然而，包覆过程增加了电极材料的制造成本，还需要谨慎选择。

6.5.4 极片和电芯制造

与锂离子电池类似，钠离子电池极片制造工段完成从原料到极片制作的全过程，包括配料和搅拌、涂布、辊压、分条、烘烤、冲切、称重等工序，主要设备包括合浆设备、分散设备、涂布设备、滚压设备、分切设备等。

电极浆料是高黏度的固液两相悬浮体系，由具有电极活性材料、导电剂和黏结剂等在溶剂中混合分散均匀组成。浆料中活性材料含量为75%～85%，导电剂含量为10%～15%，黏结剂含量为5%～10%。导电剂通常为导电炭黑，黏结剂分为水性和油性黏结剂。常用的水性黏结剂有羧甲基纤维素（CMC）和丁苯橡胶（SBR）、海藻酸钠，常用的油性黏结剂为聚偏氟乙烯（PVDF）。电极浆料要求具有良好的均匀分散性和稳定性，其中影响合浆品质的因素主要有搅拌速度、温度、真空度、固含量、合浆工序以及表面活性剂等[89]。搅拌速度越快，分散速度越快，但较高的搅拌速度对材料颗粒结构和设备的损伤也较大。适宜的温度下，浆料流动性好、易分散；反之，温度过高时浆料容易结皮，温度过低时浆料的流动性差。高真空度有利于材料缝隙和表面的气体排出，降低液体吸附难度。高固含量有助于提高搅拌效率和涂布效率，节省时间，但固含量过高也存在对设备的损耗较高以及浆料流动性差等问题，因此搅拌后期，经常加入溶剂调节到合适的固含量和黏度。合浆工序，即电极材料、导电剂、黏结剂和溶剂的加入比例和顺序直接影响电池性能，是制浆工艺中最关键的一步。Lee等研究发现对于钴酸锂电极浆料，一步法合浆工艺制备的极片中存在很多导电剂和活性材料的团聚体；而多步合浆工艺制备的极片颗粒接触更加紧密，导电剂、活性材料均匀分散[90]。图6-40显示了一步合浆工艺和多步合浆工艺的流程图。当然，对于具有不同形貌和粒径的电极活性材料，最佳合浆工艺也不尽相同。

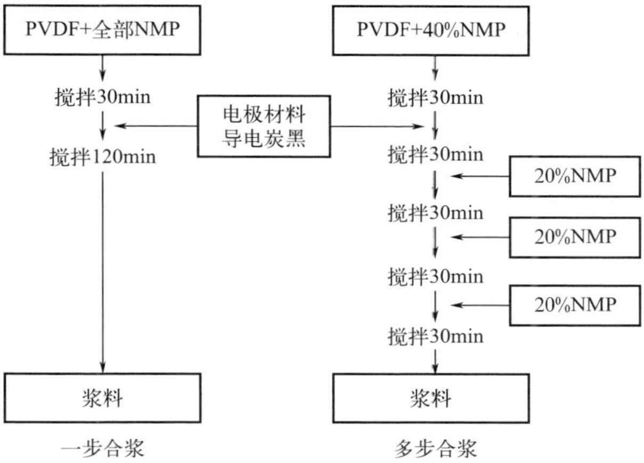

图 6-40 一步合浆工艺和多步合浆工艺的流程图
(NMP—N-甲基吡咯烷酮)

除合浆工序外，极片涂布和干燥也是制备高品质极片的重要环节。极片涂布和干燥过程要求制备出具有均一厚度和面密度、良好力学性能的极片。然而，在极片涂布和干燥过程中，可能出现以下三类缺陷：点状缺陷、线状缺陷和边缘缺陷。点状缺陷包括团聚体颗粒、针孔缺陷和缩孔缺陷等；线状缺陷主要包括划痕、竖条纹和横条纹缺陷等；边缘缺陷主要包括厚边和拖尾现象等。形成缺陷的原因主要与浆料品质、环境湿度和洁净度、涂布工艺参数等因素有关[91]。通过对以上各种因素进行精准控制以获得满足要求的电极片。此外，锂离子电池厂商特斯拉近期开发成功干法制片工艺，减少了烘烤和溶剂回收流程，大大降低了极片制备成本。最后辊压极片用以降低极片的孔隙率、增强电极材料与集流体的机械接触。商业化锂离子电池极片孔隙率一般为 20%～40%[92]。极片经过辊压后即进入电芯制造工段。

电芯制造工段完成极片成型到化成分容的全部过程，包括芯包制备、电芯装配、干燥注液、化成分容等核心工序，主要设备包括模切机、卷绕机/叠片机、极柱焊接机、自动入壳机、封口机、注液机、化成分容机等。极片模切时在分切处会产生毛刺，IEEE Std 1725-2011 标准中限制毛刺的高度应小于隔膜厚度的一半。卷绕工序应设置合适的卷绕张力等参数，确保卷绕的一致性，避免对电芯造成损坏，还应采取合适的刷粉除尘措施，避免将粉尘等杂质引入电芯中。入壳工序应避免对电芯造成损坏，尤其是圆柱形电芯，入壳前极耳不能发生弯折，入壳后的底焊应通过控制焊接面积、焊接点数等控制好牢固程度。

注液工序中注液环境的露点温度、抽真空时间、抽真空次数、真空度和加压时间等是影响注液效果的关键因素。注液后应对注液量和保液量进行检测，以保证电芯的注液一致性。电芯焊接方法一般选用超声波焊接和激光焊接[93]，其中超声波焊接通常用于极耳焊接，激光焊接可用于电池壳体密封焊接、电池组焊、电池极带点焊、电池防爆阀点焊、极耳焊接等。电芯封装后应检查电芯的漏液情况并将漏液的电芯剔除。钠离子电池与锂离子电池类似，出厂前同样要经过化成分容与老化，以筛选出不同等级的电芯。老化后的电芯经过电压、内阻、容量等性能检测即可用于组装模组。

参考文献

[1] Andriollo M，Benato R，Dambone Sessa S，et al. Energy intensive electrochemical storage in Italy：34. 8MW sodium-sulphur secondary cells. Journal of Energy Storage，2016（5）：146-155.

[2] May G. The development of beta-alumina for use in electrochemical cells：a survey. J. Power Sources，1978（3）：1-22.

[3] Bost J. EPRI Report，1982（EM-2579）：126-128.

[4] 曾乐才，邱广玮，倪蕾蕾. 钠硫电池的结构、工艺与应用. 装备机械，2010（3）：58-63.

[5] 杨建华，曹佳弟，励肇成. 钠硫电池硫极预制结构对电性能退化的影响. 电源技术，1995（19）：12-14.

[6] Kim G，Park Y C，Lee Y，et al. The effect of cathode felt geometries on electrochemical characteristics of sodium sulfur（NaS）cells：planar vs. tubular. Journal of Power Sources，2016（325）：238-245.

[7] Xu Y，Jung K，Park Y C，et al. Selection of container materials for modern planar sodium sulfur（NaS）energy storage cells towards higher thermo-mechanical stability. Journal of Energy Storage，2017（12）：215-225.

[8] 胡英瑛，吴相伟，温兆银. 储能钠硫电池的工程化研究进展与展望. 储能科学与技术，2021（10）：781-799.

[9] Schaefer S，Vudata S P，Bhattacharyya D，et al. Transient modeling and simulation of a nonisothermal sodium-sulfur cell. Journal of Power Sources，2020（453）：227849.

[10] 张建平，韩熠，刘宇，等. Weibull 拟合的钠硫电池加热模块温升分析. 哈尔滨工业大学学报，2015（47）：111-115.

[11] Min J K，Lee C H. Numerical study on the thermal management system of a molten sodium-sulfur battery module. Journal of Power Sources，2012（210）：101-109.

[12] Oshima T，Kajita M，Okuno A. Development of sodium-sulfur batteries. International Journal of Applied Ceramic Technology，2004（1）：269-276.

[13] Heinz M V F，Graeber G，Landmann D，et al. Pressure management and cell design in solid-electrolyte batteries，at the example of a sodium-nickel chloride battery. Journal of Power Sources，2020（465）：228268.

[14] Hu Y，Zha W，Li Y，et al. Understanding the influencing factors of porous cathode contributions to the impedance of a sodium-nickel chloride（ZEBRA）battery. Functional Materials Letters，2021（14）：2141002.

[15] Sudworth J L. The sodium-nickel chloride (ZEBRA) battery. Journal of Power Sources, 2001 (100): 149-163.
[16] Vincent C A, Scrosati B. 先进电池：电化学电源导论. 第二版. 北京：冶金工业出版社，2006.
[17] Hongqi H, Zhihao J, Xiaotian W. The influence of brazing conditions on joint strength in Al_2O_3/Al_2O_3 bonding. J. Mater. Sci., 1994 (29): 5041-5046.
[18] Lappalainen R, Pannikkat A, Raj R. Superplastic flow in a non-stoichiometric ceramic: magnesium aluminate spinel. Acta Metallurgica et Materialia, 1993 (41): 1229-1235.
[19] Chaim R, Ravi B G. Joining of alumina ceramics using nanocrystalline tape cast interlayer. Journal of Materials Research, 2000 (15): 1724-1728.
[20] Han J H. Joining alumina ceramics in green state using a paste of ceramic slurry. Journal of Materials Processing Technology, 2011 (211): 1191-1196.
[21] Miyazaki H, Hotta M, Kita H, et al. Joining of alumina with a porous alumina interlayer. Ceramics International, 2012 (38): 1149-1155.
[22] Ji H, Cheng X, Li M. Ultrafast ultrasonic-assisted joining of bare α-alumina ceramics through reaction wetting by aluminum filler in air. Journal of the European Ceramic Society, 2016 (36): 4339-4344.
[23] 李亚江，王娟，刘鹏. 异种难焊材料的焊接及应用. 北京：化学工业出版社，2004.
[24] Wu S, Holz D, Claussen N. Mechanisms and kinetics of reaction-bonded aluminum oxide ceramics. Journal of the American Ceramic Society, 1993 (76): 970-980.
[25] Kim T G, Raju K, Lee H K. Pressure-less joining of alumina ceramics by the reaction-bonded aluminum oxide (RBAO) method. Journal of the European Ceramic Society, 2021.
[26] Fukushima H, Yamanaka T, Matsui M. Microwave heating of ceramics and its application to joining. Journal of Materials Research, 1990 (5): 397-405.
[27] Binner J G P, Fernie J A, Whitaker P A, et al. The effect of composition on the microwave bonding of alumina ceramics. J. Mater. Sci., 1998 (33): 3017-3029.
[28] Lee J G, Case E D. Joining of non-oxide ceramics using conventional and microwave heating//24th Annual Conference on Composites. Advanced Ceramics, Materials, and Structures: B. Ceramic Engineering and Science Proceedings, 2000: 589-597.
[29] Sutton W H. Microwave processing of materials. MRS Bulletin, 1993 (18): 22-29.
[30] Manthina V, Song G, Singh P, et al. Silica-free sealing glass for sodium-beta alumina battery. International Journal of Applied Ceramic Technology, 2019 (16): 887-895.
[31] Zhang G X, Wen Z Y, Wu X W, et al. Improvement of the sealing performance of sodium anode battery by an in-situ gradient modification method. Solid State Ionics, 2013 (236): 11-15.
[32] Zhang G X, Wen Z Y, Yang J H, et al. Improvement of the sealing performance for sodium anode based battery by interface optimization of alpha-Al_2O_3/glass sealant. Solid State Ionics, 2014 (263): 140-145.
[33] Jung K, Lee S, Kim G, et al. Stress analyses for the glass joints of contemporary sodium sulfur batteries. Journal of Power Sources, 2014 (269): 773-782.
[34] Serbena F C, Zanotto E D. Internal residual stresses in glass-ceramics: a review. Journal of Non-Crystalline Solids, 2012 (358): 975-984.
[35] 何峰. Bi_2O_3-ZnO-B_2O_3 系统低熔点封接玻璃的结构与性能研究. 武汉：武汉理工大学，2010.
[36] 白进伟. 低溶封接玻璃组成及其发展. 材料导报，2002 (16): 43-46.

[37] Sudworth J L, Tilley A R. The sodium sulphur battery. New York: Chapman and Hall Ltd. , 1985.
[38] Song S F, Wen Z Y, Yu L, et al. Crystallization, microstructure and physical property of new types of borosilicate glass-ceramics. //Jiang D L, Zeng Y P, Singh M, et al (Eds.). Ceramic Materials and Components for Energy and Environmental Applications, 2010: 125-130.
[39] Song S F, Wen Z Y, Liu Y, et al. Influence of dopants on the crystallization of borosilicate glass. Ceramics International, 2009 (35): 3037-3042.
[40] 宋树丰. 钠硫电池密封材料的研究. 上海：中国科学院上海硅酸盐研究所，2011.
[41] Song S F, Wen Z Y, Liu Y, et al. New glass-ceramic sealants for Na/S battery. Journal of Solid State Electrochemistry, 2010 (14): 1735-1740.
[42] Maeder T, Review of Bi_2O_3 based glasses for electronics and related applications. International Materials Reviews, 2013 (58): 3-40.
[43] Song S F, Wen Z Y, Liu Y. The effect of substitution of Bi_2O_3 for alkali oxides on thermal properties, structure and wetting behavior of the borosilicate glass. Materials Letters, 2010 (64): 1025-1027.
[44] Song S F, Wen Z Y, Liu Y. Development and characterizations of Bi_2O_3-containing glass-ceramic sealants for sodium sulfur battery. Journal of Non-Crystalline Solids, 2013 (375): 25-30.
[45] Song S F, Wen Z Y, Zhang Q X, et al. A novel Bi-doped borosilicate glass as sealant for sodium sulfur battery. part 1: thermophysical characteristics and structure. Journal of Power Sources, 2010 (195): 384-388.
[46] Song S F, Wen Z Y, Liu Y, et al. Bi-doped borosilicate glass as sealant for sodium sulfur battery. Journal of Non-Crystalline Solids, 2011 (357): 3074-3079.
[47] Kim D S, Meinhardt K D, Johnson D R, et al. Glass-ceramic Material and Method of Making. US Patent, 2002.
[48] Meinhardt K D, Vienna J D, Armstrong T R. Glass-ceramic joint and method of joining. Battelle Memorial Institute, 2003.
[49] Smeacetto F, Radaelli M, Salvo M, et al. Glass-ceramic joining material for sodium-based battery. Ceramics International, 2017 (43): 8329-8333.
[50] Kumar M N S, Porob D, Vishvanath V H. Sealing glass composition and article. US Patent, 2010.
[51] 李家科，刘磊，刘意春，等. 先进结构陶瓷与金属材料钎焊连接技术的研究进展. 机械工程材料，2010 (34): 1-4+10.
[52] Mitoff S P, Chatterji D. Development of sodium-sulfur batteries for utility application. Interim report, 1978: 312.
[53] Iwabuchi S, Kagawa H. Method for producing a sodium sulfur battery by connecting thermocompression, DE 19833325836, 1983.
[54] Thornton N Y S R F. Hermetically sealed primary battery. US Patent, 1975.
[55] 温兆银，吴相伟，鹿燕，等. 陶瓷玻璃化的封接方法. CN104276839B，中国，2015.
[56] 温兆银，吴相伟，鹿燕，等. 金属玻璃化的封接方法. CN104276837A，中国，2015.
[57] 徐青，李郝林，曾乐才. 钠硫电池焊接工艺的研究. 装备机械，2012 (4): 60-64.
[58] Wan L, Huang Y. Friction welding of AA6061 to AISI 316L steel: characteristic analysis and novel design equipment. The International Journal of Advanced Manufacturing Technology, 2018 (95): 4117-4128.

[59] 陈健，浦娟，吴铭方，等. 铝及铝合金与钢连接技术研究进展. 江苏科技大学学报（自然科学版），2008（2）：39-44.

[60] Karra C，Venkatachalam P，Duru K K，et al. Perspective—application-driven industrial-scale manufacturing of Li/Na-ion battery cathodes：current status and future perspective. Journal of The Electrochemical Society，2021（168）：050509.

[61] Vertruyen B，Eshraghi N，Piffet C，et al. Spray-drying of electrode materials for lithium-and sodium-ion batteries. Materials，2018（11）：1076.

[62] Piras C C，Fernández-Prieto S，De Borggraeve W M. Ball milling：a green technology for the preparation and functionalisation of nanocellulose derivatives. Nanoscale Advances，2019（1）：937-947.

[63] Stein M，Chen C F，Mullings M，et al. Probing the effect of high energy ball milling on the structure and properties of $LiNi_{1/3}Mn_{1/3}Co_{1/3}O_2$ cathodes for Li-ion batteries. Journal of Electrochemical Energy Conversion and Storage，2016（13）：031001.

[64] Lamb J，Manthiram A. Synthesis control of layered oxide cathodes for sodium-ion batteries：a necessary step toward practicality. Chemistry of Materials，2020（32）：8431-8441.

[65] Li L，Meyer W H，Wegner G，et al. Synthesis of submicrometer-sized electrochemically active lithium cobalt oxide via a polymer precursor. Advanced Materials，2005（17）：984-988.

[66] Wang H，Yang B，Liao X Z，et al. Electrochemical properties of P2-$Na_{2/3}[Ni_{1/3}Mn_{2/3}]O_2$ cathode material for sodium ion batteries when cycled in different voltage ranges. Electrochimica Acta，2013（113）：200-204.

[67] Zhang Z，Meng Y，Wang Y，et al. Obtaining P2-$Na_{0.56}[Ni_{0.1}Co_{0.1}Mn_{0.8}]O_2$ cathode materials for sodium-ion batteries by using a Co-precipitation method. Chem Electro Chem，2018（5）：3229-3235.

[68] Zheng S，Zhong G，McDonald M J，et al. Exploring the working mechanism of Li^+ in O3-type $NaLi_{0.1}Ni_{0.35}Mn_{0.55}O_2$ cathode materials for rechargeable Na-ion batteries. Journal of Materials Chemistry A，2016（4）：9054-9062.

[69] Lamb J，Stokes L，Manthiram A. Delineating the capacity fading mechanisms of $Na(Ni_{0.3}Fe_{0.4}Mn_{0.3})O_2$ at higher operating voltages in sodium-ion cells. Chemistry of Materials，2020（32）：7389-7396.

[70] Oh S M，Myung S T，Yoon C S，et al. Advanced $Na[Ni_{0.25}Fe_{0.5}Mn_{0.25}]O_2$/C-$Fe_3O_4$ sodium-ion batteries using EMS electrolyte for energy storage. Nano Letters，2014（14）：1620-1626.

[71] Hwang J Y，Myung S T，Sun Y K. Quaternary transition metal oxide layered framework：O3-type $Na[Ni_{0.32}Fe_{0.13}Co_{0.15}Mn_{0.40}]O_2$ cathode material for high-performance sodium-ion batteries. The Journal of Physical Chemistry C，2018（122）：13500-13507.

[72] Xie Y，Xu G L，Che H，et al. Probing thermal and chemical stability of $Na_xNi_{1/3}Fe_{1/3}Mn_{1/3}O_2$ cathode material toward safe sodium-ion batteries. Chemistry of Materials，2018（30）：4909-4918.

[73] Qian J，Wu C，Cao Y，et al. Prussian blue cathode materials for sodium-ion batteries and other ion batteries. Advanced Energy Materials，2018（8）：1702619.

[74] Song J，Wang L，Lu Y，et al. Removal of interstitial H_2O in hexacyanometallates for a superior cathode of a sodium-ion battery. Journal of the American Chemical Society，2015（137）：2658-2664.

[75] Yang D，Xu J，Liao X Z，et al. Prussian blue without coordinated water as a superior cathode for sodium-ion batteries. Chemical Communications，2015（51）：8181-8184.

[76] Nakamoto K，Sakamoto R，Ito M，et al. Effect of concentrated electrolyte on aqueous sodium-ion battery with sodium manganese hexacyanoferrate cathode. Electrochemistry，2017（85）：179-185.

[77] Wu X, Wu C, Wei C, et al. Highly crystallized $Na_2CoFe(CN)_6$ with suppressed lattice defects as superior cathode material for sodium-ion batteries. ACS Applied Materials & Interfaces, 2016 (8): 5393-5399.

[78] Li N, Yang Q, Wei Y, et al. Phosphorus-doped hard carbon with controlled active groups and microstructure for high-performance sodium-ion batteries. Journal of Materials Chemistry A, 2020 (8): 20486-20492.

[79] Asfaw H D, Tai C W, Valvo M, et al. Facile synthesis of hard carbon microspheres from polyphenols for sodium-ion batteries: insight into local structure and interfacial kinetics. Materials Today Energy, 2020 (18): 100505.

[80] Feng Y, Tao L, He Y, et al. Chemical-enzymatic fractionation to unlock the potential of biomass-derived carbon materials for sodium ion batteries. Journal of Materials Chemistry A, 2019 (7): 26954-26965.

[81] Wahid M, Gawli Y, Puthusseri D, et al. Nutty carbon: morphology replicating hard carbon from walnut shell for Na ion battery anode. ACS Omega, 2017 (2): 3601-3609.

[82] McDonald-Wharry J S, Manley-Harris M, Pickering K L. Reviewing, combining, and updating the models for the nanostructure of non-graphitizing carbons produced from oxygen-containing precursors. Energy & Fuels, 2016 (30): 7811-7826.

[83] Qi Y, Lu Y, Ding F, et al. Slope-dominated carbon anode with high specific capacity and superior rate capability for high safety Na-ion batteries. Angewandte Chemie International Edition, 2019 (58): 4361-4365.

[84] Li Y, Hu Y S, Qi X, et al. Advanced sodium-ion batteries using superior low cost pyrolyzed anthracite anode: towards practical applications. Energy Storage Materials, 2016 (5): 191-197.

[85] Li Y, Li B, Zhang X, et al. Continuous pyrolysis and catalytic upgrading of corncob hydrolysis residue in the combined system of auger reactor and downstream fixed-bed reactor. Energy Conversion and Management, 2016 (122): 1-9.

[86] Qiu S, Xiao L, Sushko M L, et al. Manipulating adsorption-insertion mechanisms in nanostructured carbon materials for high-efficiency sodium ion storage. Advanced Energy Materials, 2017 (7): 1700403.

[87] Matei Ghimbeu C, Zhang B, Martinez de Yuso A, et al. Valorizing low cost and renewable lignin as hard carbon for Na-ion batteries: impact of lignin grade. Carbon, 2019 (153): 634-647.

[88] Lin X, Liu Y, Tan H, et al. Advanced lignin-derived hard carbon for Na-ion batteries and a comparison with Li and K ion storage. Carbon, 2020 (157): 316-323.

[89] 杨时峰，薛孟尧，曹新龙，等. 锂离子电池浆料合浆工艺研究综述. 电源技术，2020 (44): 291-294.

[90] Lee G W, Ryu J H, Han W, et al. Effect of slurry preparation process on electrochemical performances of $LiCoO_2$ composite electrode. Journal of Power Sources, 2010 (195): 6049-6054.

[91] 杨时峰，胥鑫，曹新龙，等. 锂离子电池极片涂布和干燥缺陷研究综述. 电源技术，2020 (44): 1223-1226.

[92] 巫湘坤，詹秋设，张兰，等. 锂电池极片微结构优化及可控制备技术进展. 应用化学，2018 (35): 1076-1092.

[93] 刘泽宇，徐腾飞，李庆，等. 激光焊接在锂离子电池制造的应用研究. 机械设计与制造，2020 (04): 161-163.

第 **7** 章

储能钠电池的性能评价指标

7.1 引言 284

7.2 储能钠电池电芯的性能评价指标 285

7.3 储能钠电池模组的性能评价指标 297

7.4 储能钠电池的安全性能评价标准 301

7.5 小结 307

7.1 引言

储能钠电池作为典型的二次电池，其评价技术主要包括电池单体和模组的技术指标测定和安全性能评价两个部分。图 7-1 列出了储能钠电池单体、模块和模组的性能评价指标。对于储能钠电池单体，通常需要掌握的技术内容包括理论容量与实际容量、理论能量与实际能量、倍率性能（或最大输出功率）、循环性能（或寿命）、内阻、高低温电性能、失效机理等。对于储能钠电池模组，通常需要给出的技术参数包括开路电压与额定（标称）电压、工作电压范围、额定（标称）容量与能量、能量密度与功率密度、最大连续工作电流（负载功率范围）、连续放电时间、能量效率、寿命、环境温度范围、自放电性能、接口通讯协议和防护等级等。对于储能高温钠电池模组，还需要提供模组的冻融循环次数限制和启动时间。在电池系统层面，需要考虑的是环境影响与系统的回收再利用等方面，这一内容将在第 8 章详细阐述。

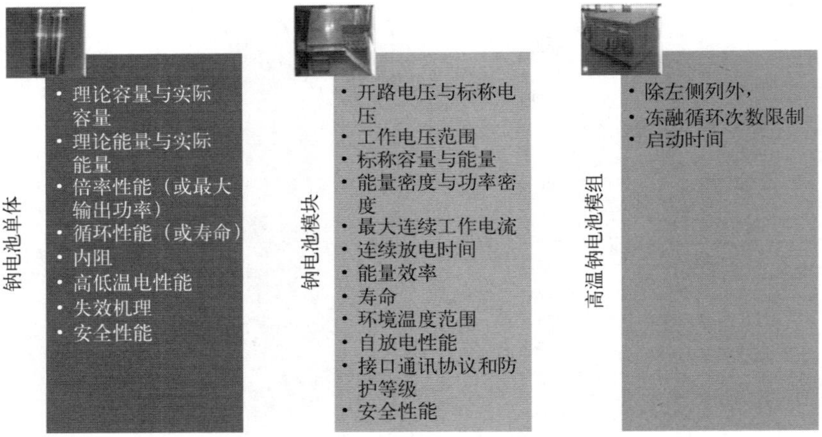

图 7-1　储能钠电池单体、模块和模组的性能评价指标

储能钠电池的安全性能评价标准涉及三个层面，即电芯、模组和系统安全标准三个层面，其中系统的安全标准一般包含在电化学储能技术的应用场景（如储能电站）设计规范内，本书对这一部分不作重点阐述。储能钠电池的电芯和模组的安全性能测试通常需要根据一定的行业、国家或国际标准进行。储能钠电池的相关安全标准及安全测试结果将在本章进行展开说明。

7.2 储能钠电池电芯的性能评价指标

7.2.1 理论容量与实际容量

电池容量通常是指放电容量，也就是在一定的放电条件下电池所能提供的电量。电池容量分为理论容量和额定容量。电池的理论容量 Q_T 可以用式（7-1）计算：

$$Q_T = 26.8n\frac{m_0}{M} \tag{7-1}$$

式中，n 为电极反应得失电子数，m_0 为活性物质完全反应的质量，M 为活性物质物质的量。当 m_0 取值为 1g 时，计算得到的容量为比容量。对于钠硫电池，硫正极会完全参与反应生成 Na_2S_3，钠负极中金属钠过量，因此电池的理论容量可以通过加入正极的单质硫来计算得到。钠硫电池的最终放电产物为 Na_2S_3，因此每摩尔硫转移 2/3 个电子，计算得到的钠硫电池理论比容量为 558.3mAh·g^{-1}。对于 ZEBRA 电池，电池正极中金属材料远远过量，而 NaCl 则完全参与反应，因此电池的理论容量可以通过加入正极的 NaCl 来计算。ZEBRA 电池的理论比容量为 458.5mAh·g^{-1}。如果电池中活性物质没有完全参与反应，那么电池的实际容量会低于理论容量。

对于一定规格的电池，电池厂家通常会给出电池的额定容量。电池在额定容量的限制下工作是性能稳定且保证安全性的重要前提。电池的额定容量是厂家在一定条件下放电至预先设定的截止电压时的实际容量。额定容量占理论容量的百分比很大程度上由电极活性物质的利用率来决定。钠硫电池和 ZEBRA 电池的额定容量一般为理论容量的 85%和 80%。对于二次电池，电池容量还可以分为充电容量和放电容量，电池的库仑效率通常定义为电池某一次充放电循环的放电容量与充电容量的比值。当充电容量等于额定容量的情况下，钠硫电池和 ZEBRA 电池的库仑效率均接近 100%。

电池容量可以通过测试电池恒电流或恒电阻模式下的放电曲线得到。在测定电池容量时，需要指定电池的放电倍率（电流密度）或测定不同放电倍率下的电池容量作为参考。电池不同倍率下放电至额定容量时的截止电压均不相同，因此电池的截止电压和倍率均对电池的实际容量产生影响。大的倍率和/或高的截止电压会导致电池实际发挥的容量降低。

7.2.2 理论能量与实际能量密度

电池的理论能量 ε_T 是电池在平衡态下放电，且活性物质利用率为 100%时的输出能量，可以用式（7-2）计算：

$$\varepsilon_T = Q_T E \tag{7-2}$$

式中，E 为电池电动势。电池的实际能量也可以通过电池放电曲线中一定时间段的电压和电流值来计算得到：

$$\varepsilon_p = \int_0^t (UI)\mathrm{d}t \tag{7-3}$$

如前所述，随着电池放电倍率的升高，电池电压 U 逐渐偏离其最大热力学值，ε_p 逐渐减小。电池的能量效率通常定义为电池某一次充放电循环的放电能量与充电能量的比值。电池的能量效率反映电池整体的利用率，能量效率越高的电池内阻损耗的能量通常越小。

电池的质量能量密度和体积能量密度是被更多关注的技术指标。举个例子，对于一个 5.3kg 的钠硫电池单体（不含保温箱重量），4h 放电倍率下额定容量为 740Ah，放电中值电压为 2.08V，该单体的实际质量能量密度可以通过下式计算得到[1]：

$$W_p = \frac{Q_p U_a}{m} = \frac{740 \times 2.08}{5.3} = 290.4(\mathrm{Wh \cdot kg^{-1}}) \tag{7-4}$$

将式（7-4）中的分母变成电池体积（单位为 L），即可计算得到量纲为 $\mathrm{Wh \cdot L^{-1}}$ 的体积能量密度。表 7-1 总结了几种主要的储能钠电池单体的理论能量密度和实际能量密度。ZEBRA 电池具有较高的理论能量密度（$789\mathrm{W \cdot h \cdot kg^{-1}}$），但实际能量密度偏低，约为 $110 \sim 140\mathrm{Wh \cdot kg^{-1}}$；钠硫电池在几种储能钠电池中具有最高的实际能量密度，约 $220 \sim 300\mathrm{Wh \cdot kg^{-1}}$；钠离子电池虽然理论能量密度较低，但实际能量密度能达到 $100 \sim 160\mathrm{Wh \cdot kg^{-1}}$[2,3]。

表 7-1　几种主要的储能钠电池单体的理论能量密度和实际能量密度

项目	理论质量能量密度 /($\mathrm{Wh \cdot kg^{-1}}$)	实际质量能量密度 /($\mathrm{Wh \cdot kg^{-1}}$)	实际体积能量密度 /($\mathrm{Wh \cdot L^{-1}}$)
钠硫电池	760	150～240	300～480
ZEBRA 电池	789	110～140	260～320
钠离子电池	～330	100～160	180～280

7.2.3　倍率性能与输出功率

在测定输出功率时，可以将电池在一定放电制度下放电，单位时间内电池输出的能量为电池输出功率。最大输出功率可以通过测定电池的 U-I 曲线得到。一般地，随着电池输出电流（倍率）的提高，功率先升高至最大值，继续增大电流，由于极化的影响，电池电压下降导致功率开始降低。图 7-2 显示了 ZEBRA 电池在不同放电倍率下的放电曲线[4]。电池额定功率的大小与电池允许的放电深度有关，在一定程度上反映了电池维持大电流输出的能力。高于额定功率下放电容易导致电池过热和性能衰减[5]。比功率是单位质量或单位体积的电池输出功率。比功率可用于不同电池体系之间的功率输出能力的比较。钠硫电池和 ZEBRA 电池在放电深度 80%时，输出比功率分别能达到 240W・kg^{-1} 和 260W・kg^{-1}[4]。

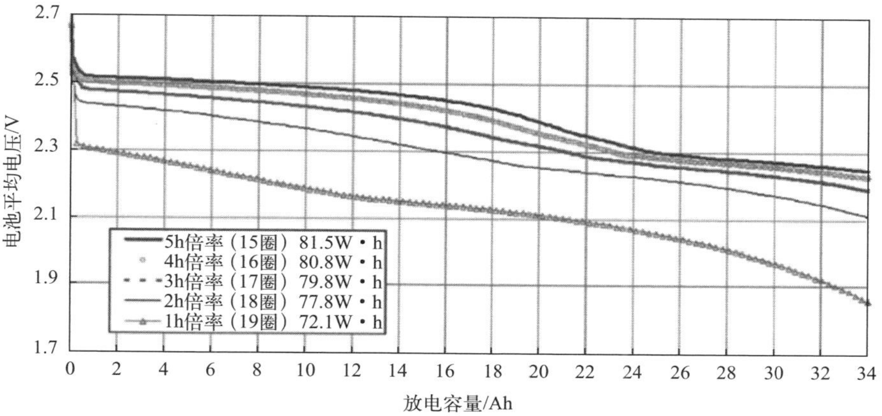

图 7-2　ZEBRA 电池在不同放电倍率下的放电曲线

电池实际的输出功率 P 与其外部的负载电阻 R_e 密切相关，可以通过式（8-5）计算：

$$P=I(E-IR_i)=IE-I^2R_i \tag{8-5}$$

计算实际最大输出功率可将式（8-5）代入$\frac{dP}{dI}=0$求解：

$$E=I(R_i+R_e)=2IR_i \tag{8-6}$$

当电池内阻 R_i 与负载电阻 R_e 相等时，电池实际输出功率最大。

除了额定功率和实际输出功率外，电池还有一个重要参数，即最大瞬时额定功率，也就是峰值功率。对于短时大电流放电，电池难以达到热力学稳态，因此短时放电导致的电池传质极化影响较小。ABB 生产的钠硫电池峰值输出功率能达到 390W・L^{-1}。

7.2.4　循环性能（寿命）

电池体系的寿命一般分为储存寿命和循环寿命。常见的电池体系，如锂离子电池、铅酸电池、钠硫和钠-氯化镍等体系，其储存寿命和循环寿命都在

5 年以上，甚至 10 年以上，因此，短时间内难以精确测量电池的寿命。这就需要对电池体系的寿命进行预测。对电池体系的寿命预测则需要了解其电化学性能的衰退过程以及衰退发生的机理。对于储能钠电池，决定电池寿命的因素是腐蚀、内阻升高和容量损失。下面将详细介绍储能钠电池的储存寿命和循环寿命的实测数据和预测手段。

在待机的情况下，固体电解质基的储能钠电池由于完全阻断了电池正负极的电子通路，电池容量几乎不退化。对于腐蚀比较严重的钠硫电池体系，其储存性能的下降主要是由于硫电极腐蚀带来的电池内阻升高。当采用 Fe-Cr 合金涂层的 Al 合金正极集流体时，硫电极集流体的腐蚀受到抑制，钠硫电池的储存寿命能达到 15 年以上。对于 ZEBRA 电池，英国 Beta 公司对一组小电池在 1991 年至 2006 年的 15 年时间里进行了 56 次充放电循环和 8 次冻融热循环，其余时间电池在最高充电状态搁置。如图 7-3 所示，ZEBRA 电池在 15 年的存储过程中，容量几乎保持不变，内阻还有所降低[4]。对存储七年的 ZEBRA 电池进行解剖后观察到的是玻璃密封件的钠负极侧表面有腐蚀，但仅延伸到玻璃内几微米的深度。对于电池的储存寿命，实测的数据往往更具有代表性。

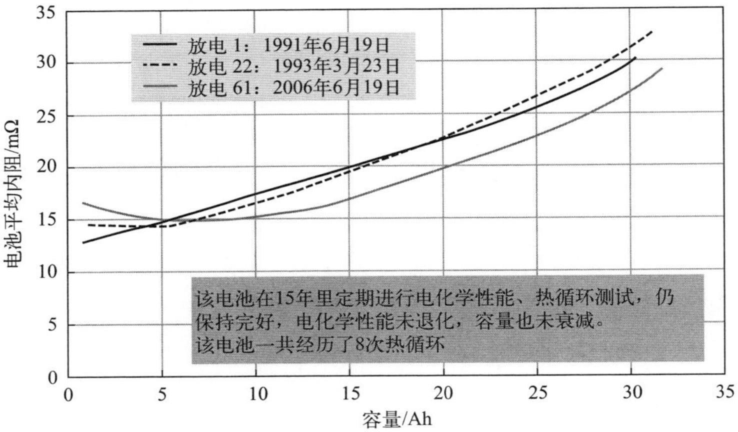

图 7-3　ZEBRA 电池的储存寿命测试

储能钠电池与其他电池体系类似，电池在循环过程中也会出现因电池内阻增大或电极利用率下降导致的电性能衰退。储能钠电池内阻增大的原因很多，例如电极材料表面钝化、集流体被腐蚀、电池泄漏等。电极利用率下降的原因通常是电子或离子在电极中的扩散系数下降，表现在电池性能参数上则是容量下降和内阻增大。电池循环寿命通常是指电池在额定容量低于初始额定容量的 80%之前所能完成的充放电循环次数。图 7-4 显示了 MES-DEA S. A. 公司实验室测得的ZEBRA电池内阻和容量在3500次以上循环过程中的变化[6]。5%的低放电深度下，电池在3500次循环后内阻升高约25%；即使在80% DoD的放电深度下，ZEBRA电池的容量在3500次的循环时都没有衰减，但是内阻在不断升高。测试储能钠电池内阻和容量随循环次数的变化曲线可以得到电池的寿命数据。当电池内阻增大至初始值的1.3～2倍时，通常也认为电池寿命接近终止。目前该电池已达到5000次以上的循环寿命。

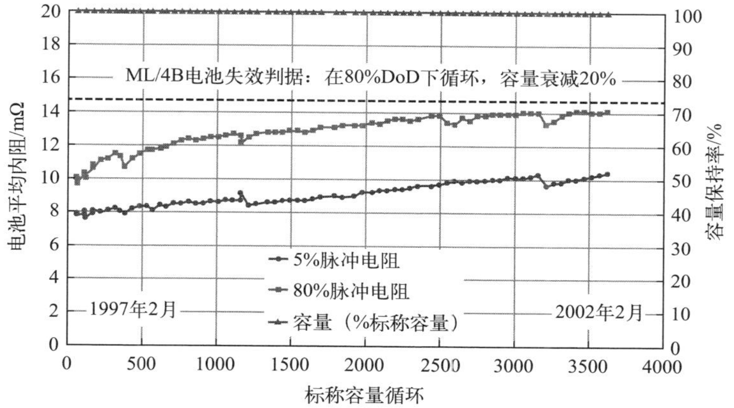

图7-4　ZEBRA电池内阻和容量在3500次以上循环过程中的变化

实验室测得的循环寿命通常是在一个环境和充放电制度稳定的条件下得到的。然而，电动汽车或储能系统的实际工况往往与之大不相同，环境和充放电参数更为复杂多变。因此，通常在实际工况下运行的电池寿命会小于实验室测得的时长。例如，锂离子电池在60～80℃的环境下运行，其寿命往往会比常温下工作减小一半。对于储能钠电池，其寿命受环境温度的影响较小，实际工况下的寿命与实验室测得的寿命相近。在日本东京都政府污水处理管理局部署的2.4MW钠硫电池储能电站已成功运行20年左右的时间[7]。Sudworth曾报道ZEBRA电池组在梅赛德斯-奔驰汽车上进行实测的结果是5年11.2万公里以上的寿命，而且完全免维护[4]。这在一定程度上说明了高温储能钠电池体系在各类电池中相对长寿命的优异表现。另外，电池充放电倍率、截止条件、电池密封性以及集流体腐蚀情况等因素都会对储能钠电池寿命产生影响，这就需要对出厂的钠电池进行严格的制造过程质量控制。

钠离子电池负极硬碳材料具有紧密交联的内部结构，其长循环性能很大程度上受到电解液/电极界面稳定性的影响，这与电解液的组成密切相关[8]。虽然通过杂原子掺杂或多孔硬碳的催化活性促使电解液分解形成厚厚的致密SEI，有利于保持长循环稳定性，但是预处理硬碳的量产化还存在困难[9]。钠离子电池镍基三元正极被证实在高电压下会产生大的体积效应和发生不可逆的相变，影响循环寿命[10,11]。目前公开报道的实用化有机体系钠离子电池的循环寿命最高为 2000 次左右，水系钠离子电池可达 20000 次以上。

需要考虑的是，出厂的电池不可能都进行长时间的循环寿命测试，这样就需要依据实验室测试的数据（尤其是电池内阻的数据）对电池的寿命进行预测。电池实际的退化过程是随着时间的推移电性能逐渐下降。在不被滥用的前提下，当一个电池达到它常规的生命周期前，通常不会突然停止工作。因此，通过对电池初始内阻进行测定和分级，对照实验室积累的数据，就可以很好地预测储能钠电池的循环寿命。

7.2.5 内阻

电池内阻为电池内部欧姆电阻和极化电阻之和。欧姆电阻包括电极材料、电解质材料的电阻以及各部分零件的接触电阻。极化电阻为 1.1.3 中提到的电化学反应过程中产生的电极过电位（或极化）引起的电阻。同一电池的内阻大小与温度、放电深度和电池循环次数有关。本书在 3.4.1 节给出了钠硫电池各部分阻抗随温度的变化曲线。这里，假定钠硫电池的外部加热管理系统能够保持 320℃的最佳温度不变，其充放电的内阻特性如图 7-5 所示[12]。可以发现，钠硫电池充电 65％以上由于电子绝缘体硫的大量生成，电池内阻迅速增大，充电 85％时电池内阻最大。放电初始阶段是电池内阻迅速下降的阶段，但在放电 85％以上时，由于传质缓慢与活性物质的大量消耗而导致内阻少许增大。

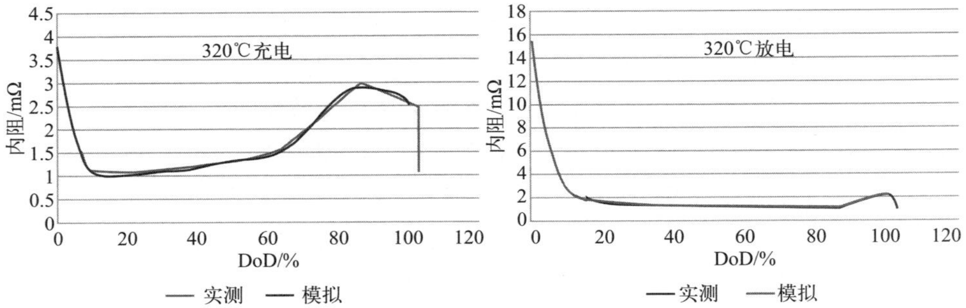

图 7-5　钠硫电池 320℃下充放电的内阻随放电深度的变化曲线（另见文后彩图）

衡量电池内阻的一个更重要的参数是面积比电阻（area-specific resistance，ASR），ASR 为电池内阻 R 和电池有效工作面积 A 之积，单位为 $\Omega \cdot cm^2$。Wang 等使用两电极和三电极体系的直流充放电曲线和交流阻抗谱测试了 ZEBRA 电池的内阻。图 7-6 显示了平行的两个 ZEBRA 电池通过交流阻抗谱测得的欧姆面电阻、极化面电阻和总面电阻以及直流法测得的总面电阻随放电深度的变化曲线[13]。ZEBRA 电池的总面电阻随放电深度的增大而增大，增大的电阻贡献主要来自于极化电阻。结合第 5 章介绍的内容可以知道，随着放电深度增加，反应前端不断深入，正极内部离子电子扩散距离的不断延长导致正极阻抗增大。

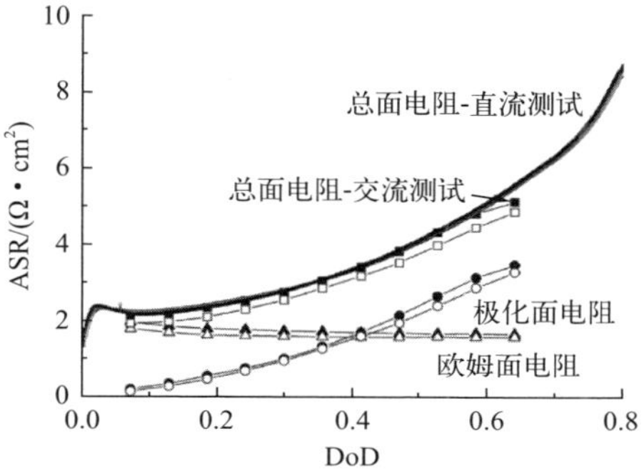

图 7-6　两个 ZEBRA 电池的欧姆面电阻、极化面电阻和总面电阻随放电深度的变化曲线

电池内阻通常随着充放电循环次数的增加而增大，这与电池的使用寿命有关。这部分在 7.2.4 节中已有讨论，这里不再赘述。

7.2.6　高低温电性能

电池的电性能通常会随着工作温度的变化发生明显变化。对于高温储能钠电池，工作温度也会在一定范围内对电池性能产生影响。由于固体电解质的电导率随温度波动幅度较液体电解质大，因此基于固体电解质的储能钠电池都有一个最佳的工作温度范围。由于钠硫电池主要放电产物 Na_2S_4 的熔点为 285℃，因此传统钠硫电池难以在 290℃以下的低温工作。高温被认为会升高电池系统整体的能耗，加快腐蚀进程。参考第 3 章 3.4 部分，钠硫电池的充电态内阻在 250～375℃的范围内呈逐渐下降的趋势，大于 330℃的温度下内阻下降趋势放缓。因此钠硫电池的工作温度通常设定在 330℃左右，工作温度范围为 300～350℃。

图 7-7 为 275～335℃下 ZEBRA 电池的充放电曲线。该电池额定容量为 32Ah，恒流恒压充电，0.3C 倍率放电。从曲线可以看到，ZEBRA 电池在一定的工作温度范围（290～335℃）内受温度影响较小，这与其特有的内阻组成有关。参考第 4 章 4.4 部分，ZEBRA 电池的正极阻抗在电池初始内阻中占的比例接近 40%，但不同于钠硫电池的是，其正极阻抗随着放电深度的增大而

快速增大，在 60% DoD 时，正极阻抗占整个电池内阻的 65%以上。这使得 ZEBRA 电池在放电中后期，正极中传质扩散过程取代固体电解质中的离子传输成为电池放电过程中的控制步骤，而这一扩散过程随温度的变化几乎可以忽略。

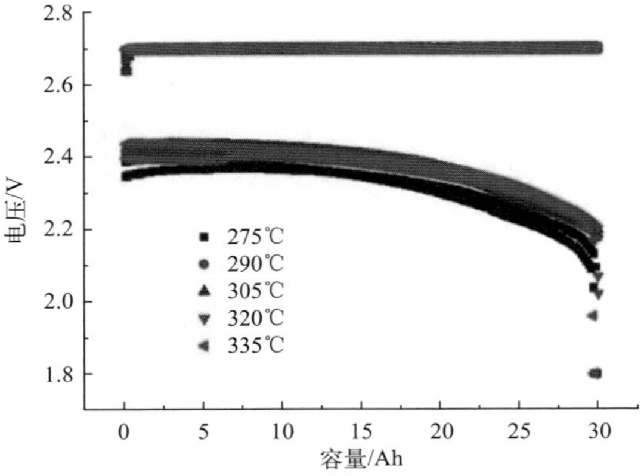

图 7-7 不同运行温度下 ZEBRA 电池的充放电曲线

然而，当电池工作温度超出一定范围时将对电池寿命产生较大影响。Petric 等报道了 FIAMM SoNick 生产的 ML3X ZEBRA 单体的高低温性能[14]。如图 7-8 所示，260℃下工作的 ZEBRA 电池 0% DoD 时的内阻在前 150 次循环变化不大，但 150 次循环后 50%的电池内阻快速增大，到 300 次循环后内阻增大至初始的 3 倍以上。350℃下工作的电池内阻同样在 150 次循环后迅速增大，上升幅度比低温下更大，300 次循环后甚至有内阻达到初始内阻的 10 倍以上，电池性能衰退严重。主要原因是高温所导致的正极中氯化钠晶粒快速长大失活以及正极/固体电解质界面处高阻抗膜（AlF_3）的大量生成。Gerovasili 等测试了 FIAMM SoNick 生产的 48TL80 ZEBRA 电池模组的低温电性能[15]。

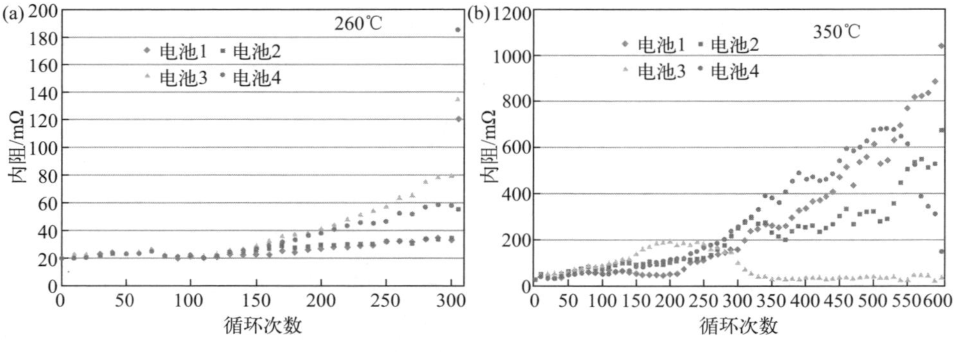

图 7-8 ZEBRA 电池高低温运行时的内阻变化

表 7-2 给出了 240℃、275℃和 310℃工作的电池组不同倍率下的放电能量和模组温升情况。高倍率放电时，初始运行温度对电池的影响比低倍率时更大，而在相同倍率下放电时，越低的初始运行温度会导致越高的模组温升。

表 7-2　240℃、275℃和 310℃工作的 ZEBRA 电池模组不同倍率下的放电能量和模组温升情况

初始运行温度/℃	放电倍率/C	放电能量/kWh	模组温升/℃
240	0.1	3.17	0
	0.175	3.09	18
	0.25	3.01	37
275	0.1	3.18	0
	0.175	3.11	11
	0.25	3.04	28
310	0.1	3.20	0
	0.175	3.12	4
	0.25	3.07	19

如第 4 章所述，平板 ZEBRA 电池采用更薄的固体电解质和电极，可以在更低的温度下运行。在小于 200℃的较低温度下运行，一方面可以抑制活性物质颗粒 Ni 和 NaCl 的长大，改善电池的循环寿命，另一方面，可以使用低成本的低温密封材料，提高电池结构的可靠性，并减少高温加热所带来的温度损耗。有研究报道，与 275℃下运行相比，240℃下运行的电池可最多减少 49% 的热能损耗[16]。PNNL 的 Kim 等报道了平板 ZEBRA 电池 175℃中温条件运行的例子[16,17]。该平板 ZEBRA 电池采用直径为 1.95cm、厚度为 500～600μm 的 β''-Al_2O_3 陶瓷片作为固体电解质隔膜，隔膜负极侧界面使用 Pt 金属丝网印刷涂覆以加强钠负极润湿，正极采用总质量为 1g 的薄正极（理论容量为 157mAh）。他们测试了电池分别在 175℃、200℃、240℃和 280℃温度下的充放电曲线、循环-容量曲线和 30 次、60 次循环 EoC 和 EoD 时的交流阻抗谱。结果显示，在低于 200℃的温度下运行，电池的循环稳定性与更高温度相比得到改善。从不同 EoC 时交流阻抗谱的结果来看，280℃下循环 30 次的电池内阻为 2.91Ω·cm^2，循环 60 次后该值升高至 3.15Ω·cm^2；对应 175℃下循环 30 次和 60 次电池内阻几乎没有变化，为 8.43Ω·cm^2。高温下电池循环性能不如低温的原因与高温下电池的内阻增大有关，但是该电池低温下内阻过高，电池输出能量和功率均达不到应用要求。SICCAS 近年来对 190℃的中温下 ZEBRA 电池的性能进行了系列研究[18-20]。如图 7-9 所示，较为成功的例子是

采用直径为 1.4cm、厚度约为 600μm 的 β″-Al_2O_3 陶瓷片作为固体电解质隔膜，静电纺丝碳纤维膜作为电池正极导电网络，电沉积负载金属镍作为正极活性物质，正极总质量为 30～35mg 的 ZEBRA 电池在 190℃下充电态内阻为 2.61Ω·cm^2，在 2C 的高倍率下能稳定循环 350 次以上，0.3C 的正常倍率下循环 450 次以上容量不衰减。

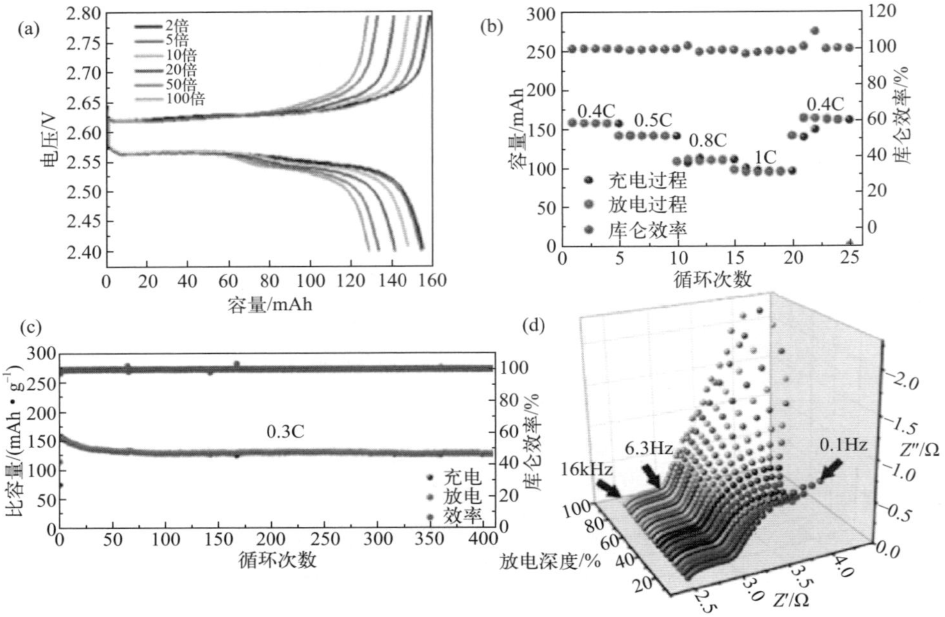

图 7-9　碳纤维/镍膜作为电池正极的平板 ZEBRA 电池 190℃下的倍率性能曲线、充放电曲线、循环性能曲线和原位交流阻抗谱（另见文后彩图）

钠离子电池相对于锂离子电池具有更好的高低温性能，尤其是低温特性。2016 年，郭玉国、崔毅和 Goodenough 等合作发展了一种基于普鲁士蓝 $Na_2Fe_2(CN)_6$/碳纳米管复合材料的低温高性能正极材料[21]。该正极材料在 −25℃的低温下放电比容量达到 142mAh·g^{-1}，输出能量密度达 408Wh·kg^{-1}，1000 次循环后仍能保持 86%的容量。然而，他们并未匹配负极测试全电池的性能。2018 年，吴兴隆等采用实验室设计并制备的 $Na_3V_2(PO_4)_2O_2F$（NVPOF）高电压材料作为正极，三维自支撑硒/石墨烯（3DSG）纳米复合材料作为负极，装配的 NVPOF//3DSG 钠离子全电池，表现出非常优异的低温电性能[22]。见图 7-10（a），以 40mA·g^{-1} 电流密度为例，以 25℃的室温下比容量为标准，该电池在 15℃、5℃、−5℃、−15℃和−25℃下的容量保持率分别为约 97.8%、97.5%、85.5%、75.1%和 60.7%。当电流密度增大至

2A·g^{-1} 时，低温下容量保持率明显下降。不同温度下，电池功率密度和能量密度的变化趋势见图 7-10（b）。电池在－5℃以上的温度下工作，具有稳定的功率和能量输出。见图 7-10（c），随着测试温度从 25℃逐渐降低到 15℃、5℃、－5℃、－15℃和－25℃，电池以 2A·g^{-1} 电流密度经过 1000 圈循环，相应的容量衰减率均低于 0.01%，库仑效率接近 100%，表明所装配的 NVPOF//3DSG 钠离子全电池可在低温条件下长时间循环使用。

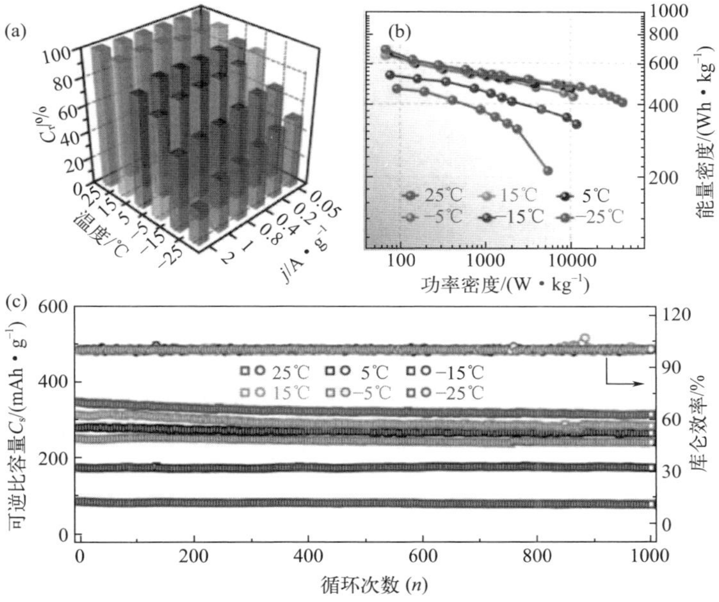

图 7-10　不同电流密度运行的 NVPOF//3DSG 钠离子全电池容量低温下相对于 25℃下的容量保持率（a）；不同温度下，NVPOF//3DSG 电池功率密度和能量密度的变化趋势（b）；NVPOF//3DSG 电池不同温度下以 2A·g^{-1} 电流密度工作的循环特性曲线（c）（另见文后彩图）

同年，周豪慎等报道了一种具有后尖晶石结构的负极材料 $NaV_{1.25}Ti_{0.75}O_4$，该材料能够在 60℃至－20℃的较宽温度范围内保持优异的电化学性能[23]。研究结果表明，这种负极对 Na^+/Na 的平均输出电压为 0.7V，具有超过 10000 次循环的超长循环寿命，且该负极材料在 60℃和－20℃下工作时的容量与 25℃时的容量变化小于 9%。近年来，宽温钠离子电池的研究掀起了一阵热潮，引人注目的结果层出不穷，然而这些结果以小容量的纽扣电池为主，少有大容量的宽温钠离子电池报道。中国科学院物理所胡勇胜团队报道了大容量钠离子电池 55℃下放电容量保持率>99%，－20℃放电容量保持率>88%，高、低温放电性能良好[3]。

7.2.7 电池电芯失效机理

钠硫电池单体的失效主要有两种情况，一是固体电解质损坏，二是密封部件或电池容器破损。表 7-3 总结了固体电解质的主要失效模式。固体电解质的失效模式主要有电学失效、机械失效和热循环失效三种。第一种情况的出现可能由于施加高于固体电解质分解电压的电压或高电流密度因其钠枝晶穿透固体电解质材料所引发；第二种情况可能由于巨大外力的作用或电解质固有缺陷的逐渐生长扩展所引发；最后一种情况可能由于冻融循环过程中电解质管与密封件膨胀系数不匹配或固态电极的快速熔化产生的应力所引发。当固体电解质出现损坏时，熔融硫/多硫化物和钠之间的直接接触产生放热反应。我们已经在第 4 章中讨论了一些安全措施，特别是限制液态钠从固体电解质内的安全管中释放的速度以及模块中单体隔热的措施等。后一种情况下，熔化的硫/多硫化物可能泄漏到电池外部，这时模组内设置的干沙会起到隔离临近单体和吸收熔化的硫/多硫化物的作用。一般来说，电池单体占模组重量的 50%～60%[4]。密封部件或电池容器的破损则可能由于电极腐蚀、巨大外力冲击或冻融循环中的部件膨胀系数不匹配所引发。另外，钠硫电池过放电造成正极生成 Na_2S_2 的不可逆产物也是钠硫电池衰减和失效的原因之一。

表 7-3 β''-Al_2O_3 固体电解质的主要失效模式

失效模式	原因	现象
电学失效	承受过大面电流	钠枝晶从负极穿透至正极造成短路
	承受高于分解电压的高电压	电解质分解并部分溶解
机械失效	电解质的固有缺陷	微裂纹生长造成电解质断裂
	巨大外力	电解质管断裂
热循环失效	电解质管与密封件膨胀系数不匹配	密封部位附近出现裂纹
	固态电极在快速加热熔化时膨胀	电解质管出现裂缝

上述钠硫电池失效的两种情况也可导致 ZEBRA 电池单体的失效。只是 ZEBRA 电池的电极腐蚀性较钠硫电池低，且在失效时不存在严重的放热反应，因此无需特殊的安全措施。另外，正极活性物质逐渐粗化失活也可导致 ZEBRA 电池失效。这部分在 4.4 节中有详细论述。

钠离子电池的失效原因主要是内部和/或外部因素导致的短路和热失控[24,25]。图 7-11 显示了钠离子电池的产热来源[24]。总热来源分为三个部分，一是电化学反应的可逆热；二是电池极化产生的不可逆热；三是正极分解、SEI 膜分解或电解液分解导致的副反应热。当内阻逐渐升高并产生大量副反应热时，钠离子电池开始失效，并可能出现热失控的情况。

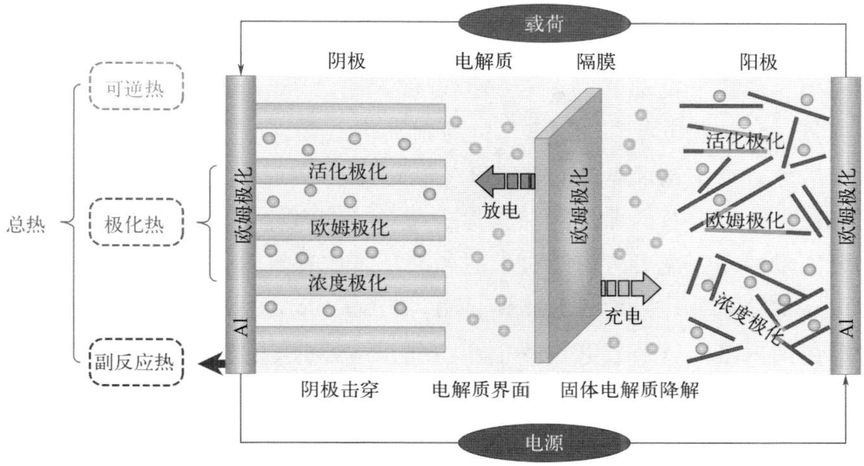

图 7-11　钠离子电池的产热原理图

7.3　储能钠电池模组的性能评价指标

7.3.1　电性能指标

如前所述，对电池模组进行评价的电性能指标包括开路电压与额定电压、工作电压范围、额定容量与能量、能量密度与功率密度、最大连续工作电流（负载功率范围）、连续放电时间、能量效率和循环寿命。模组的电性能指标随单体电池成组方式的不同而变化。利用单体串联可以提高模组的电压，利用单体并联可以提高模组的功率和容量。在相同的电压下，模组的功率决定了其最大工作电流，容量决定了其连续放电时间。模组的能量效率和循环寿命与成组的单体的一致性有关。在单体一致性可靠的前提下，它们的值可以参考单体的实测值。

7.3.2　自放电率

自放电性能与电池的储存寿命并非同一个概念。电池自放电会导致电池在储存过程中容量逐渐衰减，但电池储存过程中失去活性并非完全因为自放电引起。例如，基于固体电解质的高温储能钠电池虽然固体电解质几乎没有电子导电性，因而几乎没有自放电，但是由于活性物质的腐蚀性，电池也具有一定的储存寿命。自放电过程是由于电池内部存在副反应使活性物质质量减少的过程，自放电的速率取决于电池内部物质的化学性质和温度。锂离子电池常温下的自放电率约为1%/月，远小于镍镉电池，与铅酸电池相当。钠离子电池的自放电率较锂离子电池略高，但有报道称，钠离子电池自放电后具有99%的容量恢复率。钠硫电池和ZEBRA电池则几乎没有自放电。需要说明的是，一些文献的作者认为钠硫电池和ZEBRA电池具有一定的自放电率，可能的原因是将高温电池保温箱的保温能量折算成电池的自放电。如果是作为备用电源，这部分能量的损失需要考虑进去，但如果是非长时间搁置的应用场合，则不需要考虑这部分损失，因为研究结果表明，当ZEBRA电池连续充放时，电池充放电产生的内阻热以及放电过程中产生的反应热足以维持模组保温箱的温度，甚至需要适当地散热降温，此时保温箱的平均热损耗小于10W。长时间待机时，高温储能钠电池的平均热损耗也不大于120W。钠硫电池在电动车上的应用测试表明，加热器仅需微弱功率就可以让待机的钠硫电池保持在工作温度范围好几天的时间[26]。

7.3.3 冻融循环性能

冻融循环性能是专门针对高温储能钠电池的一项性能指标。因为要维持电池的高温工作环境，一般会外接电源或通过自身放电获得能量，而实际运行过程中可能由于各种各样的原因出现断电或电池电量不足的情形，这就会引起电池保温系统无法维持高温，电池因此必须经过冻融过程再次恢复运行。冻融循环对于高温电池的密封部件影响最大，电池在冻融过程中失效或性能退化也主要由冻融造成的电池泄漏引起。见图7-12，RIST的Jung等对钠硫电池的玻璃、热压件等密封部件在冻融过程中的承压状况进行了有限元模拟分析[27,28]。他们研究发现，玻璃密封件在封接降温过程中有残余应力累积，且玻璃密封件的热膨胀系数（CTE）及其尖端形状对玻璃接头处的应力积累产生影响。封接端面呈凸形，且热膨胀系数为$7.8\times10^{-6}K^{-1}$的玻璃密封件显示出最小的最大拉伸应力。在热循环过程中，热压连接件（TCB）接头径向剪应力集中达80～95MPa，这可能导致非均匀封接界面的破坏。增加TCB接头的界面接触面积可以显著降低径向剪切和von-Mises应力集中。例如，通过将TCB宽度从1.5mm增加到3.0mm，TCB与绝缘环接触表面的平均径向剪应力最大值由 80MPa 减小到 30MPa。通过将容器材料由铝合金（Al3003）改为不锈钢（STS430），也有助于降低径向剪切和 von-Mises 应力集中。

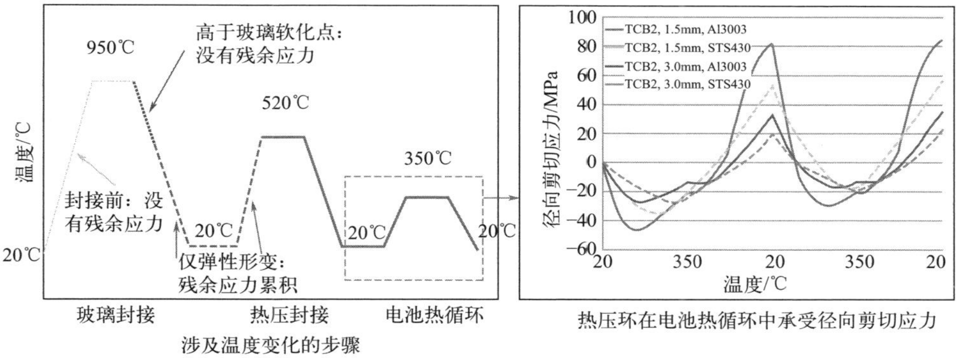

图 7-12 钠硫电池中封接件经过的热震过程以及封接件承受应力分析（另见文后彩图）

实际应用中，NGK 公司对于其钠硫电池产品给出的冻融循环指导次数为 20 次左右[1]。Beta 公司报道他们生产的 ZEBRA 电芯在使用之前都进行了 4 次升降温循环。如 7.2.3 节所述，ZEBRA 电池每年进行 2 次冻融循环的储存寿命试验已经进行了 15 年以上，没有产生明显的不利影响。在 ZEBRA 电池的车试中也极少有冻融循环在电池使用过程中造成问题的报告[26]。

7.3.4 启动时间

虽然储能钠电池在实际应用时对负载只有毫秒级的响应时间，但是高温储能钠电池在正常工作前为了保证电池系统的工作温度需要有一个从常温到高温的启动时间。对于高温储能钠电池，启动时间也可以称为预热时间，在这一时间内，电池内部的温度从常温逐渐升高至 300℃左右，再进行一段时间的保温以使电池内部的温场尽量均匀。电池的升温速率影响密封部件的稳定性，一般采用慢于 1℃/1.5min 的升温速率。我们通过监测电池保温过程中的开路电压和电池性能之间的关联性来判断电池保温几个小时以后才能满足工作条件。启动时间还与保温箱的结构设计密切相关。GE 和 FIAMM 给出的 ZEBRA 电池启动时间分别为 16～24h 和 15h。虽然高温电池需要较长时间从常温启动至工作状态，但是这对于电池的储能应用是可接受的，因为除用作备用容量以外的大部分应用场景都要求储能系统具有几天一次甚至一天多次的运行频率。在达到工作温度后，钠硫电池和 ZEBRA 电池的启动时间为 0.5ms。在这样的运行频率下，储能钠电池可以用很小代价维持高温的待机状态。钠离子电池是常温工作电池，在充电态下电池的启动时间为 ms 级。

7.3.5 实用化模组的性能参数

表 7-4 为图 3-24 中的 NGK L33 型钠硫电池模组以及中国科学院上海硅酸盐研究所与上海电气联合开发的 5kW、25kW 两个钠硫电池模组的规格参数[29]。表 7-5 为 FZ SoNick 生产的两款 ZEBRA 电池模组的性能参数。钠离子电池还未完全推向市场，目前仅有美国 Natron 能源等极少数公司发布了钠离子电池模组的性能参数。表 7-6 为中科海钠发布的两款有机体系钠离子电池模组的基本参数。表 7-7 为 Natron 能源发布的一款基于普鲁士蓝正极材料的钠离子电池模组的性能参数[30]。该模组的能量密度略高于 12Wh・kg^{-1}。江苏众钠研制的一种硫酸铁钠正极高温用钠离子电池，在 55℃环境下，满电存储 7 天，容量恢复率超过 99%，循环 1000 次，容量保持率 90%以上。他们研制的 50Ah 方形铝壳电芯，常温 25℃条件下，10C 放电容量保持率在 95%以上，低温−20℃条件下，1C 放电容量保持率在 90%以上；低温−30℃条件下，1C 放电容量保持率在 85%以上。

表 7-4 钠硫电池模组的规格参数

模块型号	NGK L33	SICCAS MCN1-5P	SICCAS MCN1-25P
额定功率/kW	34.7	5	25
额定放电电流/A	—	240	240
额定能量/kWh	208	30	150
放电时间/h	6	4～6	4～6
额定电压/V	36	28	144
过功率倍数（时间/h）	—	1.5（1）	1.5（1）
工作电流电源	—	AC：380V/1A	AC：380V/3A
待机热损失/W	900（关风扇）， 2500（开风扇）	<350	<1900
电池连接方式	—	7S3P2S	12S3P6S
适应环境温度/℃	−45～55	−20～65	−20～65
极限冻融循环次数	150℃以下 10 次， 150～250℃ 30 次	—	—
质量/kg	2300	800	3500
尺寸 $W \times D \times H$/mm	1500×2000×800	976×956×1003	2100×1700×950

表 7-5　FZ SoNick 生产的 ZEBRA 电池模组的性能参数

型号	ST523	48TL200
电池数量/只	240	200
额定容量/Ah	38	200
额定电压/V	620	48
额定能量/kWh	23.5	9.6
能量效率/%	90	—
启动时间/h	15	<14
80% DoD 循环寿命/次	4500	4500
环境温度/℃	−20～60	−20～60
质量/kg	256	105
尺寸 $W\times D\times H$/mm	624×1023×406	496×558×320
接口界面	RS485/USB 以太网/CAN 总线协议	RS485/USB 以太网/CAN 总线协议

表 7-6　中科海钠发布的钠离子电池模组的基本参数

型号	额定电压/V	工作电压范围/V	额定容量/Ah	标准工作电流/A	最大放电电流/A	环境温度/℃
DZ48V36Ah-3P16S	48	32～64	36	7.2	18	−20～55
DZ48V12Ah-4P16S	48	42～64	12	2.4	6	−20～55

表 7-7　Natron 能源发布的钠离子电池模组的性能参数

型号	额定电压/V	额定能量/kWh	额定容量/Ah	能量效率/%	循环寿命/次	最大放电电流/A	环境温度/℃	质量/kg	尺寸 $W\times D\times H$/mm
BlueTray™ 4000	50.3	0.27	5.6	>90	>25000	142	−20～40	22	43.7×431×600

7.4　储能钠电池的安全性能评价标准

近年来，电化学储能技术的技术成熟度不断提高，电化学储能领域迎来了高速发展期。随着储能市场的不断扩大，储能安全事故的风险也随之增加，尤其是实际应用中包括动力、储能等大容量场景频发的锂离子电池热失控导致的安全事故引起了人们的重视和担忧。欧盟和美国对于进入市场的储能系统都要求经过严格的认证，例如欧盟的CE认证、美国的NEBS认证等。这些认证都关联一系列的安全相关执行标准。关于电化学储能电站的建设，美国国家防火协会出台了《固定能源安装标准存储系统》的标准（NFPA 855)，中国推出了《电化学储能电站设计规范》的国家标准（GB 51048—2014)。对于电池系统的电气层面，欧盟执行IEC/EN 61000关于电磁兼容性的相关标准。具有NEBS一级认证的逆变器需要满足GR-63-CORE和GR-1089-CORE对人员和设备安全的要求。在电池系统对人类健康和自然环境安全方面，欧盟要求进入市场的电气和电子产品需要限制其中六种有害物质的使用，通过RoHS认证。本章将着重阐述储能钠电池技术相关安全标准，并介绍储能钠电池在通过相关国际安全标准测试中的测试过程和结果。

最近几年，随着储能钠电池应用范围的扩大，其技术安全相关的标准也不断更新。表7-8总结了储能钠电池安全相关的标准及其涵盖范围。IEEE 1679.2-2018标准提出钠-beta电池产品应进行机械冲击（跌落）、运输振动、地震和正常运行环境振动的测试和分级，以保证电池系统在预期的地理条件、设施条件和运输方式下正常运行。除此之外，钠-beta电池系统必须在所有电子控制和安全装置都到位的情况下实施滥用测试，以确定其在各种条件下的安全反应。滥用测试包括以下三个不同的领域：电气滥用，环境滥用，机械滥用。电气滥用测试应适合电池的化学和结构，可包括以下方面：①充电器故障；②外部短路；③设置不当或低压断开故障；④外部电源故障引起的热循环；⑤模组反向接线连接（安装不当)；⑥耐静电放电（ESD)；⑦绝缘耐压测试；⑧抗辐射干扰；⑨抗传导干扰。环境滥用可包括下列项目：①可操作的高温；②可操作的低温；③低温启动；④温度循环；⑤冻融循环；⑥盐雾测试；⑦聚合物阻燃测试；⑧针刺测试；⑨火焰蔓延的标准；⑩部分/完全浸泡在盐水中。机械滥用可包括下列项目：①机械冲击（跌落)；②运输振动；③安装和设备的振动；④地震；⑤粉碎；⑥穿刺/渗透；⑦安装方向。

表7-8 储能钠电池安全相关的标准及其涵盖范围

标准编号	标准名称	涵盖范围	公布年份
IEEE 1679.2-2018	IEEE Guide for the Characterization and Evaluation of Sodium-Beta Batteries in Stationary Applications	钠-beta电池的技术说明、操作参数、故障模式、安全信息、电池架构以及鉴定和应用考虑	2018

续表

标准编号	标准名称	涵盖范围	公布年份
UL 9540A	Test Method for Evaluating Thermal Runaway Fire Propagation in Battery Energy Storage Systems	与电池系统热失控有关的火灾安全隐患的测试方法	2018
IEC/EN 62485-2	Safety requirements forsecondary batteries andbattery installations	二次电池和电池安装的安全要求	2018
IEC 62984-2	High Temperature secondary Batteries-Part 2：Safety requirements and tests	高温二次电池的安全要求和测试	2021
Telcordia GR-3176-CORE	Generic Requirements for Sodium Nickel Chloride（Molten Salt）Batteries for Telecommunications Applications	钠-金属氯化镍（熔盐）电池在通信领域应用的通用要求	2015
IEC 62933-5-2	Electricalenergy storage（EES）systems Part 5-2：Safety requirementsfor grid integrated EES systems-electrochemical based systems	基于电化学体系的电网集成电气工程系统的安全要求	2020
IEEE P2030. 3-2016	Standard fortest procedures for electricenergy storage equipmentand systems for electricpower systems applications	电力系统用电力储能设备和系统的测试标准程序	2016

2011年9月，东京电力公司为三菱材料株式会社筑波厂安装的钠硫电池（NGK生产）系统发生火灾。这一事件在一定程度上造成了业界对于钠硫电池安全性的担忧。其后，NGK先对正在运行的钠硫电池电站的模组和系统进行安全隐患维护，然后对新生产的电池在电芯层面和模组层面同时采取了多种提高安全保障的新措施。2015年，在意大利，钠硫电池的电芯和模组经过了严谨的风险评估，包括内源性短路和外源性火灾、地震、洪水、直接和间接闪电、蓄意破坏、高空坠落等滥用场景[1]。表7-9显示了对钠硫电池所进行的安全评估条件和结果。评估结果显示，经过安全性提升的钠硫电池电芯和模组在严苛的滥用测试中具有较高的安全可靠性。

表 7-9　钠硫电池在欧洲所做的安全评估条件和结果

测试项目	结果图片	测试结果
外部短路	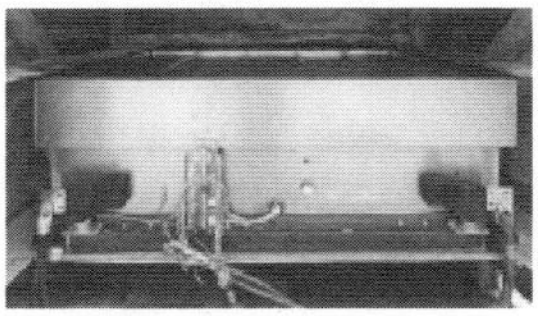	无物质泄漏 无损坏 蜂鸣声
外部火焰	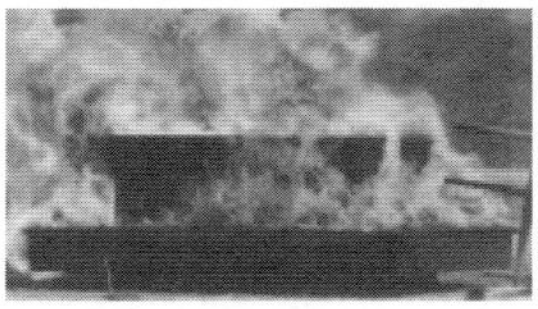	外箱在火焰中（890℃）1h 以上 无物质泄漏 无模块火情
外部浸水		水中浸泡 12h 以上 无物质泄漏 无模块火情
3m 以上坠落		模块外壳碰撞部分的变形 无物质泄漏 无模块火情

2017 年，FIAMM SoNick 公司根据标准 UL 9540A 对其钠-beta 电池（ZEBRA 电池）产品进行了安全性测试。该测试方法评估了经历热失控的电池储能系统的火灾特性。测试生成的数据将用于确定安装电池储能系统所需的防火和防爆系统。测试从单芯、模组和电池单元架三个层面进行安全性能评估。图 7-13 显示了进行 UL 9540A 标准测试的 FZ SoNick ZEBRA 电池。电芯层面一共提供 10 只已充放电循环 10 次的电芯样品（标准要求至少经历 3 次充放电循环）。模组层面提供 2 套符合规范的模组样品。表 7-10 给出了 FZ SoNick ZEBRA 电池基于 UL 9540A 标准进行安全性能测试的方法与结果。在多种苛刻的滥用条件下，除了很少量的气体释放外，ZEBRA 电池无任何热失控的情况出现。

钠离子电池的热失控过程与锂离子电池类似，如图 7-14 所示，分为三个阶段[24]。第一阶段是电池过热（图中曲线蓝色段）。由于循环过程中电流分布不均匀，电池内各区域的产热率不均匀。尤其是充放电速率较大时，容易出现电池局部过热的情况。第二阶段是蓄热阶段（图中曲线绿色段）。在这一阶段，由于放热的化学链式反应，电池内的温度迅速上升，最终导致第三阶段，即热失控阶段的发生（图中曲线红色段）。

ML3X电芯　　48TL200模组　　电池单元台架

图 7-13　进行 UL 9540A 标准测试的 FIAMM SoNick ZEBRA 电池

表 7-10　FZ SoNick ZEBRA 电池基于 UL 9540A 标准进行安全性能测试的方法与结果

测试对象	测试方法	测试参数	测试结果
ML3X 电芯	过充	恒流充电至 3.3V，接着 3.3V 恒压充电至 0A	内部放热但未热失控，电池表面最高温度 780℃，少量气体释放（<0.5L），气体成分：9.6% CO，22.4% CO_2，63.9% H_2，4% 碳氢化合物
	外部短路	并联 2.5mΩ 电阻	
	外部短路	并联 0.53mΩ 电阻	
	针刺	穿透外壳和钠电极	
	针刺	穿透外壳和陶瓷隔膜	
	外部超温	800℃保温 1h	
48TL200 模组	外部短路	短路模组内部一根电芯	无热失控、无火焰、无碎屑飞溅，少量气体释放（<1L 甲烷）
	针刺	针刺穿透边排的电芯	无热失控、无火焰、无碎屑飞溅，有气体释放（3L CO，49L 甲烷）

钠离子电池的安全性能与所采用的电池体系密切相关，其中电极材料充放电单位容量的产热量以及电解质和隔膜等材料的热稳定性对电池安全性能影响较大。图 7-15 对比了不同正极体系的锂离子电池和钠离子电池放出单位安时容量的产热量[31,32]。磷酸钒钠（NVP）/硬碳基的钠离子电池的放热量介于

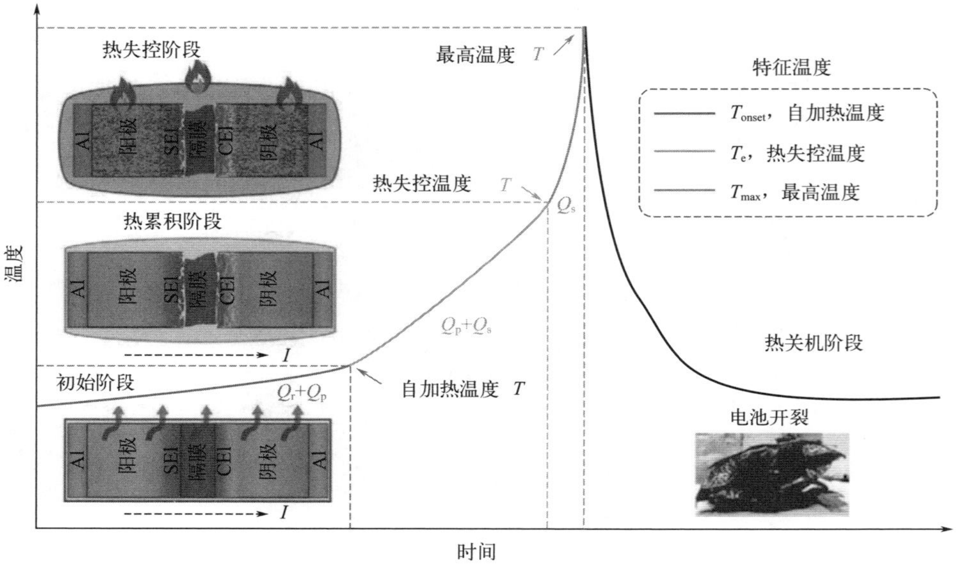

图 7-14　钠离子电池的热失控过程（另见文后彩图）

富钴的镍钴锰三元正极（Co-rich NCM）和富镍的镍钴锰三元正极（Ni-rich NCM）之间，不同价态离子掺杂的 NVP 正极可适当降低电池的产热量。在保证电池性能的前提下，发展热稳定性更好的电解质（电解液、凝胶电解质或固体电解质）和隔膜也是高安全性钠离子电池探索的方向。

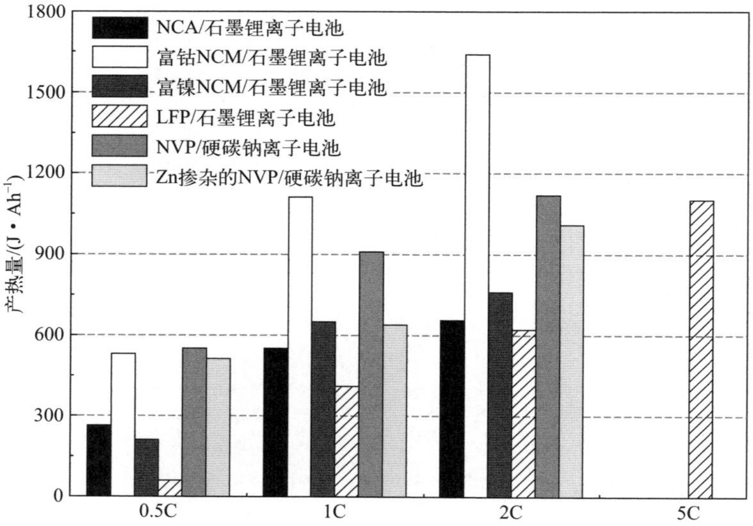

图 7-15　不同正极体系的锂离子电池和钠离子电池放出单位安时容量的产热量

7.5 小结

本章对储能钠电池单体和模组的电性能和安全性能的评价指标进行了详细介绍。从电池的实际应用出发，单体的性能参数起决定作用。表 7-11 总结了三种主要的储能钠电池单体综合性能评价的数据。钠硫电池和 ZEBRA 电池具有较高的能量密度和功率密度、长的循环寿命、好的环境温度适应性、无自放电和高的能量效率等特性；钠离子电池具有较高的能量密度和功率密度以及室温工作等特性。如前所述，钠硫电池还具有瞬时大功率输出和长时放电等应用优势，ZEBRA 电池具有高的安全性能等特性。通过对储能钠电池的电性能和安全性能进行系统总结，可以更加清晰地了解几种储能钠电池技术的特性以及它们的优缺点，以便寻求合适的应用领域和进一步研发性能更加优异的储能钠电池体系。

表 7-11　钠硫电池、ZEBRA 电池和钠离子电池单体的性能参数[1,3-5,30,33-36]

评价指标	钠硫电池	ZEBRA 电池	钠离子电池
质量能量密度/($Wh \cdot kg^{-1}$)	200～250（2016①）	110～140（2016）	75～150[3,35,36]（2020）
体积能量密度/($Wh \cdot L^{-1}$)	300～480（2016）	220～260（2016）	180～280[34]（2020）
质量功率密度/($W \cdot kg^{-1}$)	150～240（2018）	245～260（2016）	—
体积功率密度/($W \cdot L^{-1}$)	150～270（2015）	280（2016）	—
能量效率/%	约 90	82～91	85～90[3,36]
循环寿命/次	4500（2018）	5000（2009）	800～5000[31,34]
工作温度/℃	300～350	270～330	约 20
工作环境温度/℃	－40～65	－40～65	－20～40
自放电率/%	约 0	约 0	每天 1～5
冻融循环次数/次	20	20	—
启动时间/h	16～24	16～24	约 0
安全性	风险可控	高安全性	风险可控

① 数据更新的年份。

参考文献

[1] Andriollo M, Benato R, Dambone Sessa S, et al. Energy intensive electrochemical storage in Italy: 34.8MW sodium-sulphur secondary cells. Journal of Energy Storage, 2016 (5): 146-155.

[2] Nikiforidis G, van de Sanden M C M, Tsampas M N. High and intermediate temperature sodium-sulfur batteries for energy storage: development, challenges and perspectives. RSC Advances, 2019 (9): 5649-5673.

[3] 容晓晖，陆雅翔，戚兴国，等. 钠离子电池：从基础研究到工程化探索. 储能科学与技术，2020 (9): 515-522.

[4] Sudworth J, Galloway R. Encyclopedia of electrochemical power sources. Elsevier Science, 2009.

[5] Hosseinifar M, Petric A. Effect of high charge rate on cycle life of ZEBRA($Na/NiCl_2$) cells. Journal of The Electrochemical Society, 2016 (163): A1226-A1231.

[6] Dustmann C H. Advances in ZEBRA batteries. Journal of Power Sources, 2004 (127): 85-92.

[7] DOE Global Energy Storage Database, 2020.

[8] Le P M L, Vo T D, Pan H, et al. Excellent cycling stability of sodium anode enabled by a stable solid electrolyte interphase formed in ether-based electrolytes. Advanced Functional Materials, 2020 (30): 2001151.

[9] Chen D, Zhang W, Luo K, et al. Hard carbon for sodium storage: mechanism and optimization strategies toward commercialization. Energy & Environmental Science, 2021 (14): 2244-2262.

[10] Song J, Wang K, Zheng J, et al. Controlling surface phase transition and chemical reactivity of O3-layered metal oxide cathodes for high-performance Na-ion batteries. ACS Energy Letters, 2020 (5): 1718-1725.

[11] You Y, Manthiram A. Progress in high-voltage cathode materials for rechargeable sodium-ion batteries. Advanced Energy Materials, 2018 (8): 1701785.

[12] Vins M, Sirovy M. Sodium-sulfur batteries for energy storage applications simplified sodium-sulfur battery modeling in simulink//Rusek S, Gono R (Eds.). Proceedings of the 2019 20th International Scientific Conference on Electric Power Engineering, 2019: 581-585.

[13] Wang S, Pan Z, Zhao J, et al. Study of discharge characteristics of sodium/$NiCl_2$ cell using electrochemical impedance spectroscopy. Journal of the Electrochemical Society, 2013 (160): A458-A463.

[14] Hosseinifar M, Petric A. high temperature versus low temperature Zebra ($Na/NiCl_2$) cell performance. Journal of Power Sources, 2012 (206): 402-408.

[15] Gerovasili E, May J F, Sauer D U. Experimental evaluation of the performance of the sodium metal chloride battery below usual operating temperatures. Journal of Power Sources, 2014 (251): 137-144.

[16] Lu X, Li G, Kim J Y, et al. The effects of temperature on the electrochemical performance of sodium-nickel chloride batteries. Journal of Power Sources, 2012 (215): 288-295.

[17] Li G, Lu X, Kim J Y, et al. Improved cycling behavior of ZEBRA battery operated at intermediate temperature of 175℃. Journal of Power Sources, 2014 (249): 414-417.

[18] Gao X, Hu Y, Li Y, et al. High-rate and long-life intermediate-temperature Na-$NiCl_2$ battery with dual-functional Ni-carbon composite nanofiber network. ACS Appl Mater Interfaces, 2020 (12): 24767-24776.

[19] Li Y, Shi L, Gao X, et al. Constructing a charged-state Na-$NiCl_2$ battery with $NiCl_2$/graphene aerogel composite as cathode. Chemical Engineering Journal, 2020.

[20] Li Y, Wu X, Wang J, et al. Ni-less cathode with 3D free-standing conductive network for planar Na-$NiCl_2$ batteries. Chemical Engineering Journal, 2020 (387).

[21] You Y, Yao H R, Xin S, et al. Subzero-temperature cathode for a sodium-ion battery. Advanced materials (Deerfield Beach, Fla.), 2016 (28): 7243-7248.

[22] Wang Y Y, Hou B H, Guo J Z, et al. An ultralong lifespan and low-temperature workable sodium-ion full battery for stationary energy storage. Advanced Energy Materials, 2018 (8).

[23] Li Q, Jiang K, Li X, et al. A high-crystalline $NaV_{1.25}Ti_{0.75}O_4$ anode for wide-temperature sodium-ion battery. Advanced Energy Materials, 2018 (8): 1801162.

[24] Yang C, Xin S, Mai L, et al. Materials design for high-safety sodium-ion battery. Advanced Energy Materials, 2020 (11): 2000974.

[25] Sun Y, Shi P, Xiang H, et al. High-safety nonaqueous electrolytes and interphases for sodium-ion batteries. Small, 2019 (15): 1805479.

[26] Sudworth J. Modern batteries: an introduction to electrochemical power sources. 2nd Edition. Oxfordshire: Butterworth-Heinemann, 1997.

[27] Jung K, Lee S, Kim G, et al. Stress analyses for the glass joints of contemporary sodium sulfur batteries. Journal of Power Sources, 2014 (269): 773-782.

[28] Jung K, Lee S, Park Y C, et al. Finite element analysis study on the thermomechanical stability of thermal compression bonding (TCB) joints in tubular sodium sulfur cells. Journal of Power Sources, 2014 (250): 1-14.

[29] Tamakoshi T. Development of sodium sulfur battery and application//Grand Renewable Energy 2018 Proceedings, Japan, 2018: O-En-2-9.

[30] Energy N. Introducing BlueTray® 4000, 2021.

[31] Manikandan B, Yap C, Balaya P. Towards understanding heat generation characteristics of Li-ion batteries by calorimetry, impedance, and potentiometry studies. Journal of the Electrochemical Society, 2017 (164): A2794-A2800.

[32] Subasinghe L U, Satyanarayana Reddy G, Rudola A, et al. Analysis of heat generation and impedance characteristics of Prussian blue analogue cathode-based 18650-type sodium-ion cells. Journal of The Electrochemical Society, 2020 (167): 110504.

[33] Hirsh H S, Li Y, Tan D H S, et al. Sodium-ion batteries paving the way for grid energy storage. Advanced Energy Materials, 2020 (10): 2001274.

[34] Skundin A M, Kulova T L, Yaroslavtsev A B. Sodium-ion batteries (a review). Russian Journal of

Electrochemistry，2018（54）：113-152.

[35] Abraham K M. How comparable are sodium-ion batteries to lithium-ion counterparts?. ACS Energy Letters，2020（5）：3544-3547.

[36] Lee M，Hong J，Lopez J，et al. High-performance sodium-organic battery by realizing four-sodium storage in disodium rhodizonate. Nature Energy，2017（2）：861-868.

第 8 章

储能钠电池的成本分析与可持续发展

8.1 引言 312
8.2 原材料资源可用性 313
8.3 生产制造成本分析 314
8.4 生命周期成本 319
8.5 生命周期评估 322
8.6 回收可再生循环性 326
8.7 小结 332

8.1 引言

一种储能技术能否被储能市场所接受，取决于储能技术的成本和性能的综合评价机制。首先技术成本能控制在市场预算以下，其次技术的性能指标能满足应用场景的要求。储能技术的成本分析与成本控制策略决定了该项技术当前和预期的成本高低，很大程度上决定了该项技术的市场接受度。

见图 8-1，电化学储能系统的建设成本主要包括以下 6 个方面：①电池包成本；②电池框架成本；③PCS 与系统集成成本；④基建工程投入；⑤人力成本；⑥物料运输成本。对于钠硫电池储能系统，电池包成本占系统建设成本的 45%左右。电化学储能系统的运维成本是从系统试运行到使用寿命结束前系统连续运行所产生的所有成本之和，主要包括以下几个方面：①电池更换；②系统监控；③系统管理；④辅助用电。其中电池相关的运维成本相比其他类型的运维成本更高。最后，储能系统寿命结束后还需要考虑电池及其控制电路的回收成本和电池污染控制的成本。对储能钠电池本身进行全生命周期的成本控制是降低系统成本的有效途径。

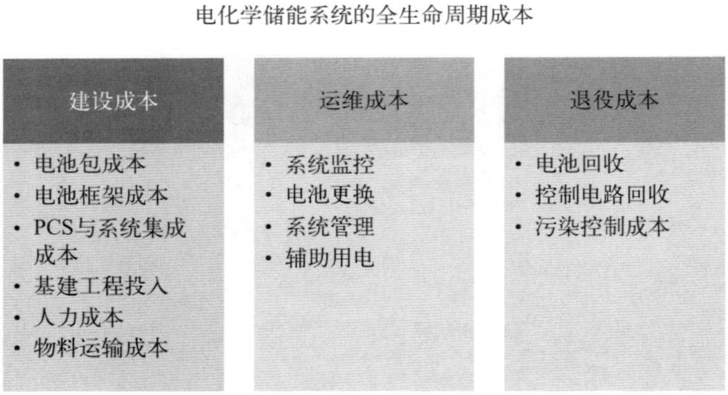

图 8-1　电化学储能系统的全生命周期成本涵盖的范围

一种储能技术的长期可持续发展一方面与它的技术成熟度和成本下降预期空间有关，另一方面依赖于该技术所使用原材料和部件的资源储量与资源分布，也就是原材料和部件供应的长期稳定性。本章将从储能钠电池的原材料资源可用性出发，结合电池生产制造成本分析、生命周期分析和回收与可再生循环成本分析，对三种主要储能钠电池技术的电池相关成本进行整体把握。

8.2 原材料资源可用性

所有元素中钠元素在地壳中含量排第六，约 23600$\mu g \cdot g^{-1}$。作为最重要的钠电池原料之一的碳酸钠（Na_2CO_3），其价格常年稳定在每吨 150 美元上下。2018 年，碳酸锂（Li_2CO_3）原料的价格疯涨至每吨 17000 美元。尽管 2019 年 Li_2CO_3 价格回落至每吨 13000 美元，Na_2CO_3 的价格仍不到其价格的 1.2%。

表 8-1 给出了钠硫电池、ZEBRA 电池和钠离子电池各个部件涉及的多种材料。表 8-2 给出了储能钠/锂电池相关金属和非金属的地壳丰度和近期成交价格。Al 和 Fe 资源储量大且价格低廉，广泛应用于储能钠/锂电池的外壳、密封等部件。在储能钠电池中，由于没有使用任何稀有或昂贵金属，钠硫电池比其他几种电池具有更明显的资源和成本优势。ZEBRA 电池中最昂贵的是用于正极的金属镍。下面讨论多种主流电池中金属镍的利用率问题。MES-DEA 公司文献指出，与 NiMH 或 Ni-Cd 电池相比，ZEBRA 电池技术更有效地利用金属镍，因此其存储每千瓦时电使用 1.53kg 镍，而 NiMH 电池为 6.8kg · kWh^{-1}，Ni-Cd 电池为 3.5kg · kWh^{-1}。这部分是因为 ZEBRA 电池的电压（2.58V）是其他镍系电池（1.2V）的两倍以上。锂离子电池的三元正极使用锰、镍和钴等金属，镍用量一般低于 2.5kg · kWh^{-1}，但它仍可能是正极中质量仅次于锰的第二种金属，因此其金属镍的用量与 ZEBRA 技术中使用的量相当[1]。ZEBRA 电池中使用的其他主要化学物质是铁、氯化钠和氧化铝。这些物质价廉，而且几乎取之不尽。钠离子电池正极材料的优选有过渡金属三元正极或磷酸钒钠，其中个别过渡金属和钒金属的价格居高不下，可能在一定程度上影响钠离子电池的成本。

表 8-1　钠硫电池、ZEBRA 电池和钠离子电池各个部件涉及的多种材料

主要电池部件	钠硫电池	ZEBRA 电池	钠离子电池
外壳	Al/钢	钢	Al
正极	S、C	Ni、Fe、NaCl	Ni、Mn、Cu、Fe 等过渡金属盐或 V_2O_5、磷酸盐
负极	Na、钢	钢	C 或硫化物或氟化物等
隔膜	Na-β''-Al_2O_3	Na-β''-Al_2O_3	PP 或 PE 或玻璃纤维
密封	α-Al_2O_3 陶瓷、玻璃、Al	α-Al_2O_3 陶瓷、玻璃、Al	密封胶或橡胶密封圈

表 8-2 储能钠/锂电池相关金属和非金属的地壳丰度和近期成交价格

化学物质	金属							非金属			
	Al	Cu	Zn	Ni	Co	Mn	钢（Fe）	V	S	C	Cl
地壳丰度①/(μg・g^{-1})	82300	60	70	84	25	950	56300	120	350	200	145
价格①/(美元・kg^{-1})	2.45	9.99	2.94	17.99	45.2	2.7	0.48～0.88	420	—	—	—

① 数据来源：Lumenlearning 公开课程 Geology；伦敦金属交易所，2021 年 5 月 5 日[2,3]；长江有色金属网 2021 年 5 月 12 日。

8.3 生产制造成本分析

电池的生产制造成本是电化学储能系统建设成本中除基建、运输外的主要成本组成，也是随技术进步和市场变化波动较大的部分。这部分成本通常分为材料成本和生产成本，其中材料成本包括电芯材料及电池包材料，生产成本包括能耗成本、人力成本、设备折旧及其他制造费用。

8.3.1 ZEBRA 电池的生产制造成本

表 8-3 给出了 ZEBRA 电芯和电池制造所用原材料及其用量。根据制造地区不同，原材料的运输成本和电池包装材料的成本差异较大。因此，这部分成本不作详述。核算下来，ZEBRA 电池的总材料成本不到 40 美元・kWh^{-1}。另外，ZEBRA 电池正极中铁可能取代镍成为正极材料主体。在这种情况下，钠-氯化镍电池变成了钠-氯化亚铁电池。事实上，从 1998 年开始，ZEBRA 电池的第二代产品已经使用了 4∶1 的镍和铁混合正极。ZEBRA 电池电芯制造的自动化程度较高，单个电芯的制造消耗 7.13MJ 电和 116MJ 天然气，电芯制造的原料成本占电芯总成本的 70%。

表 8-3 ZEBRA 电芯和电池制造所用原材料及其用量

部件/组成	材料	质量/(kg・kWh^{-1})
电芯外壳	镀镍冷轧带钢	0.73
电芯陶瓷隔膜	水软铝石	2.27
	碳酸钠	0.4
	水	30.63
电芯封接件	α-Al_2O_3	0.06
	热压镍环	0.19
	镀镍钢	0.83

续表

部件/组成	材料	质量/(kg·kWh^{-1})
电芯电极材料	镍粉	1.25
	氯化钠	1.46
	氯化铝	0.83
电芯集流体	镍片	0.36
电池包外壳	不锈钢	1.146
绝热保温层	玻璃棉	1.042
电池包加热器	硅碳	0.037
电池间绝缘	云母	0.037
电缆	镍合金	0.021
电池间连接片	镍	0.038
其他	—	0.160

表 8-4 为 MES-DEA 公司 2003 年测算的 21kWh ZEBRA 电池包的生产制造成本[4]。由于钠硫电池和 ZEBRA 电池高温运行，因此需要具有良好隔热性能的电池包保温箱，该成本不可忽略。保温箱外壳通常是由内部真空的双层壁不锈钢制作，以将箱体导热最小化。然而，随着电池尺寸的增加，保温箱的成本较电池成本上升速度慢，所以容量更大的电池保温箱成本相对更低。目前，电池包制造的自动化程度低，电池包原料成本占电池包总成本的 50%。控制器的成本也与电池尺寸无关，增大电池尺寸将提高规模经济的优势。电池控制系统的平均成本为 250 美元。一个容量为 42.4kWh 的 ZEBRA 电池的生产成本约为 3080 美元（以镍价每千克 18 美元计算）。MES-DEA 假设生产成本为售价的 2/3，42.4kWh ZEBRA 电池的价格约为 4621 美元或 109 美元·kWh^{-1}。如果考虑保温箱及其控制系统的成本，那么可以预计 ZEBRA 电池的制造成本与钠硫电池相当。

表 8-4　MES-DEA 公司 2003 年测算的 21kWh ZEBRA 电池包的生产制造成本

部件/组成	费用类型	单价/(美元·kWh^{-1})	总价/美元
电芯	材料费	28.28	599.6
	组装费	12.12	257.0
	能源动力费	1.7	36.0
电池包	材料费	9.37	198.6
	组装费	9.37	198.6
电池控制器	—	—	250
总计	—	72.63①	1539.9①

① 本表引自文献 [4]。

8.3.2 钠硫电池的生产制造成本

钠硫电池的原材料和生产制造过程与ZEBRA电池有很多相似之处。不同的是，钠硫电池的正极材料仅含硫和碳，原材料成本更低。但是，钠硫电池的负极装载大量金属钠，并需要预制安全管，电池保温箱需要填充阻燃物，这些都在一定程度上导致了更高的制造成本。因此，钠硫电池较高的生产制造成本（约2000美元・kW^{-1}，250美元・kWh^{-1}）仍然是制约其发展的一个重要问题。图8-2显示了随着钠硫电池生产能力的扩大，其成本会快速下降[5,6]。

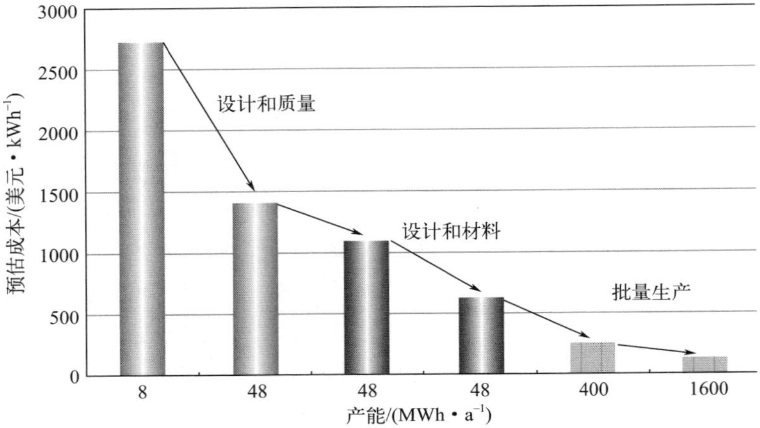

图8-2 钠硫电池生产成本随生产能力的变化趋势

8.3.3 钠离子电池的生产制造成本

钠离子电池的生产制造过程与锂离子电池有很多相似之处。不同的是，钠离子电池的电极材料及其生产工艺各有千秋，生产制造成本的数据稳定性较差。2018年，Vaalma等使用电池的性能和成本（battery performance and cost，BatPaC）模型对钠和锂离子电池进行了材料的成本分析，并明确电池中锂更换为钠和负极集流体铜更换为铝对成本的影响[7]。BatPaC是美国阿贡国家实验室建立的一个自下而上的成本模型，涵盖了电池生产过程中的每一个步骤。他们的研究对象是一个7kW/11.5kWh电池，为固定应用定制，确保不间断和部分独立的电力供应。锂离子电池体系为$LiMn_2O_4$(LMO)//人造石墨；钠离子电池体系为β-$NaMnO_2$(NMO)//硬碳。按2015年的原材料价格计算，锂成本占电池材料总成本的约4.3%，占最终电池成本的约1.5%。图8-3显示了他们测算的11.5kWh锂离子电池电芯和钠离子电池电芯材料成本的对比。

钠离子电池比相似体系的锂离子电池材料成本下降约 12%，主要下降来源是钠替代锂以及铝替代铜。LMO 正极材料每千瓦时需要 104g 锂。如果这部分锂被钠替代，累计节省 38.95 美元，约占电芯材料成本的 3.8%。用 15μm 厚的铝箔代替 10μm 厚的铜箔，质量降低了 55%，体积增加了 50%，成本降低 89 美元，约占电芯材料成本的 8.7%和相应电池成本的 3.0%。图 8-4 给出了他们测算的 11.5kWh 锂离子电池和钠离子电池模组现在和改进后的质量、体积和成本。改进后的电池体系设置为 NCM622//天然石墨、优化的钠离子电池正极材料//磷-硬碳复合材料。电池的成本比电芯材料成本要高得多，因为考虑了如人力、能源、电池外壳、电池管理系统、电池热管理单元和管理费用等项目。他们指出，若用 NCM622 替代 LMO，天然石墨代替人工石墨，锂离子电池的成本会相应下降。钠离子电池的质量/体积能量密度略低于锂离子电池，成本在一段时间内都会略高于锂离子电池。

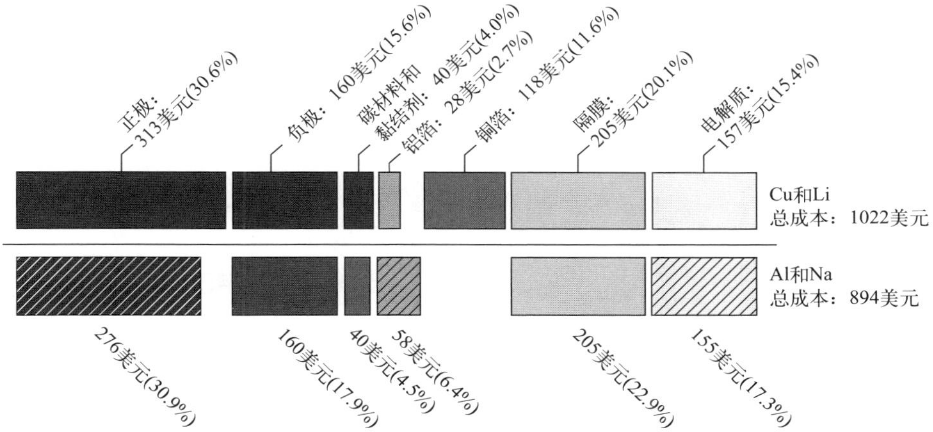

图 8-3　Vaalma 等测算的 11.5kWh 锂离子电池电芯和钠离子电池电芯材料成本的对比

2019 年，Peters 等对钠离子电池（SIB）、三元锂离子电池（NMC）和磷酸铁锂基锂离子电池（LFP）进行了成本测算[8]。作为研究对象的钠离子电池采用镍-锰-镁-钛四元层状氧化物正极、硬碳负极、PE 隔膜以及钠盐的 EC/DMC 电解液。三元锂离子电池的镍锰钴比例为 1∶1∶1。图 8-5 解析了以上三种电池的度电成本。LFP 电池度电成本最高，为 229.3 欧元 · kWh^{-1}，其次是 SIB 的 223.4 欧元 · kWh^{-1}。NMC 电池最低，为 168.5 欧元 · kWh^{-1}，这主要是因为它较高的能量密度。材料成本占最终电池价格的 37%～42%，折旧成本占 18%～19%。这一测算值高于 Vaalma 等的结果，一是因为他们选取的研究对象不同，二是 Vaalma 等未考虑电池硬件的材料成本。另外，包括工

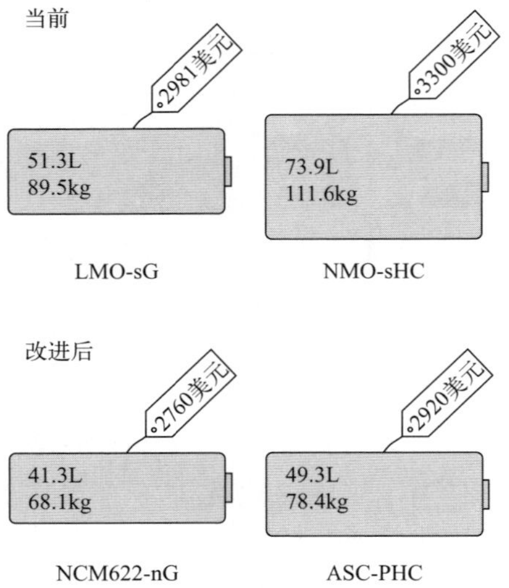

图 8-4 Vaalma 等测算的 11.5kWh 锂离子电池和钠离子电池模组现在和改进后的质量、体积和成本

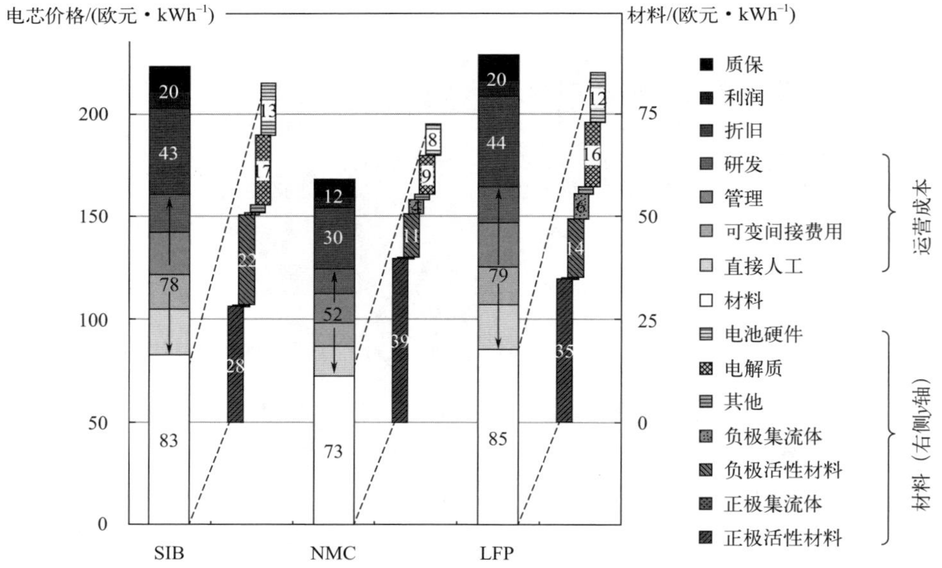

图 8-5 钠离子电池与锂离子电池的度电成本解析

厂制造、研发在内的运营成本在 32%～35%之间，而这些很大程度上取决于工厂的规模和年产量。最近有报道显示，钠离子电池的度电成本为 250～300 美元[9]。

8.4 生命周期成本

储能系统的生命周期成本（life cycle cost，LCC）涵盖了电池系统的建设成本和运维成本。2019 年 PNNL 做出了电化学及其他储能技术全生命周期成本描述和分析的报告，其中包括对钠硫电池、钠-氯化镍电池、锂离子电池等化学电源系统的成本估算[10]。他们将电池系统的建设成本分为容量成本（美元·kWh^{-1}）、功率转换系统（power conversion system，PCS）成本（美元·kW^{-1}）、电厂辅助设施（balance of plant，BoP）成本（美元·kW^{-1}）、建设和调试（construction and commissioning，C&C）成本（美元·kWh^{-1}）；运维成本分为固定运维成本（美元·kW^{-1}·a^{-1}）、可变运维成本（美分·kWh^{-1}·a^{-1}），其中固定运维成本包括储能系统在其寿命期内不因系统运行而波动的所有所需成本。这个值相对于存储系统的额定功率进行规范化，表示为美元·kW^{-1}·a^{-1}；可变运维成本包含了储能系统在其寿命期间运行所需的所有运维成本，依据前期电池系统运营状况统一取值为 0.3 美分·kWh^{-1}·a^{-1}。他们同时还评估了各项储能技术的系统效率年衰减率、应用响应时间、使用年限、制造成熟度和技术成熟度。表 8-5 为 PNNL 给出的钠硫电池、钠-氯化镍电池、锂离子电池储能系统的成本评估表。ZEBRA 电池的容量成本远高于 8.3.1 节中 MES-DEA 公司估算的电池生产制造成本，主要原因可能是 MES-DEA 公司没有考虑保温箱及 BMS 控制系统，并且考虑量产带来的成本下降。钠离子电池因其尚未开始大规模的储能应用，因此其生命周期成本不明确，但可以借鉴锂离子电池的数据。短期内储能钠电池系统的建设成本高于锂离子电池，主要是因为容量和 PCS 的成本偏高，但是其系统的年衰减率小于锂离子电池，使用寿命更长。

表 8-5 PNNL 给出的钠硫电池、钠-氯化镍电池、锂离子电池储能系统的成本评估表

项目	钠硫电池		ZEBRA 电池		锂离子电池	
	2018 年	2025 年	2018 年	2025 年	2018 年	2025 年
容量成本 /(美元·kWh^{-1})	661 (400～1000)	465 (300～675)	700 (520～1000)	482 (364～630)	271 (223～323)	189 (156～203)
PCS /(美元·kW^{-1})	350 (230～470)	211 (184～329)	350 (230～470)	211 (184～329)	288 (230～470)	211 (184～329)
BoP /(美元·kW^{-1})	100 (80～120)	95 (75～115)	100 (80～120)	95 (75～115)	100 (80～120)	95 (75～115)

续表

项目	钠硫电池		ZEBRA 电池		锂离子电池	
	2018 年	2025 年	2018 年	2025 年	2018 年	2025 年
C&C /(美元·kWh^{-1})	133 (121～145)	127 (115～138)	115 (105～126)	110 (100～119)	101 (92～110)	96 (87～105)
总建设成本 /(美元·kW^{-1})	3626 (2394～5170)	2674 (1919～3696)	3710 (2810～5094)	2674 (2115～3440)	1876 (1570～2322)	1446 (1231～1676)
总建设成本 /(美元·kWh^{-1})	970 (599～1293)	669 (480～924)	928 (703～1274)	669 (529～860)	469 (393～581)	362 (308～419)
固定运维成本 /(美元·kW^{-1}·a^{-1})	10	8	10	8	10	8
可变运维成本 /(美分·kWh^{-1}·a^{-1})	0.03	0.03	0.03	0.03	0.03	0.03
系统效率年衰减率/%	0.34		0.35		0.5	
应用响应时间/s	1		1		1	
使用年限/a	13.5		10		12.5	

储能系统的生命周期成本被证实与应用场景有直接的关系。根据应用场景配备不同能量/功率（E/P）比值的储能系统将导致储能系统不同的生命周期成本。如图 8-6 所示，Baumann 等评估了多种锂离子电池、ZEBRA 电池和液流电池（VRFB）在能量时移（ETS，也称削峰填谷）、光伏自消纳（PVSC）、一级调频（PR）和可再生能源并网（RS）四种应用场景下的生命周期成本[11]。四种应用情况下，每千瓦时的 LCC 差异很大。图中，ZEBRA 技术以较浅的颜色显示，VRFB 技术以虚线表示，这是由于该技术可获得的数据质量较差导致的高不确定性。虽然 ETS、PVSC 和 RS 的成本水平相近，但 PR 的成本和相应的不确定性明显更高，这突出了针对所需应用进行存储系统优化设计的重要性。具体来说，ETS 的 E/P 为 4，属于低功耗应用一类。相对较长的应用周期与相对较低的初始投资成本相结合，可获得最低的 LCC。LMO 和 VRLA 成本最高的主要原因是它们的循环寿命更短。PVSC 要求储能系统仅占据相对较小的存储空间。该应用场景下的电池系统 LCC 普遍高于 ETS 场景，原因主要是每年较低的运行小时数（约 900h·a^{-1}）和光伏发电更高的成本。PR 应用的 E/P 很低，属于功率型应用类，具有短时多次的特点，总的年运行时间较短（约 230h·a^{-1}）。这导致所有电池类型的更换频率提高，投资成本显著增加，成本的不确定性也增大，特别是对于具有中等 LCC 的 VRFB。PR 应用的整体成本与 ETS 相当。高的 E/P 比率有利于 VRFB 获得与锂离子

电池相当的成本，主要是因为其初始投资成本较低。在所有这几类应用场景中，ZEBRA 电池的生命周期成本都具有极大的竞争力，也体现出其巨大的应用潜力。

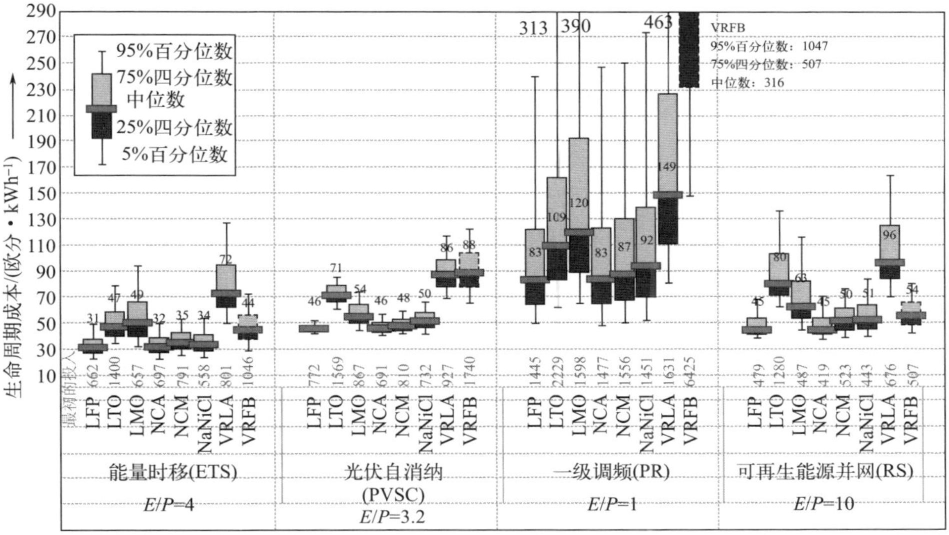

图 8-6　多种锂离子电池、ZEBRA 电池和液流电池在能量时移、光伏自消纳、一级调频和可再生能源并网四种应用场景下的生命周期成本（另见文后彩图）

钠硫电池系统一般是集装箱式设计。单个电芯串并联成模块，一般六个电池模块和一个 BMS 被打包成集装箱，多个集装箱组成完整的储能系统。表 8-6 为 2017 年 4MW/16MWh 的钠硫电池系统除电池制造成本外的建设成本解析。尽管集装箱化的设计和较低的电池更换率可以降低成本，但目前钠硫电池的系统成本还是比锂离子电池系统略高。然而，同样量级的钠硫电池系统比锂离子电池系统占地面积更小，且能够支持 6h 以上的连续放电，因此更适合于有土地限制地区的大规模长时储能。钠硫电池的标称寿命是 15 年，电池模块在使用寿命结束时可能需要更换。也有报道称，NGK 在美国的现有系统还没有达到使用寿命的上限，在其使用寿命期间也不需要更换[12]。

表 8-6　2017 年 4MW/16MWh 的钠硫电池系统的建设成本

项目类别	成本区间
储能变流器（PCS）/(美元·kW^{-1})	500～750
电力控制系统/(美元·kW^{-1})	80～120
电厂配套设施/(美元·kW^{-1})	100～125
电厂设计、采购、施工（EPC）/(美元·kWh^{-1})	140～200

续表

项目类别	成本区间
运营管理/(美元 · kW^{-1} · a^{-1})	7～15
最低建设成本①/美元	8188000
最高建设成本/美元	12040000

① 钠硫电池的制造成本取值为 200～300 美元 · kWh^{-1}。

8.5 生命周期评估

电池的生命周期评估（life cycle assessment，LCA）将评估电池全生命周期内的能源消耗和对环境的影响，通常根据 ISO 14040 等系列标准指定的评估方法来进行。生命周期评估的作用包括：①在产品生命周期的不同阶段，识别改善产品环境性能的环节；②辅助决策者进行战略规划、优先级设定、产品或过程设计；③环境绩效相关指标的确立；④建议产品应推行何种生态标签或作出何种环保产品声明。即使全密封电池在操作过程中没有直接排放，并且使用可再生能源产生的电力充电，它们也不能被认为是完全清洁的。事实上，电池在其生命周期中能量消耗和造成的环境影响是不可忽视的。

通常选取以下指标来描述所调查系统的生命周期能源消耗特性：

① 全球能源需求（global energy requirement，GER）；

② 不可再生能源需求（non-renewable energy requirement，NRE）；

③ 可再生能源需求（renewable energy requirement，RE）。

通常选取以下指标来描述所调查系统的生命周期环境影响特性：

① 全球变暖潜势（global warming potential，GWP）；

② 臭氧消耗潜势（ozone depletion potential，ODP）；

③ 生物毒性（human toxicity，HT）；

④ 光化学臭氧形成（photochemical ozone formation，POF）；

⑤ 酸化（acidification，Ac）；

⑥ 陆地富营养化（terrestrial eutrophication，TE）；

⑦ 淡水富营养化（freshwater eutrophication，FE）；

⑧ 海洋富营养化（marine eutrophication，ME）；

⑨ 土地用途（land use，LU）；

⑩ 水资源枯竭（water resource depletion，WRD）。

数据采集的描述是保证结果可靠性的关键。因此，LCA 研究应明确指出数据来源和数据收集程序，并需要清楚描述被分析的电池系统、数据收集过程以及电池在制造和运营过程中的假定场景。最后对收集到的数据进行分析处理，以计算能源和原材料的消耗，对空气、水和土壤的排放，以及废物的产生。

据作者所知，目前ZEBRA电池的LCA仅在SUBAT项目和意大利巴勒莫大学的Longo等开展过。SUBAT项目调查了用于电动汽车的铅酸电池、镍镉电池、镍氢电池、锂离子电池和钠/氯化镍电池五种不同电池技术的环境影响（以生态指标点表示）[13]。他们选择了一种电池作为功能单元（functional unit，FU），该电池放电深度为80%可以使车辆行驶60km，然后对该功能单元包括制造、运行（由于电池质量和能源效率造成的能量损失）和回收在内的过程进行全生命周期评估。结果表明，在所有研究系统中，制造步骤对环境的影响最大。铅酸蓄电池的制造影响最大（1091生态分），其次是镍氢（945生态分）、镍镉（861生态分）、钠/氯化镍（368个生态分）和锂离子电池（361生态分）。从整个生命周期来看，考虑电池回收过程对环境的负值影响，镍镉电池的影响最大（108生态分），然后是铅酸（100生态分）、镍氢（97.7生态分）、锂离子电池（55.2生态分）、钠/氯化镍电池（46.5生态分）。

Sullivan等对铅酸、镍镉、镍氢、钠硫和锂离子电池技术进行了全生命周期的研究[14]。由于位置效应、日期信息缺失、数据来自多个来源、不同电池应用场景的影响以及不确定的材料要求和制造工艺等多种原因，各种电池技术的一次能源消耗存在很大差异。图8-7显示了他们给出的多种电池技术的生命周期能耗和二氧化碳排放量。结果显示，能耗和温室气体排放量依次增加：铅酸（中间值约为25MJ·kg^{-1}、91kg CO_{2eq}·kg^{-1}）、镍镉（中间值约为100MJ·kg^{-1}、240kg CO_{2eq}·kg^{-1}）、锂离子（中间值约为170MJ·kg^{-1}、357kg CO_{2eq}·kg^{-1}）、钠硫（中间值约为180MJ·kg^{-1}、566kg CO_{2eq}·kg^{-1}）和镍氢（中间值约为200MJ·kg^{-1}、524kg CO_{2eq}·kg^{-1}）。需要指出的是，文献中报道的β''-Al_2O_3陶瓷的生产能耗值（production energies，PE_j）既高又不太稳定，从1189MJ·kg^{-1}到196MJ·kg^{-1}均有报道，因此会影响电池制造能耗的估算。事实上，这一值与β''-Al_2O_3陶瓷的生产工艺及其自动化程度密切相关。通过使用表中的最高的PE_j值计算，电池的制造能耗估计为159MJ·kg^{-1}。

Longo等评估了ZEBRA电池全生命周期中的能源消耗和环境影响，选取的功能单元是FIAMM生产的48-TL-200 ZEBRA电池包（含电池管理界

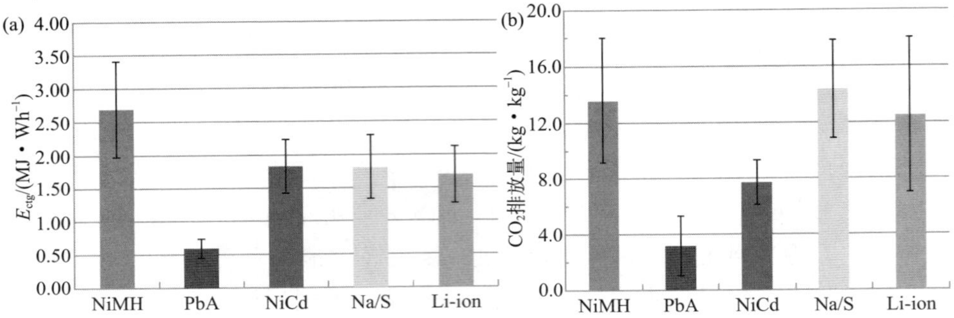

图 8-7　Sullivan 等给出的多种电池技术的生命周期能耗和二氧化碳排放量

面)[14]。他们考察的环节涵盖电池制造，包括原材料供应、主要零部件的制造/组装和最终的废物处理，以废物代表原材料的包装；电池运营，包括电池在其使用寿命期间依靠光伏系统所产生的电力；以及电池退役过程。没有考虑到的环节包括电池的运输和垃圾清运的费用。ZEBRA 电池不需要维护，因此维护步骤不会造成任何能源消耗或环境影响，也被排除在分析之外。用于生产电池的材料和能源的生态状况以及与运输步骤和包装材料的报废过程有关的影响均基于 Ecoinvent 数据库。BMI 的生态数据来自 Majeau-Bettez 等的结果[15]。

电池运营过程的评估以一种常见的住宅光伏系统为例，由安装在平屋顶上的多晶硅光伏系统产生电力，该 ZEBRA 电池用作光伏的储能系统。通过在不同的工作条件下直接监测系统，在实验室测试中评估了电池在运行阶段的电力需求信息。具体来说，待机时动力需求为：①BMI（功率 8W）；②待机运行欧姆加热器（功率 90W）。工作时动力需求为：①BMI（功率 2W）；②主接触器（功率 6W）。考虑到电池的往返效率约为 80%～90%，在电池运行过程中发生充电损失，导致额外的能量消耗。

由于电池的电量消耗取决于每日充放电周期、系统的使用寿命和电池的使用情况，因此作者考察了住宅光伏系统的两种常见运行模式，即连续运行（模式 A）和 8h 间歇运行（模式 B）。表 8-7 显示了 ZEBRA 电池两种模式下运行的 GER、NRE 和 RE 三种能源消耗量。间歇运行的运行模式比连续运行消耗更多的电能，主要原因是间歇运行的电池有效寿命期间的总循环次数多，而每日充放电循环次数少，待机时间更长。结果还表明，ZEBRA 电池运营过程对能源的消耗最大（55%～70%）。制造过程相关的 GER 份额（约 21.7 GJ）中电芯制造占比 89.3%。BMI 和电池保温箱制造对 GER 的贡献率分别为 4.8%和 3.4%。GER 其余 2.5%贡献是由隔热层（2.03%）、原料运输（1.29%）、电池连接（0.28%）、电缆（0.05%）组成。图 8-8 显示了 ZEBRA 电池电芯制造过程中 GER 的比例分配。电力和天然气是能源消耗的主要来源，其次是镍粉制造。

表 8-7 ZEBRA 电池两种模式下运行的 GER、NRE 和 RE 三种能源消耗量

消耗能源类型	单位	连续运行（模式 A）	8h 间歇运行（模式 B）
GER	GJ	57.4	68.7
NRE	MJ	3.1E+04	3.3E+04
RE	MJ	2.7E+04	3.6E+04

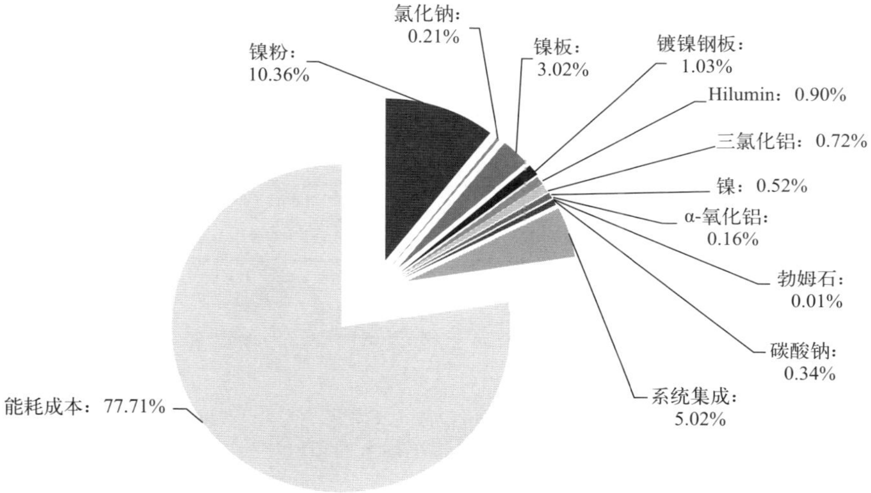

图 8-8 ZEBRA 电池电芯制造过程中 GER 的比例分配

图 8-9 显示了 ZEBRA 电池两种运行模式下各个环节的环境指标。间歇运行的模式仅在运营阶段对环境的影响比连续运行大，对其他阶段的影响较小。制造步骤，特别是电池制造，对环境的影响最大（占总数的 60%），因此这一步骤成为电池生命周期的关键部分。镍粉制造工序对 HT（32.7%）、TE（42.5%）、WRD（48.2%）、POF（49.3%）、FE（60.5%）和 Ac（70.2%）有主要贡献。包装制造和退役过程对 ME 的影响最大（58.7%）。$AlCl_3$ 对 ODP 产生较大影响（6.9%），而对其他影响的贡献小于 3%。

以上分析表明，使用高效低能耗的设备提高能源效率，并使用可再生能源提供电池制造过程中所使用的电能，可以有效减少 ZEBRA 电池系统的能源消耗和环境影响。

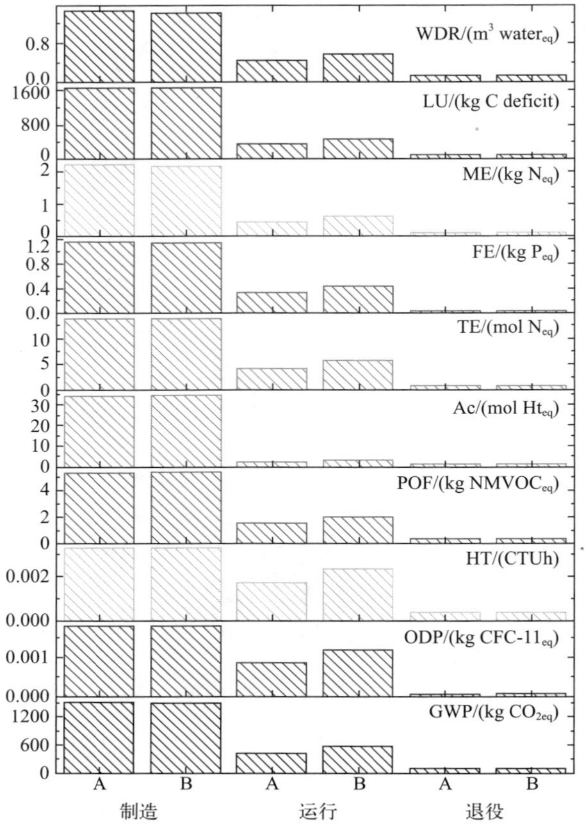

图 8-9　ZEBRA 电池连续运行（模式 A）和 8h 间歇运行（模式 B）时各个环节的环境指标

8.6　回收可再生循环性

废电池的回收和处理是电池商业化过程中必须解决的重要问题。电池处理的首选方法是回收循环利用。有效回收利用的条件包括：①有足够数量的废旧电池可供回收利用；②有足够高的可回收材料浓度，使它们可以被重复利用/回收；③具有合理的能源需求和低环境影响的处理工艺过程；④回收材料的市场价值与回收成本的平衡。

8.6.1　高温储能钠电池的回收再利用

对于高温储能钠电池，电池退役时，所有的电池保温箱组件都可以回收[16]。我们主要考虑电芯的回收利用。储能钠电池电芯潜在的处置方法可以分为三类：破坏性处理和处置（如焚烧）、回收/再利用（即化学转化为可用材料）和直接回收/再利用材料（即没有有害物质的中间处理）[17]。虽然焚烧是一种环境上可接受的处理废钠电池的方法，但处理费用高、材料回收率低、纯度低，这里不作赘述。湿法化学转化法能耗相对低，材料回收效果好，可实现单独回收，但也存在工艺复杂、产生大量废液的问题。下面具体阐述几种储能钠电池所采用的回收再利用的主要技术路线。

钠硫电池处置的策略分为短期处置和长期处置两类。钠硫电池含有活泼金属和腐蚀性物质，其中钠和多硫化钠被认为是危险化学品，只有外壳涂层中的铬金属是唯一有毒害的物质，但铬金属整体含量很低。按每年 200 个电池的处理量，每月产生约 1670kg 多硫化钠的危险废物。钠硫电池回收的主要困难是，大多数部件的价值都很低，或者很难以一种可以用于高价值应用的形式回收。有两项回收方案已在一定规模上进行了评估，发现从成本和技术角度来看是可以接受的[18]。美国桑迪亚国家实验室在这方面做出了一些有成效的贡献。不同于焚化处理，图 8-10 显示了两套湿法化学回收钠硫电池的工艺流程。第一种回收方案是先将电池放电，然后粉碎电池，用水溶出水溶性成分，收集到的主要成分是多硫化钠。多硫化钠溶于水形成多硫化钠溶液。多硫化钠溶液中可以加入次氯酸钠，被氧化为硫酸钠和硫，也可以加入硫酸，被酸化生成硫化氢。硫化氢可以在小型克劳斯工艺反应器中转化为硫被回收。剩下的 Na_2SO_4 溶液过滤后，可以转化为硫酸、氢氧化钠、硫酸钠和氯化钠等化工原料。另一个回收方案是分别回收钠和硫。处理前将钠硫电池进行充电，然后打开电池负极，并加热到 100℃，去除电池中的金属钠。去掉电池外壳，正极材料被加氢处理成硫化氢。同样，硫化氢可以在小型克劳斯工艺反应器中再次转化为硫，从而被回收。不溶性陶瓷、石墨和金属电池外壳材料也可以回收。回收的硫可以被重新装填入新的钠硫电池中，其性能与用原始硫组装的电池几乎相同。对实验室规模回收的废液进行了铬的元素分析，发现其水平低于美国环境保护署（EPA）的限值。对于每年 5000t 的工厂规模，采用这一方案的电池回收成本为每千瓦时 6～10 美元，相对于每千瓦时 40～60 美元的焚化成本，这一方案可认为更佳。钠硫电池回收材料的价值总体相对较低，这使得回收过程无法完全自给自足。如果回收的电池数量不足，那么钠硫电池的回收成本将比较高。

由于 ZEBRA 电池中含有大量的镍，回收在经济上具有吸引力。ZEBRA 电池中所含的镍、氯化钠和陶瓷可回收用于不锈钢制造中的钢熔炼。对于电池仍可以运行的情况，已经证明镍可以以非常纯的形式回收，即通过过放电电池，几乎所有的氯化镍都转化为金属镍，正极中仅剩 Ni、NaCl、$NaAlCl_4$ 和

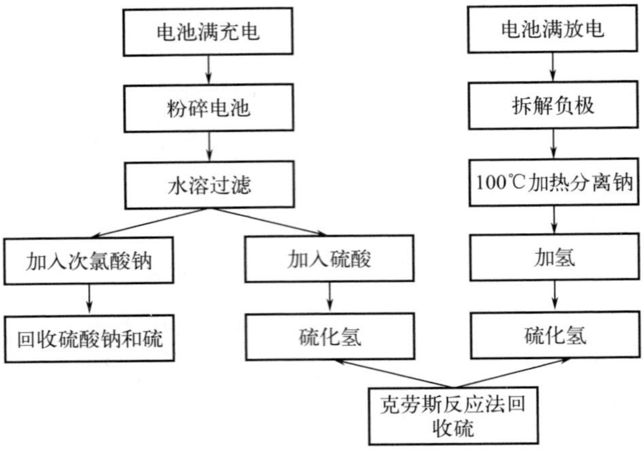

图 8-10 钠硫电池的回收工艺流程

少量 Al，然后用水冲洗正极材料，可浸出 95%纯度的镍粉[19]。使用这种方法，电池中大约 90%的镍可以回收。据了解，美国 Inmetco 公司已成功回收了 20t ZEBRA 电池，将其用于钢铁行业的含镍合金熔炼[20]。电池中所含的陶瓷和盐聚集在炉渣中，可与冶炼工艺兼容，并作为道路建设中使用的石灰石的替代品。整个回收没有任何废弃物被填埋。Inmetco 在电池回收方面拥有丰富的经验，每年镍基电池的处理量约 5000t。与钠硫电池的高成本回收不同的是，ZEBRA 电池中镍粉的高价值确保了整个回收过程的成本是平衡的，所以 ZEBRA 电池除了初始建设成本和运营成本外几乎没有额外的回收成本[4]。另外，ZEBRA 电池的低腐蚀性也使电芯无须用铬金属，避免了回收过程中可能的铬含量超标。

8.6.2 钠离子电池的回收再利用

钠离子电池中的金属部件和隔膜通过拆分和低温加热可以方便有效地进行回收，但电池的集流体、正负极材料和电解液的回收仍然是一个巨大的挑战，而且这些组件是电池中具有较高经济价值的部分。鉴于目前钠离子电池的整体产能和市场占有率较低，待回收的电池数量不足，其回收利用过程还未有明确的路线，但其回收利用过程可以借鉴锂离子电池的经验。应该说，钠离子电池的回收会比锂离子电池更加容易。原因在于，锂离子电池是一种单电极结构，其中正极材料和负极材料分别被涂覆在铝箔和铜箔上。在锂电机组的大规模回收过程中，正极材料、负极材料和两种集流体不可避免地混合在一起，导致分离回收困难。而钠离子电池只涉及一种铝集流体，集流体与正负极材料的分离过程会更简易。Liu 等报道废钠离子电池中超过 98%的固体成分可以被回收，不会释放有毒废物，特别是对 NVP 正极材料进行分离和回收，回收效率可达到 100%[21]。

钠离子电池正负极回收的重点仍集中在高价值的材料，如正极材料中的稀有金属 Co、Ni、Mn、Cu 等，通常可以借鉴锂离子电池以高温冶金法和化学法为主的回收工艺路线。在废旧锂离子电池的高温冶金中，钴、镍、铜等金属熔化以合金形式回收，而锂等其他成分将以炉渣和气体的形式被丢弃[22]。这种方法虽然处理步骤少，但是需要在高温保护气氛下进行，同时排放大量的有毒气体，产生非纯合金相，因此具有能耗高、金属单质回收率低和纯度低的缺点[23]。

湿法冶金技术在理想情况下可以对废旧锂离子电池中所有类型的金属进行高纯度和高效率回收。图 8-11 显示了湿法冶金法回收处理锂/钠离子电池的工艺流程，也可用被钠离子电池回收所借鉴。通常分为三步处理，第一步将废旧电池放入盐溶液中进行放电，放完电后进行电池拆分、破碎和材料的初步筛选，通过物理和化学结合超声清洗分别回收外壳、集流体和黏结剂。第二步为化学法浸出金属。化学法主要指通过酸浸溶解钴、锂、锰、铝等金属元素。Prabaharan 等用 HCl 作为浸出剂，对不同浸出条件进行了研究，结果表明，使用 $1.75mol \cdot L^{-1}$ 浓度的 HCl，在 50℃下反应 90 min 后，Co 和 Mn 的浸出效率达到了 99%，但在该过程中容易产生有毒气体[24]。硫酸、硝酸的浸出效率相对较低[25]。使用无机酸处理的金属浸出率高，但是会产生有毒的废气、废液，对回收设备有腐蚀作用，因此更环保和低成本的柠檬酸、苹果酸、葡萄糖酸和马来酸也被研究用来进行金属回收[26]。有机酸的酸性小，腐蚀性低，在使用过程中，一般不产生有毒气体，可以选择性地浸出有价金属。更重要的是，有机酸在浸出后可以进行生物降解或者循环利用，因此在废旧正极材料的回收再利用过程中，使用有机酸浸出金属能够减少潜在的环境危害[27]。图 8-12 显示了各种天然有机酸浸出体系的功能分类及浸出机理示意图[26]。苹果酸等螯合功能有机酸需要与双氧水等还原性的成分共同作用才能达到较高的浸出率。Musariri 等评价了使用具有还原性的柠檬酸对金属浸出率的影响[28]，结果表明，在 95℃时随着柠檬酸浓度从 $1mol \cdot L^{-1}$ 增加到 $1.5mol \cdot L^{-1}$，金属的浸出率增加，在 $1.5mol \cdot L^{-1}$ 时最大回收率为 95%Co、97%Li、99%Ni。需要指出的是柠檬酸浸出金属元素的反应吸热，在 90℃以上的较高温度下反应能很大程度上提高浸出效率。草酸能很好地浸出 Li，但是对 Ni、Co、Mn 的浸出效率较低，因此草酸常常作为锂离子电池回收的选择性浸出剂使用。另外还有一些用氨碱溶液作为金属离子浸出剂的研究报道，这里不再详述。

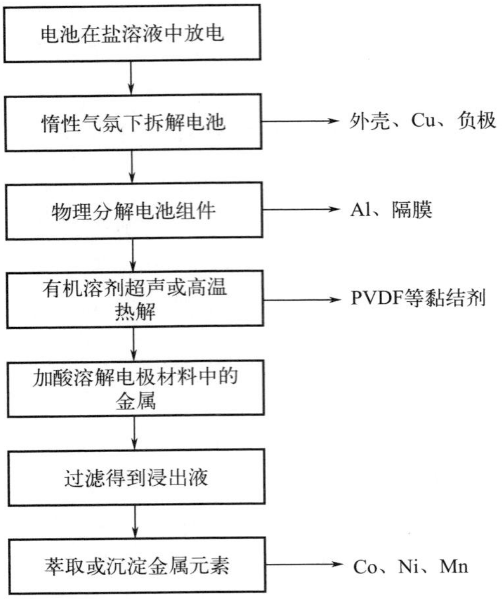

图 8-11　湿法冶金法回收处理锂/钠离子电池的工艺流程

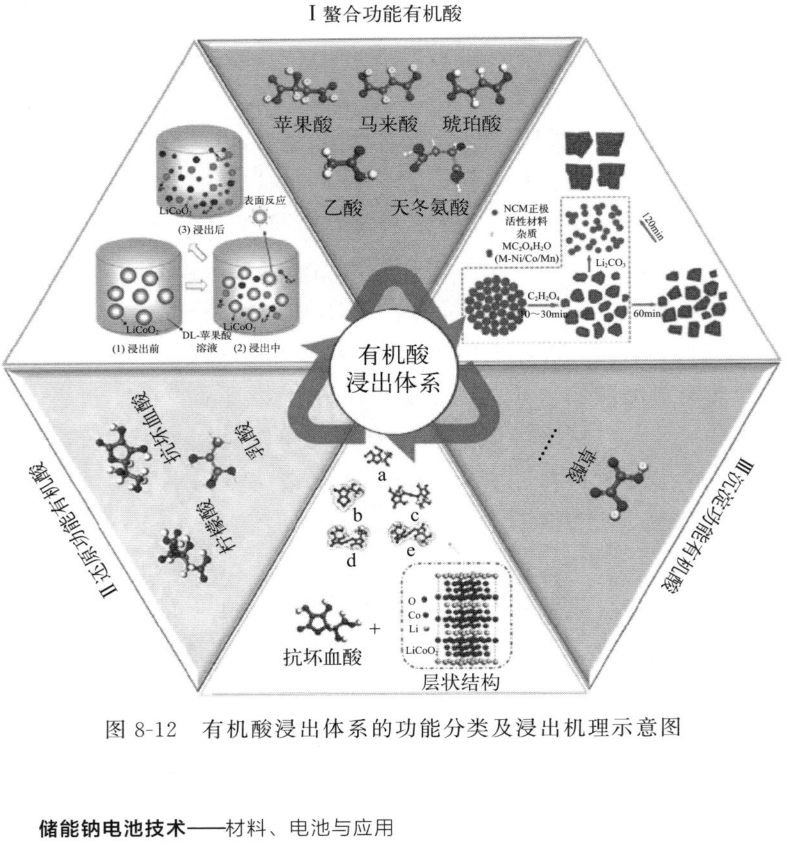

图 8-12　有机酸浸出体系的功能分类及浸出机理示意图

最后一步是浸出液中金属离子的分离纯化。普遍采用的提纯方法有萃取法、化学沉淀法、盐析法、离子交换法和电化学法等[29]。溶剂萃取法因萃取剂对不同金属离子的选择性高，已广泛应用于浸出液中金属的回收和分离，可快速、高效地分离浸出液中的有价金属。到目前为止，常见的萃取剂有二(2-乙基己基)磷酸（D2EHPA）、二(2,4,4-三甲基戊基)膦酸（Cyanex 272）、三辛胺（TOA）和2-乙基己基膦酸单-2-乙基己基酯（PC-88A）。Ho和Chen研究了用溶剂萃取法从废旧NCM中回收金属的改进工艺[30]，回收过程中浸出液采用Na-Cyanex 272为萃取剂将Co和Mn萃取到有机相中，再采用D2EHPA对硫酸溶液中的Co、Mn进行了深度分离，得到高纯度的Co，利用DMG选择性析出镍，最后通过化学沉淀法浸出液中剩余的Li，以饱和Na_2CO_3析出的Li_2CO_3的形式回收，Co、Mn和Ni以氢氧化物的形式回收。该工艺回收的Co、Ni和Li产品纯度达99.5%以上，Mn的回收率达93.3%以上。化学沉淀法通常是在浸出液中加入OH^-、$C_2O_4^{2-}$和CO_3^{2-}等阴离子，浸出液中的有价金属会与阴离子结合形成沉淀物从浸出液中析出分离。然而，浸出液的组成非常复杂，沉淀法很难用单一的方法分离出所有有价值的金属，因此化学沉淀法可与溶液萃取法结合使用，以提高金属的纯化效率。Zhou等采用图8-13所示的选择性沉淀和溶剂萃取相结合的流程对废旧NCM的柠檬酸浸出液中的Co、Ni、Mn和Li进行有效的分离回收[31]。它们先选用二甲基

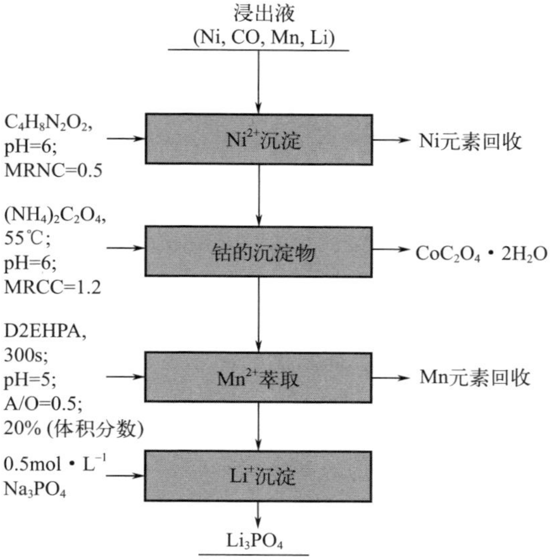

图8-13 NCM的柠檬酸浸出液分离金属元素用选择性沉淀和溶剂萃取相结合的工艺流程

乙二肟试剂（$C_4H_8N_2O_2$）和草酸铵分别对 Ni 和 Co 进行选择性沉淀分离，然后用 D2EHPA 萃取剂对 Mn 进行回收，用磷酸钠溶液沉淀回收锂。采用这套流程，Li、Ni、Co 和 Mn 的回收率分别为 89%、98%、97% 和 97%。由于 Co、Mn 和 Cu 在标准氧化还原电位上的差异，采用电化学方法对其进行高纯度分离是可行的，且不损失其他金属离子，不需要任何额外的化学试剂，然而该方法需要消耗大量电能，且可能受到浸出液中阴离子或有机离子的影响，纯化条件苛刻，效率有限[32]。

表 8-8 总结了锂离子电池回收工艺的不同阶段可操作的方法的优缺点，以便通过加强各种方法的综合利用来启发更经济、更高效的锂/钠离子电池的回收技术[32]。

表 8-8　锂离子电池回收工艺的不同阶段可操作的方法的优缺点

回收工艺段	具体方法	方法优点	方法缺点
Ⅰ.拆解电池与初步筛分	有机溶剂超声	可回收黏结剂、电解液	使用大量有机试剂
	高温热解分离	操作简单	能耗较高；无法回收黏结剂和电解液；废气排放
Ⅱ-1. 高温冶金	高温热还原法	金属元素化学转化率高；回收流程短	能耗高；有害气体排放；对处理设备的要求严格
Ⅱ-2. 金属离子浸出	无机酸浸出	浸出效率高	酸性强，对设备要求高
	有机酸浸出	选择性较好；腐蚀性较小	试剂成本较高；浸出效率较低
	碱浸出	具有选择性浸出特性；浸出剂可以回收	与碱络合能力差的离子不易浸出，浸出效率低
Ⅲ-2. 金属离子的分离纯化	溶剂萃取	能耗低；分离效果好；操作条件简单	萃取剂价格昂贵；步骤复杂
	化学沉淀法	成本低；能耗低	从复杂溶液中分离和回收的金属纯度不高
	电化学沉积法	工艺简单；易于控制和规模化；清洁环保	能耗高；影响因素多；条件难以控制

8.7 小结

本章首先提出了三种钠电池的原材料资源优势，分析了包括生产制造成本、运营维护成本在内的生命周期成本，最后针对钠电池技术的可持续发展评估了它们在全生命周期内对生态环境的影响以及其退役成本相关的回收可再生循环方案的发展。对特定的电池系统进行生命周期的成本和环境影响分析是其大规模应用重要且必要的一环。表 8-9 总结了三种储能钠电池的生产制造成本、生命周期成本和回收可再生特性。可以看到，三种钠电池的生产制造成本和系统运维成本差异较小，但现阶段钠离子电池的系统建设成本预计低于其他两种电池。三种钠电池均可进行回收再利用，但是钠硫电池回收经济性较低，钠离子电池的回收技术尚待验证。

表 8-9 三种储能钠电池的生产制造成本、生命周期成本和回收可再生特性

电池类型	生产制造成本 /(美元 · kWh^{-1})	系统建设成本 /(美元 · kW^{-1})	系统运维成本 /(美元 · kW^{-1} · a^{-1})	回收可再生特性
钠硫电池	200～250	2394～5170（2018 年） 1919～3696（2025 年）	约 10	可回收，经济性不高
ZEBRA 电池	200～300	2810～5094（2018 年） 2115～3440（2025 年）	约 10	可回收，经济性高
钠离子电池	250～300	1597～2349（根据锂离子电池估算）	约 10	可回收，回收技术成熟度不高

参考文献

[1] The sodium nickel chloride "ZEBRA" battery//Battery Technologies, Meridian International Research, 2005: 104-112.

[2] Abundance of elements in earth's crust, Geology, lumenlearning.

[3] METALS, 2021, http://www.lme.com/.

[4] Galloway R C, Dustmann C H. ZEBRA battery-material cost, availability and recycling//EVS-20, Long Beach, California, 2003.

[5] Chen H, Xu Y, Liu C, et al. Storing energy in China—an overview. Elsevier Inc., 2016.

[6] Takakoshi T. Recent sodium sulfur battery applications in Japan//the ESA 2001 Annual Meeting, Chattanooga, Tennessee, 2001.

[7] Vaalma C, Buchholz D, Weil M, et al. A cost and resource analysis of sodium-ion batteries. Nature Reviews Materials, 2018 (3): 18013.

[8] Peters J, Peña Cruz A, Weil M. Exploring the economic potential of sodium-ion batteries. Batteries, 2019 (5).

[9] Hittinger E, Ciez R E. Modeling costs and benefits of energy storage systems. Annual Review of Environment and Resources, 2020 (45): 445-469.

[10] Mongird K, Fotedar V, Viswanathan V, et al. Storage technology and cost characterization report //Pacific Northwest National Laboratory, 2019.

[11] Baumann M, Peters J F, Weil M, et al. CO_2 Footprint and life-cycle costs of electrochemical energy storage for stationary grid applications. Energy Technology, 2017 (5): 1071-1083.

[12] Aquino T, Roling M, Baker C, et al. Battery energy storage technology assessment, Platte River Power Authority, 2017: 1-18.

[13] Matheys J, van Autenboer W, Timmermans J M, et al. Influence of functional unit on the life cy-

cle assessment of traction batteries. Int. J. Life Cycle Assess.，2007（12）：191-196.

[14] Longo S，Antonucci V，Cellura M，et al. Life cycle assessment of storage systems：the case study of a sodium/nickel chloride battery. Journal of Cleaner Production，2014（85）：337-346.

[15] Majeau-Bettez G，Hawkins T R，Hammer Strømman A. Life cycle environmental assessment of lithium-ion and nickel metal hydride batteries for plug-in hybrid and battery electric vehicles. Environ. Sci. Technol.，2011（45）：4548-4554.

[16] Dustmann C H. Advances in ZEBRA batteries. Journal of Power Sources，2004（127）：85-92.

[17] Corbus D. Environmental，health，and safety issues of sodium-sulfur batteries for electric and hybrid vehicles volume Ⅱ：battery recycling and disposal//National Renewable Energy Laboratory，1992.

[18] Ichiro A，Tadahiko M，Akihiko N，et al. Recycle method of sodium sulfur battery，Japan，2000.

[19] Trickett D. Current status of health and safety issues of sodium/metal chloride（ZEBRA）batteries //National Renewable Energy Laboratory，1998.

[20] Parkhided B. Project：storage technologies for hybrid electric buses，subject：ZEBRA battery. Electrochemical Energy Conversion and Storage Systems Group RWTH Aachen University，Germany，2006.

[21] Liu T，Zhang Y，Chen C，et al. Sustainability-inspired cell design for a fully recyclable sodium ion battery. Nature Communications，2019（10）：1965.

[22] Georgi-Maschler T，Friedrich B，Weyhe R，et al. Development of a recycling process for Li-ion batteries. Journal of Power Sources，2012（207）：173-182.

[23] 梁新成，张勉. 车载退役锂离子电池回收研究. 电源学报，2021：1-9.

[24] Barik S P，Prabaharan G，Kumar L. Leaching and separation of Co and Mn from electrode materials of spent lithium-ion batteries using hydrochloric acid：Laboratory and pilot scale study. Journal of Cleaner Production，2017（147）：37-43.

[25] Meshram P，Pandey B D，Mankhand T R. Recovery of valuable metals from cathodic active material of spent lithium ion batteries：leaching and kinetic aspects. Waste management（New York，N. Y.），2015（45）：306-313.

[26] 李林林，曹林娟，麦永雄，等. 废旧锂离子电池有机酸湿法冶金回收技术研究进展. 储能科学与技术，2020（9）：1641-1650.

[27] Golmohammadzadeh R，Rashchi F，Vahidi E. Recovery of lithium and cobalt from spent lithium-ion batteries using organic acids：Process optimization and kinetic aspects. Waste Management，2017（64）：244-254.

[28] Musariri B，Akdogan G，Dorfling C，et al. Evaluating organic acids as alternative leaching reagents for metal recovery from lithium ion batteries. Minerals Engineering，2019（137）：108-117.

[29] 杨宇，梁精龙，李慧，等. 废旧锂离子电池回收处理技术研究进展. 矿产综合利用，2018（6）：7-12.

[30] Chen W S，Ho H J. Recovery of valuable metals from lithium-ion batteries NMC cathode waste materials by hydrometallurgical methods. Metals，2018（8）：321.

[31] Chen X，Zhou T，Kong J，et al. Separation and recovery of metal values from leach liquor of waste lithium nickel cobalt manganese oxide based cathodes. Separation and Purification Technology，2015（141）：76-83.

[32] 田庆华，邹艾玲，童汇，等. 废旧三元锂离子电池正极材料回收技术研究进展，材料导报，2021（35）：1011-1022.

第 **9** 章

储能钠电池的应用现状

9.1　引言　336

9.2　储能钠电池的应用现状　337

9.1 引言

2017 年 10 月，国家发展改革委员会、国家能源局等五部委联合出台了《关于促进我国储能技术与产业发展的指导意见》，意见指出加快储能技术与产业发展，对于构建“清洁低碳、安全高效”的现代能源产业体系具有重要的战略意义，同时还将带动从材料制备到系统集成全产业链的发展，成为提升产业水平的新动能。这一政策的出台直接推动了“十三五”期间我国储能产业的蓬勃发展。随着“十四五”期间“双碳”目标的提出，2021 年 4 月，国家发展改革委员会和国家能源局再次联合发布了第二部针对储能产业的国家级综合性政策文件《关于加快推动新型储能发展的指导意见（征求意见稿）》，明确提出到 2025 年，实现 3000 万千瓦的储能目标，实现储能跨越式发展；强调规划引导，深化各应用领域储能布局，到 2030 年，实现新型储能全面市场化发展，使新型储能成为能源领域碳达峰碳中和的关键支撑之一。同时，意见还指出，储能技术要以需求为向导，坚持多元化发展，这为储能技术的发展明确了目标和方向。储能系统正通过从发电侧、输配电侧到用户侧的一系列支撑服务逐渐成为弹性和高效电网的重要组成部分。作为风电、光伏平价时代高比例消纳可再生能源的关键支撑和削峰填谷保障并网安全的必要保障，储能已经在促进我国电力低碳转型进程中不可或缺。同时，较小型的分布式储能系统今后将更广泛地在家庭、企业和通信基站中推广应用。

正如 1.4 节中所介绍的，各类储能技术都有自身的优缺点和各自适合的应用领域，其中电池储能技术因具有从秒级到小时级的响应时间，体量范围覆盖广，运行环境适应性广，长达 10～15 年的寿命等特点，近年来装机容量快速增加[1]。2021 年 4 月中关村储能产业技术联盟（CNESA）发布的《储能产业研究白皮书 2021》显示，截至 2020 年底，中国已投运储能项目累计装机规模 35.6GW，占全球市场总规模的 18.6%，同比增长 9.8%，其中电化学储能的累计装机规模仅次于抽水蓄能位列第二。2020 年，中国新增投运的电化学储能项目规模首次突破 GW 大关，是 2019 年同期的 2.4 倍。由于锂离子电池和钠硫电池等技术成熟度的提高，预计未来 10 年电池储能将进入飞速发展阶段。在多种已经应用的电化学储能技术中，包括钠硫电池、钠-金属氯化物电池和钠离子电池在内的储能钠电池以其资源优势、高的能量密度、低的系统成本、长的使用寿命等特性得到储能市场的重视，在电力系统、可再生能源领域和通信领域得到了广泛的应用，在分布式储能、交通领域和其他特殊领域也有一定的示范应用[2]。

9.2 储能钠电池的应用现状

储能钠电池是指以储能领域应用为目标、基于钠离子迁移的二次电池体系。图 9-1 显示了各种储能钠电池体系的应用发展现状。储能钠电池体系的技术成熟度由高到低为高温钠硫电池（也称 NAS 电池）、钠-金属氯化物电池（也称 ZEBRA 电池）、钠离子电池、中温钠-金属氯化物电池、中温钠硫电池和常温钠硫电池。目前高温钠硫电池在全球已有 GWh 级的装机容量，主要应用在 MW 级的大规模储能领域。钠-金属氯化物电池已经在 FIAMM 和 GE 公司启动商业化运作，在电动汽车、通信基站、海洋、油气勘探等领域开展示范应用。钠离子电池的工艺流程类似锂离子电池，利用锂离子电池的技术积累，具备快速开发的潜力，目前已在储能领域进行了小批量示范。中温钠-金属氯化物电池、中温钠硫电池和常温钠硫电池作为三种新型的储能钠电池技术将在本章进行前瞻性的综述。本书将在接下来的章节对高温钠硫电池、ZEBRA 电池和钠离子电池作详细论述。以下不作特殊说明，钠硫电池和 ZEBRA 电池都是指高温钠硫电池和高温 ZEBRA 电池。

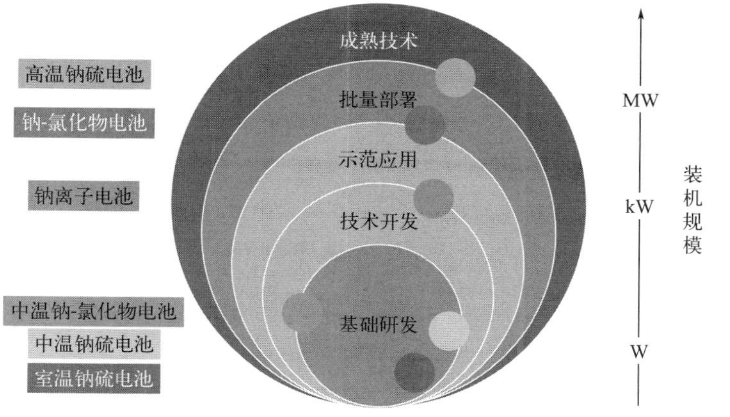

图 9-1　各种储能钠电池体系的应用发展现状

9.2.1 电力系统和可再生能源领域

表 9-1 列出了储能在电力系统应用的细分场景及其应用类型[3]。储能系统正通过从发电侧、输配电侧到用户侧的一系列支撑服务逐渐成为弹性和高效电网的重要组成部分。太阳能、风电等可再生能源作为电网发电的一部分，因其天然的动态性和间歇性导致其对储能的需求较大。

表 9-1　储能在电力系统应用的细分场景及其应用类型

应用场景	场景细分	应用类型	放电时长	年运行频率/次	响应时间
发电侧	能量时移（削峰填谷）	能量型	8h	300	小时级
	容量机组	能量型	4h	200	小时级
	负荷跟踪	功率型	2h	1000	分钟级
	系统调频	功率型	15min	4000	秒级
	备用容量	功率型	15min	10	秒级
	可再生能源并网	能量/功率型	5min	4000	秒级
输配电侧	缓解输配电阻塞	能量型	3h	50	分钟级
	延缓输配电设备扩容	能量型	3h	10	分钟级
	无功支持	功率型	小于 1min	1000	秒级
用户侧	用户分时电价管理	能量型	1h	200	分钟级
	容量费用管理	能量型	1h	200	分钟级
	提升电能质量	功率型	10min	100	毫秒级
	提供供电可靠性	能量型	1h	100	秒级

9.2.1.1　钠硫电池在电力系统的应用现状

钠硫电池在能量型电力系统方面的应用具有低的系统成本、3～8h 长时工作、80%以上的电站系统效率和 10～15 年的长寿命等独特优势[4]。自 1983 年开始，日本碍子株式会社（NGK 公司）和东京电力公司合作开发应用于大规模储能领域的钠硫电池。1992 年实现了第一个钠硫电池示范储能电站的运行。目前 NGK 的钠硫电池成功地应用于城市电网的储能中，有 260 余座 500kW 以上功率的钠硫电池储能电站，在日本等国家投入商业化示范运行，电站的能量效率达到 80%以上。2017 年以前，钠硫电池储能占整个电化学储能市场的 40%～45%。截至 2021 年 3 月，全球共安装了 600MW/4200MWh 的 NAS 电池系统[5,6]。虽然 2016 年以来，锂离子电池成本快速下降，逐渐挤压钠硫电池在电力储能市场的份额，但钠硫电池近年来在亚洲、欧洲仍拿下一些大型项目，足见其在电力储能应用方面较高的认可度。通常钠硫电池的单个单元被组合成模块，模块被组合成集装箱，集装箱组成完整的系统。每个集装箱系统含六个电池模块和一个 BMS。每个模组的铭牌为 200kW/1200kWh，可储存约 5h 电量。表 9-2 显示了钠硫电池近十余年部署的主要电力系统储能项目。

表 9-2　钠硫电池近十余年部署的主要电力系统储能项目

编号	项目名称	项目体量	项目所在地	项目类型	启动年份
1	匈牙利电网侧储能项目	750kW/4.35MWh	匈牙利	平衡电网负荷	2024
2	台湾电力公司储能项目	1.0MW/5.8MWh	中国台湾	平衡电网负荷	2024

续表

编号	项目名称	项目体量	项目所在地	项目类型	启动年份
3	德国 HH2E 绿色能源储能制氢项目	18MW/104.4MWh	德国	绿色能源储能制氢	2024
4	德国光伏储能项目	1.0MW/5.8MWh	德国	光伏发电配套	2024
5	韩国可再生能源储能示范项目	1.0MW/5.8MWh	韩国	光伏发电配套	2023
6	保加利亚电池储能项目	500kW/2.9MWh	保加利亚	工业应用	2023
7	马尔代夫电池储能项目	250kW/1.45MWh	马尔代夫	工业应用	2023
8	日本滨松（SALA）储能项目	11.4MW/69.6MWh	日本	工业应用	2023
9	澳大利亚电力储能项目	250kW/1.45MWh	澳大利亚	镍铜钴矿电力储能	2023
10	日本宇宙航天研究开发机构	1.2MW/8.64MWh	日本	电能质量	2022
11	日本东邦燃气储能项目	11.4MW/69.6MWh	日本	工业应用	2022
12	中国台湾金门储能项目	1.8MW/10.8MWh	中国台湾	电能质量	2021
13	BASF 工厂储能项目	1.0MW/5.8MWh	比利时	工业应用	2021
14	乌兰巴托电池储能项目	125MW/160MWh	蒙古	可再生能源发电配套	2021
15	日本宇航局（JAXA）种子岛航天中心储能项目	2.4MW/14.4MWh	日本	电能质量	2021
16	阿布扎比虚拟电池厂	108MW/648MWh	阿联酋	平衡电网负荷、电网调频	2019
17	尼德萨克森混合动力储能电站	4MW/20MWh（NAS）+7.5MW/2.5MWh	德国	电网侧混合储能	2018
18	2050 迪拜清洁能源战略支撑项目	1.2MW/7.2MWh	迪拜	可再生能源发电配套	2018
19	福冈大容量蓄电池系统	50MW/300MWh	日本	平衡电网负荷	2016
20	意大利南部高压电网储能项目	34.8MW/250MWh	意大利	缓解输配电阻塞	2016
21	隐岐岛可再生能源储能电源项目	4.2MW/25.2MWh	日本	可再生能源发电配套	2015
22	PG&E Yerba Buena 储能项目	4MW/28MWh	美国	输配电领域	2013
23	东北电力电池储能项目	80MW/480MWh	日本	平衡电网负荷	2012
24	PG&E Vaca 电池储能项目	2MW/14MWh	美国	输配电领域	2012
25	魁北克水电公司储能项目	2MW/14MWh	加拿大	工业应用	2012

提升电能质量需要在短时间内注入电能，以弱化电压下降和瞬时停电等电力干扰，如果需要，还可以过渡到后备发电。30s 的功率脉冲足以解决 95%以上的电能质量事件，并提供到备用发电机组的过渡。钠硫电池能瞬时提供几倍于额定功率的脉冲功率，尤其适合作为提升电能质量的储能系统[7,8]。2004 年，美国电力公司多兰技术中心的 Tamyürek 和 Nichols 对 2003 年在俄亥俄州一座办公楼安装的 100kW/750kWh 的钠硫电池储能示范项目进行了评估[9]。该储能系统采用 2 个 NAS 电池模块用于削峰填谷（peak shaving，PS）和改善电能质量（power quality，PQ），单个模块提供 375kWh 的峰值容量，最大功率为 50kW，可进行 2500 次充放电循环。系统还具有在短时间内提供

5 倍额定功率（250kW）的能力，通常可持续 30s。峰值功率持续时间受电池内部温升的限制。图 9-2 为该储能系统实现两种功能的电气布线图。电池的标称工作电压为 700V。直流母线电压在系统最大负载时下降到 325V，充电时上升到 790V。每个模块的额定电流高达 810A。CB-DC1 和 CB-DC2 是 1000V 和 1000A 直流断路器，它们由电池功率转换系统（power conversion system，PCS）控制器操作。电池控制器可监测电池模块内部的异常情况，如电池失效、过流、电池电压异常低、极端温度等，可以跳闸直流断路器，保护电池不发生故障。PCS 使用两个双向转换器来处理每个方向的能量和使用模式。LC 滤波器放置在每个转换器的输出，用于消除高开关频率噪声和不必要的谐波进入电力系统线路。LC 滤波器的输出为一个升压变压器；基于可控硅的静态开关（SS）被适当的断路器包围，提供不同的操作方案，用于实现工作期间电源的快速传输；静态开关的设计提供少于 1/4 个周期的传输时间；断路器 CB3 用于 NAS 电池系统旁路维护或检测到 NAS 电池系统问题时使用。

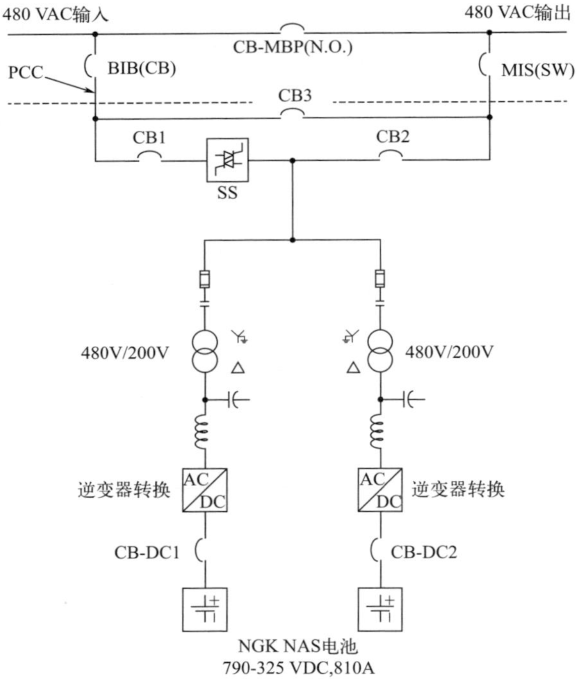

图 9-2　多功能 NAS 电池储能系统电气图

图 9-3 显示了 NAS 电池模块在每日充放电循环过程中的直流功率、电流和终端电压。电池模块晚上 8 点开始充电 9～10h，早上 7 点至下午 4 点处于放电态。放电中段为恒功率放电。充电最后的 1h 为缓慢充电。他们在评估过程

中进行了大量的测试，结果表明，NAS 电池的性能驱动因素为内阻、内部温度、开路电压和放电深度。电池内部温度是决定系统 PQ 性能最重要的参数。通过控制温度，可以获得 PS 或 PQ 操作所需的内阻。模块的工作温度设置为 325℃。然而，当电池放电时，底部温度升高至 350.5℃。在系统运行期间，由 PS 或 PQ 应用引起的整体温度上升不应超过 355℃。图 9-4 显示了该示范系

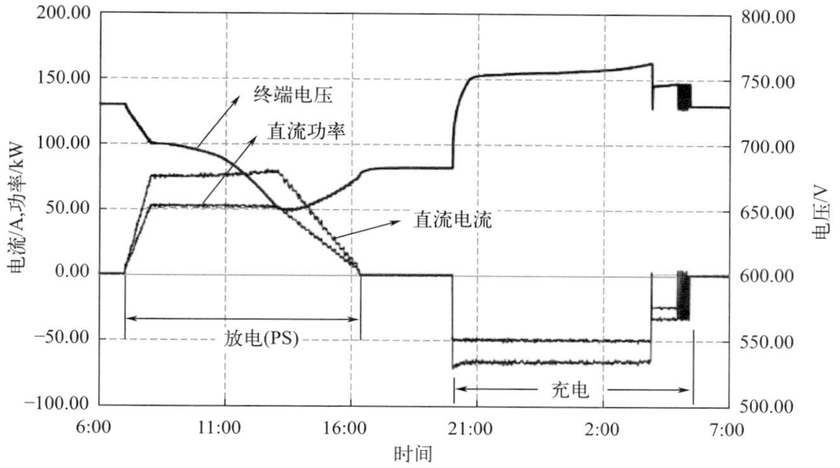

图 9-3　NAS 电池模块在每日充放电循环过程中的直流功率、电流和终端电压

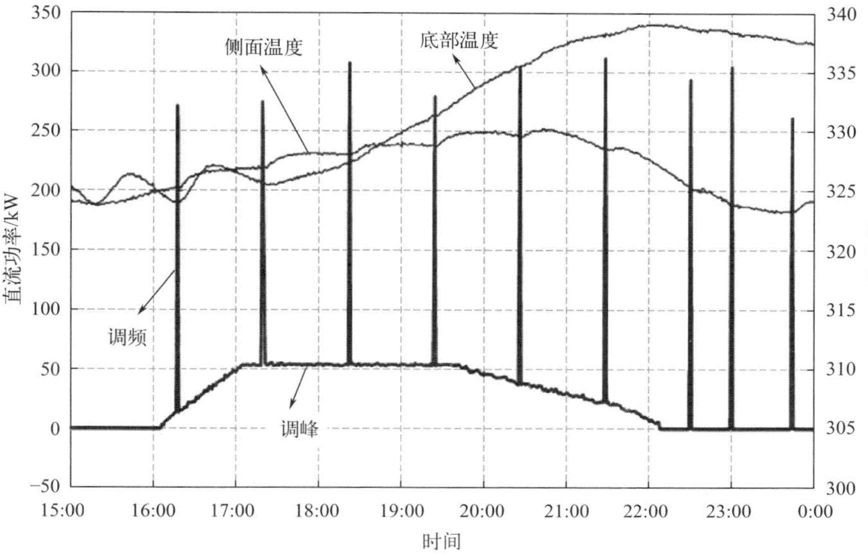

图 9-4　钠硫电池示范系统在 100kW 的功率下连续运行 6h，
并在其间成功响应 6 次电能质量事件

统可在 100kW 的功率下连续运行 6h，并在其间成功响应 6 次电能质量事件，支持 500kW 负载。即使在电池深度放电状态下，仍能很好地实现 2 次瞬时脉冲功率的供给。

对钠硫电池的应用和发展影响较大的一次事件是 2011 年 9 月，东京电力公司为三菱材料株式会社筑波厂安装的钠硫电池（NGK 生产）系统发生火灾[12]。这一事件在一定程度上造成了业界对于钠硫电池安全性的担忧。其后，NGK 先对正在运行的钠硫电池电站的模组和系统进行安全隐患维护，然后对新生产的电池在电芯层面和模块层面同时采取了多种提高安全保障的新措施[13]。通过采取一系列应对举措后，2013 年开始 NGK 生产的钠硫电池持续有大型储能项目上线。2015 年，日本启动隐岐岛可再生能源储能电源项目（图 9-5）。隐岐岛面积 364 平方公里，居民 25000 人。岛上可再生能源丰富，有集中式光伏 5MW，屋顶光伏 500kW，风电 3.8MW，小水电 300kW，柴油发电厂 32.7MW，同时配置了 4.2MW/25.2MWh 钠硫电池储能系统和 2MW/0.7MWh 锂电池储能系统。其中锂电池储能系统用于可再生能源出力平滑，钠硫电池储能系统用于可再生能源出力稳定及夜间供电。由于储能系统的引入，隐岐岛的可再生能源的消纳能力从 3MW 提升至 11MW，大大提高了岛上可再生能源占比，减少柴发的使用及排放。

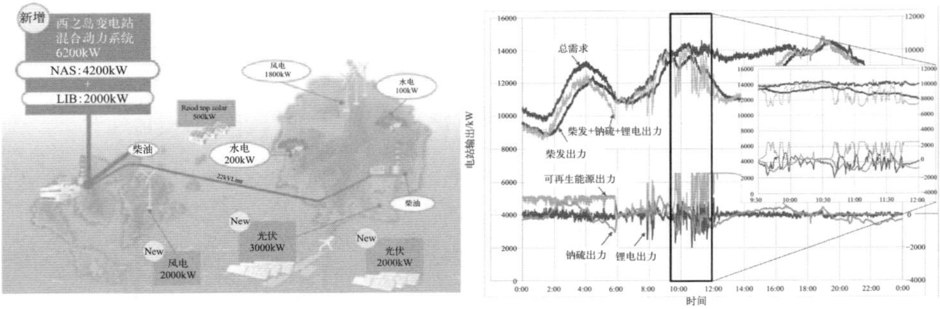

图 9-5　隐岐岛发电与储能的电力配置及电力运行曲线图（黄色曲线：可再生能源出力；绿色曲线：钠硫电池出力；红色曲线：锂电池出力；蓝色曲线：总负荷；深褐色曲线：柴发出力；浅褐色曲线：柴发加储能出力）（另见文后彩图）

2016 年 3 月，NGK 公司和九州电力共同推出的 50MW/300MWh 钠硫电池储能系统改善电力供需平衡的示范项目开始运行，是当时全球最大的大容量储能电站［图 9-6（a）］[13]。该电站位于日本福冈县丰前变电站，于 2016 年正式投运。该大规模钠硫电池储能系统采用集装箱式布置方式［图 9-6（b）］，每 4 个集装箱为 1 组，每个集装箱 200kW/1.2MWh，一共部署 63 组，因此总体容量为 50MW/300MWh。该系统运行时可起到类似抽水蓄能电站的削峰填谷作用，同时可起到稳定可再生能源出力的作用。图 9-7 显示了 1MW 钠硫电池与风电配套的电力输出曲线。从图中可以看到，风电站结合用电需求通过对钠硫电池储能系统进行充放电能实现全天的电力平稳输出。

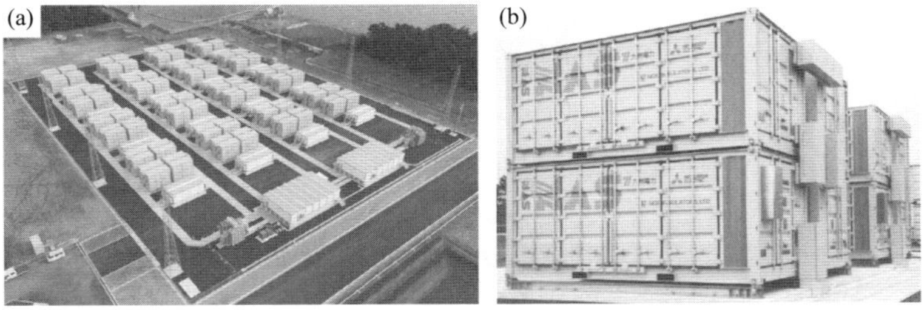

图 9-6　日本丰前变电站 50MW/300MWh 钠硫电池储能系统（a）；集装箱式钠硫电池储能系统（b）

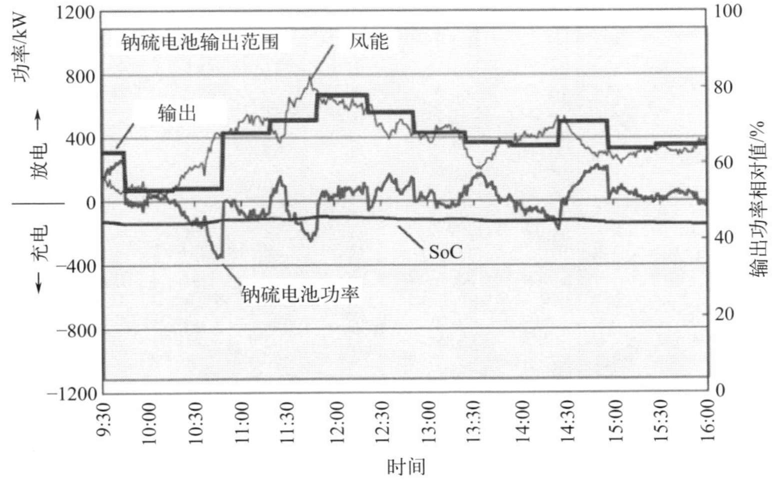

图 9-7　1MW 钠硫电池与风电配套的电力输出曲线

图 9-8 显示的是应用于意大利南部高压电网的 34.8MW 钠硫电池储能电站内 1.2 MW 钠硫电池机组布置图以及电站局部的照片[14]。图 9-9（a）显示了该系统中一个钠硫电池模组在一个标准周期内的电流和直流功率行为。放电阶段为 10h，其中前 7h 的放电功率分两阶段增加，后 3h 恒功率放电。充电阶段的 10h，前 8h 恒功率充电，后 2h 减小充电电流至 SoC 达到 100%。对于瞬态条件，图 9-9（b）为模块经历反向能量从放电流向充电的过程行为。值得注意的是功率反转发生时间大约 150ms，这完全适合高压电网中能源密集型固定

装置的应用。从充电到放电的反转具有非常相似的特性。在意大利，钠硫电池的电芯和模块经过了严谨的风险评估，包括内源性短路和外源性火灾、地震、洪水、直接和间接闪电、蓄意破坏、高空坠落等滥用场景。评估结果显示，经过安全性提升的钠硫电池技术具有较高的安全可靠性。

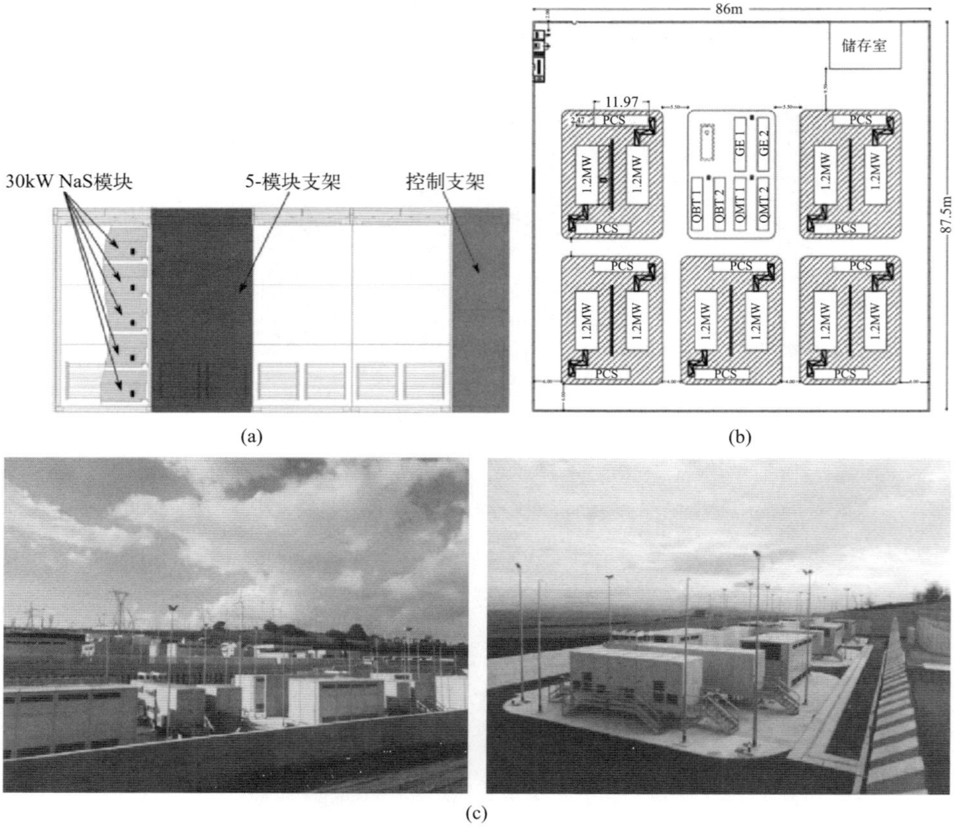

图 9-8　1.2MW 钠硫电池机组前视图（其他 4 个机架与可见机架背对背）(a)；
由 10 台 1.2MW 机组组成的 12MW 装置的结构布置（b）；
意大利南部高压电网的 34.8MW 钠硫电池储能电站局部（c）

2019 年，NGK 在阿布扎比完成的一个项目使用了 108MW/648MWh 的钠硫电池储能系统，持续放电时间长达 6h。具有较高能量密度、10 年以上运行寿命和对环境温度不敏感等特性的固体电解质基钠硫电池被证明非常适合极端高低温的应用场景。在热带气候的阿拉伯国家以及昼夜温差极大的沙漠气候国家如蒙古等，钠硫电池被认为是比锂离子电池更优异的储能技术。

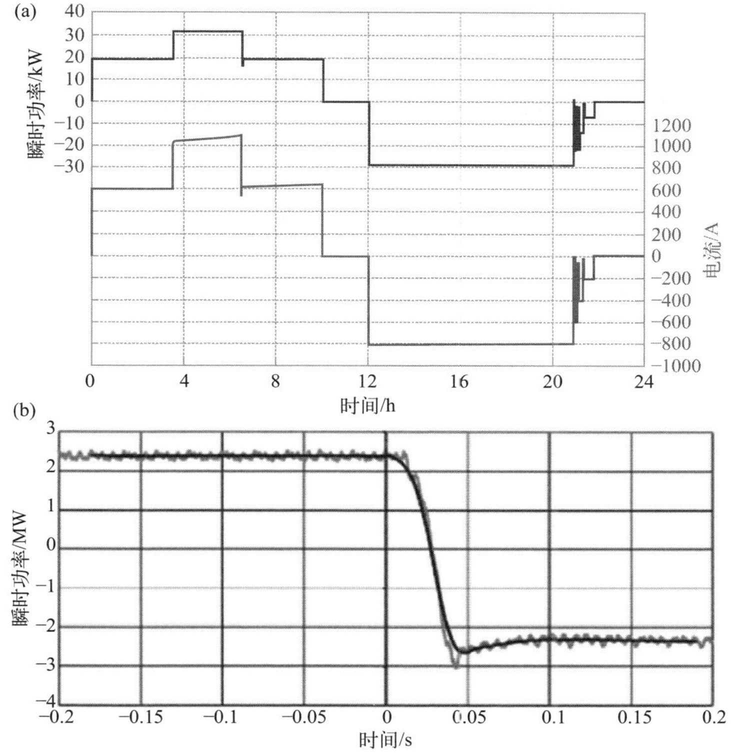

图 9-9　一个钠硫电池模组在一个标准周期内的电流和直流功率行为（a）；
一个钠硫电池机组经历反向能量从放电流向充电的过程行为（b）

国内方面，2010 年上海世博会期间，中国科学院上海硅酸盐研究所和上海电力公司合作，实现了 100kW/800kWh 钠硫电池储能系统的并网运行。2014 年，钠硫电池储能项目完成了电池性能提升与产品化研制、规模制备技术路线论证等主要工作，贯通生产线，形成定型产品并下线。模块产品于 2014 年 9 月通过第三方检测和厂内验收，交付上海电力，开展电站工程应用示范。图 9-10 显示了上海世博会期间示范的 100kW/800kWh 以及崇明 1.2MWh 电站。崇明钠硫电池储能示范电站总体储能容量为 1.2MWh，采用户外堆仓设计。如图 9-11 所示，该储能系统分 4 个单元，PCS 系统 2 套，交流侧接入堡镇电厂 0.4kV 母线，是国家科技支撑计划课题“以大规模可再生能源利用为特征的智能电网综合示范工程”重要组成部分，为我国首个钠硫储能电站工程化应用示范项目。在国网上海崇明供电公司、国网上海电科院、中国电科院南京分院等单位的合作努力下，12 月中旬电站首组堆仓成功并网，进入现场试运行阶段。

图 9-10　上海世博会期间示范的 100kW/800kWh 以及崇明 1.2MWh 电站

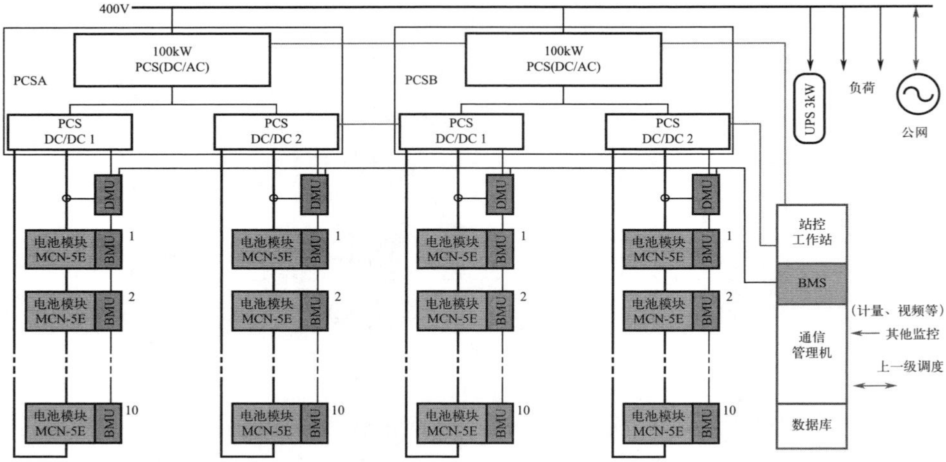

图 9-11　崇明钠硫电池储能系统电气图

9.2.1.2 ZEBRA 电池在电力系统的应用现状

ZEBRA 电池已处于兆瓦级商业化应用阶段，掌握该成熟技术的公司仅美国通用电气有限公司（GE 公司）和欧洲 FZ SoNick 公司。GE 公司于 2007 年买下英国 Beta R&D 公司的钠-氯化镍电池技术，经过 11 年研发，投入资金超过 4 亿美元，建立“Durathon”钠盐电池品牌，已在全球多个国家和地区的电网和电信领域运行了总计 15MW 以上、30 余个钠盐电池储能项目，同时开展在动力电源上的应用开发。ZEBRA 电池主要应用在电动汽车、电信备用电源、风光储能以及 UPS 等方面。2010 年，与 GE 拥有同一技术源头的 MES-DEA 公司和意大利非凡电源公司（FIAMM）成立新公司 FZ SoNick，并推出了 FIAMM SoNick 商标的钠-氯化镍电池，主要应用在电动车、储能电站等领域。

近年来，ZEBRA电池已被用作电网和电网的存储设备、电信备用电源、光伏和风力发电机的直流供电以及负载均衡[10]。FZ SoNick把ZEBRA电池的技术型号归为能源备份（48-110V模块）、移动应用（车辆）（300V-700V模块）和储能（48V和620V模块）三类。典型的电力储能项目有马尔代夫群岛600kW/1.2MWh离网型微网应用（2013年）、法属圭亚那1.5MW/4.5MWh光伏储能电站（2015年）、意大利Terna 1.2MW/4.15MWh峰值电力供应项目（2015年）以及希腊2.88MWh储能系统（2017年）等，以支持光伏和风能等可再生能源的整合。2014年GE利用ZEBRA电池在意大利建设了1MW/2MWh太阳能加蓄电池电站项目等。

图9-12显示的是法国EDF Toucan光伏电站1.5MW/4.5MWh ZEBRA电池储能系统。该系统位于南美洲法属圭亚那Toucan，由法国电力公司建设。该钠盐电池储能系统与5 MW光伏电站组成光储混合发电系统。储能系统白天储存多余的光伏发电和市电，晚上供电。储能系统由5套FIAMM SPRING 164子系统构成，总容量4.5MWh，PCS容量为1.6MW，负责混合发电系统运行控制。

图9-12　集装箱式1.5MW/4.5MWh ZEBRA电池储能系统

图9-13显示的是FIAMM公司提供的意大利Terna 1.2MW/4.15MWh ZEBRA电池储能系统[11]。该峰值电力供应应用系统位于意大利撒丁岛Codrongianos变电站，由Terna建设运行。该系统兼具能量密集型和功率密集型应用功能，既能削峰填谷满足高峰电力供应需求，又能解决电压跌落问题。储能系统由5套FIAMM SPRING 164子系统构成，总容量4.15MWh，PCS容量为1.2MW。集装箱式储能系统能适应岛上多变的气候变化，减少辅助制冷能耗。

图9-14显示的是2013年建设的杜克能源Rankin变电站（北卡罗来纳），其目的是感知变电站的实际负荷，平滑光伏电站的电力输出[11]。图9-15给出

图 9-13 意大利 Terna 1.2MW/4.15MWh ZEBRA 电池储能系统

图 9-14 杜克能源 Rankin 变电站（北卡罗来纳）的 ZEBRA 电池储能系统

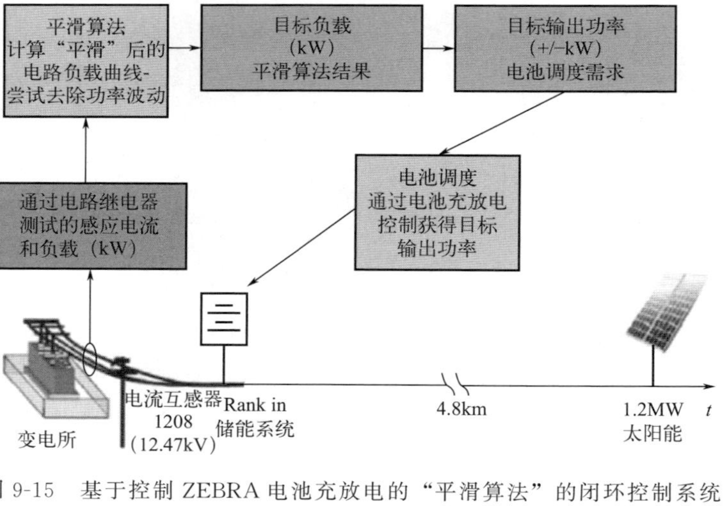

图 9-15 基于控制 ZEBRA 电池充放电的“平滑算法”的闭环控制系统

了基于控制电池充放电的“平滑算法”的闭环控制系统。图 9-16 显示了该 ZEBRA 电池储能系统平滑电力输出的测试结果。图中左侧纵轴对应电池动作前后的变电站功率负荷，右侧纵轴对应电池输出功率。在“平滑算法”的约束下，电池自身实现了对目标输出功率的准确响应和功率摆动的有力抑制。

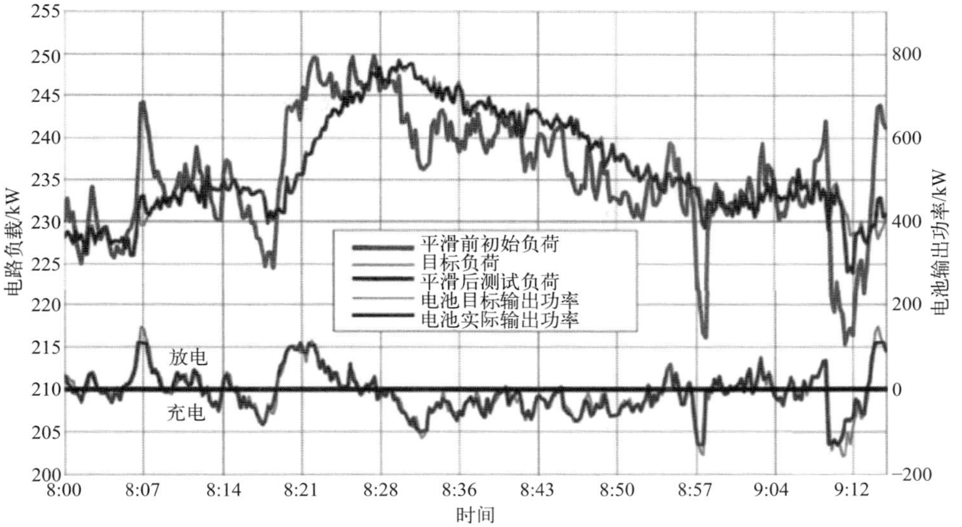

图 9-16　ZEBRA 电池储能系统平滑电力输出的测试结果

9.2.1.3　钠离子电池在电力系统的应用现状

钠离子电池在电力系统领域的应用还处在起步阶段，国内外多为 kW 级的储能示范。2016 年 Aquion Energy 提供的 250kW 水系钠离子电池系统为波多黎各萨利纳斯的 16MW 太阳能电厂提供 100%的夜间运行能源需求。2021 年 6 月，中科院物理所与中科海钠联合推出的 1MWh 有机体系钠离子电池光储充智能微网系统在山西太原综改区投入运行[12]。

9.2.2　电信通信领域

2019 年 10 月 31 日，我国宣布 5G 通信商用正式启动。2020 年，中国移动和中国铁塔相继推出了 1.95GWh、2GWh 电池组的采购招标。同年，通信储能领域的市场规模超过百亿元。预计今后五年内，中国新建及改造的 5G 基站备用电源需求量将超过 50GWh。海外通信领域的需求与国内基本持平，也处于快速发展期。根据功率的不同，5G 基站分为微基站和宏基站 2 大类。微基站分布较广，电力系统难以满足其要求，所以偏远地区的微基站需要大量使用储能系统保证持续稳定的电能供应。宏基站涉及范围广、基站功率大，一般建设在室外，需要储能系统作为备用电源以保证供电的稳定性。四川大学雷勇等与中国铁塔股份有限公司泸州市分公司合作对 5G 通信基站节能供电系统运行控制策略进行了研究。结合常规铁塔的用电需求，他们提出了节能供电系统仿真参数，其中储能变换器额定功率为 5kW、额定电压为 250V、储能容量为 100Ah，参考电流为 20A，占空比为 0.416[13]。

ZEBRA 电池在电信通信领域的应用具有较高的能量密度（能量密度约为铅酸的 2～3 倍）、超高安全性、宽环境温度适应性和 10～15 年的长寿命等独特优势[4]。到目前为止，GE 的 Durathon 钠盐电池已在全球 20 多个国家和地区的通信基站上运营了 20 余个储能项目，运营时间超过 100 个月。FZ SoNick 总计部署了大约 100MWh 的能源存储和大约 2MAh 的备份存储容量，主要集中在电信备用电源领域[14]。GE 公司的 Durathon 钠盐电池的第一批客户是位于南非约翰内斯堡的 Megatron Federal 公司，其主要产品和服务涵盖发电、输配电和电信领域，这些电池被安装在尼日利亚的一些手机信号站上。使用 Durathon 电池后，每个电话塔 20 年大约可节约成本 130 万美元。备用电源市场是 ZEBRA 电池最重要的应用领域之一，在北美、南美和欧洲都有应用。例如，在美国，ZEBRA 电池为两家主要手机供应商的 17 个站点的电信数据中心提供独立的备用电源[14]。表 9-3 显示了 GE 和 FIAMM 公司用于电信和通信领域的 ZEBRA 电池模组的技术参数[15]。由于 ZEBRA 电池的免维护特性，电芯上没有安装电池管理界面，只有一个简化的电池管理系统被纳入电源体系。该电池管理系统仅控制电池运行温度和监控电流电压参数。

表 9-3　GE 和 FIAMM 公司用于电信和通信领域的 ZEBRA 电池模组（含 BMS）的技术参数

制造厂商	电池型号	标称电压/V	标称能量/kWh	质量能量密度/(Wh·kg^{-1})	体积能量密度/(Wh·L^{-1})	最大放电电流/A	80%DoD 循环寿命/次
GE	Durathon E 4815	48	15	101.7	46	100	4500
	Durathon E 620	497	20	81.6	37	23	4500
FIAMM/MES-DEA	48-TL-200	48	9.6	91	42	150	4500
	Z12-557-ML3C-64	497	35.7	103	—	224	4500

9.2.3　交通运输领域

ZEBRA 电池最初设计的应用领域即是纯电动和混合电动汽车领域。早在 1998 年，ZEBRA 电池就被安装在一个 12 辆梅赛德斯组成的小型车队上进行应用开发。20kWh 的 ZEBRA 电池模块曾装载在雷诺 Twingo 和 Clio，奔驰 190 和宝马 3 系电动汽车上提供动力[16]。在意大利的博洛尼亚、佛罗伦萨和摩德纳，ZEBRA 电池在几辆纯电动公交车上示范，每辆公交车上安装了 6 个 20kWh 的电池模块。此外，ZEBRA 电池还有一些在混合动力巴士中使用的案例，它们通过一个 1.9L 的恒功率柴油发动机，并配备两到三个电池模块来提供动力。图 9-17 显示了一些搭载 ZEBRA 电池的纯电动和混合动力车。FIAMM 公司报道了他们生产的 ZEBRA 电池已经在巴塞罗那、圣塞巴斯蒂安和马赛等多个城市的 IRIZAR 客车上运行[17]。ZEBRA 电池与超级电容器杂化的混合动力车在雷诺 Master 的全电动版本上被作为案例研究[18]。图 9-18 显示了 ZEBRA 电池与超级电容器杂化的混合动力车的电力推进系统框图。车辆由基于 ZEBRA 电池组和超级电容模块组合的混合电源系统提供电力。电池组由两节 38Ah 550V 的 ZEBRA 电池组组成，它们在电力驱动的直流侧平行连接。两种电源通过 DC/DC 双向功率转换器集成，将电力驱动所需的功率在电池和超级电容器之间适当分割。

图 9-17　一些搭载 ZEBRA 电池的纯电动和混合动力车

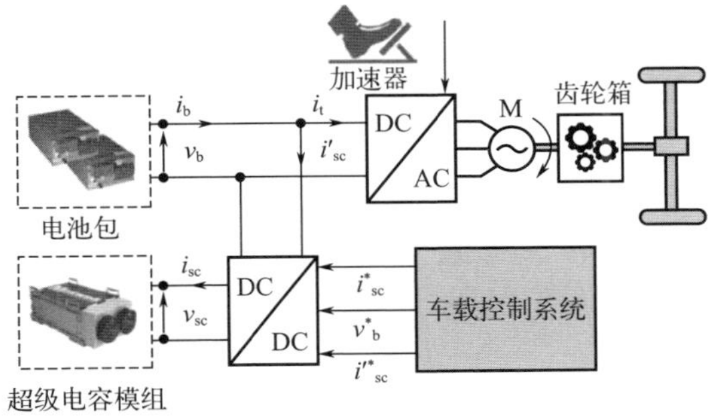

图 9-18　ZEBRA 电池与超级电容器杂化的混合动力车的电力推进系统框图

由于 ZEBRA 电池的加热保温系统需要消耗一定的能量，因此长时间不间断、规律性运行、对安全性要求较高的车，如物流车、货车或危化品运输车等交通工具，更加适合配备 ZEBRA 电池作为动力电源。

我国是航运大国，船舶运输在货运和客运等方面都占据重要的地位。有研究报道我国每年船舶排放的硫氧化物、氮氧化物和颗粒物分别达到 1.1937Tg、2.2084Tg、0.3472Tg[19]。根据中国 PM_5 排放标准，1 艘内河船只每年平均颗粒/煤烟排放量等于 2 万辆轿车的排放量。在当前国家“碳达峰碳中和”要求的背景下，推行纯电动船具有重要意义。ZEBRA 电池在船艇上已开展过一些应用研究。1998 年荷兰皇家海军对分别配备铅酸电池和 AEG Anglo Batteries（后为 FZ SoNick）公司的 ZEBRA 电池的两艘潜艇进行了对比试验[20]，试验结果表明：装备 ZEBRA 电池的潜艇水下低速航行时间大大延长，几乎是装备铅酸电池的 2 倍。2005～2006 年英国海军也对 ZEBRA 电池进行了多电压多电流规格的浮充测试、ZEBRA 电池和铅酸电池的 42A 和 60A 大电流放电性能对比试验以及电池组内单体电池故障隔离性能试验等一系列试验[21]，试验结果表明：

① 高电压高电流充电对电池性能无明显影响，可大幅度缩减充电时间；

② 钠-氯化镍电池在大电流放电持续时间、电压变化率等方面明显优于铅酸电池；

③ ZEBRA 电池单体故障对电池充放电性能几乎没有影响，具有极好的单电池故障隔离能力。

ZEBRA 电池因此被选为英国和北约营救潜艇的动力电源，它提供的额外能量使救援船的最高速度提高了 20%以上，并能在更强的水流中运行。此外，这艘救援船的续航时间相比之前几乎增加了一倍，使得操作者可以在不充电的情况下进行更长时的潜水救援，因此 ZEBRA 电池成为船舶动力电源的优良备选方案。图 9-19 为搭载 ZEBRA 电池系统的英国 LR7 型深潜救生艇。LR7 型深潜救生艇全长 25ft（约 7.6m），可在 300m 深度潜航 12h 以上，可在恶劣海况下对各种型号的核潜艇及常规潜艇实施救援，每次最多能搭载 18 名遇险者。ZEBRA 的高安全性以及高比能量是 LR7 可靠运行的重要原因之一。

由于具有安全、环保、节能、使用便利等特点，轨道交通和地铁逐渐成为人们出行的主要交通方式之一。轨道交通和地铁对于储能的需求主要体现在两方面，一方面是再生制动能量吸收利用，降低能耗，另一方面是作为备用电源，在列车电力系统发生故障或电网停电时保证列车的安全。虽然飞轮储能和超电容储能在列车储能领域被广泛应用，但近年来，随着电池功率密度的不断提高，列车储能领域也成为二次电池储能的潜在应用领域。FIAMM 的 ZEBRA 电

图 9-19　搭载 ZEBRA 电池系统的英国 LR7 型深潜救生艇

池储能解决方案被德国航空和运输领域的跨国公司庞巴迪公司选中，为 Innovia Monorail 300 平台项目提供储能服务[17]。这些电池用于在巴西和沙特阿拉伯完成的两个项目中，并为所有应急服务提供备用能源，其中一个使用 FIAMM 钠电池储能的单轨是为巴西圣保罗的 Espresso Tiradentes 线路建造的，另一个是位于沙特阿拉伯利雅得金融区的单轨铁路。这些交通工具每小时运送约 48000 名乘客，最高时速为 80km。

截至 2020 年底，我国两轮电动自行车的保有量远大于轿车，已超 3 亿辆，预计未来几年还将继续增长。传统的两轮电动自行车采用铅酸电池作为动力电源，但随着人们对续航里程的需求增加，铅酸电池正逐渐被锂离子电池、钠离子电池和其他高能量密度的体系所替代。据报道，中国长城旗下公司研发的 48V 10Ah 钠离子电池组成功实现在电动自行车上示范应用。随后，国内多家钠离子电池公司，如中科海钠、众钠等均开始了钠离子电池在电动自行车方向的应用示范。两轮自行车的高保有量使得其安全问题更加受到关注。安全、较高能量密度且免维护的 ZEBRA 电池也将成为两轮电动自行车的重要选择之一。

9.2.4　分布式储能领域

包括智能微网、充电站换电和家庭储能等在内的分布式储能覆盖了商业、工业、电力、供水、学校、医院、家庭等大量应用场景。微电网系统将分布式电源、负荷、储能系统及其控制系统结合在一起，形成一个小型的电力系统。微电网具有电力灵活性，既能够联网运行又可孤岛运行。电动汽车因其技术成熟度提高和节能环保等优势，近几年其保有量保持高速增长。电动汽车的规模化应用促进了充电站换电领域的蓬勃发展。换电充电站通过可再生能源自主充电，形成闭环的模式，能大大减少换电的充电和运输成本，从而整体降低换电成本。近年来随着家庭居民用电量比重的提高和用户侧用电效率不足等问题的涌现，结合家庭能量管理系统，家庭储能逐渐成为国内外发展的热点。在以上多种分布式储能系统中，电池储能系统已经成为其重要的组成部分。图 9-20 显示了德国 BASF NewBusiness 公司在韩国祥明风电场部署的 NGK 钠硫电池。该风电场的 21MW 电转气系统，使用 NAS 电池作为风力涡轮机输出和电解槽之间的缓冲，以确保稳定的氢气生产。ZEBRA 电池也被认为是分布式储能高可靠性的备选方案[22]。FIAMM 在微电网混合能源解决方案上做出了一些创新的努力[17,23-25]。例如，利用光伏发电，通过 64 个 ST523 ZEBRA 电池提供的电能存储、两个柴油发电机作为备用或分配调制，为度假村提供稳定的微电网系统[17]。另外，FIAMM 还为萨沃纳大学校园提供了智能电网储能系统[25]。

图 9-20　德国 BASF NewBusiness 公司在韩国祥明风电场部署的 NGK 钠硫电池

9.2.5 其他特殊领域

由于 ZEBRA 电池的温度适应性广以及安全性高，GE 和 FIAMM 都尝试将 ZEBRA 电池用于对安全性要求高的地下高温环境。2013 年，GE 公司生产的 ZEBRA 电池成功地为 Coal River Energy 公司位于美国西弗吉尼亚州明矾溪的采矿铲车提供动力支撑[26]。图 9-21（a）为 GE 开发的 ZEBRA 电池作为动力电源的地下装载机。

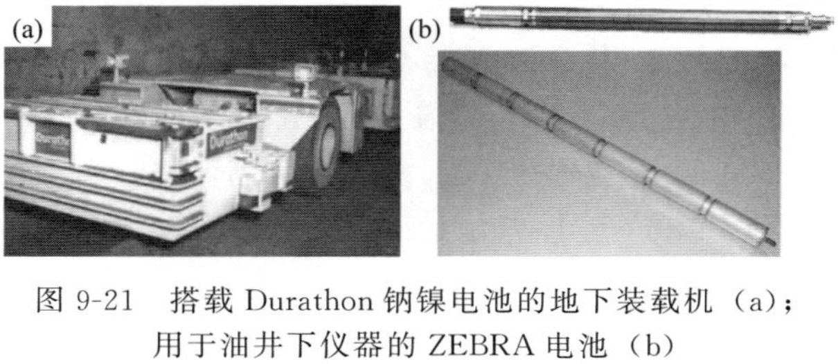

图 9-21　搭载 Durathon 钠镍电池的地下装载机（a）；
用于油井下仪器的 ZEBRA 电池（b）

油气勘探的井下温度可超过170℃，目前井下仪器的电能供应采用的是锂一次电池。能耐受如此高温的电池很少，ZEBRA电池成为井下设备电源的候选方案。2005年3月，英国油井测井设备公司Sondex购买了英国Beta R&D开发的ZEBRA电池技术。他们使用ZEBRA电池替代井下设备中的锂电池，认为ZEBRA电池更耐用、更可靠，也更划算。图9-21（b）显示了一种井下仪器特制的ZEBRA电池[15]。它是一个由7个圆柱形电池组成的18V电池。整节电池的直径为36.5mm，长度为95mm，容量14Ah，包装在杜瓦瓶中使用。

参考文献

[1] 缪平，姚祯，John L，等. 电池储能技术研究进展及展望. 储能科学与技术，2020（9）：670-678.

[2] Koohi-Fayegh S，Rosen M A. A review of energy storage types，applications and recent developments. Journal of Energy Storage，2020（27）：101047.

[3] 中国储能网新闻中心，详解储能的3大应用领域13个细分场景，2019.

[4] 胡英瑛，吴相伟，温兆银. 储能钠硫电池的工程化研究进展与展望. 储能科学与技术，2021（10）：781-799.

[5] Tamakoshi T. Development of sodium sulfur battery and application//Grand Renewable Energy 2018 Proceedings，Japan，2018：O-En-2-9.

[6] Energy-storage. News，Coal-Dependent Mongolia's First Solar-Plus-Storage Project will Use NGK's Sodium-Sulfur Batteries，2021.

[7] Bunyamin Tamyurek D K N. Harry T. Vollkommer. Sodium sulfur battery applications//IEEE Power Engineering Society General Meeting，Toronto，Ontario，Canada，2003.

[8] Kamibayashi D K N A M. Market development for the sodium sulfur battery//2002 Electrical Energy Storage Applications and Technologies Conference，San Francisco，US，2002.

[9] Tamyürek B，Nichols D K. Performance analysis of sodium sulfur battery in energy storage and power quality applications. Eng. & Arch. Fac. Osmangazi University，2004（17）：1-17.

[10] Manzoni R，Metzger M，Crugnola G. ZEBRA electric energy storage system：from R&D to market//HTE hi. tech. expo，Milan，Italy，2008：25-58.

[11] Benato R，Cosciani N，Crugnola G，et al. Sodium nickel chloride battery technology for large-scale stationary storage in the high voltage network. Journal of Power Sources，2015（293）：127-136.

[12] 中国科学院物理研究所清洁能源实验室，全球首套1MWh钠离子电池光储充智能微网系统正式投入运行，http：//www. iop. cas. cn/xwzx/snxw/202106/t20210628_6118350. html，2021.

[13] 雷勇，熊昊，苟正锋，等. 5G通信基站节能供电系统运行控制策略研究. 水电能源科学，2021（39）：150-155.

[14] Erik D Spoerke，Martha M，Leo J Small，et al. Sodium-based battery technologies //2020 U. S. DOE Energy Storage Handbook，2020.

[15] Sudworth J，Galloway R. Encyclopedia of electrochemical power sources. Elsevier Science，2009.

[16] Dustmann C H. Advances in ZEBRA batteries. Journal of Power Sources，2004（127）：85-92.

[17] FIAMM. FIAMM：sodium batteries，applications and advantages of environmentally-friendly and efficient technology，2015，https：//www. pv-magazine. com/press-releases/fiamm-sodium-batteries-applications-and-advantages-of-environmentally-friendly-and-efficient-technology _ 100018722/.

[18] Capasso C，Lauria D，Veneri O. Experimental evaluation of model-based control strategies of sodium-nickel chloride battery plus supercapacitor hybrid storage systems for urban electric vehicles. Applied Energy，2018（228）：2478-2489.

[19] 李军伟，张晓红，张新民. 我国船舶大气污染物排放及控制研究. 资源节约与环保，2020（10）：94-97.

[20] 吴雄学，郭朝有，徐海. 钠-氯化镍电池舰艇应用研究综述. 船舶工程，2013（2013）：6-8+18.

[21] Williamson D. ZEBRA battery-the solution to submarine energy storage//Proceedings of the International Conference Warship'05：Naval Submarines 8，Royal Institution of Naval Architects，London，2005.

[22] Saponara S，Saletti R，Mihet-Popa L. Hybrid micro-grids exploiting renewables sources，battery energy storages，and Bi-directional converters. Applied Sciences，2019（9）：4973.

[23] Restello S，Lodi G，Miraldi A. Sodium nickel chloride batteries for telecom application：a solution to critical high energy density deployment in telecom facilities. //Proceedings of the Intelec 2012，IEEE：Hoboken，Scottsdale，AZ，USA，2012：1-6.

[24] Restello S，Zanon N，Paolin E. Sodium nickel batteries for telecom hybrid power systems. //Proceedings of the Intelec 2013：35th International Telecommunications Energy Conference Smart Power and Efficiency，VDE，Hamburg，Germany，2013：1-5.

[25] Bracco S，Delfino F，Trucco A，et al. Electrical storage systems based on sodium/nickel chloride batteries：a mathematical model for the cell electrical parameter evaluation validated on a real smart microgrid application. Journal of Power Sources，2018（399）：372-382.

[26] 何文胜，赵金元. 国内外动力电池地下装载机现状与发展趋势. 有色设备，2020（34）：87-92.

附 录

附表一 钠电池相关电极的标准氧化-还原电位 $\varphi^{\ominus}$（25℃）

氧化-还原体系	$\varphi^{\ominus}$/V	氧化-还原体系	$\varphi^{\ominus}$/V
$Li \rightleftharpoons Li^{+} + e^{-}$	−3.045	$Cu^{+} \rightleftharpoons Cu^{2+} + e^{-}$	0.153
$Na \rightleftharpoons Na^{+} + e^{-}$	−2.713	$Cu \rightleftharpoons Cu^{2+} + 2e^{-}$	0.337
$Al \rightleftharpoons Al^{3+} + 3e^{-}$	−1.66	$Cu \rightleftharpoons Cu^{+} + e^{-}$	0.521
$Mn \rightleftharpoons Mn^{2+} + 2e^{-}$	−1.18	$2I^{-} \rightleftharpoons I_2 + 2e^{-}$	0.535
$Fe \rightleftharpoons Fe^{2+} + 2e^{-}$	−0.44	$3I^{-} \rightleftharpoons I_3^{-} + 2e^{-}$	0.536
$Co \rightleftharpoons Co^{2+} + 2e^{-}$	−0.277	$2Br^{-} \rightleftharpoons Br_2 + 2e^{-}$	1.065
$Ni \rightleftharpoons Ni^{2+} + 2e^{-}$	−0.23	$2H_2O \rightleftharpoons O_2 + 4H^{+} + 4e^{-}$	1.229
$Sn \rightleftharpoons Sn^{2+} + 2e^{-}$	−0.136	$2Cl^{-} \rightleftharpoons Cl_2 + 2e^{-}$	1.359
$H \rightleftharpoons H^{+} + e^{-}$	0	$2H_2O \rightleftharpoons H_2O_2 + 2H^{+} + 2e^{-}$	1.77

附表二 钠电池相关活性物质的电化学当量

活性物质	转移电子数	电化学当量/($g \cdot Ah^{-1}$)
Li	1	0.2589
Na	1	0.8578
S	2/3（S_3^{2-}）	1.7942
S	2（S^{2-}）	0.5981
C	1/6（NaC_6）	2.6866
C	0.1117（$Na_{0.67}C_6$）	4.0119
NaCl	1	2.1806
$NiCl_2$	2	2.4177
NaBr	1	3.8392
NaF	1	1.5668
$FeCl_2$	2	2.3647
CuO	1	2.9682
MnO_2	1	3.244
NiO	1	2.7869
CoO	1	2.7989

注：Na_xC_6 为插入钠离子的碳材料。

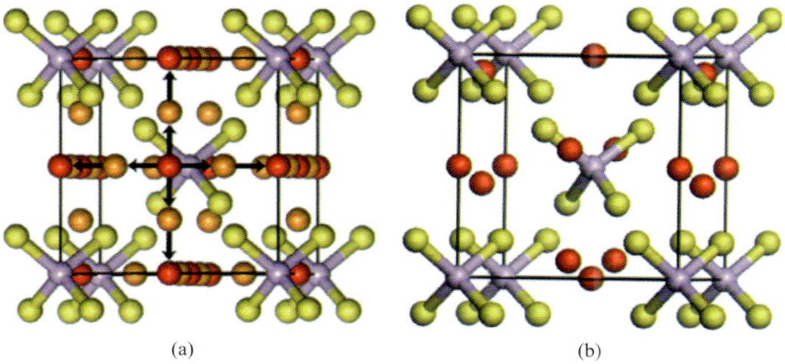

图 2-21　立方相和四方相 Na_3PS_4 的晶胞结构

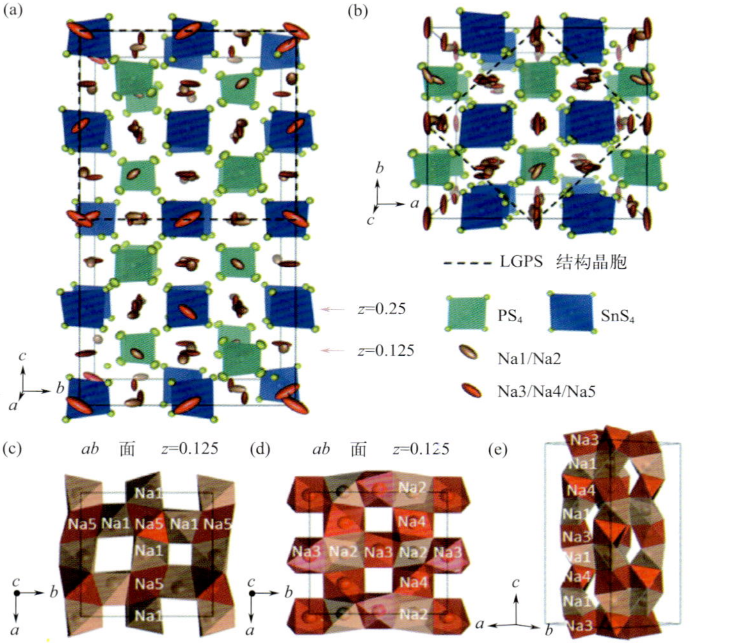

图 2-22　$Na_{11}Sn_2PS_{12}$ 的晶体结构（a），$Na_{11}Sn_2PS_{12}$ 的原胞（与 $Li_{10}GeP_2S_{12}$ 类似）（b），ab 平面在不同 z 轴位置上的视图［（c）和（d）］，沿 c 轴排列的 Na(4)-Na(1)-Na(3)-Na(1) 通道示意图（e）

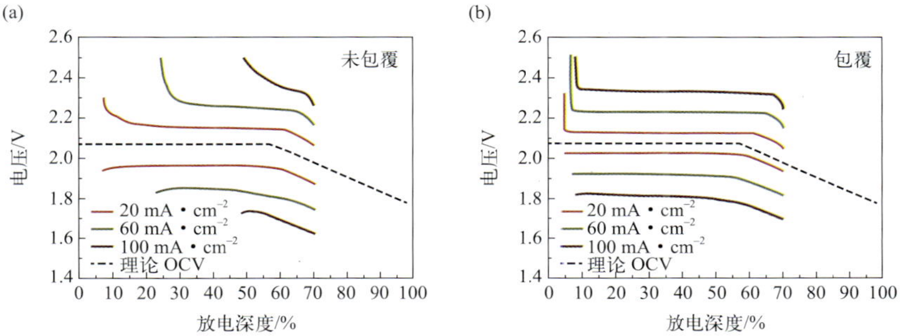

图 3-15

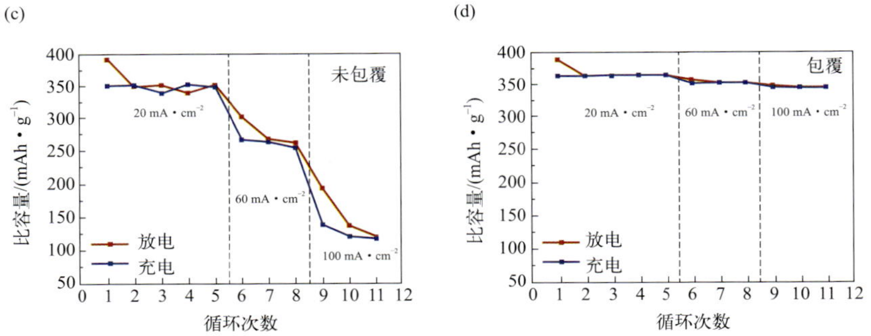

图 3-15　使用氧化铝/二氧化硅纳米颗粒包覆碳毡对钠硫电池的充放电曲线和循环-倍率容量曲线的影响

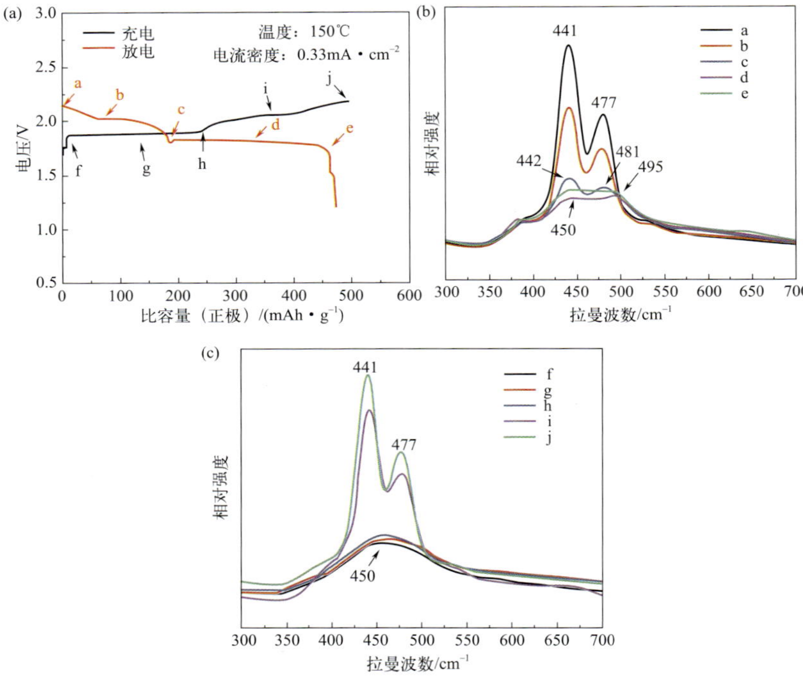

图 3-22　中温钠硫电池典型的充放电曲线及充放电过程中测得的在线拉曼光谱图

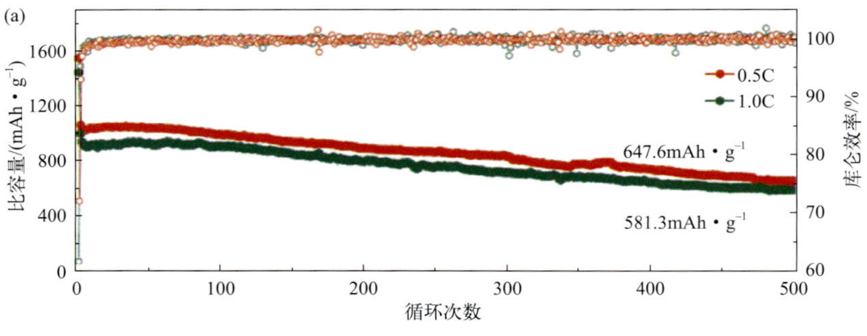

图 3-24

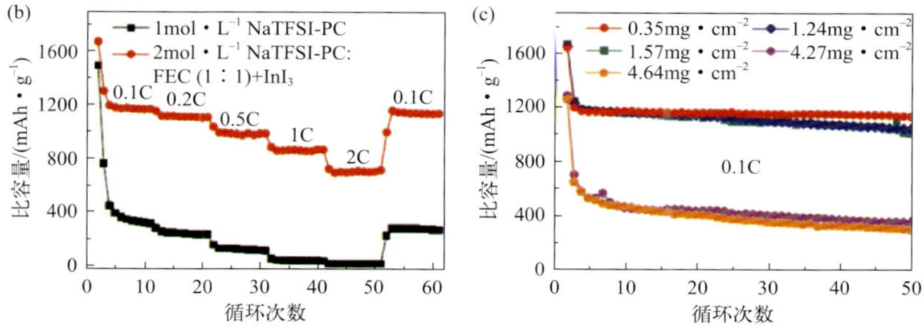

图 3-24　Na/2mol·L^{-1} NaTFSI in PC ∶ FEC（1 ∶ 1 体积比）-InI_3/S@MPCF 常温钠硫电池的循环稳定性、倍率特性和不同硫载量电极的循环性能

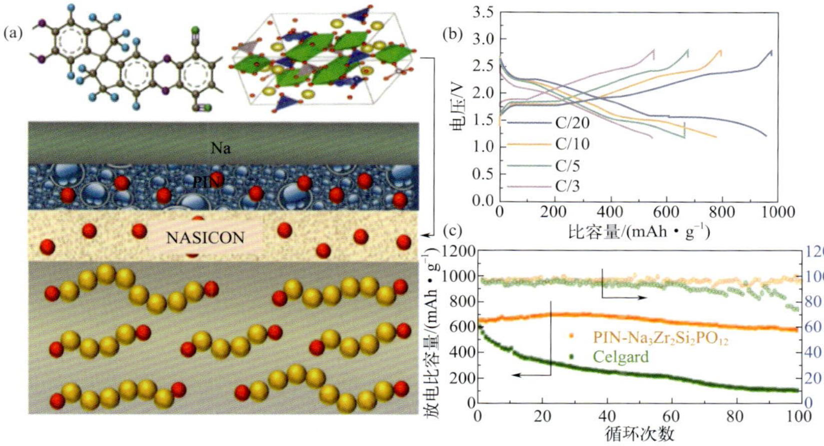

图 3-25　PIN 包覆 NASICON 作为固体电解质的常温钠硫电池结构设计及其电化学性能

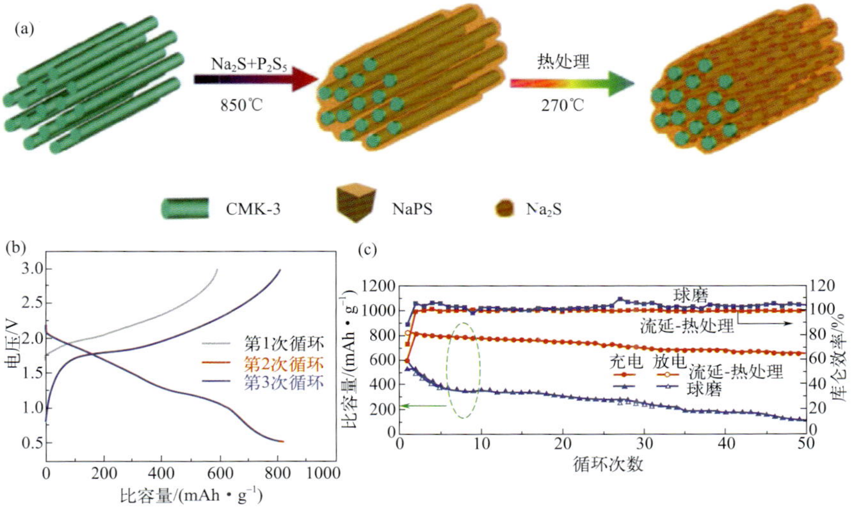

图 3-27　NaSn-C|Na_3PS_4|Na_2S-C-Na_3PS_4 全固态钠硫电池的结构设计及其电化学性能

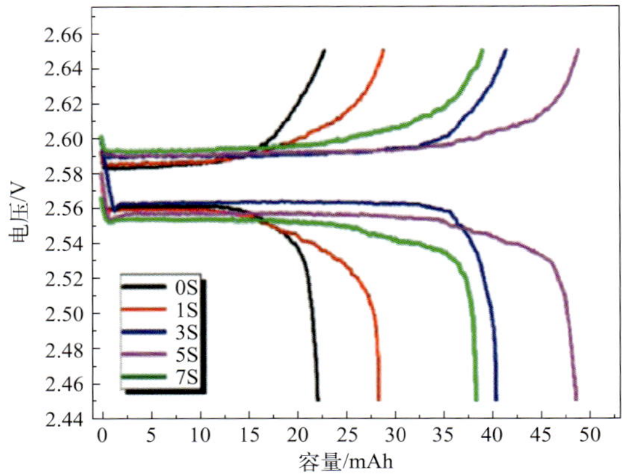

图 4-21 添加不同含量硫的 Na-NiCl$_2$ 电池的充放电曲线
（图中 1S 对应添加 1% S，其他类推）

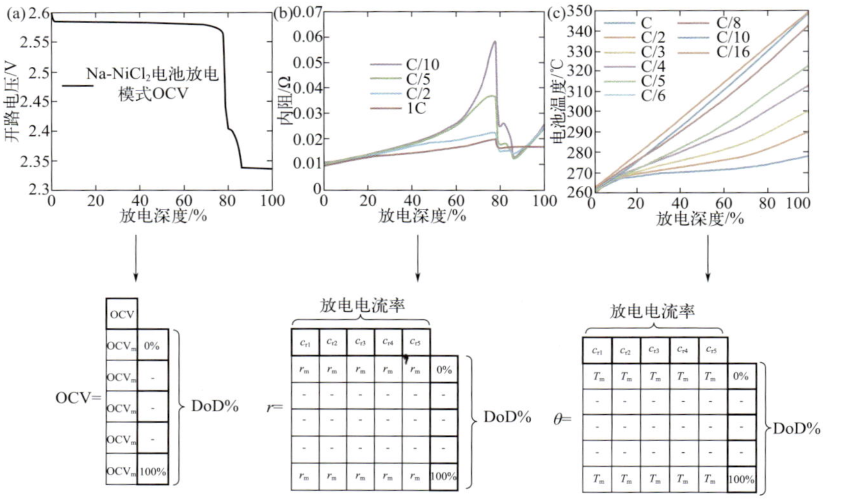

图 4-37 ZEBRA 电池的电压（a）、内阻（b）和温度（c）随 DoD 变化的数据以及这些数据的矩阵表示

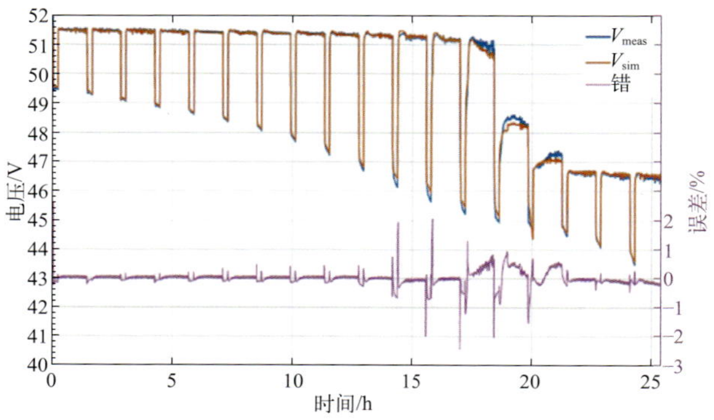

图 4-43 43A 脉冲放电过程中测量到的 1 号串电压和模拟串电压之间的比较

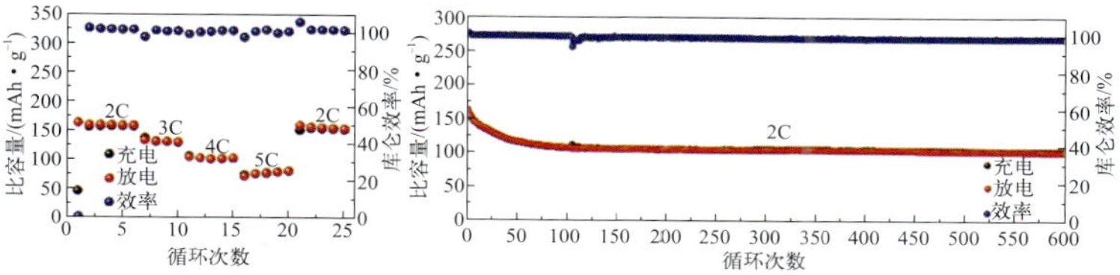

图 4-47　中温 ZEBRA 电池用 CNFs@Ni-Fe 电极的倍率循环特性

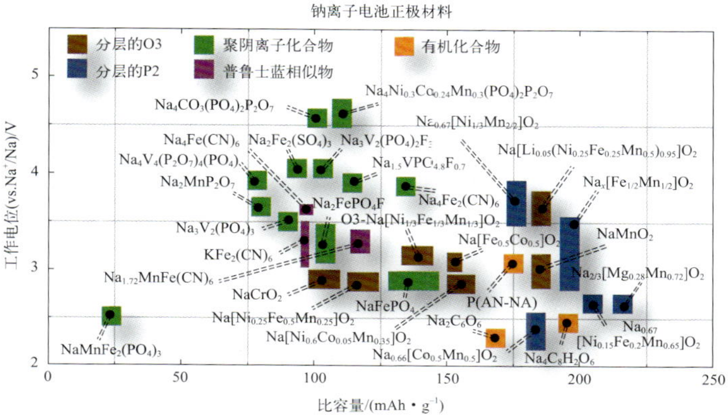

图 5-8　各种钠离子电池正极材料的工作电压与质量比容量

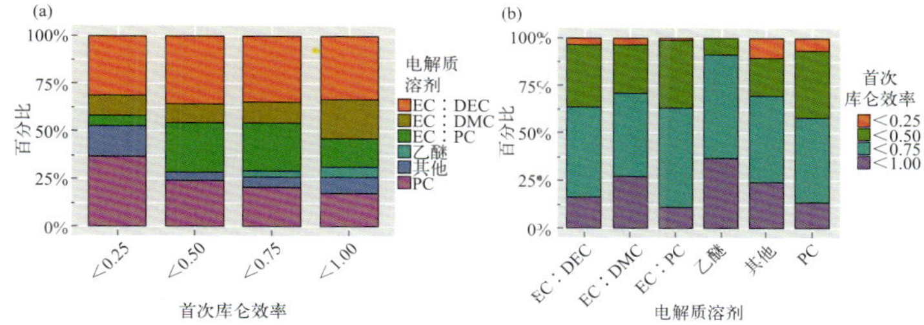

图 5-13　各种电解液体系的电池库仑效率的分布比例统计

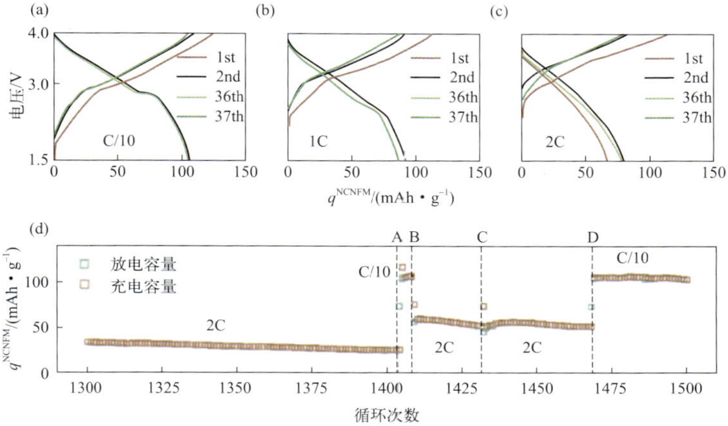

图 5-26　$Na[Cu_{1/9}Ni_{2/9}Fe_{1/3}Mn_{1/3}]O_2$//EC ：DMC（1 ：1，体积比）// 硬碳（生物质原料合成）的钠离子电池的充放电曲线［（a）、（b）、（c）］和倍率循环曲线（d）

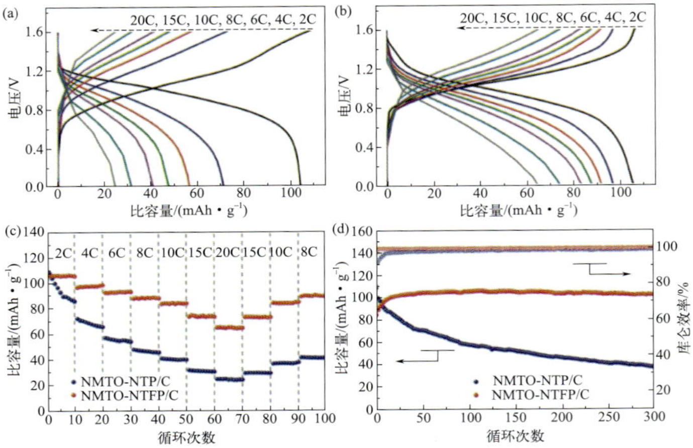

图 5-29　$Na_{0.66}Mn_{0.66}Ti_{0.34}O_2$-$NaTi_2(PO_4)_3$/C(NMTO-NTP/C)（a）和 $Na_{0.66}Mn_{0.66}Ti_{0.34}O_2$-$Na_{1.5}Ti_{1.5}Fe_{0.5}(PO_4)_3$/C(NMTO-NTFP/C)（b）两种全电池的充放电曲线、倍率性能（c）和循环性能曲线（d）

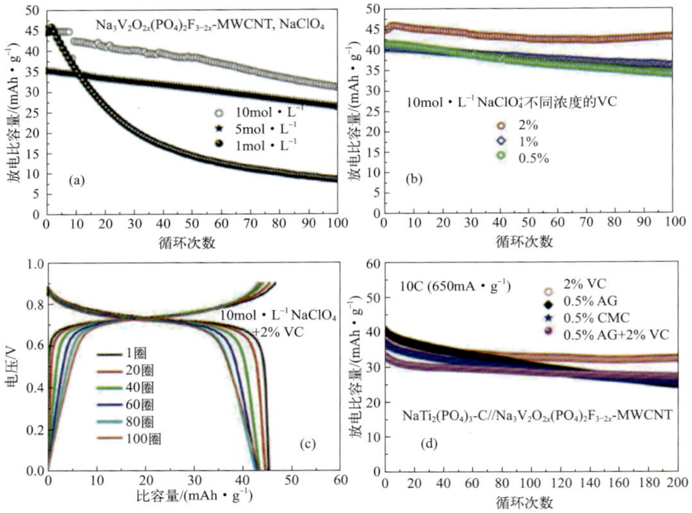

图 5-31　$Na_3V_2O_{2x}(PO_4)_2F_{3-2x}$-MWCNT 正极在不同浓度的 $NaClO_4$ 电解液中的循环性能（a）；$Na_3V_2O_{2x}(PO_4)_2F_{3-2x}$-MWCNT 正极在添加不同比例 VC 的 10mol·L^{-1} $NaClO_4$ 电解液中的循环性能和充放电曲线［（b）、（c）］；$NaTi_2(PO_4)_3$-C//$Na_3V_2O_{2x}(PO_4)_2F_{3-2x}$-MWCNT 全电池在含有不同添加剂的 10mol·L^{-1} $NaClO_4$ 电解液中的循环性能

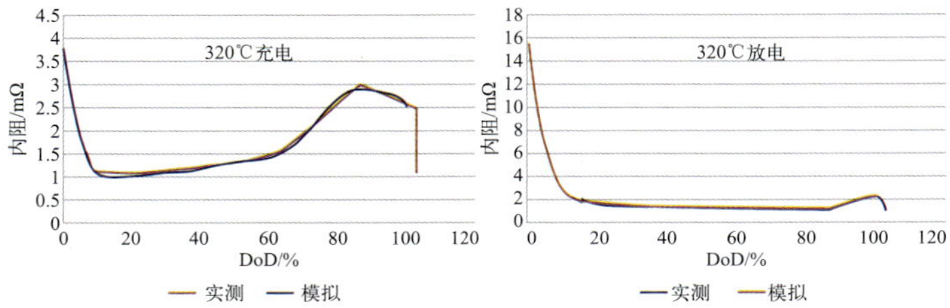

图 7-5　钠硫电池 320℃下充放电的内阻随放电深度的变化曲线

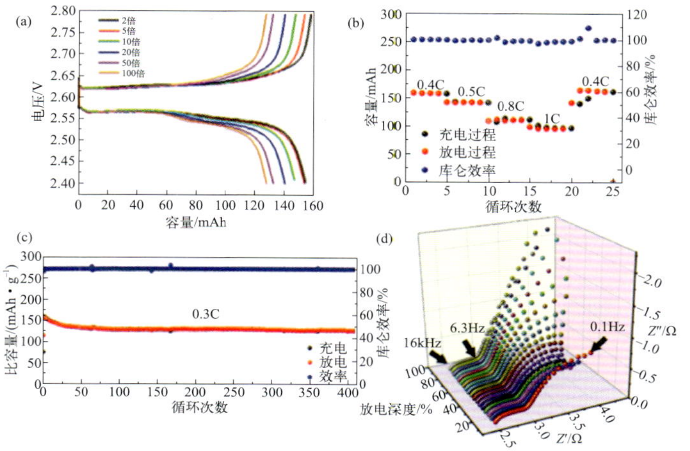

图 7-9　碳纤维 / 镍膜作为电池正极的平板 ZEBRA 电池 190℃下的倍率性能曲线、充放电曲线、循环性能曲线和原位交流阻抗谱

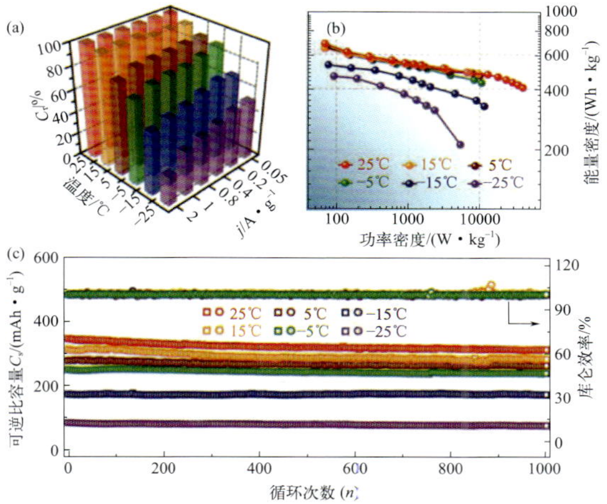

图 7-10　不同电流密度运行的 NVPOF//3DSG 钠离子全电池容量低温下相对于 25℃下的容量保持率（a）；不同温度下，NVPOF//3DSG 电池功率密度和能量密度的变化趋势（b）；NVPOF//3DSG 电池不同温度下以 $2A\cdot g^{-1}$ 电流密度工作的循环特性曲线（c）

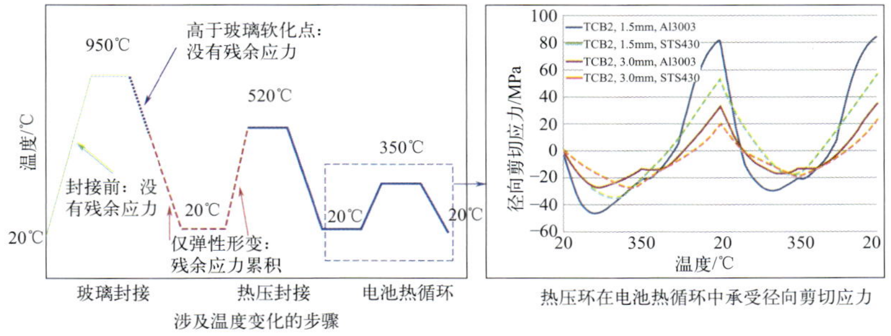

图 7-12　钠硫电池中封接件经过的热震过程以及封接件承受应力分析

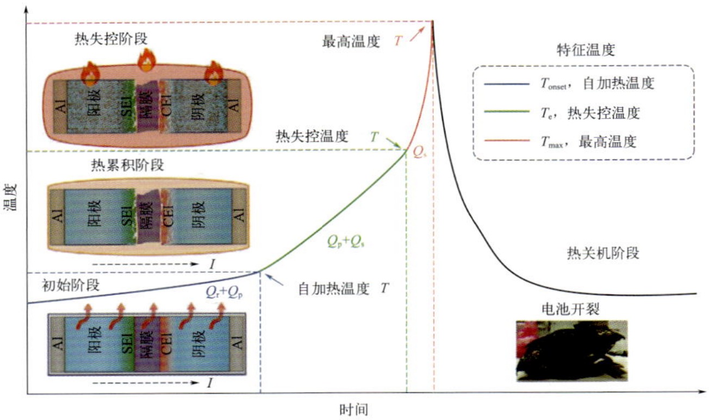

图 7-14　钠离子电池的热失控过程

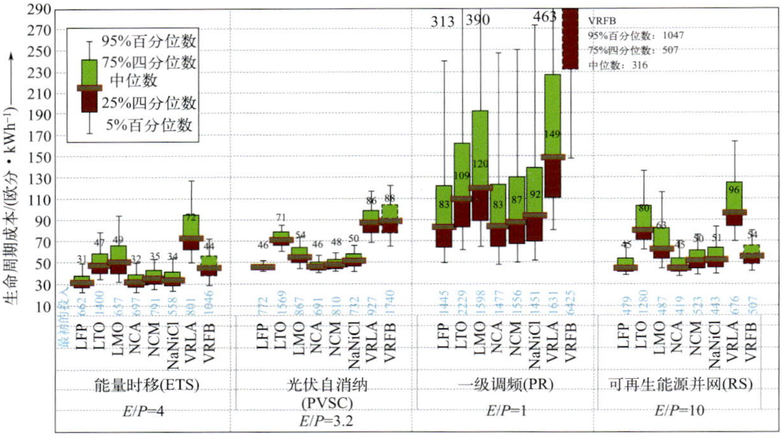

图 8-6　多种锂离子电池、ZEBRA 电池和液流电池在能量时移、光伏自消纳、一级调频和可再生能源并网四种应用场景下的生命周期成本

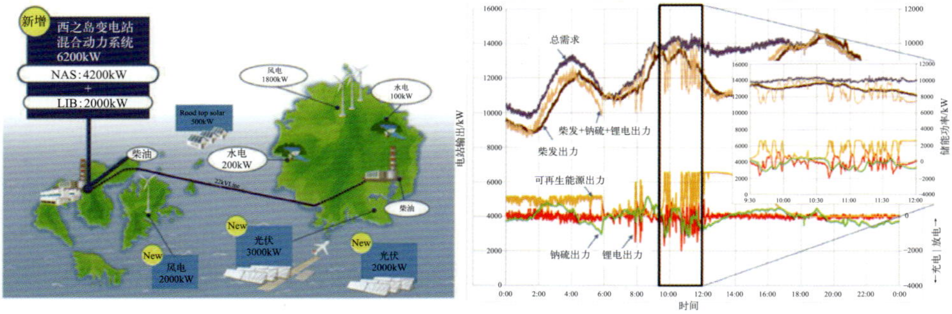

图 9-5　隐岐岛发电与储能的电力配置及电力运行曲线图（黄色曲线：可再生能源出力；绿色曲线：钠硫电池出力；红色曲线：锂电池出力；蓝色曲线：总负荷；深褐色曲线：柴发出力；浅褐色曲线：柴发加储能出力）